U0805475

民航特色专业系列教材

民航飞机电子系统

宫淑丽　编著

科学出版社
北京

内 容 简 介

本书针对仪表、通信、导航、监视、飞行控制、飞行管理和显示等系统，详细阐述了现代民航飞机在直行飞行任务中发挥重要作用的七大电子系统的概念、原理、组成及特点等。

全书共8章，内容包括：绪论，民航机载传感器及仪表系统，无线电通信系统，导航系统，监视系统，自动飞行控制系统，飞行管理系统，指示/显示系统。

本书可作为航空科技工作者和研究人员的参考书，也可作为航空院校相关专业研究生和本科生的教材。

图书在版编目(CIP)数据

民航飞机电子系统/宫淑丽编著．—北京：科学出版社，2015.3
民航特色专业系列教材
ISBN 978-7-03-043775-4

Ⅰ.①民… Ⅱ.①宫… Ⅲ.①民用飞机-电子系统-高等学校-教材 Ⅳ.①V271

中国版本图书馆CIP数据核字（2015）第051413号

责任编辑：余 江 张丽花/责任校对：郭瑞芝
责任印制：赵 博/封面设计：迷底书装

科学出版社出版
北京东黄城根北街16号
邮政编码：100717
http://www.sciencep.com
保定市中画美凯印刷有限公司印刷
科学出版社发行 各地新华书店经销
*
2015年3月第一版 开本：787×1092 16
2023年7月第八次印刷 印张：19
字数：486 000

定价：69.80元

（如有印装质量问题，我社负责调换）

从 书 序

改革开放以来，我国民航事业获得了持续、快速、健康的发展。2010 年，我国民用航空发展的主要预期指标是：航空运输总周转量 493 亿吨千米、旅客运输量 2.6 亿人次、货邮运输量 498 万吨。30 年来上述指标年均增速均达到两位数字，大约是中国国民经济发展速度的两倍，是世界民航业发展速度的四倍。从 2005 年至今，中国民航没有发生运输飞行事故，创造了中国民航历史上安全运营时间最长的记录，安全生产、效益形势喜人。按照我国国民经济发展中长期规划和国际通用方法预测，中国民航的持续快速增长还会有较长一段时间。

近年来，中国民航总局党组提出了全面推进建设民航强国的战略构想，因此，对民航各层次管理和专业技术人才的培养提出了更高的要求。民用航空教育必须把培养知识面广、专业素质高、动手能力强、责任心强的专业人才作为自己的奋斗目标，以适应整个行业发展的需要。但是目前民航专业教材体系建设相对滞后，长期以来多数教材源于国外，不能完全符合中国实际；教材出版时间较早，知识相对陈旧，学生难以据此掌握当前民航的高新科学技术。教材问题已经客观地影响到教学效果和质量。

南京航空航天大学民航学院成立于 1993 年，由原中国民用航空总局和中国航空工业总公司正式联合创办，已形成具有培养本科、硕士、博士、博士后多层次人才的办学格局。目前设有交通管理与签派、民航运输管理、民航机务工程、民航电子电气工程、机场运行与管理、飞行技术 6 个专业。依托国家级、江苏省特色专业建设点，依靠国防科工委重点学科建设，以及承担国家级、省部级科研项目等多方雄厚的科研实力，形成了集市场营销、运营管理和维修保障为一体的全方位的人才培养体系，成为我国民用航空领域的重要教学和科研基地。

通过对近 17 年教学与科研成果的凝练与总结，为适应教学改革和民航发展的需要，及时反映现代民航科技领域的研究成果，保证教材建设与教学改革同步进行，我们出版了《民航特色专业系列教材》丛书。本套丛书在组织编写中，重点体现了以下几个方面的特色：

(1) 突出民航和航空制造专业特色。教材编写过程中充分考虑到专业的交叉性、综合性和国际性强的特点，在要求学生掌握知识的同时，以培养技术与管理结合、适应性强、综合素质高、能在航空制造企业和民航企事业单位服务的复合型人才为目标，丰富和完善教材内容。

(2) 面向民航应用，注重实践能力的培养。适当拓宽专业基础知识的范围，以增强学生的适应性；面向民航工程实际，注重实践环节，强化在民航系统就业所必需的职业技能培养内容，以促进对学生的实际动手能力和创新能力的培养。

(3) 强化专业素质教育。在专业所应具备的基本知识基础上，拓宽和延伸专业课内容，及时反映民航科技的最新成果，提升学生的专业素质和学习能力。

(4) 兼顾学历教育和执照教育。由于民航专业的特殊性，获取专业执照是从业的必要条件，本套教材在编写过程中，注重学历教育和执照教育的有机结合，为学生顺利走上工作岗位创造条件。

（5）满足多层面的需求。针对同一类课程，根据不同的教学层次和学时要求，编写适合不同层次需求的教材，涵盖不同范围的拓展知识单元，注重与先修课程、后续课程的有机衔接，每本教材在重视系统性和完整性的基础上，尽量减少内容重复。

本套教材注重知识的系统性与全面性，突出民航专业特色；兼顾学生专业能力和综合素养的全面培养，力图提高民航专业人才的培养质量和完善人才培养的模式；着力推广民航专业教学经验和教学成果，推进民航专业教学改革。本套教材的编写出版为提高民航专业教学的整体水平做了有益的探索。

温家宝总理指出："教育寄托着亿万家庭对美好生活的期盼，关系着民族素质和国家未来。不普及和提高教育，国家不可能强盛"。为了不断促进民航院校学生素质的提高以适应我国民航事业的持续、快速、健康发展，我们在教材编辑与创新上做了一些尝试，迈出了可喜的一步。作为一名老航空工作者，我为此鼓与呼。在丛书编写过程中，南京航空航天大学民航学院还得到众多相关学校与学院各方教授、专家、学者的帮助与指正，在此一并感谢。

王 知

2010 年 7 月

前　　言

随着航空技术的发展，民航飞机的不断更新，电子仪表与系统也日趋现代化，在体制上也在不断地创新、发展，新技术、新体制、新系统层出不穷。

民航飞行员在执行飞行训练、民航运输等飞行任务中，无论是在白天还是夜晚，无论是简单气象条件还是复杂气象条件下飞行，都离不开机载电子仪表与系统所提供的各种信息，包括飞行导航参数、发动机参数以及其他系统状态参数等。同时，这些参数也是民航机务维修的信息来源。

由于目前民航飞机上安装了各种先进的电子设备，所以能够保证飞机在各种气象条件下，准确、迅速地引导飞机沿预定的航线飞行和着陆，从而提高飞行安全和效率。

本书以中国民航《CCAR-66 部》和《CCAR-147 部》为依据，根据民航飞机现有电子系统而编写的，适合于电子、机电及飞行等专业学生在学习过学科基础课程和专业基础课程之后的一门专业课程，建议授课学时在 56～64 学时。

本书根据现代民航飞机电子系统在执行飞行任务中的作用，依据飞行管理系统的构成，介绍民航飞机电子系统中的七大子系统。飞行管理系统包括传感器系统、处理子系统、执行子系统和显示子系统。飞行管理计算机系统是飞行管理系统的处理子系统，也是其核心。传感器系统包括：由发动机仪表系统、大气数据系统、姿态仪表系统和航向仪表系统构成的仪表系统；由语音通信和数字通信构成的无线电通信系统；由惯性导航系统、陆基无线电导航系统和卫星导航系统构成的导航系统；由雷达系统、自动相关监视系统构成的监视系统。执行子系统主要是自动飞行控制系统。显示子系统包括电子飞行仪表系统、发动机指示与机组警告系统或飞机电子中央监控系统等。这些系统是保障飞行安全的基本或“核心”系统。全书共 8 章内容，分别对以上各系统的功能、工作原理、系统组成及应用等进行介绍。

本书在编写过程中得到了黄圣国教授和曹力教授的指点和帮助，也经过企业教师的修改和指正，提出不少宝贵意见，在此致谢。

限于编者的专业水平和研究经验，加之时间仓促，书中不妥和疏漏之处在所难免，敬请广大读者和专家批评指正。

编者

2014 年 12 月

目　　录

第1章 绪　　论

1.1 民航飞机电子系统概述

本书中，“民航飞机电子系统”是指飞机上所有依赖电子技术工作的系统。这些系统是民用飞机的重要组成部分，是飞行员获取飞行、导航及控制信息，支持飞机安全飞行的关键系统，在保障飞机性能和实现飞行更安全、更舒适、更环保、更高效和更经济方面发挥着日益重要的决定性作用。

本书的目的是让读者对民用航空电子技术有一个清晰而全面的认识。航空电子在科学研究领域可以认为是一门学科，在应用技术领域可以认为是有特定用途的设备或系统。这些设备或系统涉及数据显示、飞机的导航、通信、飞行控制以及飞机飞行航迹的自动控制，它还控制飞机上的许多管理功能：燃油、液压、环境和其他对飞机安全飞行和机上乘客舒适性至关重要的系统。根据现代飞机电子系统在执行飞行任务中的作用，可以将民航飞机的电子系统表示成以飞行管理计算机系统为核心的七大子系统。图 1.1 所示交联它们之间的结构图以及交联关系。

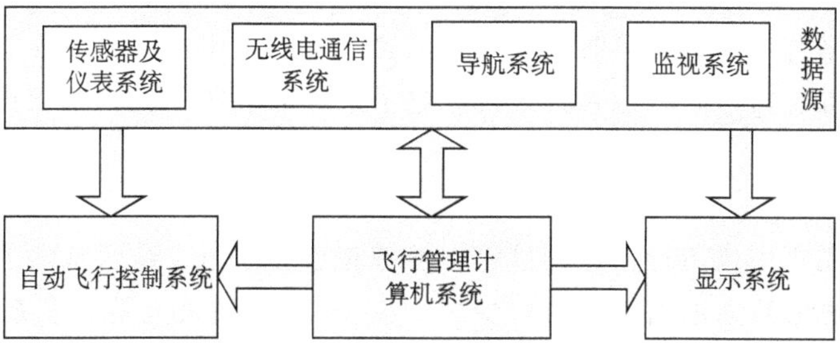

图 1.1　民航飞机七大电子系统

1.1.1 传感器及仪表系统

在飞机上，要实现对各类参数（如发动机状态参数、飞行参数及其他系统状态参数）的检测与控制，首先需要把这些参数转换成便于传送的信息，这就需要用到传感器。传感器是能感受规定的被测量并按一定的规律转换成可用输出信号的器件或装置，通常由敏感元件（或感受元件）和转换元件组成。其中，敏感元件是指传感器中能直接感受或响应被测量的部分；转换元件是指传感器中能将敏感元件感受或响应的被测量转换成适于传输或测量的信号（通常为电信号）。如将传感器与指示器或显示器组合在一起，直接将测量结果指示或显示出来，就构成仪表。若将传感器作为其他机载系统的一个子系统或输入环节，那么它与其他装置就组成一个检测系统或调节系统。

飞机上需要测得参数比较多，涉及的传感器及其构成的仪表也很多，主要有发动机仪表系统、大气数据系统、姿态仪表系统和航向仪表系统。

1. 发动机仪表系统

发动机是飞机的动力装置，为了实现对发动机工作状态的全面了解和控制，需要使用各种传感器对发动机的状态参数进行测量，如压力传感器测量发动机燃油压力、滑油压力，温度传感器测量滑油温度、喷气温度等，转速传感器测量发动机的转速等。测得的发动机状态参数经过转换和处理装置送到相应的指示或显示装置，便于飞行员在飞行过程中对发动机状态进行监控。

2. 大气数据系统

准确提供飞行控制和导航所必需的大气数据参量，如高度、指示空速、真空速、升降速度、马赫数以及迎角等信息。系统通过高精度的传感器测量得到静压、全压、总温等，并经过相应的转换和处理系统得到大气数据参量。依据转换和处理方式的不同，可分为机械式大气数据系统和电动式大气数据系统。

3. 姿态仪表系统

飞机的姿态信息是飞行所必需的，特别是在云中、夜间等低能见度的条件下执行飞行任务时尤为重要。许多机载电子系统，如自动驾驶仪和导航系统都需要精确的姿态信息。姿态仪表系统利用陀螺仪测量飞机的俯仰角和倾斜角，并向飞行人员指示驾驶所需要的倾斜角、俯仰角。尽管在20世纪70年代出现了惯性传感器系统，但现代飞机上仍有备用的地平仪。

4. 航向仪表系统

航向是飞行中的一个重要导航信息。航向仪表系统利用各种仪表罗盘和无线电罗盘测量飞机的航向或方位角，同时也为其他机载电子系统提供各种航向基准和航向误差信号。

1.1.2 无线电通信系统

通信系统在飞机完成飞行任务的过程中发挥着重要作用，地面基站与飞机之间以及飞机与飞机之间可靠的双向通信是必不可少的。在1909年飞机上就已安装了无线电发射和接收装置，这是第一代机载电子装备。现代飞机上的无线电通信装置非常复杂，并且包含了多个工作频率波段。如用于近程通信的飞机无线电甚高频通信系统（VHF，工作频段为118.000～135.975MHz），用于远程通信的飞机无线电高频通信系统（HF，工作频段为2～30MHz）。现代民航除了语音通信外，还有数据通信，航空公司越来越依赖于向飞行中的飞机提供信息和接收飞机信息。从1978年起航空公司开始应用VHF数据链（VDL），到现在地空数据链已成为航空公司运营的主要技术手段。VHF数据链、HF数据链（HFDL）、卫星数据链应运而生。ICAO已经为卫星通信、VDL和HFDL空地子网络制定了十分详细的ICAO SARP文件。

1.1.3 导航系统

导航是一种为运载体航行时提供连续、安全和可靠服务的技术。顾名思义，它的基本作用是引导飞机、车辆等运载体及个人，安全准确地沿着所选定的路线，准时地到达目的地。

导航由导航系统完成。任何导航系统中都包括有装在运载体上的设备，飞行员或自动驾驶仪根据导航设备的仪表指示或输出的信号，在任何环境中，操纵运载体正确地向目的地前进。这种指示或信号的内容称为导航信息。如果装在运载体上的设备可单独产生导航信息，便称它为自主式或自备式导航系统。如果除了装在运载体上的导航设备之外，还需有设在其他地方的一套设备与之配合工作，才能产生导航信息，则称为非自主式或它备式导航系统，其中，装在运载体上的设备称为机载、车载导航设备，而设在其他地方的设备称为导航台，导航台与所有运载体上的导航设备用无线电波相联系。运载体进入导航台所发射电磁波的覆盖范围后，它的导航设备便能输出导航信息。导航台一般不输出导航信息，它一般设在陆地上，因此称为陆基无线电导航系统。20 世纪 90 年代出现的是把导航台设在人造地球卫星上，称为卫星导航系统。陆基无线电导航系统和卫星导航系统又总称为无线电导航系统。

1. 自主式导航系统

自主式导航系统不需要依靠外界任何信息即可完成自动导航功能，惯性导航系统就属于这种系统。根据惯性导航的原理，它也属于航位推算（DR）导航系统，即由一个已知的起始位置通过测得的飞机速度以及航向等来估算飞机的飞行距离。惯性导航系统精度很高，自 20 世纪 70 年代以来，在民航飞机上获得了广泛的应用。由于航位推算导航系统存在时间累积误差，因此需要适时修正其定位误差，并通过定位系统提供的位置信息对系统进行更新修正。

2. 无线电导航系统

无线电导航是借助于运载体上的导航设备接收和处理无线电波来获得导航参量的一种导航。能够完成全部或部分无线电导航功能的装置称为无线电导航系统。19 世纪末发明无线电之后，最初的应用大致有两种方式。一种是借助于各种信号调制，远距离地传送话音或电报信息，这种应用一直发展形成了今天的通信、广播、电视和遥控、遥测等技术。另一种应用方式则还要借助无线电波传播的定向性和恒速性，为运载体提供与位置和时间有关的信息，这就是无线电导航的肇始。

20 世纪 20 年代末期出现，30～40 年代在世界主要区域普及的陆基无线电导航主要是无线电信标、指点信标和四航道信标，前两者起源于欧洲，现在还在为航空和航海服务。四航道信标只在美国推广，40 年代起已经逐渐停止使用。1941 年出现了仪表着陆系统（ILS），1948 年，ICAO 决定采用伏尔（VOR）作为国际民用航空的标准航路导航系统。1956 年研制成功的塔康（TACAN）用于为海军飞机提供相对于军舰的位置。民用航空为了给飞机提供二维定位信息，1959 年决定直接采用 TACAN 的测距部分，形成测距器（DME）。DME 地面台与 VOR 地面台装在一起，为民用飞机提供距离与方位信息。为了实现越洋飞行，20 世纪 40 年代构思了双曲线导航方法，先后引入的双曲线系统分别是美国的罗兰-A，罗兰-C，奥米伽系统等。

20 世纪 90 年代出现的卫星导航系统是以人造地球卫星作为导航台的星际导航系统，能为全球的陆、海、空、宇的各类运载体和其他用户，提供全天候、不间断、高精度、实时的三维位置、速度和时间信息。目前应用最广泛的是美国的全球卫星定位系统（GPS）。它的精度很高，自 1989 年全面投入使用后，为机载导航系统带来了革命性的进步。其他的卫星导航系统还有欧洲的伽利略系统、俄罗斯的 GLONASS 和中国的北斗导航系统。

1.1.4 监视系统

监视就是通过一些监视设备或系统来掌握飞机的飞行动态，这在民航空中交通管制中尤为重要。常用的监视设备或系统有由一次雷达和二次雷达构成的雷达系统和自动相关监视系统，此外还有用于周围环境监视的近地警告系统和交通警戒与防撞系统。

从监视的原理来说，就是要对飞机进行定位并跟踪，因此监视功能应包括导航定位功能与通信功能，即确定飞机的位置并能将相关信息传送到地面管制中心或通知机组。

1. 雷达系统

雷达是应用的最早的监视设备，根据接收回波的方式可分为一次雷达（Primary Surveillance Radar，PSR）和二次雷达（Secondary Surveillance Radar，SSR）系统。PSR由发射系统发射一束射频能量，然后接收其中由目标反射回来的一小部分能量以确定目标的方位和距离等信息，是一种“独立监视”方式。一般可分为航路监视雷达、机场监视雷达、精密进近雷达和气象雷达等系统。SSR是利用地面二次雷达发射询问信号，机载应答机发射应答信号进行工作的，这是一种要依靠用户应答或第三方传媒者的“协同监视”方式。目前的SSR应答机多为A/C模式，分别应答飞机的四位代码和气压高度值。随着飞行流量的增加，传统的SSR不能满足高性能自动化空管系统的要求，20世纪70年代，美国提出了离散寻址信标系统（Discrete Address Beacon System，DABS），它与现系统的本质区别在于具有选址询问功能。1981年ICAO通信专业会议上，决定采用此信标系统，并命名为S模式二次监视雷达信标系统。新系统将逐步取代现有的系统，以适应现代空管系统的需要。

2. 自动相关监视系统

自动相关监视（Automatic Dependent Surveillance，ADS）是由被监视目标测定自身位置后，主动报告给监视者，使监视者掌握其当前位置和运行意图的监视方式，可以实现数据链管制。ICAO监视方案中的关键是发展ADS，这是一种将监视服务扩展到海洋空域、边远陆地区域和雷达覆盖不到地区的监视手段。根据工作模式，ADS分为合约式（Automatic Dependent Surveillance-Contract，ADS-C）或寻址式（Automatic Dependent Surveillance-Address，ADS-A）和广播式（Automatic Dependent Surveillance-Broadcast，ADS-B）两种。两种工作模式在可用数据链、数据更新周期、适用环境和功用等方面具有不同的特点，可根据需要进行选用。

3. 周围环境监视系统

飞机在航路飞行时，如离地高度过小、下降速率过快、发生风切变警告，近地警告系统（GPWS）会以视觉和语音的形式提供告警（如“PULL UP，PULL UP”等），增强型近地警告系统（EGPWS）比GPWS功能更完备，它能提供“前视地形警告”功能和“前视地形显示”功能，在防止飞机可控飞行撞地方面发挥了很大的作用。

交通警戒和防撞系统（TCAS）或机载防撞系统（ACAS）可以提供空中冲突和规避导引。它探测并跟踪在本机一定范围内的其他飞机，根据本机获取的其他飞机的高度、速度、航向等信息，判断其是否会对本机构成威胁，并提供交通咨询和决断咨询信息，用视觉和语音警告飞行员，以防止碰撞。

这两大系统，都是机上飞行员通过机载电子系统自主监视本机与地面、本机与其他飞机之间是否存在危险，并进而改出，防止碰撞。这极大地改善了机组人员的态势感知能力。

1.1.5 自动飞行控制系统

自动飞行控制系统可在无人参与的情况下自动控制飞机飞行的部分或全部运动参数。

在现代化大中型民航客机上，自动飞行控制系统通常包括：自动驾驶仪（A/P）、飞行指引仪（F/D）、偏航阻尼系统（Y/D）、俯仰配平系统及自动油门系统（A/T）等。

A/P通过自动地控制飞机飞行，减轻飞行员的工作负担，还可以在恶劣的气象条件下完成飞机的自动着陆；F/D主要在PFD或EADI上显示驾驶指令杆，以指导驾驶员人工驾驶飞机或监控飞机的姿态；偏航阻尼系统和俯仰配平系统结合在一起，称为增稳系统，改善飞机的稳定性，提高飞行安全和旅客乘机的舒适性，Y/D在飞机的整个飞行过程中，改善飞机的动态稳定性；俯仰配平系统在所有飞行阶段，通过自动调整水平安定面，以保持飞机的俯仰稳定性。自动油门系统在飞行整个过程控制发动机的推力。现代飞机由飞行管理系统的输出信号控制自动飞行控制系统的工作，并对其进行监视。

1.1.6 飞行管理系统

到20世纪80年代中期才获得广泛应用的飞行管理系统（FMS）现已成为一种主要的机载电子系统，可大大减轻飞行员的负担，能够以两名机组人员驾驶大型长途航班飞机。FMS对通信、导航、监视、显示、飞行控制等系统进行管理。

FMS由四部分组成：传感器子系统、处理子系统、执行子系统和显示子系统。其中，由飞行管理计算机系统构成的处理子系统是整个系统的核心。它接收数据源中各系统的输入以及控制显示组件的输入，经过飞行管理计算机的处理，实现相应的导航、性能计算、制导功能，并将数据显示到EFIS上。因此FMS的主要功能如下。

（1）导航管理功能：从多种导航源中获得数据，经滤波处理获得最佳位置估计，并评估定位精度。

（2）性能计算功能：实现垂直飞行剖面控制。

（3）制导功能：帮助飞行员实施飞行计划、按最优计划航线飞行的飞机航迹控制。

（4）显示功能：将导航信息、飞行计划等信息显示在EFIS的EADI和EHSI上，便于飞行员直观地了解飞机飞行的动态情况。

由此可见，FMS集导航、飞行控制、推力控制和显示于一体，形成一个基于数据总线的综合航空电子系统。

1.1.7 显示系统

显示系统提供飞行员与飞机系统之间的可视接口。20世纪70年代的飞机座舱中有很多指示仪表，每个仪表只能显示特定的信息，如发动机压力表、油量表、温度表等，由于要显示的参数较多，座舱仪表数量多且分布不规则，使座舱显得凌乱复杂。多功能彩色显示器的出现带来了座舱设计的一场革命。利用多功能彩色显示器，可实现两大类显示系统：一类是飞行数据显示系统，多功能彩色显示器能够提供姿态指引仪（ADI）所显示的高度、空速、马赫数、垂直速度、姿态球、俯仰角、倾斜角、航向角等飞行信息，也可提供水平状态指示器（HIS）所显示的飞机相对于目的地或航路点的位置、航迹、导航信息、距离、待飞时间及气象雷达信息等，构成了电子飞行仪表系统（EFIS）；另一类是发动机数据显示系统：它能通过不同于常态的亮度显示发动机的工作状态，以便飞行员在多功能显示器方便地观察发动机是否正常工作，并提供全机的警告信息显示，即现代飞机上的发动机指示与机组警告系统（EICAS）或飞机电子中央监控系统（ECAM）。

1.2 民航飞机电子系统的发展历程

自20世纪初飞机问世以来，民航飞机电子设备或系统经历了迅速的发展过程，从最初的分立式、模拟式仪表发展到联合式，再到现代综合的、数字式仪表与系统，取得了令人瞩目的成绩。

1.2.1 仪表系统的发展历程

民航飞机的仪表系统的发展主要经历了以下五个阶段。

1. 机械仪表阶段

这个阶段是仪表的初创时期，多数仪表为单个整体直读式结构，也称为直读式仪表，即传感器和指示器组装在一起的单一参数测量仪表。表内敏感元件、信号传送和指示部分均为机械结构，如早期的空速表和高度表。这个时期的仪表的最大优点是结构简单、工作可靠、成本低廉。它的缺点是灵敏度较低，指示误差较大。随着飞机性能和要求精度的不断提高，机械仪表早已不能满足航空发展的需要。

2. 电气仪表阶段

随着航空事业的发展，机械仪表的准确性显得太差了，并且信号还不容易远距离传送。从20世纪30年代起，航空仪表已由机械化逐步走向电气化，进入了电气仪表阶段，此时的仪表称为远读式仪表，如远读磁罗盘、远读地平仪等。所谓“远读”是指仪表的传感器和指示器没有装在同一个表壳内，它们之间的控制关系是通过电信号的传递实现的，因相距较远，故称为远读式仪表。

用电气传输代替机械传动，可以提高仪表的反应速度、准确度和传输距离。将仪表的指示部分与其他部分分开，使仪表板上的仪表体积大为缩小，改变了因仪表数量增多而出现的仪表板拥挤状况。另外，仪表的敏感元件远离驾驶舱，减少了干扰，提高了敏感元件的测量精度。远读式仪表也存在一些缺点，即整套仪表结构复杂、部件增多、重量增加。

3. 机电式伺服仪表阶段

为了进一步提高仪表的灵敏度和精度，20世纪40年代后出现了能够自动调节的小功率伺服系统仪表，即机电式伺服仪表。伺服系统又称为随动系统，它是一种利用反馈原理来保证输出量与输入量相一致的信号传递装置。对仪表信号，采用伺服系统方式来传送，信号能量得到放大，提高了仪表的指示精度和带负载能力，可以实现一个传感器带动几个指示器，有利于仪表的综合化和自动化。

4. 综合指示仪表阶段

20世纪40年代后，由于飞机性能迅速提高，各种系统设备日益增多，所需指示和监控仪表大量增加，有的飞机上已多达上百种，仪表板和座舱无法安排，驾驶员也目不暇接，眼花缭乱。另外，随着飞机的飞行速度和机动性能的提高，使驾驶员观察仪表的时间相对缩短，容易出错，因此把功能相同或相关的仪表指示器有机地组合在一起，形成统一指示的综合指示仪表，已成为航空仪表发展的必然趋势。例如，综合罗盘指示器、组合地平仪和各种发动机仪表的相互组合等都是一表多用的结构形式。

机电式综合仪表一直使用到 20 世纪 60 年代末，图 1.2 所示为这种仪表的典型代表。其左、右分别为正、副驾驶员的飞行仪表，中间是发动机仪表。

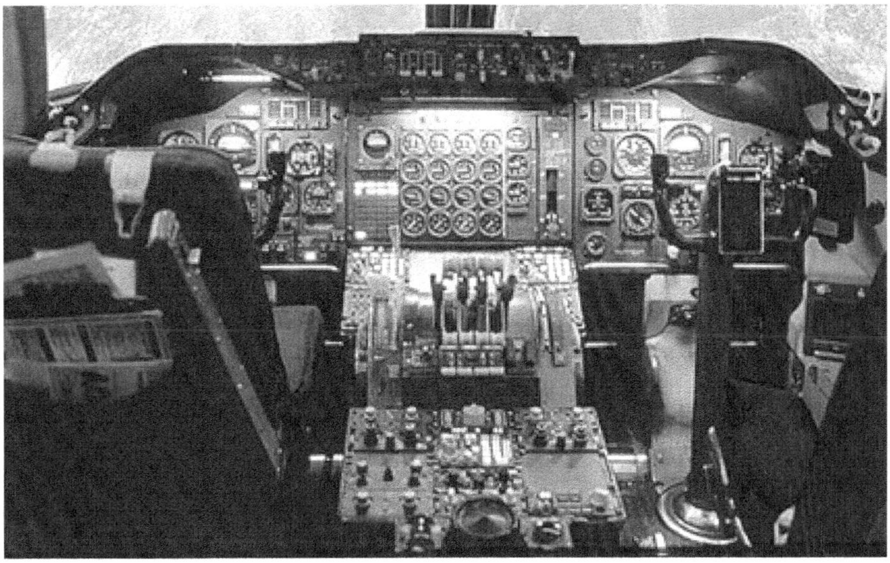

图 1.2　典型机电式综合指示仪表

5. 电子综合显示仪表阶段

随着电子技术的飞速发展，从 20 世纪 60 年代开始出现电子屏幕显示仪表，逐步取代指针式机电仪表，使仪表结构进入革新的年代。到 70 年代中期，电子屏幕显示仪表又进一步向综合化、数字化、标准化和多功能方向发展，并出现了高度综合又相互补充、交换显示的综合电子仪表显示系列。驾驶员可以通过控制板对飞机进行控制和安全监督，初步实现了人机“对话”。

电子显示器容易实现综合显示，故又称为电子综合显示仪表。它有如下优点。

(1) 显示灵活多样，可以显示字符、图形、表格等，还可以采用不同的颜色显示；

(2) 容易实现信号的综合显示，减少了仪表数量，使仪表板布局简洁，便于观察；

(3) 电子式显示器的显示精度高；

(4) 采用固态器件，寿命长，可靠性高；

(5) 价格不断下降，性价比高；

(6) 符合机载设备数字化的发展方向。

图 1.3 所示为现代综合电子显示仪表。

总之，仪表系统的发展过程是从机械指示发展到电子显示，信号处理单元从纯机械到数字、计算机系统，仪表的数量经历了从少到多，又从多到少的发展过程。在某种意义上讲，驾驶舱显示仪表是飞机先进程度的重要标志之一。

图 1.3 现代电子综合显示仪表

1.2.2 无线电通信系统的发展进程

飞机上无线电通信技术的发展经历了一个不断完善的过程。1910 年人类首次实现了空地之间的无线电通信，在 1940 年 VHF 电台问世之前，通信频率主要在 2～30MHz 的短波波段，VHF 电台问世后，工作频率在 100MHz 以上，后来性能更好的超高频（UHF）电台出现了，然而，VHF 和 UHF 的视距作用范围使电台的通信距离受到限制，所以 HF 电台仍是远距离飞行所不可缺少的通信设备。然而，由于 HF 电台经常受到电波衰落和太阳黑子的影响，通信质量受到考验。20 世纪 70 年代以后，微处理机的出现为短波波段信号的自动处理和在任何时间都能将接收机稳定地锁定在所要接收电台的频率提供了可能，HF 电台因此获得新生。

1.2.3 导航系统的发展历程

在第一次世界大战中，“齐伯林”飞艇轰炸伦敦时就利用无线电进行途中定位，采用的方法是向德国境内的多个无线电台发射无线电信号，这些电台利用三角法测出飞艇的位置，然后将飞艇位置信息用电台发送给机组人员。这可以认为是用无线电手段进行飞机导航的开端。无线电指向标的出现对引导飞机归航和进场来说是更重要的。它采用呈十字形的 4 条码无线电波束标定机场的位置，驾驶员通过这套系统找到波束的中心线，为了帮助驾驶员定位，还采用了一个称为“扇形指点标”的装置，它垂直向上发射波束。这些无线电指向标导航设备就是今天先进的无线电信标航路系统的前身。这个系统在一段时间内得到了广泛应用，但后来被 20 世纪 60 年代起广泛应用的伏尔（VOR），也称为甚高频全向信标系统，所取代。VOR 的工作频率远远高于无线电信标系统，导航精度高，抗干扰能力强。太平洋战争的爆发，使各国意识到自主式导航系统的重要性，美国工业界将陀螺仪和灵敏的加速度计结合在一起，产生了一种新的导航方法，即惯性导航。第一部惯性导航系统诞生于 1950 年，由于漂移严重，一直到 10 年之后才开始在美国新一代高性能军机上应用，70 年代被选为 3 种宽体客机的主要导航设备。与惯性导航系统几乎同时发展起来的另一种自主式导航设备是多普勒导航雷达。惯性导航系统通过测量加速度，对其进行积分得到速度，再进行二次积分得出即时位置。多普勒雷达可以直接测出速度，对速度进行一次积分就可以得到飞机的位置。多普勒雷达比惯性导航系统便宜，但惯性导航系统能为人工地平仪和自动驾驶仪提供俯仰和滚转信息。将多普勒雷达和惯性导航系统结合起来，组成多普勒雷达监控的惯性导航系统，可提供远距离范围内的非常精确的导航。罗兰系统是在第二次世界大战中发展起来的，现在已成为一种通用而廉价的导航系统。90年代，GPS的出现代表着以卫星为基础的导航系统正在扩大应用，相继出现了欧洲的伽利略系统、俄罗斯的GLONASS和中国的北斗导航系统。

1.2.4 监视系统的发展历程

20世纪50年代，监视系统的技术研究起源于美国，伴随着电子技术的飞跃发展，监视系统大致可分为四个阶段。

第一阶段是20世纪50～60年代，军用安全部门将二战时期使用的敌我识别系统（IFF）技术体制公开，被ICAO采纳为空中交通管制雷达信标系统（ATCRBS），应用于民用空中交通运输流量和跨洋飞行所面临的复杂气象环境的空中交通管制（ATC），机载设备为A/C模式应答机。以John S Morrell的《飞行器的碰撞物理》介绍的基于时间变量的临近飞行器接近速率的防撞算法为理论基础，结合二次雷达（SSR）技术体质，开展了空中交通警戒和防撞系统（TCAS）的研制工作，同期，也开始了模拟体制机载气象雷达（WXR）技术研究。

第二阶段是20世纪70年代，针对离散寻址信标系统（DABS）的研究解决了常规ATCRBS存在的大多数系统问题，使用世界唯一地址对被监视飞机进行有选择的询问（S模式），并以此为理论依据展开了具有地址选择功能的S模式应答机的研制工作，通常S模式应答机也兼容A/C模式应答机技术体制。TCASI、GPWS和非相参脉冲体制的数字彩色气象雷达等监视设备相继问世。

第三阶段是20世纪80～90年代，民用航空电子巨头霍尼韦尔、罗克韦尔·柯林斯和泰雷兹等航空电子系统制造商开展了监视系统的更新换代工作，1993年推出具有垂直规避建议功能的TCASⅡ（6.04版本），1995年推出具有数据链功能的4级S模式应答机，具有前视地形回避和地形显示等功能的增强型近地警告系统（EGPWS）和相参体制机载脉冲多普勒气象雷达问世。

第四阶段是21世纪至今，具备“反向逻辑”和“调整垂直速度”听觉提示的TCASⅡ（7.1版本）和S模式应答机数据链的推广应用，具备地形态势感知和跑道安全保护功能的地形提示与警告系统（TAWS）的问世，以及新一代全自动多功能气象雷达的出现，进一步提升了飞行安全。

1.2.5 飞行控制系统的发展历程

20世纪30年代初，飞机作为一种运输工具已经显示出强大的生命力。飞机重量增大，设备日趋复杂并能在白天和夜间进行远距离飞行，开始给驾驶员带来了体力上的挑战。1933年开始在飞机上装载第一部自动驾驶仪，到30年代中后期自动驾驶仪已被多发动机飞机普遍采用。1958年，第一代喷气客机投入使用，它们的性能特别是速度范围大大超过了活塞式发动机，但它的缺点也逐渐暴露出来，如燃油消耗快、出现荷兰滚现象等，这些问题单靠修改或改进机体本身的设计较难解决，而改由通过对操纵系统的改进来实现，飞机上出现了偏航阻尼器这种自动增稳系统。偏航阻尼器的出现标志着认为电子设备是可有可无、与飞机性能和操纵无关的时代已经结束。从这时起，电子设备也像其他系统一样在设计阶段就要给予充分考虑。

1.2.6 飞行管理系统的发展历程

飞行管理的概念最早可以追溯到20世纪20年代。自从1929年杜立特上尉历史性的盲目飞行后，人们感到借助一个系统摆脱完全依靠飞行员的感官进行飞行的重要性。但飞行管理系统直到60年代才真正开始发展起来，并大致经历了5个发展阶段：区域导航系统、性能管理系统、飞行管理系统、四维导航和新一代飞行管理系统。目前，美国是世界上飞行管理系统的产品的主要供应方，核心技术主要掌握在美国霍尼韦尔公司等少数公司手中。为保障欧洲电子核心产品逐渐进入民用飞机的装备领域，从80年代起，在航空电子系统承包时，欧洲空中客车公司就十分强调以欧洲公司为主，扶植研发欧洲自己的飞行管理系统，以凭借飞机平台的发展机会，为欧洲航空电子厂家创造掌握核心知识产权的机会和条件。

1.2.7 显示系统的发展历程

20世纪50年代末和60年代初出现了平视显示器或称平显（HUD）。随着技术的不断发展，特别是高速模拟式计算单元的引入，使平视显示器成为性能优异和功能齐全的一种显示终端设备。它能够显示飞行各阶段所需要的导航、地形回避或地形跟踪等所需要的信息。从70年代中期以后，平视显示器已成为飞行员、设备和目标之间最重要的接口。

1.3 民航飞机电子系统发展的驱动力

自20世纪初飞机问世以来，民航飞机电子设备或系统经历了迅速的发展过程，从最初的分立式、模拟式仪表发展到联合式，再到现代综合的、数字式仪表与系统，取得了令人瞩目的成绩。驱动民航飞机电子仪表迅速发展的动力是多方面的，主要来自于科学技术的发展、战争的需要、民航运营成本控制以及提高安全性能和操纵性等的需要。这些因素不是孤立的，而是互相影响的，只是在某个阶段起到了促进作用。

1. 战争的需要

1903年，莱特兄弟用他们制造的“飞行者”号飞机证实了动力飞行是可行的，标志着人类飞天的梦想变成了现实。但飞机基本功能却不是首先表现在作为实现飞天梦想的主要工具上，而是军事上。早在第一次世界大战，飞机发展尚处于稚嫩期，就被人们匆忙推上了战场，而反过来，战争实践与军事需求又大大加速了飞机及其相关技术的发展，这也包括电子设备的发展。1914年，飞机还只是勉强可用于空中观察和枪械对射的工具，4年后，当战争结束时，它已经成为能用于空中侦察、临时轰炸和追逐格斗的有效武器系统，这时的飞机上已经安装了空速表、高度表、磁罗盘、发动机转速和滑油压力表等。1939年爆发的第二次世界大战，更充分展示了飞机的作战能力，这次世界大战可以说是从飞机突袭开始，又以飞机轰炸收尾。飞机已成为军队的主要装备，而战争的需求推动各国不断研制新的军用飞机，飞机的性能也得到了极大的提高，已经能够在云中或夜间飞行，飞机上增添了升降速度表、转弯侧滑仪、陀螺地平仪、陀螺方向仪等仪表。民用航空电子系统的很多部件都源于军用航空电子系统，因此可以说民用航空电子系统的发展同样与战争的需要分不开。

2. 飞机和科学技术的发展

20世纪50年代末到60年代初，随着喷气式民用运输机的出现，飞机开始依靠模拟的导航、显示和飞行控制。当时，同步解算器是信号从某一设备循环发送到另一设备的通用方法。出现了现在看来十分简陋的远距导航方式，如60年代显示VCIO作为六分仪来导航，后来是LORAN作为远距导航设备。飞机驾驶方面现在采用两人机组，当时是采用四人机组，包括机长、副驾驶员、导航员和随机工程师。

随着数字电子技术的出现，电子设备的性能发生了巨大的变化。数字电子设备的开发始于20世纪60年代，最初应用于军用飞机。由于运行高速、成本相对便宜的计算设备以及连接设备的数字数据总线的出现，系统单元之间的数字数据交互成为可能。80年代初，该技术发展成熟，被成功应用于AIRBUS的A300/A310飞机和BOEING的B757/B767飞机。同时，由于计算精度的极大改善以及采用数据多路技术的数字数据总线的出现，数量巨大的飞机配线从飞机上移除。这不仅降低了飞机的重量和成本，也提高了飞机的可靠性。

民航飞机的驾驶舱也经过了由传统的机电式仪表驾驶舱向玻璃座舱的演变。1982年9月投入运营的B757/B767是第一批玻璃驾驶舱飞机，传统的圆表盘仪表被取代，飞行机组人机接口得到很大的改进。彩色多功能显示器能够以一种直观的方式将复杂的数据显示在屏幕上，供飞行机组人员实现控制和导航功能。随着机载电子技术向飞机管理系统的渗透，机组人员还可以随时查询与这些系统相关的信息，包括信息的综合显示以及状态和维修数据页的显示。

3. 减少民航运营成本的需要

引进和发展机载电子系统的驱动力，还来自于机载电子系统可以用最少的空勤机组人员来满足完成飞行任务的需求。在民用领域，这意味着只需要正驾驶员（机长）和副驾驶员两名机组人员，就可以驾驶一架现代民用飞机，任务自动化程度的提高，降低了机组人员的工作负荷，不再需要领航员和空中机械师。这种安全的机组双人制工作模式降低了航空公司在机组人员薪水、培训成本等方面的支出，能够在竞争激烈的市场中获得相当可观的经济效益。电子设备的综合化，如多功能显示器取代了传统的机电式仪表，使得飞机上的仪表数量减少，这种飞机减重带来的效果也比较显著，它意味着可以以更低的油耗承载更多的旅客或者飞行更长的航程。

4. 其他方面因素的影响

引进和发展机载电子系统的原因还包括提高飞行安全性能、空中交通管制需要、降低油耗、提高飞机的性能、改善飞机的操纵性、降低维护成本等方面。如自动相关监视技术的发展、S模式数据链的发展、自动飞行控制系统的应用等。

总之，飞机上的电子系统在各种因素的共同作用下，经历了从模拟式信号处理到数字式信号处理，从分立式仪表到综合化、模块化的电子系统，从单一功能的参数测量仪表到智能的综合信号处理系统，从单一仪表指示到综合的信息显示的复杂发展过程。

1.4 民航飞机电子系统的发展趋势

民航机载电子系统从最初的分立式到综合式的发展过程，经历了半个世纪，取得了令人瞩目的成就。随着民航机载电子系统综合水平的提高，该系统将具有更强的功能、更好的容错能力和对各种不同需求的适应能力。采用综合的民航电子系统，提高了系统的可靠性、维修性、可扩充性、通用性和生存能力，降低了寿命周期费用。

综合民航机载电子系统应具备以下特征。

(1) 通过数据总线连接各个子系统，实现子系统之间的数据交换，形成了以系统管理计算机为中心的系统结构；

(2) 通过平显、下显和头盔显示器等完成各种信息的综合显示；

(3) 通过双杆控制、预编程、综合控制板和话音控制等装置实现人机对话；

(4) 通过系统重构和容错能力提高系统的任务可靠性；

(5) 通过机内故障的自动检测提高系统的维修性；

(6) 通过资源共享实现系统结构的简化；

(7) 通过传感器数据融合，改善系统精度。

21世纪，科学技术突飞猛进，机载电子设备的发展面临着难得的历史机遇，其各个功能系统不断发展以满足性能、乘客的便利性和安全标准等需求的同时，系统的综合程度将不断提高和完善。模块化、通用化、智能化和综合化将是未来机载电子系统发展的主旋律。

第2章　民航机载传感器及仪表系统

本章将介绍民航飞机上的仪表系统，包括发动机仪表系统、大气数据系统、姿态仪表系统和航向仪表系统。仪表是由传感器和指示器构成的，因此，传感器是构成仪表的基础。本章首先对民航飞机的机载传感器进行介绍。

2.1　民航机载传感器

传感器是能感受规定的被测量并按一定的规律转换成可用输出信号的器件或装置，通常由敏感元件（或感受元件）和转换元件组成。其中，敏感元件是指传感器中能直接感受或响应被测量的部分；转换元件是指传感器中能将敏感元件感受或响应的被测量转换成适于传输或测量的信号（通常为电信号）。在民航飞机的发动机仪表系统、大气数据系统、姿态仪表系统和航向仪表系统中均需用到各种传感器，因此，本节将介绍后续章节中用到的各种传感器。

2.1.1　压力及压力传感器

1. 压力

工程技术上所称的“压力”实质上就是物理学中的“压强”，定义为均匀而垂直作用于单位面积上的力。其表达式为 $P=F/S$，F 为垂直作用在 S 面积上的力。国际单位制（SI）中定义：1 牛顿力垂直均匀地作用在 1 平方米面积上形成的压力为 1 “帕斯卡”。帕斯卡简称“帕”，单位符号为 Pa。

压力有以下几种不同表示方法。

（1）绝对压力。这是指作用于物体表面积上的全部压力，其零点以绝对真空为基准，又称总压力或全压力，一般用符号 P_a 表示。

（2）大气压力。这是指地球表面上的空气柱重量所产生的压力，以 P_0 表示。

（3）表压力。这是指绝对压力与大气压力之差，一般用 P_g 表示。表压力又称相对压力。

当绝对压力小于大气压力时，则表压力为负压，负压又可用真空度表示，负压的绝对值称为真空度。绝对压力越小，真空度越高；反之，真空度越低。

2. 压力传感器

根据传感器的定义，凡是能够感受压力，并按一定的规律将压力的变化转换成其他信号的装置就是压力传感器。工程中常用的测量压力的传感器有弹性式压力传感器和压阻式压力传感器。弹性式压力传感器是以弹性元件受压后所产生的弹性变形作为测量基础的。压阻式压力传感器是基于半导体材料的压阻效应而工作的，即半导体材料受外力作用时，其阻值由于电阻率的变化而改变。

1）弹性式压力传感器

弹性式压力传感器采用不同材料、不同形状的弹性元件作为感压元件，可以适用于不同场合、不同范围的压力测量。它结构简单，价格低廉，现场使用和维修都很方便，又有较宽的压力测量范围，因此在工程中获得了非常广泛的应用。目前广泛使用的弹性元件有弹簧管、波纹管和膜片等。

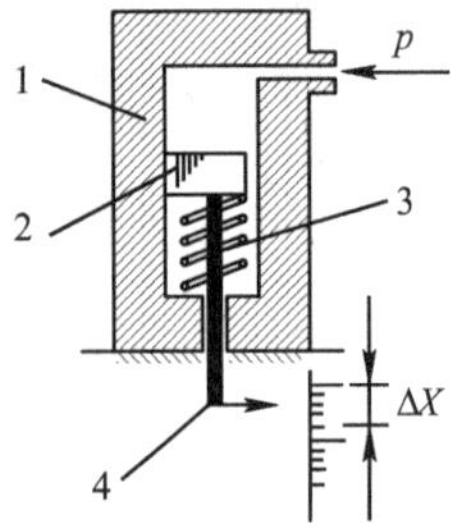

图 2.1　利用弹性形变测压原理图

1—活塞缸；2—活塞；3—弹簧；4—指针

图 2.1 所示为利用弹性形变测压原理图。活塞缸的活塞底部加有柱状螺旋弹簧，弹簧一端固定，当通入被测压力 p 时，弹簧被压缩并产生一弹性力与被测压力平衡，在弹性形变的限度内，弹簧被压缩后产生的弹性位移量 ΔX 与被测压力 p 的关系符合胡克定律，表示为

$$p = k\frac{\Delta X}{A} \tag{2.1}$$

式中，k 为弹性元件的弹性；A 为活塞的有效面积。

当 k、A 为定值时，测量压力就变为测量弹性元件的位移量 ΔX。

将图 2.1 中的弹簧管换成其他弹性元件，测量原理是一样的。本书只介绍航空仪表中常用的膜片与膜盒。图 2.2 所示为膜片及其变形原理图。

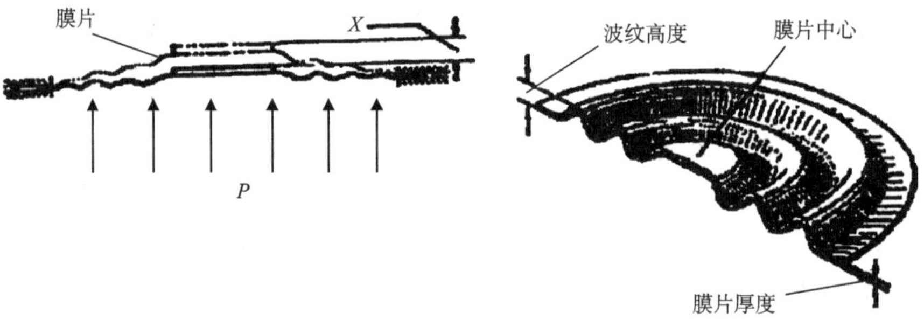

图 2.2　膜片及膜片变形示意图

膜片是具有同心波纹的圆形金属片，它是将小压力变换为位移的元件。把膜片的周围固定，膜片的一面受压力 P 作用后，产生变形。这种变形一方面是膜片向上弯曲，另一方面是膜片的波纹展平，于是膜片上各点都产生向上的位移。一般均用膜片中心的位移 X 来代表膜片的变形。

膜盒是由两片波纹膜片焊合而成的。若将膜盒内部抽成真空且密闭，则构成真空膜盒；如果在膜盒的中心有一开口，则构成开口膜盒。两种膜盒的测量原理相似。

真空膜盒受外界压力作用后，中心收缩，同时产生反抗变形的弹性力。当弹性力等于外界压力时，膜盒中心停在一定的位置，膜盒的变形量取决于外界压力的大小，即绝对压力。因此，真空膜盒是用于测量绝对压力的传感元件。

开口膜盒的开口处接一根小导管，被测量的流体经小导管进入膜盒内。当膜盒内部压力大于外部压力（壳体内的压力）时，膜盒膨胀，反之收缩。当两者的压力差发生变化时，膜盒膨胀或收缩的程度发生改变，同时产生反抗变形的弹性力。当弹性力等于两者的压力差时，膜盒中心停在一定的位置，膜盒的变形量取决于膜盒内外的压力差，即相对压力。因此，开口膜盒是用于测量相对压力的传感元件。

2）压阻式压力传感器

压阻式压力传感器的压力敏感元件是压阻元件，它是基于压阻效应工作的。所谓压阻元件实际上就是指在半导体材料的基片上用集成电路工艺制成的扩散电阻，当它受外力作用时，其阻值由于电阻率的变化而改变。扩散电阻正常工作时需依附弹性元件，常用的是单晶硅膜片。

图 2.3 所示为压阻式压力传感器的结构示意图。压阻芯片采用周边固定的硅杯结构，封装在外壳内。在一块圆形的单晶硅膜片上，布置四个扩散电阻，两片位于受压应力区，另外两片位于受拉应力区，它们组成一个全桥测量电路。硅膜片用一个圆形硅杯固定，两边有两个压力腔，一个是和被测压力相连接的高压腔，另一个是低压腔，接参考压力，通常和大气相通。当存在压差时，膜片产生变形，使两对电阻的阻值发生变化，电桥失去平衡，其输出电压反映膜片两边承受的压差大小。

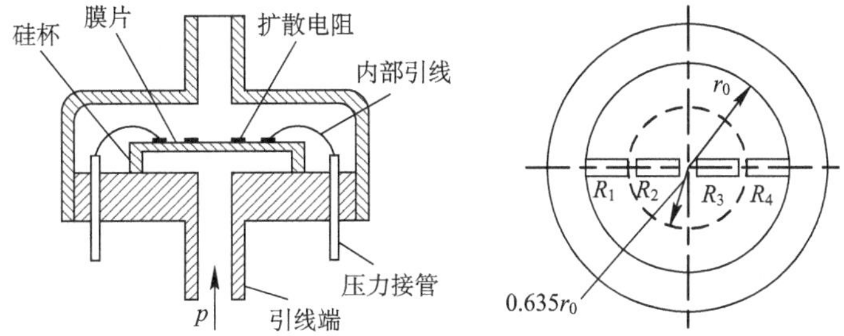

(a) 内部结构　　(b) 硅膜片示意图

图 2.3　压阻式压力传感器结构示意图

压阻式压力传感器的主要优点是体积小，结构比较简单，动态响应也好，灵敏度高，能测出十几帕斯卡的微压，它是一种比较理想、目前发展较为迅速和应用较为广泛的压力传感器。

2.1.2　温度及温度传感器

温度是表征物体冷热程度的物理量。温度不能直接加以测量，只能借助于冷热不同的物体之间的热交换，以及物体的某些物理性质随着冷热程度不同而变化的特性间接测量。为了定量地描述温度的高低，必须建立温度标尺（温标），温标就是温度的数值表示。各种温度计和温度传感器的温度数值均由温标确定。历史上提出过多种温标，如早期的经验温标（摄氏温标和华氏温标），理论上的热力学温标，当前世界通用的是国际温标。

国际温标是一个国际协议性温标，是既能体现热力学温标（即保证较高的准确度），使用方便，又容易实现的温标。国际温标自 1927 年拟定以来几经修改而不断完善，目前实行的是 1990 年国际温标（ITS—90），其取代了早先推行的 IPTS—68。国际温标规定仍以热力学温度作为基本温度，1K 等于水三相点热力学温度的 1/273.16。它同时定义国际开尔文温度（符号 T_{90}）和国际摄氏温度（符号 t_{90}），T_{90} 和 t_{90} 之间的关系为

$$t_{90}(℃)=T_{90}(\mathrm{K})-273.15 \tag{2.2}$$

按感温元件是否与被测介质接触，测量方法可以分成接触式测温与非接触式测温两大类。

接触式测温是使温度敏感元件和被测介质相接触，当被测介质与感温元件达到热平衡时，温度敏感元件与被测介质的温度相等。非接触式测温方法是应用物体的热辐射能量随温度的变化而变化的原理。

非接触式温度传感器精度较低，使用不太方便。接触式温度传感器具有结构简单、工作可靠、精度高、稳定性好、价格低廉等优点，是目前应用最多的一类。

常用的接触式测温传感器有热电偶传感器和热电阻传感器。

1. 热电偶传感器

热电偶是基于热电效应工作的。两种不同材料的导体（或半导体）组成一个闭合回路（图2.4），当两接点温度 T 和 T_0 不同时，则在该回路中就会产生电动势，这种现象称为热电效应，该电动势称为热电势。这两种不同材料的导体或半导体的组合称为热电偶，导体 A、B 称为热电极。两个接点，一个称为热端，又称测量端或工作端，测温时将它置于被测介质中；另一个称为冷端，又称参考端或自由端，它通过导线与显示仪表相连。

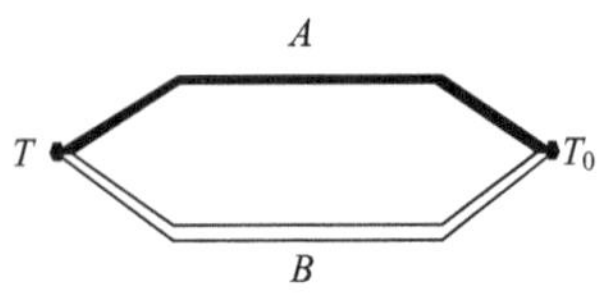

图2.4　热电偶回路

根据热电效应，当热电偶两端的温度 T 与 T_0 不同时，在热电偶中会产生热电势。热电势由接触电势与温差电势组成。在总热电势中，温差电势比接触电势小很多，可忽略不计，则热电偶的热电势可表示为

$$e_{AB}(T,T_0)=e_{AB}(T)-e_{AB}(T_0) \tag{2.3}$$

对于已选定的热电偶，当参考端温度 T_0 恒定时，$e_{AB}(T_0)=c$ 为常数，则总的热电动势就只与温度 T 呈单值函数关系，即

$$e_{AB}(T,T_0)=e_{AB}(T)-c=f(T) \tag{2.4}$$

即只要测出 $e_{AB}(T,T_0)$ 的大小，就能得到被测温度 T，这就是利用热电偶测温的原理。

在实际测量中，常使用热电偶的分度表来查所测热电势与温度之间的关系。热电偶的分度表是以冷端温度0℃作为基准进行分度的，因此，只要保证热电偶的冷端为0℃，根据热电势即可得到热端被测温度值。若在实际使用中，冷端不为0℃，可采用冷端温度补偿的方法进行补偿。

2. 热电阻传感器

热电阻传感器是利用导体或半导体的电阻值随温度变化而变化的原理进行测温的。热电阻传感器分为金属热电阻和半导体热电阻两大类，一般把金属热电阻称为热电阻，而把半导体热电阻称为热敏电阻。热电阻广泛用来测量－200～850℃的温度，少数情况下，低温可测量至1K，高温达1000℃。

1）热电阻

目前最常用的热电阻有铂热电阻和铜热电阻。

（1）铂热电阻。铂热电阻的特点是精度高、稳定性好、性能可靠，所以在温度传感器

中得到了广泛应用。按IEC标准，铂热电阻的使用温度范围为－200～850℃。铂热电阻的特性方程为

在－200～0℃的温度范围内：$R_t=R_0[1+At+Bt^2+Ct^3(t-100)]$ (2.5)

在0～850℃的温度范围内：$R_t=R_0[1+At+Bt^2]$ (2.6)

式中，R_t 和 R_0 为铂热电阻分别在 t℃和0℃时的电阻值；A、B 和 C 为常数，在ITS—90中，这些常数规定为：$A=3.9083\times10^{-3}/℃$，$B=-5.775\times10^{-7}/℃^2$，$C=-4.183\times10^{-12}/℃^4$。

从上式看出，热电阻在温度 t 时的电阻值与0℃时的电阻值 R_0 有关。目前我国规定工业用铂热电阻有 $R_0=10\Omega$ 和 $R_0=100\Omega$ 两种，它们的分度号分别为 Pt_{10} 和 Pt_{100}，其中以 Pt_{100} 为常用。铂热电阻不同分度号亦有相应分度表，即 R_t-t 的关系表，这样在实际测量中，只要测得热电阻的阻值 R_t，便可从分度表上查出对应的温度值。

(2) 铜热电阻。由于铂是贵重金属，因此，在一些测量精度要求不高且温度较低的场合，可采用铜热电阻进行测温，它的测量范围为－50～150℃。

铜热电阻在测量范围内其电阻值与温度的关系几乎是线性的，可近似地表示为

$$R_t=R_0(1+\alpha t) \tag{2.7}$$

式中，R_t 和 R_0 与铂热电阻含义相同，α 为铜热电阻的电阻温度系数，取 $\alpha=4.28\times10^{-3}/℃$。铜热电阻有两种分度号，分别为 Cu_{50} ($R_0=50\Omega$) 和 Cu_{100} ($R_0=100\Omega$)。

2) 热敏电阻

一般来说，半导体比金属具有更大的电阻温度系数。半导体热敏电阻即利用半导体的电阻值随温度显著变化的特性而制成的热敏元件。它是由某些金属氧化物和其他化合物按不同的配方比例烧结制成的。具有以下一些优点。

(1) 热敏电阻的温度系数比金属大，大4～9倍，半导体材料可以有正或负的温度系数，根据需要可以选择。

(2) 电阻率大，因此可以制成极小的电阻元件，体积小，热惯性小，适于测量点温、表面温度及快速变化的温度。

(3) 结构简单、力学性能好。可根据不同要求，制成各种形状。

热敏电阻的最大缺点是线性度较差，只在某一较窄温度范围内有较好的线性度，由于是半导材料，其复现性和互换性较差。

根据热敏电阻率随温度变化的特性不同，热敏电阻基本可分为正温度系数（PTC）、负温度系数（NTC）和临界温度系数（CTR）3种类型。

PTC热敏电阻具有正温度系数。当温度超过某一数值时，其电阻值朝正的方向快速变化。CTR热敏电阻在某个温度值上电阻值急剧变化，具有开关特性。其用途主要用作温度开关。NTC热敏电阻具有很高的负电阻温度系数，特别适用于－100～300℃测温，广泛地应用在自动控制及电子线路的热补偿线路中。

2.1.3 转速传感器

测量转速的传感器有电涡流式转速传感器、磁电式转速传感器和霍尔式转速传感器等。

1. 电涡流式转速传感器

电涡流式转速传感器是基于电涡流效应工作的。根据法拉第电磁感应定律，块状金属导体置于变化的磁场中做切割磁力线运动时，导体内将产生呈漩涡状的感应电流，此电流称为电涡流，以上现象称为电涡流效应。

图2.5所示为电涡流式传感器的原理图，该图由传感器线圈和被测导体组成线圈-导体系统。根据法拉第定律，当传感器线圈通以正弦交变电流 $\dot{I}_1$ 时，线圈周围空间必然产生正弦交变磁场 $\dot{H}_1$，使置于此磁场中的金属导体中感应电涡流 $\dot{I}_2$，$\dot{I}_2$ 又产生新的交变磁场 $\dot{H}_2$。根据楞次定律，$\dot{H}_2$ 的作用将反抗原磁场 $\dot{H}_1$，由于磁场 $\dot{H}_2$ 的作用，涡流要消耗一部分能量，导致传感器线圈的等效阻抗发生变化。由上可知，线圈阻抗的变化完全取决于被测金属导体的电涡流效应。电涡流效应既与被测体的电阻率 ρ、磁导率 μ 以及几何形状有关，还与线圈的几何参数、线圈中激磁电流频率 f 有关，同时还与线圈与导体间的距离 x 有关。

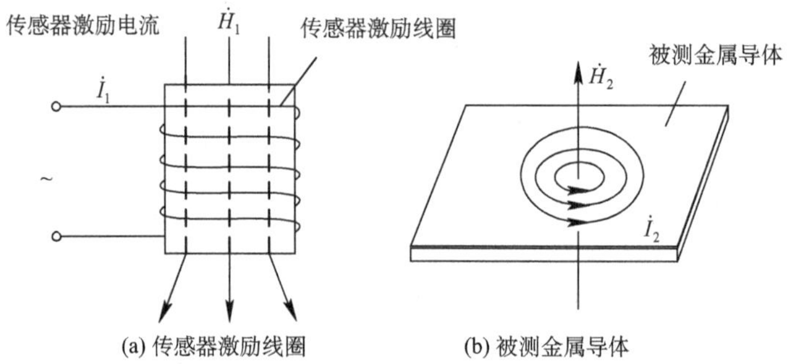

图2.5 电涡流式传感器原理图

图2.6所示为电涡流式转速传感器的原理图。在软磁材料制成的输入轴上加工一键槽，在距输入表面 d_0 处设置电涡流传感器，输入轴与被测旋转轴相连。当被测旋转轴转动时，电涡流传感器与输出轴的距离变为 $d_0+\Delta d$。由于电涡流效应，使传感器线圈阻抗随 Δd 的变化而变化，这种变化将导致振荡谐振回路的品质因数发生变化，它们将直接影响振荡器的电压幅值和振荡频率。因此，随着输入轴的旋转，从振荡器输出的信号中包含有与转速成正比的脉冲频率信号。该信号由检波器检出电压幅值的变化量，然后经整形电路输出频率为 f_n 的脉冲信号。该信号经电路处理便可得到被测转速。

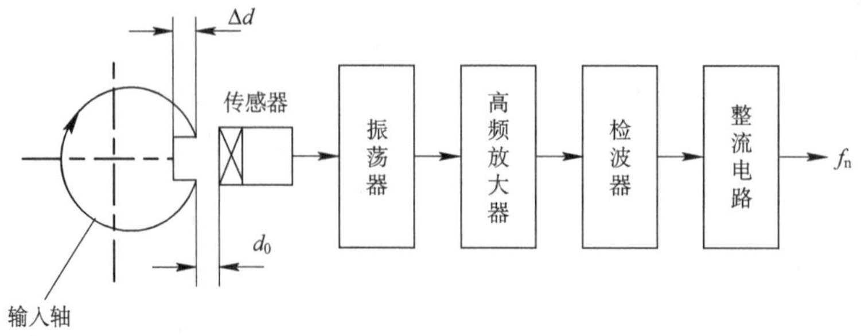

图2.6 电涡流式转速传感器原理图

这种转速传感器可实现非接触式测量，抗污染能力很强，可安装在旋转轴近旁长期对被测转速进行监视。最高测量转速可达 600000r/min。

2. 磁电式转速传感器

根据电磁感应定律，当一个 W 匝线圈相对静止地处于随时间变化的磁场中时，设穿过线圈的磁通为 Φ，则线圈内的感应电势 e 与磁通变化率 $\mathrm{d}\Phi/\mathrm{d}t$ 有如下关系：

$$e = -W\frac{\mathrm{d}\Phi}{\mathrm{d}t} \tag{2.8}$$

根据此原理，人们设计了变磁通式磁电传感器，也称为磁阻式磁电传感器。图 2.7 所示为用于测转速的磁电式传感器的结构图。线圈、磁铁静止不动，测量齿轮安装在被测旋转体上，随被测体一起转动。每转动一个齿，齿的凹凸引起磁路磁阻变化一次，磁通也就变化一次，线圈中产生感应电势，其变化频率等于被测转速与测量齿轮上齿数的乘积。这种传感器结构简单，但输出信号较小，且因高速轴上加装齿轮较危险而不宜测量高转速的场合。

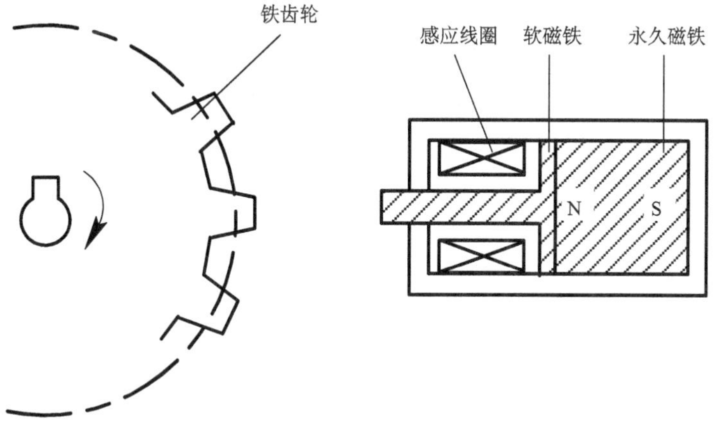

图 2.7　磁电式转速传感器结构图

3. 霍尔式转速传感器

霍尔传感器是基于霍尔效应的一种传感器。置于磁场中的静止载流导体，当它的电流方向与磁场方向不一致时，载流导体上平行于电流和磁场方向上的两个面之间产生电动势，这种现象称为霍尔效应。该电势称为霍尔电势。如图 2.8 所示。

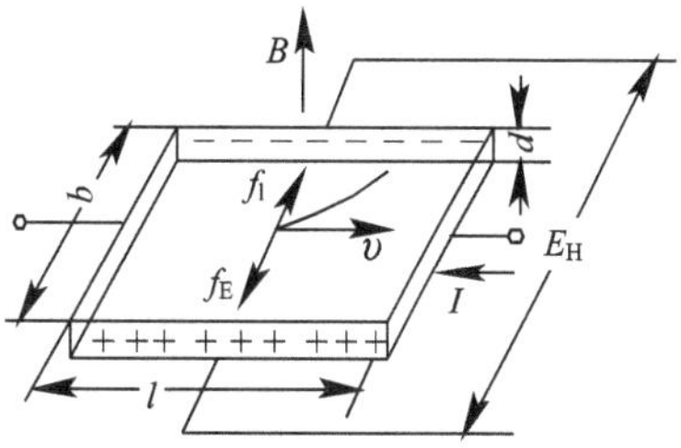

图 2.8　霍尔效应原理图

霍尔电势正比于激励电流及磁感应强度，其灵敏度与霍尔系数 R_H 成正比而与霍尔片厚度 d 成反比。图 2.9 所示为根据霍尔效应制成的几种霍尔转速传感器的结构图。

转盘的输入轴与被测转轴相连，当被测转轴转动时，转盘随之转动，固定在转盘附近的霍尔传感器便可在每一个小磁铁通过时产生一个相应的脉冲，检测出单位时间的脉冲数，便可知被测转速。根据磁性转盘上小磁铁数目多少就可确定传感器测量转速的分辨率。

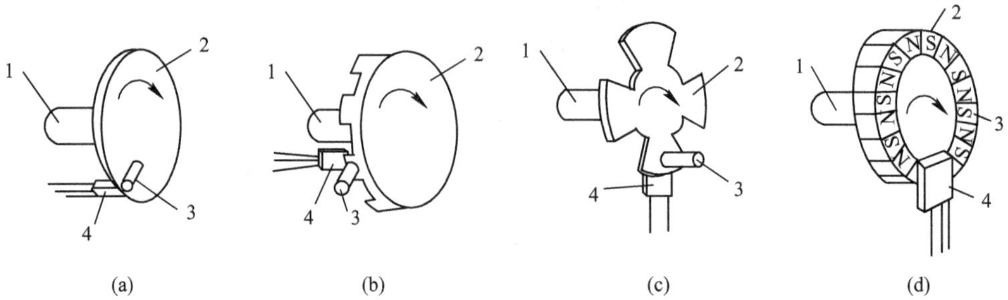

图 2.9 霍尔式转速传感器结构图

1—输入轴；2—转盘；3—小磁铁；4—霍尔传感器

2.1.4 物位传感器

物位是指各种容器设备中液体介质液面的高低、两种不溶液体介质的分界面的高低和固体粉末状颗粒物料的堆积高度等的总称。

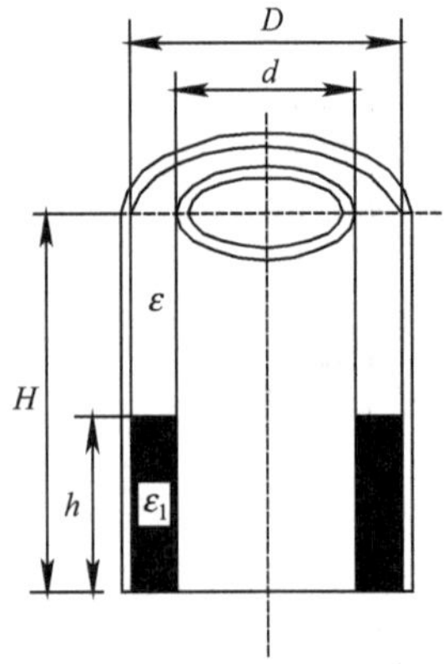

图 2.10 电容式物位传感器原理图

利用不同的检测方法检测物位的传感器很多，主要有电容式物位传感器、核辐射物位传感器、超声波物位传感器及浮力式物位传感器等。民航飞机上主要是用来测量油量的高低，本节主要介绍电容式物位传感器和浮力式物位传感器。

1. 电容式物位传感器

电容式物位传感器是一种变介电常数式电容器，它由两只同心圆筒形极板组成，如图 2.10 所示。上部为空气介质，下部为被测液体介质，它的电容量等于这两部分电容并联，即两者之和。由电工学可知，这两部分电容分别为

$$C_1=\frac{2\pi\varepsilon(H-h)}{\ln\dfrac{D}{d}},\quad C_2=\frac{2\pi\varepsilon_1 h}{\ln\dfrac{D}{d}} \tag{2.9}$$

式中，ε_1、ε 分别为被测液体和空气的介电常数；D、d 分别为外筒的内径和内筒的外径；h 为液面高度；H 为电容器极板的总高度。

其总电容为

$$C=C_1+C_2=\frac{2\pi\varepsilon(H-h)}{\ln\dfrac{D}{d}}+\frac{2\pi\varepsilon_1 h}{\ln\dfrac{D}{d}}=\frac{2\pi\varepsilon H}{\ln\dfrac{D}{d}}+\frac{2\pi(\varepsilon-\varepsilon_1)h}{\ln\dfrac{D}{d}}=C_0+\Delta C \tag{2.10}$$

式中，$C_0=\dfrac{2\pi\varepsilon H}{\ln\dfrac{D}{d}}$，$\Delta C=\dfrac{2\pi(\varepsilon_1-\varepsilon)h}{\ln\dfrac{D}{d}}$。

C_0 是容器内无介质时传感器的电容量，称为干电容。ΔC 随着被测介质高度变化而变化。由式（2.10）可知，此传感器的电容增量正比于被测液位高度 h。

2. 浮力式物位传感器

浮力式物位传感器根据浮子高度随液位高低而改变的原理来测量液位。将一个浮子置于液体中，浮子受到浮力的作用漂浮在液面上，当液面变化时，浮子随之同步移动，其位置就反映了液面的高低。如图2.11所示为浮子式物位传感器的原理图。若在该物位传感器的基础上增加机电信号变换装置，当液位变化时，浮子的上下移动即可转换为电信号的变化。

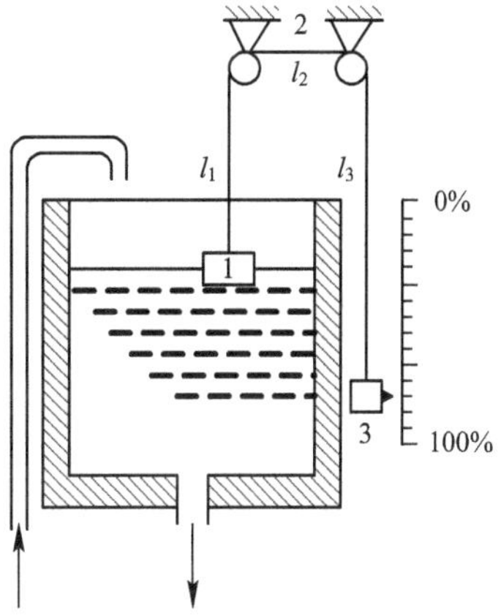

图2.11 浮子式物位传感器原理图

1—浮子；2—滑轮组；3—重锤

2.1.5 流量及流量传感器

1. 流量

单位时间内流过管道某一截面的流体数量，称为瞬时流量。瞬时流量有体积流量和质量流量之分。而在某一段时间间隔内流过管道某一截面的流体量的总和，即瞬时流量在某一段时间内的累积值，称为总量或累积流量。

体积流量为单位时间内通过某截面的流体的体积，单位为 m^3/s。根据定义，体积流量可用式（2.11）表示：

$$Q_v = \int_A v \mathrm{d}A \tag{2.11}$$

式中，v 为截面 A 中某一面积元 $\mathrm{d}A$ 上的流速。

如果流体在该截面上的流速处处相等，则体积流量可写成：

$$Q_v = vA \tag{2.12}$$

质量流量为单位时间内通过某截面的流体的质量，单位为 kg/s。根据定义，质量流量可表示成：

$$Q_m = \int_A \rho v \mathrm{d}A \tag{2.13}$$

由式（2.12）可得

$$Q_m = \rho v A \tag{2.14}$$

根据质量流量与体积流量之间的关系，测出体积流量再乘被测流体的密度即可间接测量质量流量。因此，本节只介绍体积流量传感器。

2. 流量传感器

目前流量测量的方法很多，测量原理和流量传感器（或称流量计）也各不相同，从测量方法上一般可分为速度式和容积式。

速度式流量传感器大多是通过测量流体在管路内已知截面流过的流速大小来实现流量测量的。它是利用管道中流量敏感元件（如孔板、转子、涡轮、靶子、非线性物体等）把流体的流速变换成压差、位移、转速、冲力、频率等对应的信号来间接测量流量的。差压式、转子、涡轮、电磁、漩涡和超声波等流量传感器都属于此类。

容积式流量传感器是根据已知容积的容室在单位时间内所排出流体的次数来测量流体的瞬时流量和总量的。常用的有椭圆齿轮、旋转活塞式和刮板等流量传感器。机载传感器

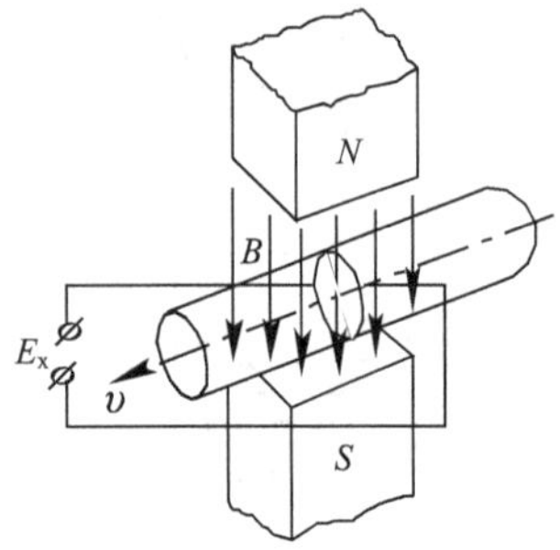

图 2.12 电磁流量传感器原理图

多用速度式流量传感器。因此，本节介绍两种常用的速度式流量传感器。

1）电磁流量传感器

电磁流量传感器是根据法拉第电磁感应定律来测量导电性液体的流量的。如图 2.12 所示，在磁场中安置一段不导磁、不导电的管道，管道外面安装一对磁极，当有一定电导率的流体在管道中流动时就切割磁力线。与金属导体在磁场中的运动一样，在导体（流动介质）的两端也会产生感应电动势，由设置在管道上的电极导出。该感应电势大小与磁感应强度、管径大小、流体流速大小有关。即

$$E_x = BDv = \frac{4B}{\pi D}Q_v = KQ_v \tag{2.15}$$

式中，B 为磁感应强度（T）；D 为管道内径，相当于垂直切割磁力线的导体长度（m）；v 为导体的运动速度，即流体的流速（m/s）；E_x 为感应电动势（V）；K 为仪表常数，$K=\frac{4B}{\pi D}$。

磁感应强度 B 及管道内径 D 固定不变，则 K 为常数，两电极间的感应电动势 E_x 与流量 Q_v 呈线性关系，便可通过测量感应电动势 E_x 来间接测量被测流体的流量 Q_v 值。

2）涡轮流量传感器

涡轮流量传感器类似于叶轮式水表。图 2.13 所示为涡轮流量传感器的结构示意图。它是在管道中安装一个可自由转动的叶轮，流体流过叶轮使叶轮旋转，流量越大，流速越高，则动能越大，叶轮转速也越高。测量出叶轮的转速或频率，就可确定流过管道的流体流量和总量。

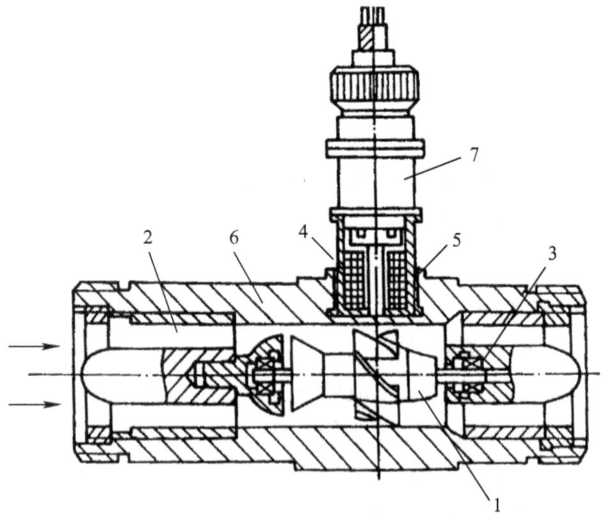

图 2.13 涡轮流量传感器结构图

1—涡轮；2—导流器；3—轴承；4—感应线圈；5—永久磁钢；6—壳体；7—前置放大器

涡轮由高导磁的不锈钢制成，线圈和永久磁钢组成磁电感应转换器。测量时，当流体通过涡轮叶片与管道间的间隙时，流体对叶片前后产生压差推动叶片，使涡轮旋转，在涡轮旋转的同时，高导磁性的涡轮叶片周期性地改变磁电系统的磁阻值，使通过线圈的磁通量发生周期性的变化，因而在线圈两端产生感应电势，该电势经过放大和整形，便可得到足以测出频率的方波脉冲，脉冲的频率与涡轮转速成正比，即与流过流体的流量成正比。如将脉冲送入计数器就可求得累积总量。

2.1.6　速度传感器

速度传感器用于测量单位时间内位移的增量。速度包括线速度和角速度。测量角速度的陀螺仪在 2.1.8 节中介绍，本节只介绍测量物体线速度的速度传感器。速度可直接用速度传感器测量，也可通过测量加速度进行积分间接得到速度。2.1.7 节介绍加速度计。本节介绍常用的速度传感器——磁电式速度传感器。如图 2.14 所示，有两种结构：动圈式和动铁式。

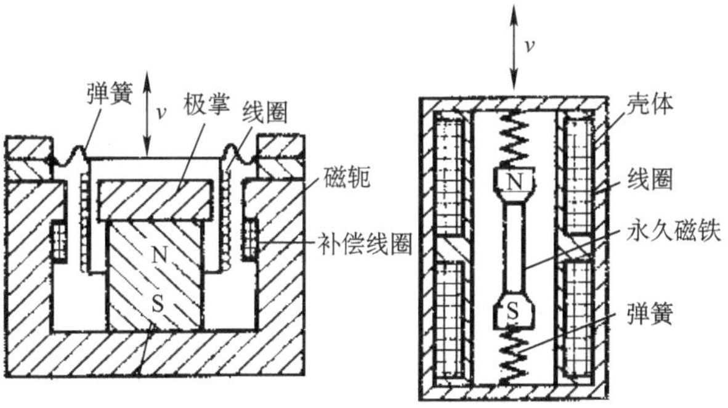

(a) 动圈式　(b) 动铁式

图 2.14　磁电式速度传感器结构原理图

根据电磁感应定律，当导体在稳恒均匀磁场中，沿垂直磁场方向运动时，导体内产生的感应电势为

$$e = Blv \tag{2.16}$$

式中，B 为稳恒均匀磁场的磁感应强度（T）；l 为导体有效长度（m）；v 为导体相对于磁场的运动速度（m/s）。

图中磁路系统产生恒定的直流磁场，磁路中的工作气隙固定不变，因而气隙中磁通也是恒定不变的。其运动部件可以是线圈（动圈式），也可以是磁铁（动铁式），两者的工作原理是完全相同的。当壳体随被测振动体一起振动时，由于弹簧较软，运动部件质量相对较大，当振动频率足够高（远大于传感器固有频率）时，运动部件惯性很大，来不及随振动体一起振动，近乎静止不动，振动能量几乎全被弹簧吸收，永久磁铁与线圈之间的相对运动速度接近于振动体的振动速度，磁铁与线圈的相对运动切割磁力线，从而产生感应电势为

$$e = B_0 lWv \tag{2.17}$$

式中，B_0 为工作气隙磁感应强度（T）；l 为每匝线圈平均长度（m）；v 为相对运动速度

(m/s)；W 为线圈在工作气隙磁场中的匝数。

2.1.7 加速度计

加速度计是测量沿某一特定轴加速度的装置。由于都运用惯性（物体对动量改变产生抗拒的特性）分别检测物体的线运动（加速度计）和角运动（陀螺仪）的变化，因此，加速度计和陀螺仪统称为惯性传感器，它们是飞机控制与导航的基础，也是姿态航向基准系统和惯性导航系统的基本元件，并在很大程度上决定了这些系统的性能和精度，其成本也占了系统成本中的大部分。

所有加速度计工作的原理都是：通过测量非固定的检测质量块（质量为 m）的受力情况（F），根据牛顿第二定律（$F=ma$），计算出运动载体的加速度。因此，加速度计也称为牛顿表。

加速度计种类很多，按检测加速度的质量块的运动方式，分为线加速度计和摆式加速度计。

1. 线加速度计

图 2.15 所示为线加速度计的基本结构。加速度计由检测质量块（也称敏感质量块）、支承弹簧、阻尼器和壳体组成。检测质量块受支承弹簧的约束只能沿一条轴线移动，这条轴线称为输入轴或敏感轴。当壳体随着运载体（飞机）沿敏感轴方向在惯性空间作加速运动时，根据牛顿第二定律，具有一定惯性的检测质量块力图保持其原来的运动方向不变，它与壳体之间将产生相对运动，使弹簧发生变形，于是检测质量块在弹簧力的作用下随之加速运动。当弹簧力与检测质量块加速运动时产生的惯性力相平衡时，检测质量块与壳体之间将不再有相对运动，这时弹簧的变形反映被测加速度的大小。即稳态时有

$$kx_a=ma$$

因此

$$x_a=\frac{m}{k}a \tag{2.18}$$

即弹簧的变形 x_a 与被测加速度 a 成正比。

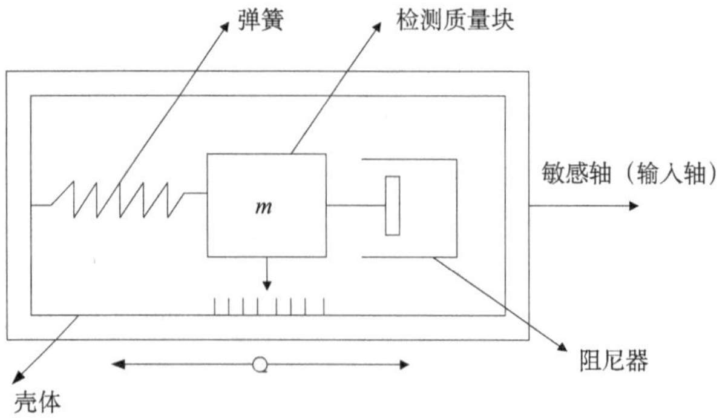

图 2.15 线加速度计结构图

图 2.16 所示的压电式加速度计就是一种线加速度计。

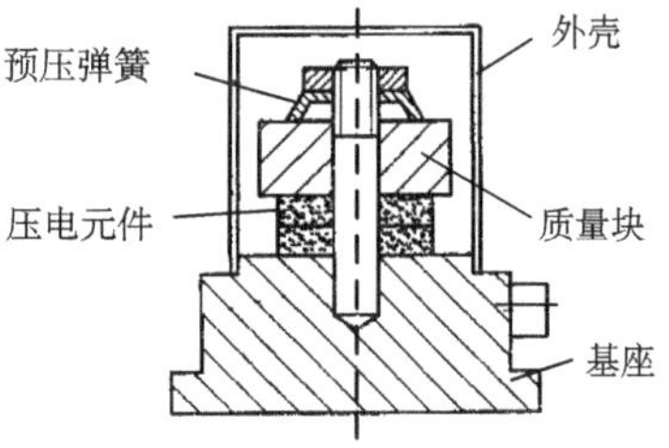

图 2.16　压电式加速度计结构图

压电式加速度计是基于压电效应工作的。某些电介质，当沿着一定方向对其施力而使它变形时，内部就产生极化现象，同时在它的某两个表面上便产生符号相反的电荷，当外力去掉后，又重新恢复到不带电状态。这种现象称为压电效应。当作用力方向改变时，电荷的极性也随之改变。有时，人们把这种机械能转换为电能的现象，称为“正压电效应”。相反，当在电介质极化方向施加电场，这些电介质也会产生几何变形，这种现象称为“逆压电效应”(电致伸缩效应)。具有压电效应的元件就是压电元件。

如图 2.16 所示，该加速度计主要由压电元件、质量块、预压弹簧、基座及外壳等组成。整个部件装在外壳内，并由螺栓加以固定。

当加速度传感器和被测物体一起受到冲击振动时，压电元件受质量块惯性力的作用，根据牛顿第二定律，此惯性力是加速度的函数，即

$$F = ma$$

式中，F 为质量块产生的惯性力（N）；m 为质量块的质量（kg）；a 为加速度（m/s^2）。

此时惯性力 F 作用于压电元件上，因而产生电荷 q（C），当传感器选定后，m 为常数，则传感器输出电荷为

$$q = d_{11}F = d_{11}ma \tag{2.19}$$

电荷 q 与加速度 a 成正比。因此，测得加速度传感器输出的电荷便可知加速度的大小。

2. 摆式加速度计

摆式加速度计种类很多，按加速度计活动系统的支承方式，可分为轴承支承摆式加速度计、悬浮摆式加速度计和挠性支承加速度计；按加速度计信号传感器的种类可分为电位计式加速度计、电容式加速度计、电感或差动变压器式加速度计、振动弦式加速度计等；按测量方式可分为开环加速度计和闭环加速度计（力反馈式加速度计）。常用的是力反馈式加速度计。

力反馈式加速度计的主要构件包括以下内容。

(1) 摆。与检测质量块相连或与检测质量块做成一体。

(2) 悬挂机构或铰链构件。用于将摆连在壳体上，要么是铰链，要么是枢轴机构。

(3) 感应摆运动的传感器。可采用光学、电感或电容方法。光学系统用一个检测器测量通过摆上一个缝隙的光束的变化；电感系统测量固定在壳体上的线圈中的电流差，线圈与摆上的一个板片相互作用，从而影响线圈的互感，该系统测量摆在传感器线圈之间的相对位置，而不是零位；电容系统测量由于摆的运动引起的摆与附近两个电极之间的电容的变化。

(4) 力矩器。用于阻止检测到的任何摆运动的受力再平衡机构。该机构通常由以检测质量块为中心配置的两个相同极性的磁铁和一对对称安装在摆上的线圈构成。流经线圈的

电流产生一个电磁恢复力矩。

(5) 壳体。用于将各种构件密封在其内部。壳体内可充满低黏性油，用于在静止或运动状态对冲击或振动产生阻尼，也可以充满干燥气体（如空气）。

图 2.17 所示为一种力反馈式加速度计的工作原理图。

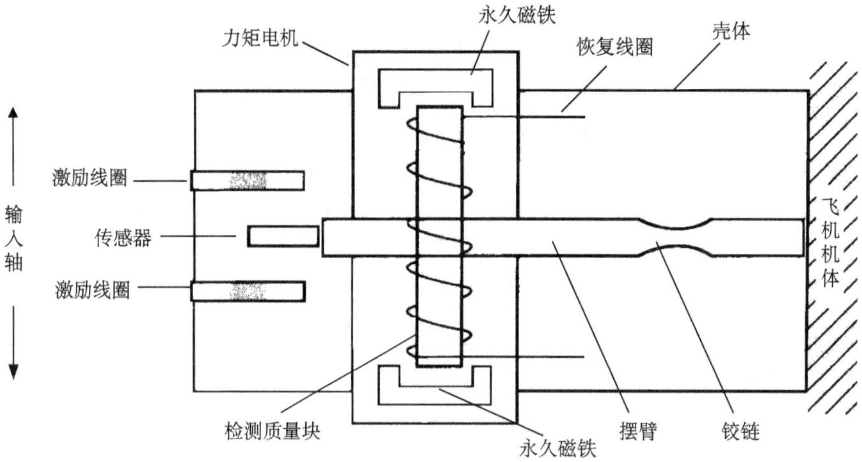

图 2.17 力反馈式加速度计工作原理图

该装置固定在被测加速度的物体上（如图中右侧所示的飞机机体上）。随着飞机机身和摆臂的运动，摆臂顶端的传感器与两个激励线圈之间进行相对运动，感受到此运动后，力矩器的恢复线圈将产生一个校正电流，使力矩器产生电磁力矩用于抑制摆的位移并使传感器回到零位。由于力矩器的恢复线圈在上下两个永久磁铁间保持平衡，因此力矩器线圈中的电流与输入的加速度成正比。

图 2.18 所示的电容式加速度计可构成一个开环的摆式加速度计。若将图 2.17 中传感器部分换成如图 2.18 所示的加速度计也可构成力反馈式加速度计。其工作原理为当加速度计壳体随被测对象沿垂直方向作直线加速运动时，质量块在惯性空间中相对静止，两个固定电极将相对于质量块在垂直方向产生大小正比于被测加速度的位移。此位移使两电容的间隙发生变化，一个增加，一个减小，从而使 C_1、C_2 产生大小相等、符号相反的增量，此增量正比于被测加速度。

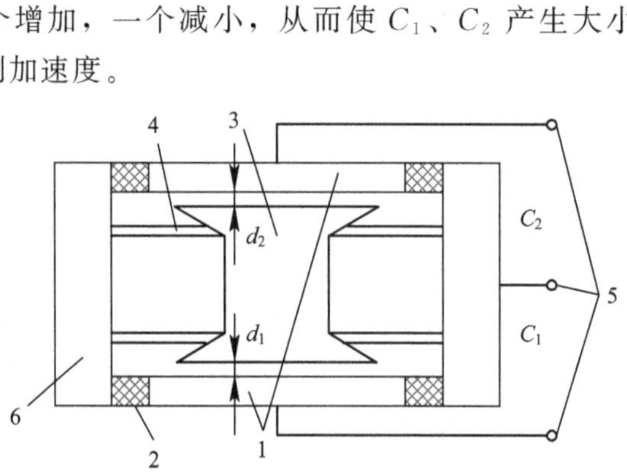

图 2.18 电容式加速度计结构图

1—固定电极；2—绝缘垫；3—质量块；4—弹簧；5—输出端；6—壳体

电容式加速度计的主要特点是频率响应快和量程范围大，大多采用空气或其他气体作为阻尼物质。

实际中，加速度计测得的是比力。惯性导航系统中将进行介绍。

2.1.8 陀螺仪

测量物体相对惯性空间转动角度或角速度的装置称为陀螺（Gyroscope）。Gyroscope来源于希腊单词“Gyros”和“Skopein”，分别是“旋转”和“观察”的意思。1852 年法国物理学家 Jean Foucault 将测量地球自转的万向旋转飞轮命名为陀螺（Gyroscope），这就是世界上第一个陀螺。因此，“观察旋转”很好地描述了所有陀螺的功能。

陀螺的种类很多，包括普通刚体转子陀螺、挠性陀螺、激光陀螺、光纤陀螺、粒子陀螺、低温超导陀螺等。普通的刚体转子陀螺是最基本和最原始的陀螺仪，但由于其具有构造复杂、故障多、成本高及可靠性低等诸多缺点，现代的飞机上多用激光陀螺和光纤陀螺等光学陀螺。本节对刚体转子陀螺和光学陀螺（激光陀螺和光纤陀螺）进行介绍。

1. 刚体转子陀螺

对于刚体转子陀螺，通常被定义为能够绕一个支点作高速旋转的物体。当它高速旋转以后，能稳定地直立在地面不会倒下，这就是陀螺的稳定性。这说明高速旋转的物体具有保持其自转轴方向不变的特性，根据这种特性所研制出的能感测旋转的装置称为陀螺仪。也可以说，转子陀螺仪的工作原理是基于高速自转的轮子或转子的惯性的。这个轮子依靠其角动量矢量，即其惯性与转速的乘积，力图保持其转轴在空间的方向不变，也以此定义了一个基准方向，并以此基准方向来测定物体相对于空间的旋转。因此陀螺仪可用来测量角位移（位移陀螺）或角速度（速率陀螺）。

刚体转子陀螺的主要组成部分如下。

（1）转子。实质上是一个以很高角速度旋转的飞轮。由陀螺电机或压缩空气驱动其绕转子轴高速转动，转子轴称为自转轴，旋转角速度称为自转角速度。

（2）框架。是一些支撑构件，转子和其他框架装在这些构件上，这些构件相对于转子可以自由转动，因而使转子与旋转运动相隔离。绕框架轴转动的角速度对陀螺来说称为牵连角速度。框架轴与自转轴的轴线相交于一点，称为陀螺的支点。

由内、外两个框架支撑的陀螺仪称为三自由度陀螺仪（简称三自由度陀螺），两个框架和转子的自转轴呈正交分布。两个框架能保证自转轴在空间指向任意方向，有三个角位移自由度，如图 2.19（a）所示。只有一个框架支撑的称为二自由度陀螺仪（简称二自由度陀螺），且框架轴与自转轴垂直。如图 2.19（b）所示。

（3）仪表壳体。壳体用于容纳其他的部件，仪表也通过壳体上的相应结构与运载体相连接。

1）三自由度陀螺的特性

三自由度陀螺具有两个基本特性：稳定性和进动性。

（1）稳定性。

陀螺转子的自转产生了角动量矢量，其方向与转子的自转轴方向一致。这个矢量（或自转轴方向）在惯性空间的方向保持不变，或者说在一个相对于“固定恒星”没有加速度的坐标系中保持不变。三自由度陀螺能够抵抗干扰力矩，力图保持其自转轴相对惯性空间方向稳定的特性，称为陀螺的稳定性（Stability of Gyroscope）。

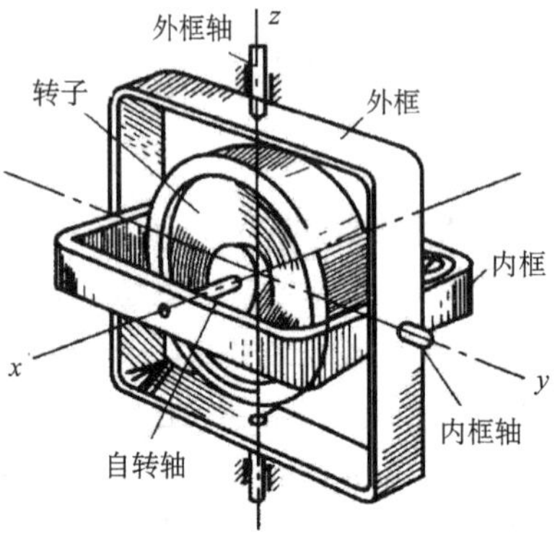

(a) 三自由度陀螺图

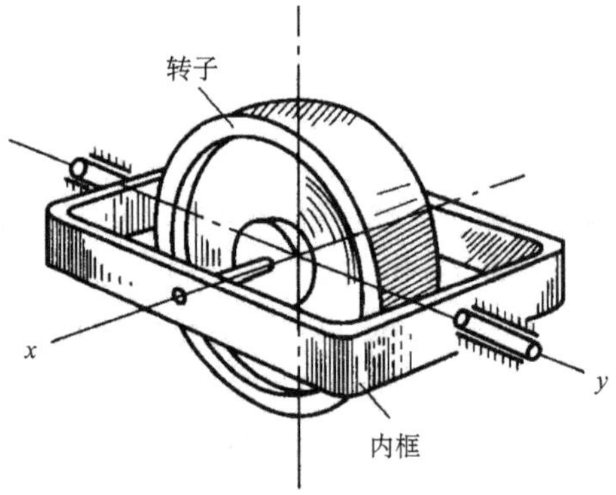

(b) 二自由度陀螺图

图 2.19 刚体转子陀螺仪

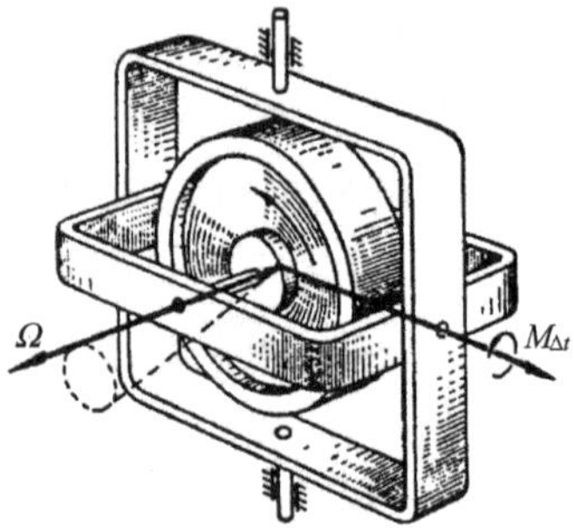

图 2.20 章动

陀螺的稳定性有两种表现形式：定轴性和章动。

当陀螺转子高速旋转后，若不受外力矩的作用，不管基座如何转动，支撑在支架上的陀螺自转轴指向惯性空间的方位不变，这种特性称为定轴性。如果我们以地球为基准，则可以认为三自由度陀螺相对于地球运动，这种运动称为陀螺的假视运动或视在运动（Apparent Motion）。视在运动是陀螺稳定性的表现。陀螺稳定性的另一表现形式为：当陀螺转子高速旋转后，受到瞬间冲击力矩作用时，例如，冲击陀螺的内框（或外框），自转轴将在原来的空间方向附近作高频微幅的圆锥形振荡运动，如图 2.20 所示。这种振荡运动称为章动。

只要陀螺具有较大的动量矩，这种圆锥运动的频率比较高，振幅却很小，自转轴在惯性空间中的方位改变是极其微小的，且很容易衰减。当章动的圆锥角为零时，就是“定轴”。因此，章动是陀螺稳定的一般形式，而定轴是陀螺稳定的特殊形式。

（2）进动性。

三自由度陀螺受外力矩作用时，若外力矩作用在内框轴上，陀螺绕外框轴转动（图 2.21 (a)）；若外力矩作用在外框轴上，陀螺绕内框轴转动（图 2.21 (b)）。三自由度陀螺转动方向与外力矩作用方向不一致，即转动方向（指角速度矢量方向）与外力矩作用方向相互垂直的特性，称为三自由度陀螺的进动性（Precession）。

陀螺的自转就是陀螺转子相对于框架的旋转运动，进动则是陀螺框架相对于惯性空间的运动。

①陀螺进动的方向。

陀螺进动的方向取决于角动量 H 方向（即动量矩，它与陀螺自转角速度矢量 Ω 方向一致）和外力矩方向，其规律是：进动角速度矢量方向是角动量矢量（或自转角速度矢量）沿最短途径转向外力矩矢量的方向。或者是外加力矩矢量 M 沿陀螺自转方向转动 90°

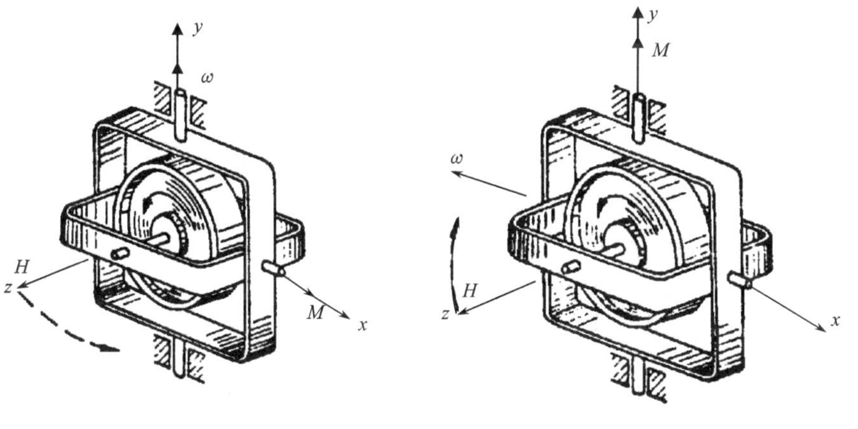

(a) 外力矩绕内框轴作用　　(b) 外力矩绕外框轴作用

图 2.21　外力矩作用下陀螺仪的进动

即进动角速度矢量方向。

也可以用右手螺旋法则来判定进动角速度矢量的方向。即将右手大拇指伸直，其余四指以最短路径从角动量矢量 H 的方向握向外力矩矢量 M 的方向，则大拇指的方向就是进动角速度矢量的方向，如图 2.22 所示。

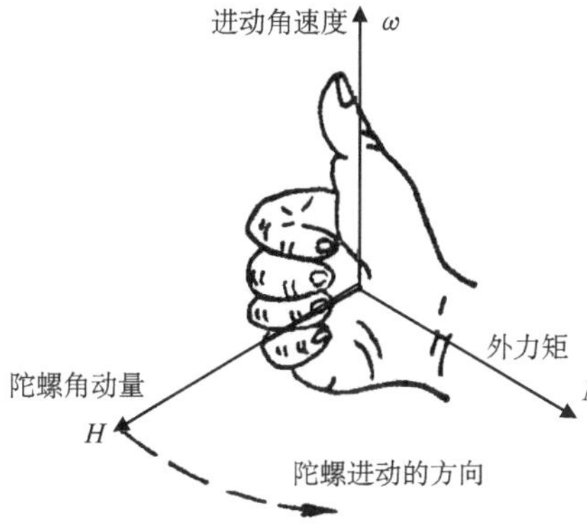

图 2.22　陀螺进动的方向

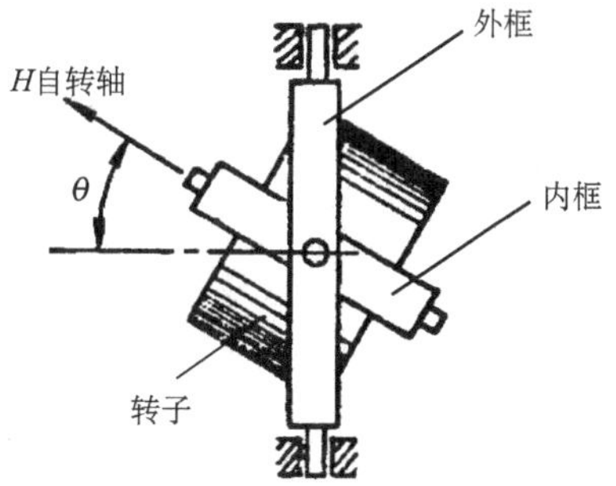

图 2.23　自转轴与外框轴不垂直的情况图

②陀螺进动角速度大小。

陀螺进动角速度的大小，取决于角动量的大小和外力矩的大小。分两种情形：

当自转轴与外框轴垂直时：$\omega = M/H$；　(2.20)

当自转轴与外框轴不垂直时，如图 2.23 所示，则

$$\omega = M/(H\cos\theta) = M/(J\Omega\cos\theta) \tag{2.21}$$

式中，$H\cos\theta$ 为 H 矢量在垂直于外框轴方向的分量；J 为转子对自转轴的转动惯量；θ 为自转轴偏离外框轴垂直平面的夹角。

式 (2.20) 和式 (2.21) 表明，当自转轴与外框轴垂直时，进动角速度 ω 与外力矩 M 成正比，与角动量 H 成反比。也就是说，陀螺进动角速度的大小与下列三个因素有

关：第一，转子自转角速度越大，进动角速度越小；第二，转子对自转轴的转动惯量越大，进动角速度越小；第三，外力矩越大，进动角速度越大。

当自转轴与外框轴不垂直时，在相同的外力矩作用下，进动角速度更大。

③陀螺进动的特点。

(a) 进动不是发生在力矩作用的方向，而是发生在和它垂直的方向上；非陀螺体则发生在力矩作用的方向。

(b) 进动角速度在动量矩一定时，对应一个外力矩，只有一个进动角速度；非陀螺体角速度则不断变化，与角加速度相对应。

(c) 外力矩停止作用时，进动立即停止，在这个意义上，可以说陀螺的进动是“无惯性”的；非陀螺体则要作惯性运动，继续运动下去。

式(2.20)和式(2.21)还说明，自转轴与外框轴垂直时($\theta=0°$)，进动角速度最小，否则进动角速度增大。如果自转轴绕内框轴的进动角度达到90°，或基座带动外框轴绕内框轴方向转动角度达到90°，即$\theta=90°$，则自转轴与外框轴重合，陀螺将失去一个转动自由度。这时，绕外框轴作用的力矩将使外框连同内框绕外框轴一起转动，陀螺变得和一般刚体没有区别，这种现象称为“框架自锁”。当θ较大，或“框架自锁”时，陀螺在外力矩的作用下可能会绕内、外框轴高速转动，称为“飞转”。陀螺飞转时，轴承摩擦加剧，甚至引起碰撞，对陀螺仪表危害很大，应尽量避免。

实际的陀螺，总是不可避免存在着干扰力矩，如轴承摩擦和不平衡力矩等。在干扰力矩作用下，陀螺将产生进动，使自转轴偏离原来的惯性空间方向。由干扰力矩所引起的陀螺进动，通常称为漂移。但是，只要陀螺的角动量比较大，陀螺的漂移就很缓慢，在一定时间内自转轴相对惯性空间的方位改变也很微小。

实际上，常用的航向陀螺的漂移率可达到1°/h～12°/h，而惯性导航用的陀螺的漂移率仅为0.001°/h～0.01°/h，稳定性是很高的。

2) 陀螺力矩

陀螺的运动是一种机械运动，即绕三个互相垂直的轴自由旋转运动。这种旋转运动也是由于陀螺内部的矛盾性引起的。具体来说，就是体现了自转运动与牵连运动的矛盾性。

这两种角运动互相作用的结果产生了陀螺力矩。在陀螺力矩的参与下，陀螺的运动具有自己的特殊规律。

(1) 陀螺力矩的方向。

物体同时绕两个互不平行的轴旋转时会产生陀螺力矩。

陀螺力矩的矢量垂直于两个转轴所组成的平面。陀螺力矩的方向与自转角速度的方向和牵连角速度的方向有关，并可用以下的规则来确定：牵连角速度矢量沿转子自转的方向转90°就是陀螺力矩矢量的方向，如图2.24所示。

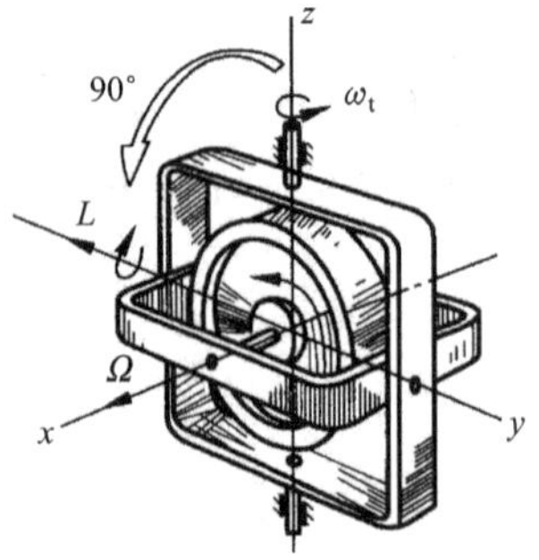

图2.24 陀螺力矩的方向

牵连角速度矢量朝z轴的正方向，自转角速度矢量朝x轴的正方向，则牵连角速度矢量沿转子旋转方向转90°，将指向y轴的负方向，这就是陀螺力矩矢量的方向。故转子的动量矩和牵连角速度的方向决定了陀螺力矩的方向。

(2) 陀螺力矩的大小。

陀螺力矩的大小也分两种情形。

①当自转轴与牵连角速度矢量轴相互垂直时，陀螺力矩的大小与动量矩和牵连角速度矢量的乘积成正比，即 $L=H\times\omega$；

②当两者不垂直时，陀螺力矩的大小与动量矩在垂直于牵连角速度矢量轴向的分量和牵连角速度矢量的乘积成正比，即 $L=H\cos\theta\times\omega$，其中 $H\cos\theta$ 即 H 在垂直于牵连角速度矢量轴向的分量，θ 为两个自转轴偏离牵连角速度矢量轴垂直方向的夹角。

因此，对于有进动的三自由度陀螺，陀螺力矩 L 与外力矩 M 大小相等，方向相反。

3) 二自由度陀螺的特性

由于二自由度陀螺比三自由度陀螺少了一个支撑框，因此，它们表现的特性就不同。二自由度陀螺有进动性和受迫运动两种特性，但不具有稳定性。

(1) 二自由度陀螺的进动。

二自由度陀螺的进动如图 2.25 所示，设二自由度陀螺以角速度 Ω 自转，自转角速度的矢量朝左，当二自由度陀螺基座绕其缺少自由度的方向转动时（即绕 z 轴方向转动），牵连角速度矢量朝上。在自转角速度和牵连角速度的共同作用下，二自由度陀螺会产生绕内框轴的陀螺力矩 L，其方向朝前。在此力矩作用下，陀螺以角速度 $\omega_{进}$ 绕内框轴转动，这称为二自由度陀螺的进动。

由于二自由度陀螺具有敏感基座绕缺少自由度的轴方向转动的特性，可以用作测量飞机、舰船等角速度和角位移的仪表。

因为二自由度陀螺与三自由度陀螺结构不同，所以两种陀螺的进动性具有如下区别：三自由度陀螺在常值外力矩作用下作等速进动，二自由度陀螺在常值基座旋转角速度的作用下作加速进动；三自由度陀螺在外力矩消失后，立即停止进动，二自由度陀螺在基座旋转角速度消失后自转轴维持等速进动。

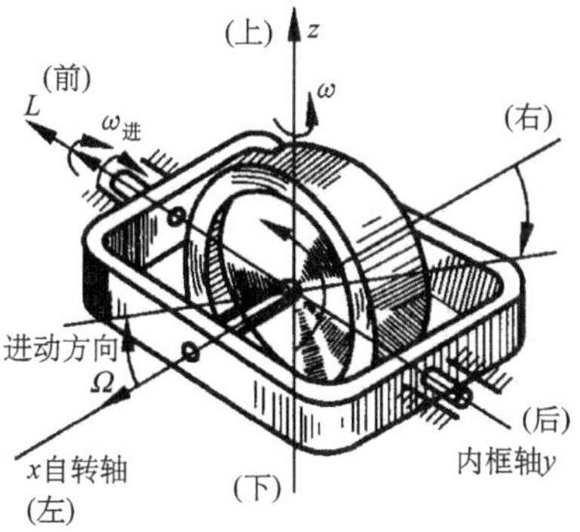

图 2.25　二自由度陀螺的进动图

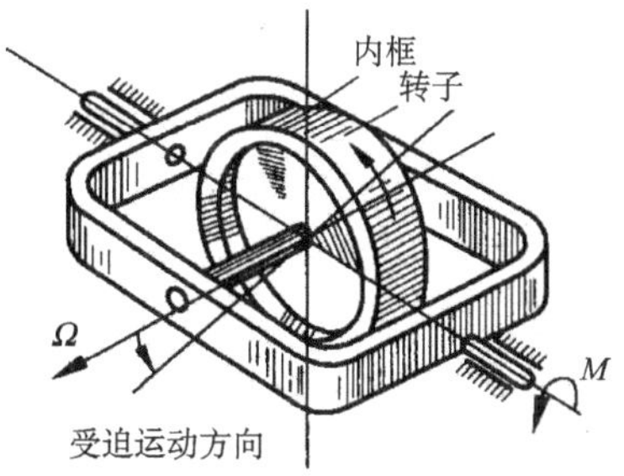

图 2.26　二自由度陀螺的受迫运动

(2) 二自由度陀螺的受迫运动。

当二自由度陀螺沿内框轴有外力矩作用时，由于陀螺不能绕 z 轴转动，因而也就不能绕内框轴产生陀螺力矩来同外力矩平衡。因此，在外力矩作用下，陀螺将像普通物体一样加速转动；外力矩消失后，陀螺并不停止转动，而是像普通物体一样维持等速旋转（图 2.26）。二自由度陀螺的这种运动称为受迫运动。

4）陀螺仪的应用

在飞机上，陀螺仪表主要用来测量飞机的姿态角、航向角和角速度。按其所测参数的用途不同，飞机陀螺仪表可分为指示式与传感式两类。用来给出判读指示的属于“指示式陀螺仪表”，而用于输出电信号给飞机其他系统的属于“传感式陀螺仪表”（也称陀螺传感器）。

指示式陀螺仪表有：用于指示飞机的姿态角的陀螺地平仪、用于指示飞机的航向角的陀螺半罗盘和陀螺磁罗盘，这些仪表都是三自由度陀螺的具体应用；用于指示飞机的转弯或盘旋的陀螺转弯仪则为二自由度陀螺的具体应用。

传感式陀螺仪表有：测量飞机的姿态角，并输出与这些被测量角成一定关系的电信号的陀螺仪称为垂直陀螺仪；测量飞机的航向角，并输出与之成一定关系的电信号的陀螺仪称为方位陀螺仪（或航向陀螺仪）。这些仪表都是三自由度陀螺的具体应用。测量飞机的转弯角速度，并输出与之成一定关系的电信号的陀螺仪称为速率陀螺仪，为二自由度陀螺的具体应用。这些仪表主要给飞行自动控制系统或其他机载设备提供电信号。

2. 光学陀螺仪

随着航空技术的不断发展，对陀螺的工作精度提出了越来越高的要求。中等精度的惯性导航系统要求陀螺的漂移率不大于0.01°/h，而常规陀螺的漂移率一般在2°/h以上。为此，从20世纪50年代以来人们通过两种途径对陀螺进行了改进和革新。一是改进了陀螺的支承，制造出液浮陀螺、气浮陀螺、挠性陀螺、静电陀螺等；二是不断寻求新的工作原理研制新型陀螺，如光学陀螺仪。

光学陀螺仪是基于光学萨格奈克（Sagnac）效应的。法国物理学家萨格奈克于1913年发现光学萨格奈克效应。在环形光学中，分光镜将入射光分解为沿相反方向传播的两束相干光。当环形光路相对惯性空间静止不动时，沿着相反方向传播的两束光到达分光点的行程相等，干涉光形成的干涉条纹静止不动；当环形光路沿着与光路平面垂直的轴以角速度 ω 相对惯性空间旋转时，由于分光镜和光路一起旋转，沿着相反方向传播的两束光到达分光点的行程不相等，干涉光形成移动的干涉条纹，且干涉条纹移动角速率正比于旋转角速率 ω，这个物理现象称为光学萨格奈克效应。

激光陀螺仪和光纤陀螺仪统称光学陀螺仪，光源为某种波长的激光，主要由光学传感器和信号检测系统两部分组成。

1）激光陀螺仪

激光陀螺仪（Laser Gyroscope）是一种应用激光技术测量物体相对惯性空间的角速度和转动角度的新型陀螺仪，它完全没有机械转子，是一个光学器件，只是由于它具有陀螺测量角速度的功能，所以仍然称为陀螺。

激光陀螺仪具有许多独特的优点：①结构简单，没有活动的机械转子，不存在摩擦，也不受重力加速度的影响；②角速度测量范围很宽，从0.01°/h到1000°/s以上；③测量精度很高，可达0.001°/h；④能直接提供数字式输出，与数字式计算机连接方便；⑤启动很快，可以说是瞬间启动，而一般陀螺仪需要几分钟的启动准备时间；⑥工作可靠，寿命长，总成本不高等。

由于激光陀螺的上述优点，现已广泛应用在捷联式惯性导航系统中，并被公认为捷联惯导理想的惯性测量元件。如图2.27所示为目前飞机捷联惯导系统中广泛使用的一种激光陀螺结构示意图。它主要由三角形氦氖激光器、读出探测器和压电抖动马达等组成。

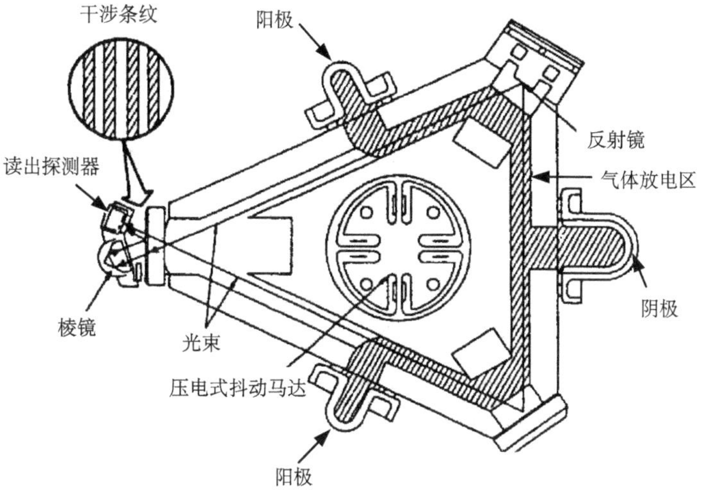

图 2.27　激光陀螺结构

激光器的谐振腔体由温度稳定性很高的微晶玻璃块（或熔石英）制成。在三角形玻璃块上精确地钻了三个成三角形的毛细孔道，为激光提供通路，三角孔道和顶端的两个全反射镜、一个半透射半反射镜构成了一个产生激光必需的光学谐振系统。在三角块的三边分别安装了两个阳极和一个阴极，从而形成向相反方向传播的两束激光。

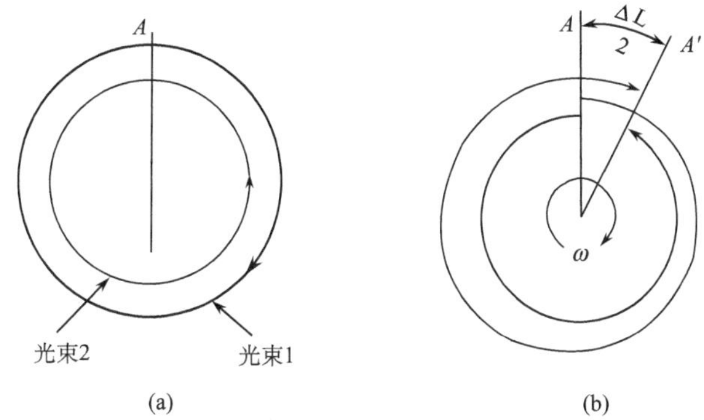

图 2.28　激光在环形光路中的行程

光在激光器环形光路中行进时，速度恒为光速 c。如果在环形光路中两束光分别沿顺、逆时针方向行进，两束光转一圈回到出发点的光程（光行进的路程）长度是相等的，如图 2.28（a）所示。但是，当激光器在环形平面内转动时，两束光回到原出发点的路程就不相等。如图 2.28（b）所示，若激光器以角速度 ω 顺时针转动，光束 1 从 A 点出发沿环形光路顺时针行进，直到回到原出发点。由于这时原出发点 A 已经随环体转到 A' 位，该光束的行程将比激光器不转动时的行程增长 AA'。反之，若光束 2 沿环路逆时针行进，则从出发点 A 回到原出发点的行程比原来缩短 AA'。可以计算出顺、逆光束的光程差为

$$\Delta L = \frac{4S}{c}\omega \tag{2.22}$$

式中，S 为环形光路包围的面积。

只要测出 ΔL 就可以知道激光器相对惯性空间的转动角速度 ω。然而，由于 ΔL 很小，直接测量光程差是很困难的。解决的方法是将两束激光的光程差转换成频率差进行测量。

根据激光产生的原理，在环形激光腔中所产生激光的频率取决于环形光路的长度，即

$$\begin{aligned} \lambda &= L/N \\ f &= c/\lambda = Nc/L \end{aligned} \tag{2.23}$$

式中，λ 为波长；f 为频率；L 为激光器环形光路的长度；N 为正整数；这是激光腔中光波发生谐振产生激光的条件。

当激光器不转动时，顺、逆向两束激光的光路长度相等，它们的频率也相等，频差为零。当激光器转动时，顺、逆向两束激光的光路长度不相等，频率也不相等，频率差为

$$\Delta f = \frac{4S}{\lambda L}\omega \tag{2.24}$$

式（2.24）说明，当激光器结构一定时，沿环形光路顺、逆时针传播的两束激光的频率差与激光器绕垂直轴转动的角速度成正比。因此，测量两束激光的频率差，就可以测量出激光器（或载体）相对惯性空间的转动角速度。

激光陀螺用光电检测器来测量两束激光的频率差。当两束激光通过半透射半反射镜后，便在合光棱镜合光，形成干涉条纹（激光具有良好的相干性，见图 2.27），光电检测器就可以根据干涉条纹的运动情况测量出激光器的转动角速度。

如果激光陀螺相对惯性空间静止不动，$\omega=0$，两束光没有频率差，干涉条纹静止不动，光电检测器没有脉冲信号输出，频率计输出为零。如果激光陀螺转动，$\omega\neq0$，两束光产生频率差，干涉条纹将会移动，其移动速度的大小和方向反映了角速度的大小和方向。这样，频率计和显示器的输出指示出被测物体相对惯性空间转动角速度的大小和方向。将此角速度积分，就可以得出转动角位移。

综上所述，激光陀螺的工作原理是：激光陀螺绕垂直测量轴转动时，正、反向两束激光的光程发生变化，从而使两束激光的频率发生变化，其频率差与转动角速度成正比，利用光电检测器测量这个频率差，就可得出载体的转动角速度，通过积分即得出载体的转动角度。

用这样的激光陀螺（设环形光路为正三角形，$L=40\text{cm}$）测量地球自转角速度，得到的频率差 $\Delta f=8.87\text{Hz}$。地球转一周时，两束激光的周期数差（即脉冲数）为 7.66×10^5 个。

由于激光陀螺在输入角速度较小时输出信号为零，不能有效地测量小角速度，即所谓闭锁区误差。为此，在陀螺基座上安装了一个压电式抖动马达，使陀螺绕输入轴线处于人为高频角振动状态，从而使陀螺工作点偏离小角速度闭锁区，克服了闭锁区误差。

2）光纤陀螺仪

光纤陀螺仪工作原理如图 2.29 所示。分光镜将激光源射入的激光束分解成顺时针和

逆时针方向传输的两束激光。如果光纤陀螺仪不绕垂直光纤环路平面的输入轴转动，即 $\omega=0$，沿环形光纤传播的两束激光的行程 L_1 和 L_2 相等，光程差 $\Delta L=0$，干涉光形成的干涉条纹静止不动。如果光纤陀螺仪以角速率 ω 绕其输入轴转动，由于分光镜随之转动，两束激光绕行一周的行程分别为（环路变径为 R）

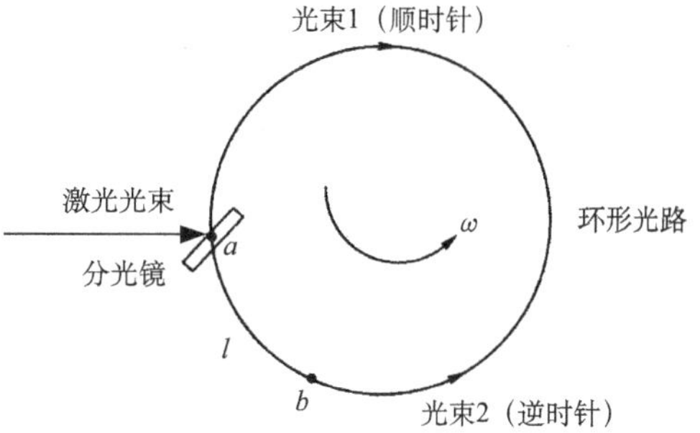

图 2.29　光纤陀螺工作原理图

$$L_1=2\pi R-l$$

$$L_2=2\pi R+l$$

式中，l 为 a，b 两点间的长度。

光程差为

$$\Delta L=L_2-L_1=2l$$

由光学萨格奈克效应可知，光程差 ΔL 与转动角速率 ω 成正比，且

$$\Delta L=\frac{4S}{c}\omega \tag{2.25}$$

式中，c 为光速；S 为环形光路面积。

与光程差 ΔL 相对应的时间差为

$$\Delta t=t_2-t_1=\frac{L_2}{c}-\frac{L_1}{c}=\frac{\Delta L}{c}=\frac{4S}{c^2}\omega \tag{2.26}$$

干涉条纹的相位差（称萨格奈克位移，单位为 rad）为

$$\varphi_s=2\pi f\cdot\Delta t=2\pi f\,\frac{4S}{c^2}\omega=2\pi\,\frac{4\pi R^2}{\lambda c}\omega \tag{2.27}$$

式中，f 和 λ 分别为激光光源的振荡频率和激光的波长。

式（2.27）表明，忽略激光在环形光路中的传输损耗，萨格奈克相移和转动角速率 ω 成正比。

2.2　发动机仪表系统

发动机是飞机的动力装置，测量发动机工作状态的仪表称为发动机仪表。为了全面了解发动机的工作状态，需要测量的发动机参数较多。根据被测参数的性质，大致可分为压力的测量、温度的测量、转速的测量、油量的测量、流量的测量和振动的测量等。

2.2.1　压力的测量

发动机的滑油压力、燃油压力、氧气压力、冷气压力以及座舱压力等都需要进行测量。发动机仪表中的压力表采用弹性压力式传感器，弹性元件是膜盒，包括测量绝对压力的真空膜盒和测量相对压力的开口膜盒。因此，可以构成两种仪表：测量绝对压力的真空膜盒式压力表和测量相对压力的开口膜盒式压力表。根据传感器测量信息到指示器的传送

机构的不同，可分为机械式压力表和电气式压力表。

1. 机械式压力表

图 2.30 所示为机械式压力表，图 2.30（a）和图 2.30（b）分别为真空膜盒式压力表和开口膜盒式压力表。

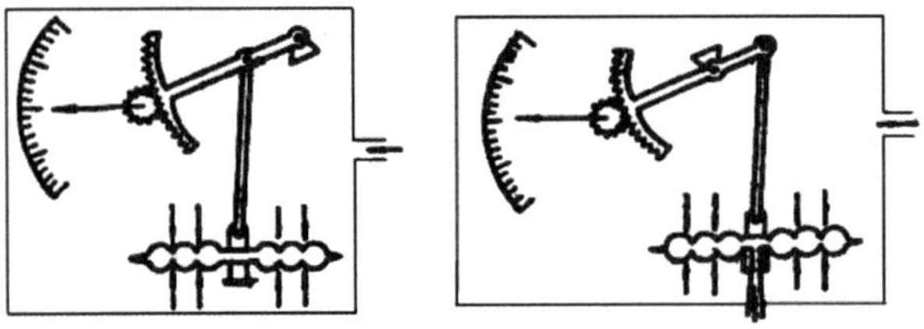

(a) 绝对压力的测量　　(b)相对压力的测量

图 2.30　膜盒式压力表

图 2.30（a）中敏感元件为真空膜盒，直接感受外界被测压力变化（设为 P_a），根据真空膜盒特点，膜盒中心的变形量取决于外界压力的大小 P_a。膜盒的位移量经连杆、齿轮机构传送给指针，由指针在刻度盘上指示出被测压力 P_a 的大小。

飞机上用来测量活塞式发动机进气管中的进气压力的进气式压力表（Manifold Pressure）就是一种真空膜盒式压力表。它与转速表配合，可以反映活塞式发动机的功率。测量单位是 mmHg 或 inHg。当发动机未工作时，进气压力表指示当时场压（机场气压）；发动机工作时，指示进气压力值。

图 2.30（b）中敏感元件为开口膜盒，被测量的气体经小导管进入膜盒内，设压力为 P_a。开口膜盒外部（即仪表壳体内）气体压力设为大气压力 P_0。根据开口膜盒的工作原理，开口膜盒的变形量取决于膜盒内外的压力差，即相对压力 $P_g=P_a-P_0$。开口膜盒的位移量经连杆、齿轮机构传送给指针，由指针在刻度盘上指示出相对压力 P_g 的大小。

飞机上测量轴流式涡轮喷气发动机推力的百分比推力表是开口膜盒式压力表。膜盒内部通入被测压力，根据该仪表的指示可以推算出发动机的功率。

由以上两个仪表可以看出，机械式仪表是传感器和指示器组装在一起的单一参数测量仪表。传感器与指示器间的信号传输是通过机械结构实现的。结构简单、工作可靠、成本低廉，但其敏度低，指示误差大。

2. 电气式压力表

电气式压力表（Electrical Pressure Gauge）与机械式压力表都是由传感器和指示器两部分组成，区别在于信号传送机构不同。电气式压力表是利用电气信号进行传输的，即将传感器输出的信号经过处理变换为电信号，然后经过电路进行传输。

用电气传输代替机械仪表中的机械传动，多数为远读式仪表，即传感器与指示器没有组装在同一个表壳内，它们之间的工作关系是通过电信息传递来实现的。

1）直流二线式压力表

直流二线式压力表由传感器和指示器两部分组成，如图 2.31 所示。

传感器用来将被测压力转变成电量。它主要由膜片或膜盒和电位器（将位移转换成电阻值）等组成。被测压力较大时用膜片，压力较小则采用膜盒。

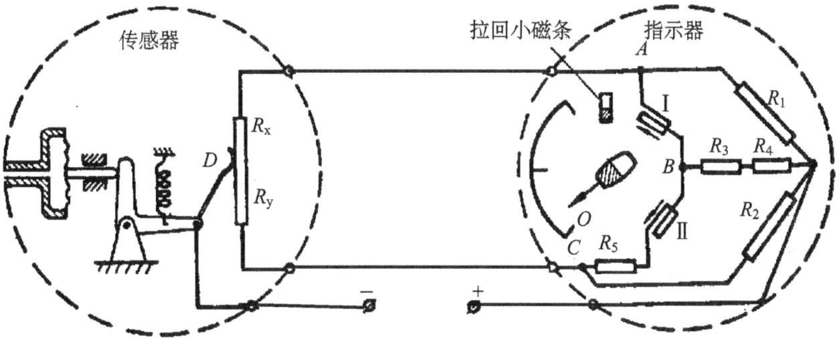

图 2.31　直流二线式压力表

指示器是一个两线框动铁式电流比值表。指示器的指针装在一个活动小磁铁上，磁铁的转动受两线框产生的合成磁场控制，而合成磁场又由流过两线框的电流比值决定。这种指示器的优点是不受电源波动影响。

仪表的指示器的原理电路是一个半对角线电桥，电阻 R_1、R_2 是电桥的固定臂阻；电阻 R_x、R_y 是电桥的可变臂阻；温度补偿电阻（R_3+R_4）是电桥的半对角线；Ⅰ、Ⅱ两线框是电桥对角线；电阻 R_5 是Ⅱ线圈的补偿电阻（使 AB、BC 电阻相等）。

仪表的工作情况是：当被测压力增大时，电刷 D 往下移动，电阻 R_x 增大，R_y 减小，指示器中的 A 点电位升高，C 点电位降低；在 B 点电位基本不变的情况下，流过Ⅱ线框的电流增大，流过Ⅰ线框的电流减小，两线框产生的合成磁场方向顺时针转一个角度，小磁铁带动指针跟随转动到合成磁场方向上，指针在刻度盘上指示出较大压力。

当被测压力减小时，电刷 D 往上移动，A 点电位降低，C 点电位升高；Ⅱ线框的电流减少，Ⅰ线框的电流增大，合成磁场带动指针逆时针转动一个角度，指示出较小压力。

当被测压力为零时，指针指零。电源断开后，活动磁铁在拉回小磁条的作用下，使指针停在零刻度以下的限制柱处（称机械零位）。

因此，仪表的工作原理是：当仪表工作时，传感器中的膜片（或膜盒）受压力作用后发生弹性变形，中心产生弹性位移，此位移量经过传送机构，带动电位器的电刷移动，改变可变电阻值，从而改变指示器两线框的电流比值，使指针在刻度盘上指出相应的压力值。

直流电气式压力表由于电刷和电阻之间的摩擦磨损和接触不良，可能使指针摆动，影响仪表正常工作。

2）交流二线式压力表

为了克服直流电气式压力表的缺点，目前飞机上大多采用交流电气式压力表。这种压力表的传感器没有接触摩擦，工作可靠性好。

交流二线式压力表也由传感器和指示器两部分组成，如图 2.32 所示。传感器主要由膜片和将位移转换成电感的变换器组成。指示器与直流二线式指示器相似，只是增加了两只锗二极管对交流电进行半波整流。整流的脉动直流电含有交流成分和直流成分，既适合电感变换器工作，又能使指示器稳定指示。

仪表的工作情况是：当被测压力较小时，活动衔铁偏在左边，它与线圈 2 的铁心之间

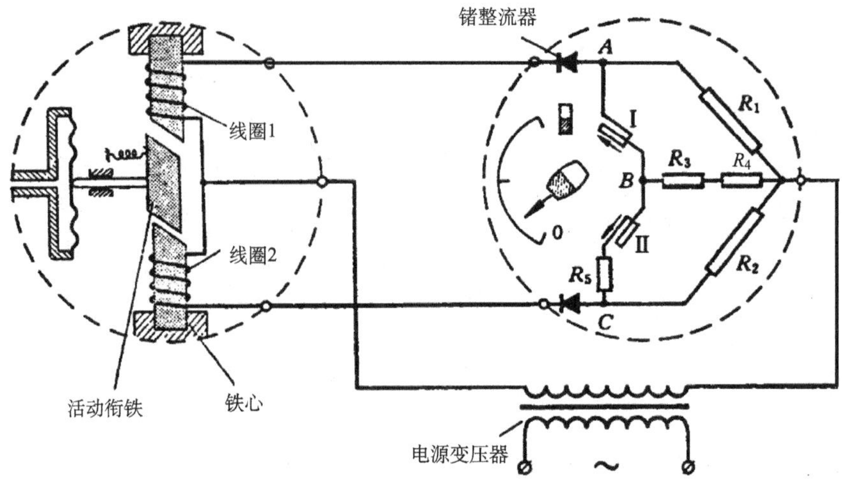

图 2.32 交流二线式压力表

间隙小，与线圈 1 的铁心之间间隙大，线圈 2 的感抗大于线圈 1 的感抗。因此，电桥中 A 点电位低，C 点电位高，Ⅰ线框的电流大于Ⅱ线框的电流，合成磁场的方向偏在左下方，活动磁铁带动指针指示出较小的压力。

被测压力增大时，活动衔铁向右移动，线圈 1 的感抗逐渐大于线圈 2 的感抗，A 点电位高于 C 点电位，Ⅰ线框电流小于Ⅱ线框电流，合成磁场方向顺时针转动，活动磁铁带动指针指示出较大的压力。

综上可得，仪表的基本工作原理是：利用膜片感受被测压力作用后的位移，来改变活动衔铁和固定铁心之间的相对位置，即改变固定铁心上两个线圈的感抗，从而改变指示器两线框的电流比值，使指针转动，指示出相应压力。

2.2.2 温度的测量

温度是一个很重要的参数，在飞机上为了解发动机的工作状态，需要测量喷气温度或气缸头温度；为了解发动机润滑情况，需要测量滑油温度。此外，还需测量大气温度、座舱温度以及防冰温度等。上述温度的测量除了送仪表指示以外，还向机上自动控制系统和发动机自动调节装置提供与温度有关的电信号。

1. 高速气流温度的测量

1）高速气流的全受阻温度和动力温度

飞机以高速度在空中飞行，就相当于飞机不动而气流以同样的高速度流过飞机，这就是高速气流，这股气流的温度就是高速气流的温度，也就是当地、当时的大气温度，也称为静温（T_H）。用感温元件感受高速气流的温度时，气流和感温元件发生激烈的碰撞和摩擦，使流过感温元件表面的气流由于受到阻滞和摩擦，产生大量的热，从而使感温元件所感受的温度高于气流温度。

气流流过感温元件时，除了被感温元件的前缘分为上下两部分流过感温元件外，必将有一部分气流垂直地流向感温元件表面，如图 2.33 所示。这部分气流与感温元件相撞，受到阻滞，速度降为零。假设是理想过程，即气流在流动过程中，与外界没有热量交换

（能量没有损失），只是从一种能量形式转换为另一种能量形式（称为绝热过程）。由于速度降为零，则动能全部转换为热能，使气流温度升高。气流速度降低到零的那点（图中 A 点）的温度，称为全受阻温度（T_t），也称总温。显然，全受阻温度比气流的静温高，气流因受阻（速度降低为零）而升高的温度称为动力温度（ΔT），它等于全受阻温度与气流的静温之差。

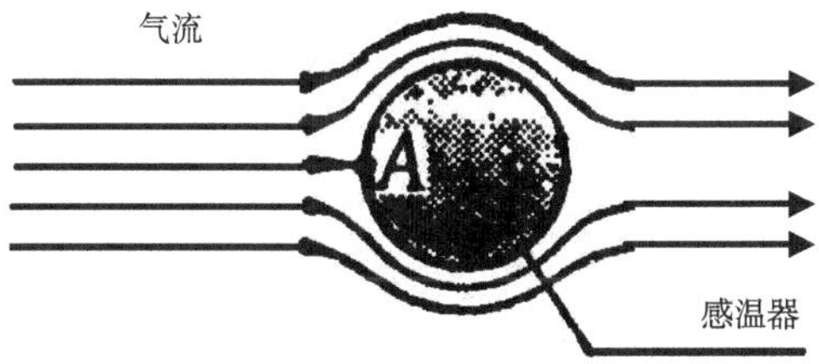

图 2.33　全受阻温度

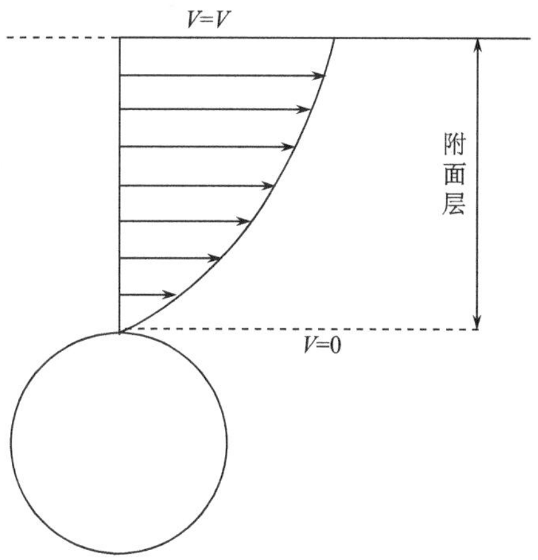

图 2.34　附面层

此外，还可以利用气体附面层的特性来解释全受阻温度。由于气体具有黏滞性，当它流过感温元件时，紧贴感温元件表面的一层气流，好像被感温元件表面“粘”住一样，速度为零；从感温元件向外，气流速度才一层比一层快起来，在距离感温元件表面一定的距离上，气流速度才等于迎面高速气流速度，其速度变化如图 2.34 所示。气流速度变化较大的这一薄气流层称为附面层。由于附面层内的各层气流之间，存在速度差，形成内摩擦，从而产生大量的热，使紧贴感温元件表面的气流温度上升，接近全受阻温度。

从以上分析可知，全受阻温度（T_t）等于静温（T_H）与动力温度（ΔT）之和，即

$$T_t = T_H + \Delta T \tag{2.28}$$

动力温度与气流马赫数 M 的平方成正比，并与气流的静温有关，用公式表示为

$$\Delta T = \frac{M^2}{5} T_H \tag{2.29}$$

因此，全受阻温度的公式为

$$T_t = T_H\left(1 + \frac{1}{5}M^2\right) \tag{2.30}$$

则高速气流的温度为

$$T_H = T_t \Big/ \left(1 + \frac{1}{5}M^2\right) \tag{2.31}$$

因此，若要测量高速气流的温度（T_H），在用感温元件测出气流的全受阻温度（T_t）和气流的 M 数后，按式（2.31）即可计算出气流的静温（T_H）。

目前，测量高速气流全受阻温度的感温元件有两种类型：一种是阻滞型（如热电偶）；

另一种是音速型（即拉瓦尔管）。前者利用气流正面冲击而感受全受阻温度，后者利用气流的内摩擦而感受全受阻温度。热电偶在2.1.2中介绍过。拉瓦尔管是一个横截面沿轴向先收敛后扩散的管子。感受温度的电阻丝（镍丝）绝缘地绕在管子的最小截面（喉部）处。气流流过管子喉部时，紧贴管子内壁形成一附面层。附面层和它所流过的内壁之间有热交换，最靠近内壁的流层几乎受到全阻滞，动能转变成热能，使内壁温度升高。其他流层之间由于速度不同而产生摩擦从而产生热量，这部分热量一部分被气流带走，一部分传给气流所流过的内壁，使喉部的温度接近全受阻温度，此温度即电阻丝所感受的温度。

2）排气温度表

发动机排气管中的气流是高速气流，测量发动机排气总温的仪表是排气温度表。由热电偶、连接导线和指示器三部分组成，如图2.35所示。若干个热电偶安装在发动机尾喷管四周，以感受排气总温的平均值。由于热电偶是将温度转换为热电势，因此，指示器实际上是以温度值刻度的磁电式毫伏表。

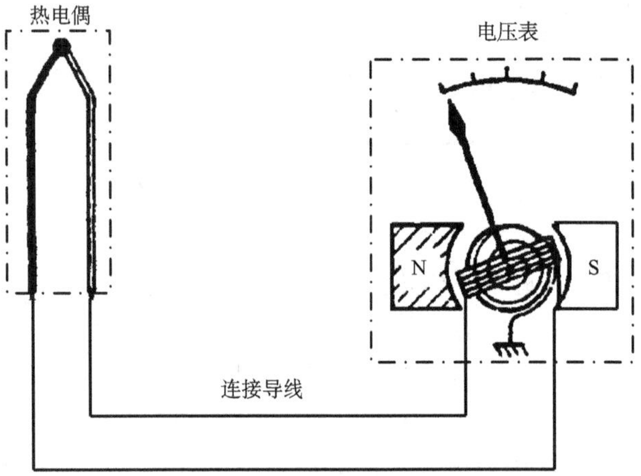

图2.35 排气温度表原理

发动机工作时，热电偶的热接点在尾喷管气流的冲击下，温度升高，产生热电势。于是指示器线框中便有电流流过，这个电流产生的磁场与永久磁铁磁场相互作用产生电磁力矩使活动部分转动。活动部分转动的同时，转轴上的游丝产生反作用力矩。当反作用力矩与电磁力矩相平衡时，活动部分停止转动，指针在刻度盘上指示出排气温度。

热电偶所测得的温度（T_a）总是低于排气总温，用公式可表示为

$$T_a = T_H\left(1+\frac{r}{5}M^2\right) \tag{2.32}$$

式中，r为阻滞系数。阻滞系数是一个小于1的数，其数值通过实验测出。

阻滞系数的物理本质是动能转变成热能的程度。热接点裸露在外面的热电偶，$r=0.7\sim0.83$，而且r随M数变化而变化。为了提高阻滞系数，可在热电偶外面加阻滞室（即耐热钢管），阻滞室可起到“二次阻滞”的作用。结构如图2.36所示。

测量时，将耐热的钢管沿着与气流垂直的方向插在发动机的喷管中。耐热钢管末端，正对气流方向有一进气口，进气口对面距末端较远处有一很小的出气孔。气流流入进气口

后，受到阻滞，速度降低到接近于零，温度上升接近于全受阻温度。钢管内部的热电偶，感受到此温度而产生热电势，使仪表指示。

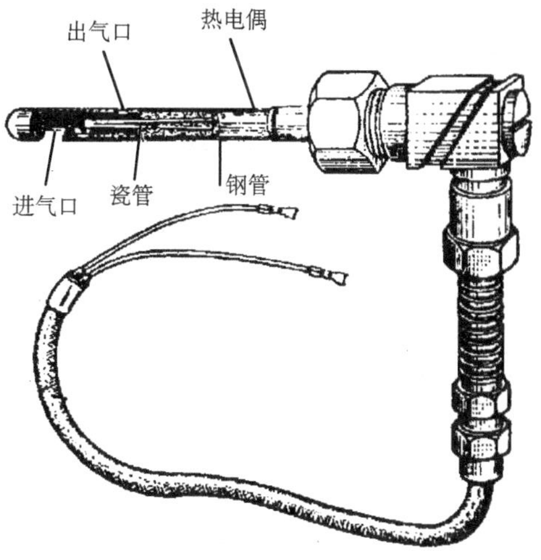

图 2.36　排气温度表中的热电偶的结构

热电偶所感受的热量，一部分被气流带走，一部分通过传导、辐射等形式散失掉。所以，热电偶所感受的动力温度，实际上还要小于真实的动力温度。但由于在热接点外加了阻滞室（即耐热钢管），当气流进入阻滞室后，速度会大大降低，这时大部分动能转变成了热能，而其余的动能再经过热接点的阻滞，又转变成热能，然后以较低的速度从出气孔流出。所以，提高了阻滞系数 r，r 可达 0.95～0.98，而且较稳定，基本上不随 M 数变化。

在仪表指示出排气总温后，由式（2.32）可以测得排气温度为

$$T_{\mathrm{H}}=T_{\mathrm{a}}\Big/\left(1+\frac{r}{5}M^{2}\right) \tag{2.33}$$

排气温度表存在温度误差。利用热电偶测温时，规定冷端温度 $t_0=0℃$。但是，实际测量中冷端温度不可能总保持在 0℃。因此，造成仪表有误差，这种误差称为温度方法误差。假设热端温度一定，冷端温度高于 0℃，仪表出现少指误差；相反，冷端温度低于 0℃，仪表出现多指误差。

温度方法误差的补偿是采用双金属螺旋弹簧。它外端通过游丝与指针轴相连，如图 2.37 所示。双金属螺旋弹簧由两种线膨胀系数不同的金属片紧压在一起，内层金属线膨胀系数小，外层金属线膨胀系数大。当冷端温度高于 0℃时，螺旋弹簧比正常情况要卷紧一些，带动指针多指一些；冷端温度低于 0℃时，螺旋弹簧又要放松一些，带动指针少指一些。若热电偶的热电势与冷端温度呈线性关系，则这种误差便可得到全部补偿。

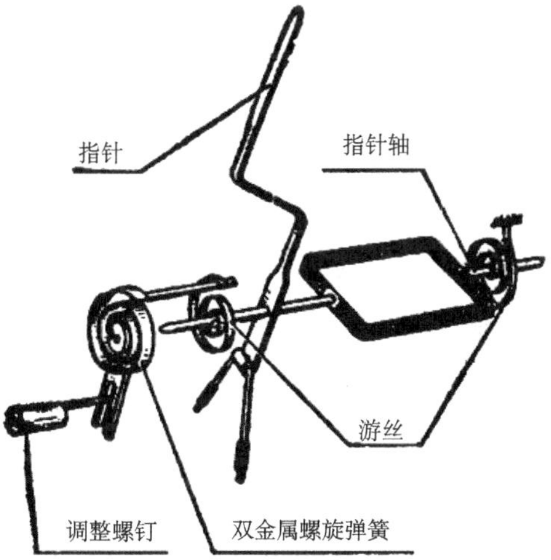

图 2.37　双金属螺旋弹簧

发动机启动以前，热电偶冷热两端温度大体相等，不产生热电势。此时，双金属螺旋弹簧受周围大气温度的影响，应使指针指示周围大气温度。否则，可转动表壳上的调整螺钉，通过偏心轴带动双金属螺旋弹簧及指针转动，使仪表指示周围大气温度。

这种补偿方法虽然能够消除排气温度表的温度方法误差，但是，根据热电偶的中间导体定律可知，仪表的连接导线必须全部由热电偶材料（或与热电偶材料有相同的热电

特性的其他材料）制成，以便使热电偶的冷端在指示器处。

2. 低速流体温度的测量

发动机的滑油温度、燃油温度以及座舱温度等，都属于低速流体温度的测量。低速流体温度测量常用热电阻或热敏电阻为感温元件（下面统称为热电阻）。

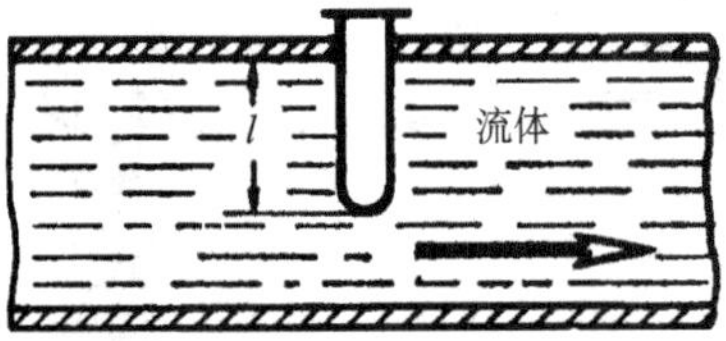

图 2.38 低速流体温度的测量

把感温元件插入流体后（图 2.38），通过热量的对流，热电阻将逐渐趋近于流体的温度。实际使用中，热电阻不可能全部插入流体内，总有外露部分。这样，热电阻所得热量，将有一部分通过传导作用传递给热电阻的外露部分，从外露部分表面散失掉。此外，由于热电阻的温度往往高于包围流体的管壁温度，热电阻还将通过辐射，把一部分热量辐射给管壁。这两部分热量的损失，使热电阻的温度低于流体温度。

为了减小传导热损失，应该尽可能加大热电阻插入流体部分的长度 l 并减少外露部分。为了减小辐射热损失，电阻丝外面加了一个抛光保护套。

利用电阻随温度而变化的特性制成的温度表称为电阻式温度表。电阻式温度表的测量电路形式很多，其本质上都是电桥。图 2.39 所示为双对角线不平衡电桥。该电桥由两条分压支路（R_2、R_3、R_4；R_1、R_x）和两条对角线（Ⅰ、Ⅱ线框）组成。

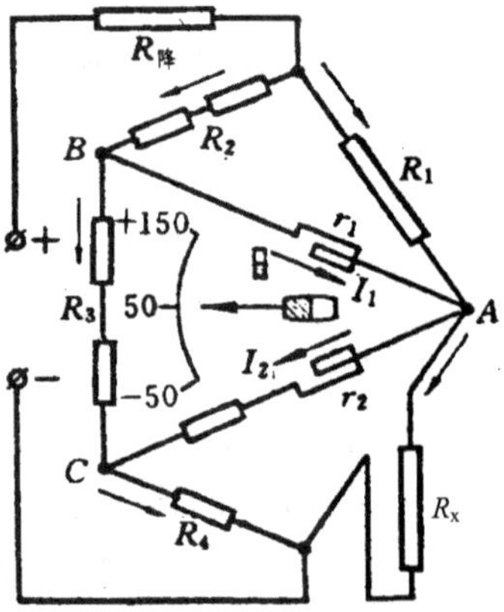

图 2.39 双对角线不平衡电桥

若被测温度升高，感温电阻 R_x 增大，A 点电位相应升高，C 点电位基本保持不变。因此，B、A 之间的电位差减小，A、C 之间的电位差增大；流过Ⅰ线框的电流 I_1 减小，流过Ⅱ线框的电流 I_2 增大，两线框电流比值 I_2/I_1 增大，其合成磁场向较高温度方向偏转。活动磁铁（带着指针）停在合成磁场方向，指针指示较高温度。

若温度降低，感温电阻 R_x 减小，A 点电位降低，I_1 增大，I_2 减小，I_2/I_1 减小，合成磁场向较低温度方向偏转，指针指示较低温度。

被测温度为−50℃时，可以认为 A、C 两点的电位相等，Ⅱ线框内没有电流，活动磁铁停在Ⅰ线框电路产生的磁场方向，指针指示−50℃。被测温度为+50℃时，B、A 之间和 A、C 之间的电位差相等，流经Ⅰ、Ⅱ两线框的电流相等，活动磁铁停在两磁场的合成磁场方向，指针指出+50℃。被测温度为+150℃时，可以认为 B、A 两点的电位相等，Ⅰ线框内没有电流，活动磁铁停在Ⅱ线框电路产生的磁场方向，指针指示+150℃。

电源断开后，拉回小磁铁使指针转到最低温度下的限制柱处。

2.2.3 转速的测量

测量发动机曲轴、涡轮轴或直升机旋翼轴的转速的仪表，称为发动机转速表（Tachometer）。根据转速表和进气压力表的指示，可以了解活塞式发动机的功率；根据转速表和排气温度表的指示，可以了解涡轮喷气发动机的推力。因此，转速表是一种重要的发动机仪表。目前，飞机上广泛使用的转速的测量仪表有磁转速表和磁电式转速表等。

1. *磁转速表*

磁转速表由传感器和指示器组成，它的原理电路如图 2.40 所示。

传感器是一个永磁式三相交流发电机，转子经传动机构直接由发动机曲轴或涡轮轴带动。由电工原理可知，三相交流电的频率与转子转速，即与发动机曲轴或涡轮轴转速成正比。指示器主要由同步电动机、涡流电磁转换器、指示部分等组成。

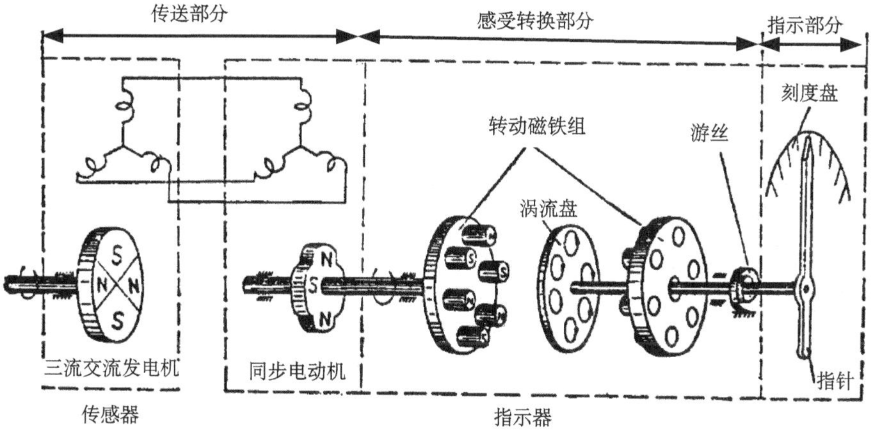

图 2.40　转速表的基本原理

磁转速表的工作过程包括传送、感受、转换和指示四个环节。

传送环节由三相交流发电机和同步电动机组成。三相交流发电机装在发动机的机匣上，同步电动机在指示器内安装在仪表板上。发动机曲轴或涡轮轴的转速，首先经过传送环节传送到感受环节中。

感受环节由磁铁和涡流盘组成，依据电涡流效应，根据转速大小产生相应的涡流电磁力矩驱动涡流盘转动。

转换环节由涡流盘和游丝组成，涡流盘转动卷紧游丝，游丝产生反作用力矩，在涡流电磁力矩和游丝力矩的共同作用下，涡流盘转动一定的角度。

指示环节由指针和刻度盘组成，由涡流盘的转轴带动指针转动，指针在刻度盘上指示的数值即表示发动机的转速。

具体的工作过程如下：

发动机工作时，传感器产生三相交流电，其频率与发动机曲轴或涡轮轴转速成正比。三相交流电输送到指示器的同步电动机，使其转子同步旋转。同步电动机又带动转动磁铁组旋转，并使涡流盘产生涡流。涡流与磁场相互作用，产生电磁力矩，其大小与转动磁铁组的转速成正比。在涡流电磁力矩作用下，涡流盘随转动磁铁组同向转动。当这个力矩和游丝反作用力矩相平衡时，涡流盘停止转动，涡流盘的转角与涡流电磁力矩成正比，即与发动机转速成正比。这时，指针在刻度盘上指示出发动机转速。

该仪表的指针转角与转速成正比，因此其刻度盘是均匀的。

2. *磁电式转速表*

磁电式转速表主要由磁电式转速传感器和指示器组成。磁电式转速传感器如图 2.7

所示。

发动机转轴与磁电式转速传感器相连接。发动机工作时，带动齿轮盘转动。磁电式转速传感器磁阻周期性地交替变化，磁通量随之变化，从而在感应线圈上产生感应电动势，

电动势的频率 f 与转速 n 和齿盘齿数 z 成正比，即

$$f = nz/60 \tag{2.34}$$

由此可见，在齿数一定时测量电动势的频率，即可测得转速。

2.2.4 油量的测量

油量表（Fuel Quantity Gauge）用来测量飞机的燃油、滑油和液压油油量，并可在油量减少到一定数量时发出剩油警告。测量单位是公升、加仑、公斤、磅等。

在飞行过程中，及时了解飞机的剩油量，对于正确估计续航时间，完成飞行任务和确保飞行安全，有着重要意义。

目前，飞机上常用的油量测量仪表有浮子式和电容式两种。前者结构简单，但误差较大；后者准确度较高，在多种飞机上使用。

1. 浮子式油量表

1）基本组成

浮子式油量表主要由浮子式物位传感器、指示器和转换开关等组成。原理电路如图2.41所示。

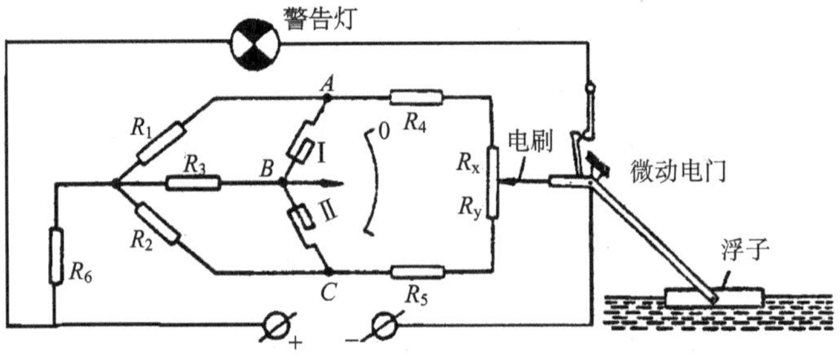

图 2.41 浮子式油量表原理电路

由于飞机油箱的形状是一定的，因此，根据油箱液面高低就可以确定油箱油量。浮子用泡沫塑料或金属盒子做成，随液面高低而升降，并通过传动机构带动电刷移动，从而把油量转变成电量。

指示器是一个动框式电流比值表，由马蹄形永久磁铁和活动线框组成，指针安装在两个活动线框上，如图2.42所示。马蹄形永久磁铁的两极装有特殊形状的极掌，其中一个面的极掌的展开面呈三角形，另一个面的极掌的展开面是矩形。因此，若两线框电流比值发生变化，它们在磁场中所受电磁转矩就将发生变化，从而产生转动，活动线框在两极掌的间隙内转动时，它们的有效长度随本身的位置而改变。转动的角度与两线框电流比值成比例。安装在活动线框上的指针就指出相应的油量值。

两个线框固定在一根轴上，并且有一定的夹角，通电后，两线框产生的转动力矩方向相反，由于两线框的结构相同，极掌间隙中磁感应强度处处相等，因此线框力矩只随线框

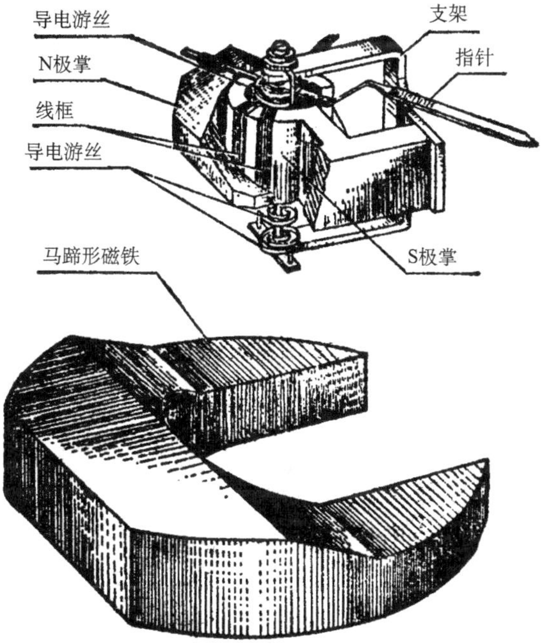

图 2.42 动框式流比计

的电流强度和有效长度而改变。两线框的转动力矩用式子表示为

$$\begin{aligned} M_1 &= k_1 B_1 I_1 l_1 \\ M_2 &= k_2 B_2 I_2 l_2 \end{aligned} \tag{2.35}$$

式中，M_1，M_2 为活动线框Ⅰ，Ⅱ的转动力矩；I_1，I_2 为活动线框Ⅰ，Ⅱ的电流；l_1，l_2 为活动线框Ⅰ，Ⅱ的有效长度；B_1，B_2 为活动线框Ⅰ，Ⅱ所处间隙的磁感应强度，且 $B_1=B_2$；k_1，k_2 为与活动线框Ⅰ，Ⅱ匝数、尺寸等有关的常数，设 $k_1=k_2$。

当两线框停止转动时，两个线框所受到的电磁力矩平衡，即 $M_1=M_2$，由此可得出两线框的平衡条件为：

$$\frac{I_2}{I_1}=\frac{l_1}{l_2} \tag{2.36}$$

设两线框原来平衡在某一位置上。当两线框电流比值改变时，平衡破坏，两线框受到的力矩大小不等，于是两线框转动，直到两线框的有效长度比值 l_1/l_2 与电流比值 I_2/I_1 重新相等时，线框停止转动，平衡在新的位置上，指针指示出新的值。

2）工作原理

浮子式油量表的指示器的原理电路是一个直流半对角线电桥，如图 2.43 所示。当油箱空时，浮子落在最低位置，带动电位器电刷停在电阻左端，这时，Ⅰ线框电流最大，Ⅱ线框电流最小，两线框电流比值最小（设为 1/3），两线框带着指针转到有效长度比值最小（也是 1/3）的位置，即三角形极掌的左端，指针指零。如图 2.43（a）所示。

油量从零逐渐增加时，Ⅰ线框电流逐渐减小，Ⅱ线框电流逐渐增大，两线框电流的比值逐渐接近 1，两线框带着指针从零刻度向中间刻度转动。

当油量增大到中间刻度值时，浮子带动电位器电刷移动到电阻的中央，这时，两线框电流相等，电流比值等于1，两线框转到有效长度相等位置，即三角形极掌的中央，指针指中间刻度。如图2.43（b）所示。

油量从中间刻度值逐渐增加时，Ⅰ线框电流继续减小，Ⅱ线框电流继续增大，电流比值从1继续增大，两线框带着指针向最大刻度转动。

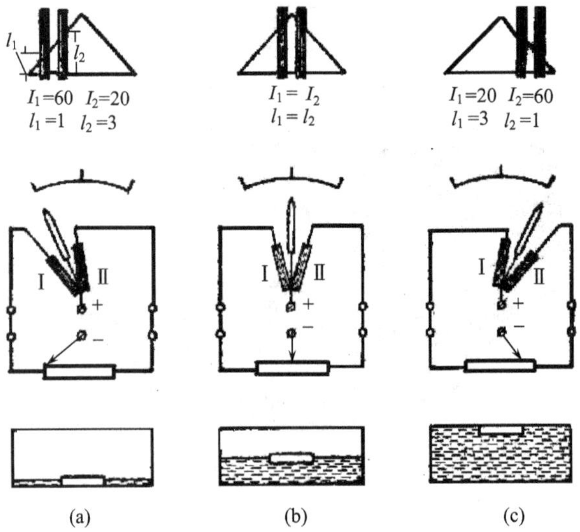

图2.43 浮子式油量表指示原理

当油量增加到最大刻度值时，浮子升到最高位置，带动电位器电刷停在电阻右端，这时，Ⅰ线框电流减到最小，Ⅱ线框电流增到最大，电流比值增到最大（设为3），两线框转到有效长度比值最大（也是3）的位置，即三角形极掌的右端，指针指最大刻度。如图2.43（c）所示。

总之，油量从零增大到最大刻度值的过程中，电流比值和有效长度比值都是从最小增到最大，两线框带着指针从零刻度指到最大刻度，油量减小的过程中，情况相反。

因此，当飞机加油时，浮子随油面升高，电刷下移，使指示器 A 点电位升高，C 点电位降低，流过Ⅰ线框电流减少，Ⅱ线框电流增大，动框在电磁力矩作用下向下转动，使指针指示出加油量。

飞行中，燃油消耗，油箱油量逐渐减少，浮子下降，电刷上移，A 点电位下降，C 点电位上升，Ⅰ线框电流增大，Ⅱ线框电流减少，动框向上转动，指针指示出剩油量。当剩油减少到一定数量时，浮子带动微动电门接通剩油警告灯，提醒飞行员注意。

电源断开后，游丝使指针转到零以下的限制柱处。

可以由若干个传感器、一个指示器和一个转换电门组成既能测量全部油箱总油量，又能测量各组油箱分油量的油量表，即总油量表。在此不详细介绍。

2. 电容式油量表

电容式油量表是利用电容器把油量转变成电容量，从而测量油量的油量表。

电容式油量表的传感器就是图2.11所示的电容式物位传感器，将油面高度转换成电容，再用自动平衡电桥测量此电容，从而指示出油量。

自动平衡电桥电路如图 2.44 所示，它由交流电桥、放大器、电动机、指示部分等组成。

电容式传感器 C_X 为电桥的一条可变臂，固定电阻 R_2 和平衡电阻 R_2' 是电桥的另一条可变臂，标准电容 C_0 和电阻 R_1 为两条固定臂。放大器和电动机组成自动平衡装置。

当电桥平衡时，放大器没有输入信号，电动机不转动，指针指示当时油箱的油量。

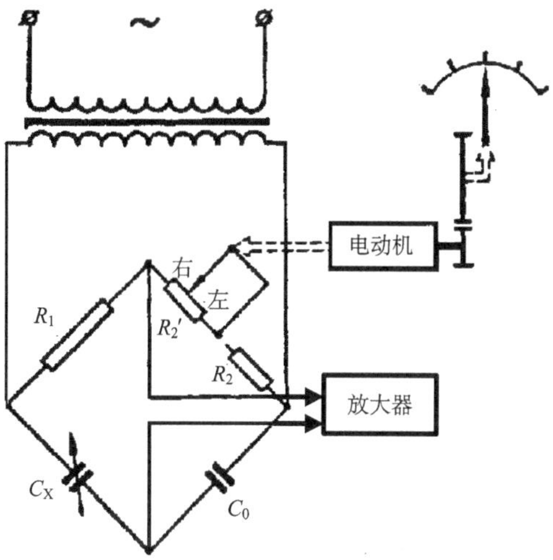

图 2.44 电容式油量表原理电路

当油量改变时（增加或减少），C_X 改变（增大或减小），电桥平衡被破坏，产生不平衡信号，输入放大器，经放大后驱使电机转动。电机转动时，一方面改变平衡电阻值的大小（增大或减小），使电桥重新平衡，电机停转；另一方面带动指针指示出新的油量。

电容式油量表的指示是以某一种燃料在某一规定温度（如 20℃）时的介电常数和密度为根据的。当温度改变或更换另一种燃料时，由于燃料的介电常数和密度改变，仪表指示会出现误差。温度改变引起的误差，称为温度误差；更换燃料引起的误差，称为换油误差。

为了减少温度误差，在油量表中安装了补偿传感器感受温度变化，对温度误差进行补偿。为了减小换油误差，通常在换油后应检查指示器的“零”值和实际值（“满”值）并进行调整。

安装电容式油量表时，往往在一只油箱中装几个传感器，可以减小飞机俯仰、倾斜或加速度引起的误差。

2.2.5 流量的测量

利用燃油流量表（Fuel Flow Meter）测量燃油流量。有的燃油流量表，除了测量流量外，还能指示燃油的消耗量或油箱中的剩余油量，因此又称燃油耗量表。

根据燃油流量表的指示，飞行员可以了解发动机的供油情况，它是检查和调整发动机工作状态的依据之一。

目前，飞机上常用的流量表有专门用于测量体积流量和专门用于测量质量流量的。但由于质量流量可通过体积流量间接测得，所以只介绍体积流量表。

体积流量仪表利用在 2.1.5 节中介绍的体积流量传感器配合指示器构成。因此对流量表不作详细介绍。

2.2.6 振动的测量

发动机振动仪表（Engine Vibration Indicator）是测量发动机振动程度的仪表。

航空喷气发动机是一种高速旋转机械，转子虽然经过严格的平衡，但工作时还是有或大或小的振动现象。发动机振动会使轴承加速磨损，零部件疲劳损伤，发动机寿命缩短，飞机结构强度减弱，噪声增大等。因此，现代大中型飞机都装有测振仪表，以便随时监视发动机的振动量，及时判断故障，预防早期损伤，确定发动机的返修周期与使用寿命。

1. 概述

发动机振动是一种周期性机械振动，可以用正弦函数来描述。振动位移 y，速度 v 和加速度 a 分别表示如下：

$$y = Y_m \sin\omega t \tag{2.37}$$

$$v = \frac{dy}{dt} = \omega Y_m \cos\omega t = \omega Y_m \sin\left(\omega t + \frac{\pi}{2}\right) = V_m \sin\left(\omega t + \frac{\pi}{2}\right) \tag{2.38}$$

$$a = \frac{d^2 y}{dt^2} = -\omega^2 Y_m \sin\omega t = \omega^2 Y_m \sin(\omega t + \pi) = A_m \sin(\omega t + \pi) \tag{2.39}$$

式中，Y_m 为位移的最大值，称为振幅；V_m 为振动速度幅值；A_m 为振动加速度幅值；ω 为振动角频率。

目前，振动测量大多采用全振幅 S 或振动载荷系数 G 为指示参数。全振幅

$$S = 2Y_m \tag{2.40}$$

振动载荷系数是振动加速度幅值与重力加速度的比值，即

$$G = \frac{A_m}{g} \tag{2.41}$$

振动载荷系数与振幅和振动速度幅值之间的关系是

$$G = \frac{A_m}{g} = \frac{\omega^2 Y_m}{g} = \frac{\omega V_m}{g} \tag{2.42}$$

振动载荷系数与全振幅的关系是

$$G = \frac{\omega^2 Y_m}{g} = \frac{\omega^2}{g} \cdot \frac{S}{2} = \frac{\omega^2 S}{2g} \tag{2.43}$$

目前，常用的测振仪表有速度式和加速度式两种，相应的测振传感器有速度式和加速度式两种。

2. 测振原理

惯性式振动传感器结构与图 2.15 所示的线加速度计结构相似。质量块通过弹簧和阻尼器与外壳连接，外壳刚性地固定在发动机上。测振时，传感器外壳随发动机相对惯性空间而振动，传感器内质量块与外壳之间产生了相对运动。这个相对运动的位移与振动输入位移有一定的比例关系。

设发动机和传感器壳体按 $y = Y_m \sin\omega t$ 规律运动，根据运动原理可写出传感器内质量块相对壳体的位移方程为

$$x = X_m \sin(\omega t - \phi) \tag{2.44}$$

式中，X_m 为质量块相对壳体位移的振幅；ω 为发动机振动角频率；ϕ 为质量块与发动机运动的相位差。

X_m 和 ϕ 的大小可用如下公式表示，即

$$X_m = \frac{(\omega/\omega_n)^2 Y_m}{\sqrt{[1-(\omega/\omega_n)^2]^2} - (2\xi\omega/\omega_n)^2} \tag{2.45}$$

$$\phi = \arctan\frac{2\xi\omega/\omega_n}{1-(\omega/\omega_n)^2} \tag{2.46}$$

式中，ω_n 为传感器自振角频率，$\omega_n=\sqrt{k/m}$（m 为质量块的质量，k 为弹簧的刚度系数）；ξ 为阻尼比，$\xi=C/2\sqrt{mk}$（C 为传感器的阻尼系数）；Y_m 为发动机相对惯性空间振动幅值。

由 X_m 和 ϕ 的公式可以看出，当发动机相对惯性空间作简谐振动时，传感器内的质量块相对壳体的运动也是简谐运动，其相对振幅 X_m 和相位差 ϕ 的大小都与发动机角频率 ω、传感器自振角频率 ω_n 以及阻尼比 ξ 有关。相对振幅 X_m 还与发动机振动的振幅 Y_m 成一定比例。

3. 速度式测振传感器

若取传感器质量块质量（m）很大，弹簧刚度（k）很小（软弹簧），即传感器自振频率 ω_n 很低。当发动机角频率 ω 很大时，有 $\omega \gg \omega_n$，同时考虑 $\xi<1$，则根据 X_m 的表达式，可得

$$X_m \approx Y_m \tag{2.47}$$

式（2.47）说明：对于软弹簧，大质量的测振传感器，当外壳振动时，由于弹簧来不及传递外壳的运动，在理想情况下质量块相对惯性空间将保持静止。所以，壳体相对惯性空间的振动位移和质量块相对壳体的振动位移是大小相等、方向相反。因为都是简谐振动，因此，传感器壳体相对于惯性空间的振动速度也等于质量块相对于壳体的振动速度。即

$$\frac{(\dot{x})_m}{(\dot{y})_m} = \frac{\omega X_m}{\omega Y_m} \approx 1 \tag{2.48}$$

因此，只要测量出质量块相对于壳体运动速度的幅值 $(\dot{x})_m$ 就可以代替发动机相对于惯性空间振动速度的幅值 $(\dot{y})_m$。

图 2.14 所示的磁电式速度传感器即为一种速度式测振传感器。

测出振动速度后，通过积分可以得到振幅。当发动机振动频率一定时，又可以得到振动载荷系数。

4. 加速度式测振传感器

若取传感器质量块质量（m）很小，弹簧刚度（k）很大（硬弹簧），即传感器自振频率 ω_n 很高。当发动机角频率 ω 很小时，有 $\omega \ll \omega_n$，同时考虑 $\xi<1$，则根据 X_m 的表达式，可得

$$X_m = \frac{\omega^2}{\omega_n^2} Y_m = \frac{(\ddot{y})_m}{\omega_n^2} \tag{2.49}$$

式（2.49）说明：对于硬弹簧，小质量的测振传感器，当外壳振动时，质量块相对外壳运动的位移振幅值（X_m）与壳体和发动机相对惯性空间的振动加速度幅值 $(\ddot{y})_m$ 成正比。因此，可以认为当外壳振动时，质量块将与外壳一起振动，其振动加速度（$\ddot{x}$）和外

壳振动加速度（$\ddot{y}$）成正比。只要测量出质量块相对于壳体的振动加速度，即可代表发动机相对于惯性空间振动的加速度。

当物体加速运动时，将受到惯性力的作用。惯性力的大小等于加速度与物体的质量的乘积，惯性力的方向与加速度的方向相反，其关系式为

$$F = ma \tag{2.50}$$

式中，F 为运动物体所受惯性力；m 为质量块的质量。

因此，当物体质量一定时，测量它所受惯性力的大小，就可知其加速度。通过积分，就可以得到振动速度和振幅。由于这种传感器结构简单、工作可靠、体积小巧，因此得到了广泛的应用。

图 2.16 所示的压电式加速度计即为一种加速度式测振传感器。

2.3 大气数据系统

大气数据系统提供大量的精确信息，如气压高度（ALT）、指示空速（IAS，也称表速）、真空速（TAS）、升降速度（VS，也称垂直速度）、马赫数（Ma）、空气总温（TAT）和静态大气温度（SAT）等，对保证飞行安全至关重要，也是保证飞行员执行飞行任务的许多关键航空电子分系统所需的信息。因此，在所有现代民用飞机上，大气数据系统本身是关键的航电系统之一，也是其他航电分系统不可或缺的核心要素。

大气数据系统通过测量飞机与大气之间的作用力及飞机所在位置的大气参数，根据大气参数与飞机飞行参数的特定关系进行换算，计算出相应的飞行参数，由仪表指示/显示，或传送给相应的系统。典型的大气参数包括动压、静压、压力变化率、密度和温度。

2.3.1 大气数据系统基础

1. 大气数据

包围在地球周围的空气称为大气。大气一般分为五层，从贴近地面向上数，它们分别是对流层、平流层、中间层、电离层和散逸层。对流层的平均厚度，在中纬度地区10～12km（北京地区上空约 11km）；在赤道地区 17～18km（广州地区上空约 16km）；在两极地区 7～8km（东北地区上空约 10km）。季节不同，对流层的厚度也不同，夏季的厚度比冬季高，甚至同一地区在同一天内，对流层的厚度也随早、中、晚的变化而改变。平流层的上边界离地面的高度约 30km，中间层的上边界离地面的高度约 90km，电离层的上边界离地面的高度约 800km，散逸层的上边界离地面 2000～3000km。目前，民航飞机基本上在对流层或平流层下边缘飞行，在此范围内，大气参数会随着高度等的变化而变化。因此，本节只讨论在对流层中大气参数（大气压力、温度和密度）与高度之间的变化规律。

大气温度是指大气层内空气受热的程度。在对流层中，大气温度主要是地面吸收了太阳的热能之后向外辐射的结果，因此，越靠近地面温度越高，而高度越高，温度越低。如图 2.45（a）所示。在对流层内，温度与高度之间的关系为

$$t_H = t_0 - 6.5 \times H \tag{2.51}$$

式中，t_0 为地面大气温度（单位为℃）；t_H 为高度 H 处大气温度；H 为高度（单位为

km）。

由式（2.51）可以看出，高度每升高 1km，大气温度降低 6.5℃，即温度梯度为

$$\tau=\frac{dt}{dH}=-6.5℃/km \tag{2.52}$$

在对流层中，温度与高度之间呈线性关系。在平流层中，大气温度基本保持不变，平流层又称为同温层。

大气压力是指空气的压强，它一方面是来自上层空气的重力，另一方面是来自空气分子不规则的热运动对容器壁的作用力。在通常情况下可理解为单位面积上所承受的大气柱重量，高度越高，单位面积所承受的大气柱重量越少，所以，高度升高，大气压力降低。大气压力与高度之间的关系如图 2.45（c）所示。

大气密度是指单位容积空气的质量。大气密度与大气温度和大气压力有关。越靠近地面，在大气压力作用下，大气受到压缩，密度增大，因此，高度升高，密度减小；而高度越低，温度越高，空气越容易膨胀，密度减小，因而随着高度升高密度增大。在上述两种因素的影响下，由于压力对密度的影响远高于温度的影响，所以大气密度会随着高度的升高而减小。大气密度与高度之间的关系如图 2.45（b）所示。

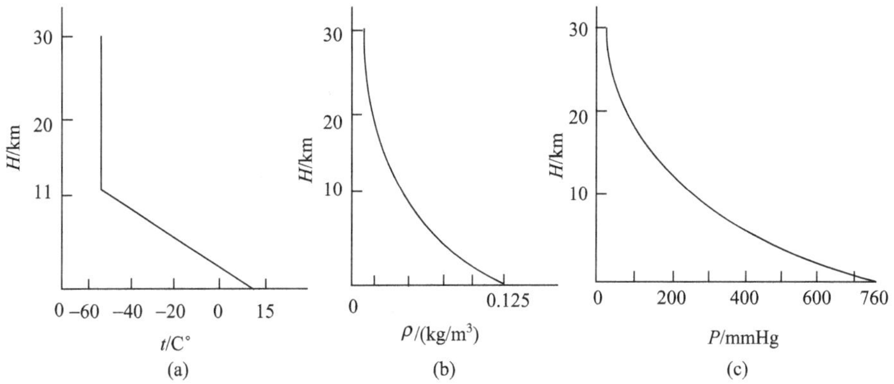

图 2.45　大气温度、密度、压力与高度的关系

在对流层和同温层下边缘内，空气的物理性质——温度、压力、密度等都经常随着季节、时间、地理位置（经、纬度）、高度等的不同而变化。为了确定飞机的飞行性能，必须按同一标准的大气物理性质——温度、压力、密度等进行换算，才能对各种飞机的飞行性能进行相互比较。

标准大气是由国际上人为规定的，称为“国际标准大气”。它的主要条件是：以平均海平面为零高度；标准海平面的气压 P_0 为 760mmHg 或表示为 1013.2hPa（1013.2 百帕）、29.92inHg（29.92 英寸汞柱）。气温 T_0 为 15℃（或 288K）、空气密度 ρ_0 为 $0.125kg\cdot s^2/m^4$；对流层的顶界为 11km；在对流层内，气温垂直递减率 τ 为－0.0065℃/m；在平流层内，高度低于 25km 时，气温不随高度变化，等于－56.5℃（或 216.5K），高于 25km 时，气温略有升高；空气的气体常数 R 为 29.27m/℃。

飞机在飞行中，空气相对于飞机就产生了气流，这股气流的温度即飞机周围的大气温度，就称为大气静温（T_H），此时飞机周围空气压力称为静压（P_H）。空气在流动过程

中，其分子一方面作不规则的分子热运动，另一方面顺气流方向作规则的运动。这两种运动既有联系又有区别，在一定条件下可以互相转化。气流相对于飞机运动时，在正对气流运动方向的飞机表面，气流完全受阻，速度降至零，这时气流的动能全部转化为压力能和内能，空气温度升高，压力增大，这个温度为全受阻温度（T_t），即总温，这时的压力称为全受阻压力（P_t），简称总压。全受阻温度与气流的静温之差为动温（ΔT），总压和静压之差称为动压（P_T）。飞机上专门收集总压和静压的管子称为空速管。用来测量大气温度的称为总温探头，总温探头的传感元件是热电阻。在2.1.2节中已经介绍过热电阻的工作原理。

2. 空速管

在飞机的机头或机翼上一般都会有一根细长的、方向朝着飞机正前方的管子，这就是空速管。

在空速管侧边或飞机蒙皮侧边的孔是用来测量静压的，即静压口（或孔）。大气数据压力由空速管和静压传感器测量（图2.46）。

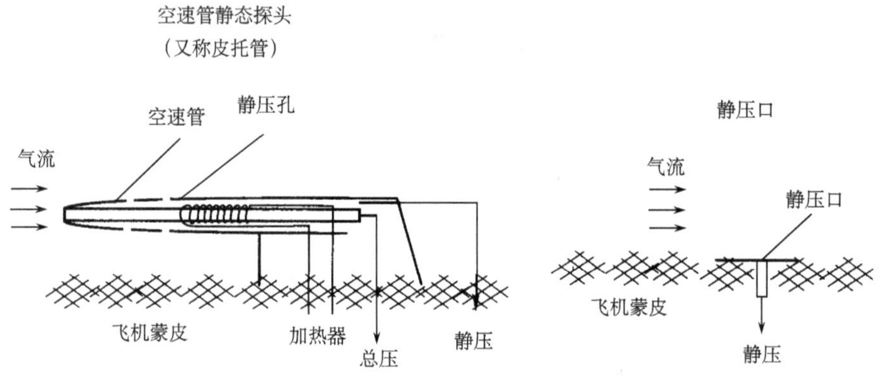

图2.46 大气数据探头

静压口测量的静压是在特定高度时，飞机周围的局部压力，它可以用来计算飞机高度；空速管测量的是总压和静压，动压是总压与静压之差，即 $P_T = P_t - P_H$，它是飞机飞行中前向运动产生的前端压力，与飞机飞行速度的平方成正比。它可以用来计算飞机的飞行速度。空速管的安装位置一定要在飞机外面气流较少受到影响的区域，一般在飞机机头正前方、垂尾或翼尖前方。一架飞机通常安装两副以上的空速管和静压传感器。

3. 与大气数据有关的飞行数据

(1) 气压高度（H_P）。根据高度升高大气压力减小的规律，通过测量飞机所在高度与基准面之间的大气压力变化而得到的高度值称为气压高度，所选基准面不同，气压高度不同。由静压 P_H 换算得出。

(2) 指示空速（V_I）。按海平面标准大气条件下动压与空速的关系得到的空速。根据假定的“标准大气”条件，由动压 P_T 直接得出。

(3) 真空速（V_T）。飞机相对于空气运动的真实速度。由静压 P_H、动压 P_T 以及大气静温 T_H 计算得出。

(4) 升降速度（V_S）。飞机在单位时间内高度的变化量（即飞机上升或下降的垂直速度)。由静压 P_H 的变化率得出。

(5) 马赫数 (M)。飞机的真空速与飞机所在高度的音速之比，即 $M=V_T/A$。它由总压与静压的比值得出。

最简单的大气数据系统提供气压高度值和指示空速，但是现代喷气机需要马赫数、升降速度、最大飞行速度 V_{mo}、最大飞行马赫数 M_{mo}、大气静温、大气总温和真空速，以满足飞机需求。

2.3.2 气压高度的测量

精确地测量飞机高度，对在垂直面内控制飞机的飞行航迹是十分必要的。例如，在云中或者夜间飞行时，保持与山脉和丘陵有足够的间隔。再者，地面空中交通管制系统也需要空中交通管制收发机自动传输气压高度到地面。因此，正确地测量和选择飞行高度，对充分发挥飞机性能、减少燃油消耗、节约飞行时间和保证飞行安全都有十分重要的意义。气压高度是通过测量静压得到的。通过感受大气压力，指示飞机飞行高度的高度表称为气压式高度表（Aneroid Altimeter)。

1. 飞行高度

飞机的飞行高度是指从飞机所在位置到某一个指定基准面之间的垂直距离。根据所选基准面的不同，飞行高度也不同。图 2.47 显示了几种不同的飞行高度。

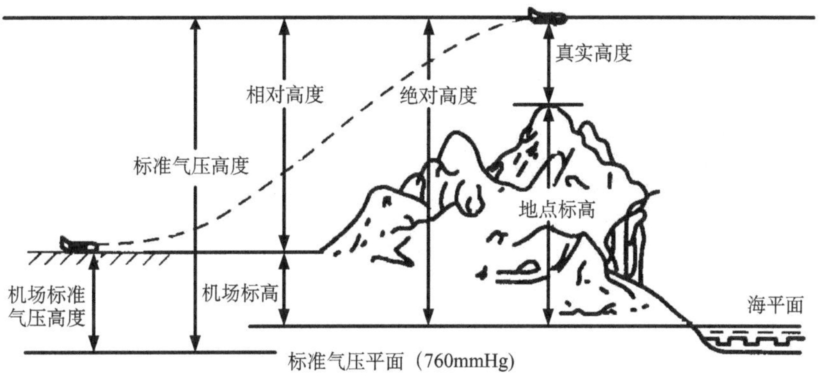

图 2.47　各种飞行高度

1) 相对高度

飞机从空中到某一机场场面的垂直距离，称为相对高度。飞机起飞、降落时，必须知道相对高度。

2) 真实高度

飞机从空中到正下方地面（如地面、水面、山顶等）的垂直距离称为真实高度。在飞越高山、空中摄影、航测，尤其是盲降着陆时，需要准确测量真实高度。

3) 绝对高度

飞机到平均海平面的垂直距离称为绝对高度。在海上飞行时，需要知道绝对高度。我国的平均海平面在青岛附近的黄海上，它是我国地理标高的“原点”。

相对高度、真实高度、绝对高度都是以地球表面上某一水平面作为基准面的高度，具有稳定的几何形态，有的文献称为几何高度。在飞行中，常用的飞行高度是气压高度，其对应的基准面为气压基准面。气压高度有以下三种高度定义。

(1) 标准气压高度（H_{QNE}）。QNE 指的是标准气压。标准气压高度 H_{QNE} 是指飞机到标准气压平面的垂直距离。标准气压平面是国际统一规定的气压基准面，它的气压为 760mmHg（毫米汞柱）或 1013.2hPa（百帕）或 1013.2mbar（毫巴）或 29.92inHg（英寸汞柱）。在航线飞行时，采用标准气压高度，可以统一高度基准，避免两机相撞的危险。

飞机平飞时，相对高度、绝对高度都不改变；真实高度随飞机正下方地面高度的改变而改变；标准气压高度则随飞机正下方标准气压平面位置的改变而改变。

由图 2.47 可看出，几种高度之间的关系是

绝对高度＝相对高度＋机场标高＝真实高度＋地点标高

标准气压高度＝相对高度＋机场标准气压高度

需要指出的是标高和标准气压高度是不同的，标高是某地到地理“原点”的高度，即海拔高度；标准气压高度则是该地到标准气压平面的高度，它们的基准面是不同的。

(2) 场面气压高度（H_{QFE}）。场面气压（QFE）是指起飞或着陆机场区域内最高点的气压值。场面气压高度 H_{QFE} 是以场面气压为基准面的气压高度，简称场压高度。在标准大气条件下，场压高度即为相对高度。当飞机停在机场跑道上时，高度表指示的场压高度应为零（严格意义上来讲，应是飞机的座舱高度）。

(3) 修正海平面气压高度（H_{QNH}）。修正海平面气压高度（QNH）是由场面气压和机场标高，按照标准大气条件推算获得的平均海平面的气压值。修正海平面气压高度（H_{QNH}）简称海压高度，它是以 QNH 为基准面的气压高度。在标准大气条件下，修正海平面气压高度等于绝对高度。

当飞机停在机场跑道上时，高度表指示的海压高度应为机场标高（严格意义上来讲，应是机场标高＋飞机的座舱高度）。

通常在过渡高度以下用海压高度，在过渡高度层以上用标准气压高度。

2. 气压高度的测量原理

根据标准大气中静压（大气气压）与高度对应的关系，测量静压的大小，就可以表示飞行高度。

在标准大气条件下，标准气压高度公式（表示高度与气压之间的关系）如下所示：

在 11000m 以下时

$$H=\frac{T_0}{\tau}\left[1-\left(\frac{P_H}{P_0}\right)^{R\tau}\right] \tag{2.53}$$

式中，P_H 为高度 H 处的大气气压（静压）；R 为气体常数；τ 为温度梯度。

把标准大气数据代入式(2.53)，可得

$$H=44307.7\left[1-\left(\frac{P_H}{760}\right)^{0.1903}\right] \tag{2.54}$$

在 11000～25000m 时

$$H=H_{11}+RT_{11}\ln\frac{P_{11}}{P_H} \tag{2.55}$$

式中，H_{11} 为高度 11km；T_{11} 为高度 11km 处的气温 216.5K；P_{11} 为高度 11km 处的气压 169.63mmHg。

把标准大气数据代入式（2.55）中，可得

$$H = 11000 + 6337\ln\frac{169.63}{P_{\mathrm{H}}} \tag{2.56}$$

从式（2.53）～式（2.56）中可以看出，高度与静压存在单值对应关系，静压越小，高度越高。知道某处的气压值，利用标准气压高度公式，就可以计算出该处的标准气压高度。因此，根据测量压力的传感器原理可知，利用真空膜盒测静压即可构成气压式高度表。

气压式高度表的原理如图 2.48（a）所示，结构如图 2.48（b）所示。仪表的敏感元件是真空膜盒。工作原理与发动机仪表系统中真空膜盒式压力表的工作原理相似。膜盒的变形取决于从静压口或空速管的静压孔收集来的静压（大气压力）。刻度盘上将相应的压力转换为高度值。

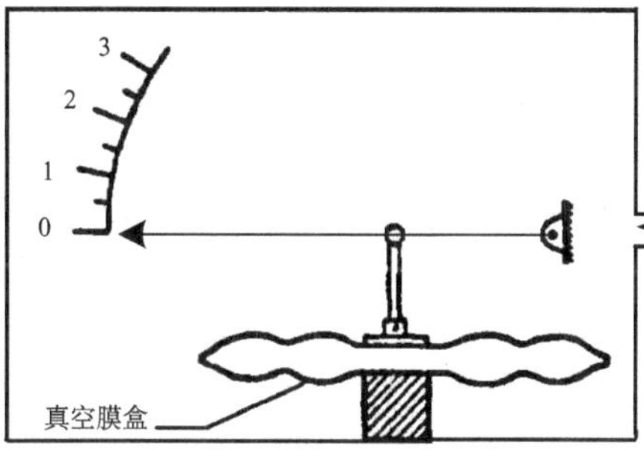

(a) 基本原理图

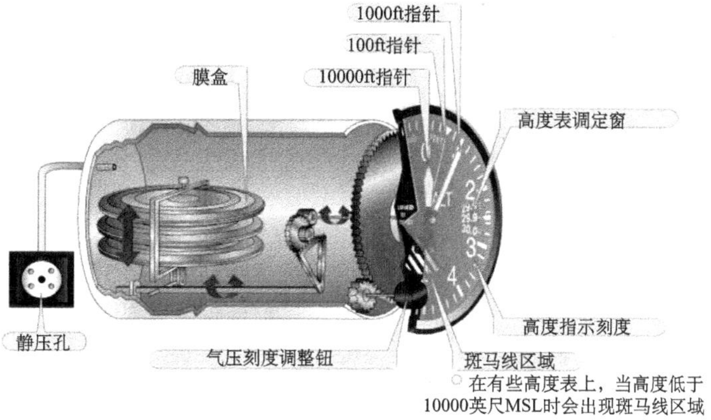

(b) 结构图

图 2.48　气压式高度表

注意：在使用气压高度表时，必须选定基准面的气压值，如图 2.48（b）中高度表调定窗指示的是所选的基准面的气压值，这可以通过气压高度表上设置的调整旋钮来调整。调整旋钮的作用就是调整膜盒上的设定压力以设定基准平面，从而高度表就可以显示不同基准的高度。例如，若要指示标准气压高度，基准气压等于 760mmHg 或 29.92inHg，调整旋钮使高度表调定窗指示 760 或 29.92（这根据所选择的单位而定）。若飞机所在高度气压也为 760mmHg 或 29.92inHg，则指针指零高度，这时膜盒的弹力与大气压力相平衡。飞机高度增加，大气压力减小，膜盒膨胀，带动指针顺时针转动，直到膜盒弹力与静压相等，

指针停转，指示出较高高度。反之，飞机高度降低时，膜盒被压缩，指针反转，指示出较低高度。因此，只要刻度盘按标准气压高度公式刻度，就可以通过测量静压指示出高度。

3. 气压高度表的误差

高度表的误差分为机械误差和方法误差两类。

1）机械误差

由于高度表在构造、材料、制造上的缺陷以及使用中的磨损、变形等引起的误差，称为机械误差。例如，有时在起飞前校场压时，气压刻度指示机场场压，高度指针却不指零，原因就是存在机械误差。

2）方法误差

气压式高度表是按照标准气压高度公式设计制造的。当实际大气条件不符合标准大气条件时，指示将出现误差，这种误差称为高度表的方法误差。它又分为气压方法误差和气温方法误差两种。

（1）气压方法误差。

高度表测量基准面气压不符合标准大气条件而引起的误差，称为气压方法误差。

图 2.49 说明了气压方法误差产生的原因。设想从大气中取出一段大气柱，研究基准面气压变化后，该大气柱各层气压面相对于基准面的高度变化。

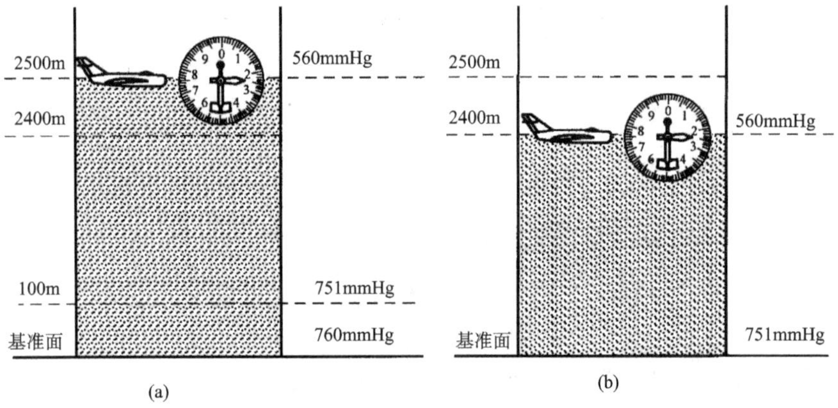

图 2.49 产生气压方法误差的原因

如果大气柱符合标准大气条件，则大气柱中各层气压面之间距离保持一定，并符合标准数值，此时气压式高度表的指示是准确的。例如，飞机在 560mmHg 的气压面上飞行，仪表指示的高度为 2500m，飞机相对于基准面的高度也就是 2500m，如图 2.49（a）所示。

如果基准面的气压减小，便相当于整个大气柱下降一段距离，于是，各层气压面相对于基准面的高度降低，气压式高度表出现多指的误差。例如，基准面气压由 760mmHg 减小到 751mmHg，相当于大气柱下降 100m。如果飞机仍在 560mmHg 的气压面上飞行，显然仪表的指示高度仍为 2500m，而飞机相对于基准面的实际高度则是 2400m，因而出现多指 100m 的误差，如图 2.49（b）所示。相反，当基准面气压增大时，相当于整个大气柱上升，各层气压面相对于基准面的高度增大，仪表出现少指的误差。

仪表出现误差后，若不修正，飞机将不能安全着陆。如上例中，飞机已经落地，仪表指示还有 100m 高度。

修正的方法是：飞机着陆前，转动气压调整钮，使图 2.49（b）中高度调整窗显示实际场压值（上例中为 751mmHg），这时所指的高度值即相对高度。飞机落地时，仪表指零。

正因为有气压调整钮可以使气压高度表的基准面选择不同的气压值处，因此，可以用气压高度表指示绝对高度、相对高度和标准气压高度。

（2）气温方法误差。

高度表测量基准面的气温以及气温垂直递减率不符合标准大气条件而引起的误差，称为气温方法误差。

图 2.50 说明了气温方法误差产生的原因。假设大气柱符合标准大气条件，则飞机所在气压面的高度等于仪表指示的高度，仪表没有误差，如图 2.50（a）所示。当大气柱实际平均温度高于标准平均温度时，大气柱膨胀，其顶面 *A* 高度增高。要想保持高度表指示不变（即大气压力不变），飞机必须与顶面同时升高，如图 2.50（b）所示。此时，高度表指示小于实际飞行高度，产生少指误差。相反，当大气柱实际平均温度低于标准平均温度时，大气柱收缩，其顶面高度降低，如图 2.50（c）所示。高度表指示的高度大于飞机的实际高度，产生多指的误差。气温方法误差需要通过领航计算进行修正。

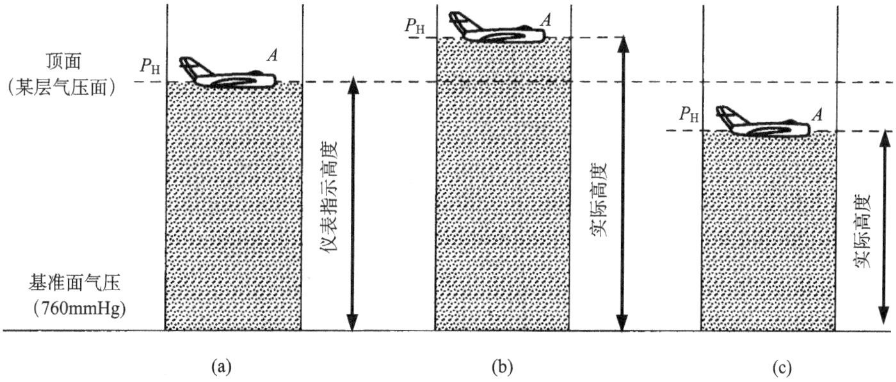

图 2.50　产生气温方法误差的原因

2.3.3　升降速度的测量

在单位时间内，飞机高度的变化量称为升降速度或垂直速度。根据升降速度可以计算出飞机在一定时间内上升（或下降）的高度，以及爬升（或下降）一定高度所需要的时间。

飞机在飞行过程中，高度发生变化，气压也会随之变化；气压变化的快慢，可以表示飞机高度变化的快慢。因此，可以通过测量气压变化来反映高度变化率，压力式升降速度表（Rate of Climb Indicator）就是利用这个测量原理工作的。

升降速度表除用来测量飞机的升降速度，还可以辅助地平仪反映飞机是否平飞。

1. 升降速度表的工作原理

压力式升降速度表的原理如图 2.51 所示。它由开口膜盒、毛细管、指示部分等组成。膜盒内部通过一根内径较大的导管与外界大气连通；膜盒外部即表壳内部，通过一根内径很细的玻璃毛细管与外界大气相通。飞机高度变化时，外界静压（大气压力）也要变化。

飞机升降速度越快，气压变化率也越大。升降速度表就是利用毛细管对气流的阻滞作用，把气压变化率转变成为压力差，利用开口膜盒感受压力差，从而测量飞机的升降速度。

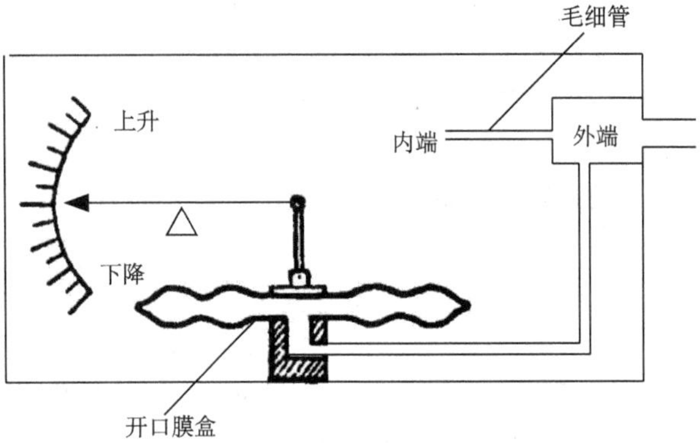

图 2.51 升降速度表的工作原理图

(1) 当飞机平飞时，表壳内外的气压相等，膜盒内外没有压力差，仪表指示为零。

(2) 当飞机上升时，外界气压不断减小，膜盒内与表壳中的空气同时向外流动。膜盒内的空气通过粗导管能够迅速与外界保持平衡。表壳中的空气通过毛细管，气流受阻滞，流动较慢，气压减小较慢，高于外界气压，产生压力差。飞机上升越快，压力差越大。受此压力差作用，膜盒收缩，通过传动机构，使指针上指，表示飞机上升。

(3) 若飞机由上升改为平飞时，外界气压不再变化，膜盒内的气压也不再变化。而表壳中的空气在剩余压力差作用下，逐渐向外流动，经过一定时间后，表壳中气压与外界气压相等，膜盒内外压力差等于零，指针回零，表示飞机平飞。

(4) 当飞机下降时，与上述情况相反，膜盒膨胀，指针下指，表示飞机下降。

飞机上升或下降的垂直速度一定时，膜盒内外的压力差也一定，这是因为表壳中气压变化的速度取决于通过毛细管的气流速度，而通过毛细管的气流速度又取决于毛细管两端的压力差，这个压力差就是膜盒内外的压力差。毛细管两端压力差的产生有一个过程。当飞机高度刚开始变化时，毛细管两端的压力差很小，空气流过毛细管的速度也很慢。由于表壳中的气压变化率小于外界气压变化率，于是压力差逐渐增大。随着压力差的增大，空气流过毛细管的速度逐渐加快，使表壳中的气压变化率也逐渐增大。当表壳内外气压变化率相等时，压力差保持一定，达到一个动平衡状态。在这种状态下，膜盒变形量一定，指针指示一定的升降速度。飞机高度变化越快，外界气压变化率越大，压力差越大，指针指示就越大。所以，在动平衡状态下，毛细管两端压力差与飞机升降速度成正比。测量压力差的大小，就可以表示升降速度。

2. 升降速度表的误差

升降速度表主要有气温误差和延迟误差。

1) 气温误差

飞机外部、表壳内部气温和毛细管中平均气温不相等时，毛细管两端会产生压力差，使仪表指示出现误差，这就是气温误差。其误差相对值，最大可达30%。气温误差的大小，与升降速度有关。升降速度越大，误差越大；升降速度越小，误差越小。仪表在零刻度附近基本上没有气温误差。因此，用升降速度表检查飞机平飞时，即使忽略气温误差，也有较高的准确度。

2）延迟误差

飞机升降速度跃变时，升降速度表需要经过一段时间才能指出相应数值，在这一段时间内，仪表指示值与飞机升降速度实际值之差，称为延迟误差。自升降速度开始跃变到指示接近相应的稳定值所经过的时间，称为延迟时间。

图 2.52 中虚线表示飞机升降速度变化时，仪表指示值的变化情况，它是一条指数曲线。图中的阴影部分就是延迟误差。

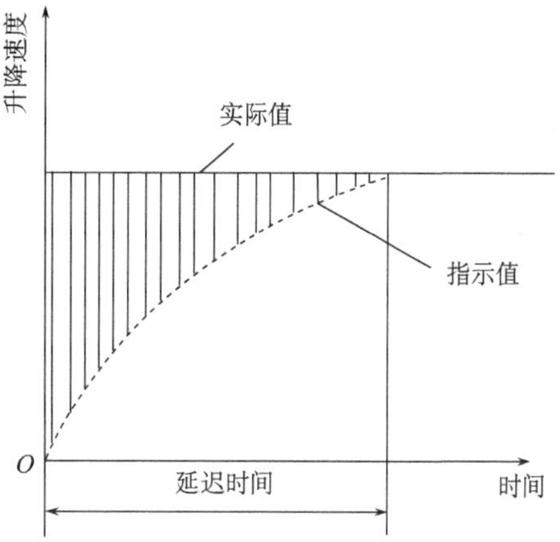

图 2.52　延迟误差

升降速度表具有延迟误差的原因是仪表要指示实际的升降速度，膜盒内外必须有一个稳定的压力差。而这个稳定的压力差只有在毛细管两端气压变化率达到动平衡状态才能形成。当飞机升降速度跃变时，毛细管两端开始出现压力差，而要达到动平衡状态，就需要一个变化过程。在这个变化过程中，仪表指示只能逐渐变化，不能立刻指示实际值，这样就出现了延迟误差。

飞机升降速度越大，膜盒内外的压力差也越大，因此，延迟误差越大，延迟时间越长。

飞机在高空飞行时，由于空气密度小，达到动平衡的时间稍长。因此，高空飞行时延迟时间稍长；低空飞行时延迟时间稍短。

一般来说，升降速度表的延迟时间只有几秒，如有的升降速度表延迟时间为 2～7s。

为了减小升降速度表的延迟误差，飞机升降速度的跃变量不应太大。这就要求飞行员操纵飞机时，移动驾驶杆应柔和，动作不能太猛，动作量不能太大。同时，还应注意地平仪的指示，以便及时保持飞机状态。在改为平飞时，俯仰操纵还要留有提前量。

虽然升降速度表存在延迟误差，但在零刻度附近误差却很小，仪表很灵敏。飞机刚一出现上升或下降，仪表立刻会偏离零位。所以升降速度表可以作为地平仪的辅助仪表。

2.3.4　空速的测量

飞机相对于空气的运动速度称为空速。空速是指飞机在纵轴对称面内相对于气流的运动速度，飞行员根据空速，可以判断作用在飞机上的空气动力情况，从而正确地操纵飞机；根据空速，还可以计算地速，从而确定已飞距离和待飞时间。飞机上测量飞机空速的仪表称为空速表（Airspeed Indicator）。

飞机的空速有真空速和指示空速。真空速是指飞机相对于空气运动的真实速度，它补偿了由于不同飞行高度层空气密度和温度变化引起的误差。指示空速是按海平面标准大气条件下动压与空速的关系得到的空速，它未经任何补偿，又称表速。

飞机在空中飞行，可以相对地认为，飞机不动，空气流过飞机。空气流过飞机的速度，其大小等于飞机在空气中飞行的速度，即等于空速，因此，测量空速，也就是测量空气流过飞机的速度。空速表测量空速的基本原理是感受气流的动压，因此首先分析它们的关系。

1. 空速与动压、静压、气温的关系

由 2.3.1 中的总压的定义可知，总压包括两部分：一部分是由空气的动能转变成的压力，称为动压；另一部分是气体未受扰动时本身实际具有的压力，称为静压，也就是大气压力。因此，总压等于动压和静压之和。

1）亚音速飞行时

当飞机的空速小于 400km/h 时，可以认为空气没有被压缩，其密度不变。在这种情况下，

$$P_{\mathrm{T}}=\frac{1}{2}\rho_{\mathrm{H}}V^2 \tag{2.57}$$

式中，P_{T} 为动压；ρ_{H} 为飞机所在高度的空气密度；V 为飞机的空速。

空气密度由静压和气温决定，其关系式可由气体状态方程求得

$$\rho_{\mathrm{H}}=\frac{P_{\mathrm{H}}}{gRT_{\mathrm{H}}} \tag{2.58}$$

式中，T_{H} 为飞机所在高度的温度；g 为重力加速度；R 为气体常数，$R=29.27\mathrm{m}/℃$。

将式（2.58）代入式（2.57）中，得出

$$P_{\mathrm{T}}=\frac{P_{\mathrm{H}}}{2gRT_{\mathrm{H}}}V^2 \tag{2.59}$$

则

$$V=K\sqrt{\frac{T_{\mathrm{H}}P_{\mathrm{T}}}{P_{\mathrm{H}}}} \tag{2.60}$$

式中，$K=\sqrt{2gR}$。

式（2.60）表明，空速可以由动压、飞机所在高度的静压和气温来反映。

当飞机的空速大于 400km/h，飞机前方的气流受到阻滞而被压缩，密度明显增大，动压增大。此时，必须考虑空气的压缩性。在 400km/h＜空速＜音速时，动压与各因素的关系如下：

$$P_{\mathrm{T}}=\frac{1}{2}\rho_{\mathrm{H}}V^2(1+\varepsilon) \tag{2.61}$$

式中，ε 为空气压缩性修正量。

$$\varepsilon=\frac{M^2}{4}+\frac{M^4}{40}+\cdots \tag{2.62}$$

式中，M 为马赫数，与空速、气温有关。

可见，空气压缩性修正量与空速、气温有关（气温越高，气体分子动能越大，越难于压缩）。因此，动压仍由空速、静压、气温决定。也就是说，空速仍可由动压、静压、气温来反映。

2）超音速飞行时

飞机在超音速飞行时，由于激波的影响，压缩性修正量的数值有所不同，其表达式为

$$P_{\mathrm{T}}=\frac{1}{2}\rho_{\mathrm{H}}V^2(1+\varepsilon') \tag{2.63}$$

式中，ε'为超音速时空气压缩性修正量。

$$\varepsilon' = \frac{238.46M^5}{(7M^2-1)^{2.5}} - \frac{1.43}{M^2} - 1 \tag{2.64}$$

式（2.64）说明，在超音速时动压仍由空速、静压、气温决定。

综合上述情况可得，空速可由动压、静压、气温来反映。

2. 测量指示空速的原理

1）基本原理

根据指示空速的定义，把空速与动压、静压、气温关系式中的静压和气温设为海平面标准大气参数，即 $P_H = P_0$、$T_H = T_0$ 和 $\rho_H = \rho_0$。这样，空速就只与动压有关。式（2.57）成为

$$P_T = \frac{1}{2}\rho_0 V_I^2 \tag{2.65}$$

于是，仅测量动压就可以表示指示空速。

指示空速表的原理如图 2.53 所示。开口膜盒在动压的作用下产生变形，带动指针指示。指针的转角完全取决于动压的大小，即指示空速的大小。空速大，动压也大，仪表指示也越大；反之，指示小。可见，指示空速表是根据海平面标准大气条件下，空速与动压的关系，利用开口膜盒测动压，从而表示指示空速。

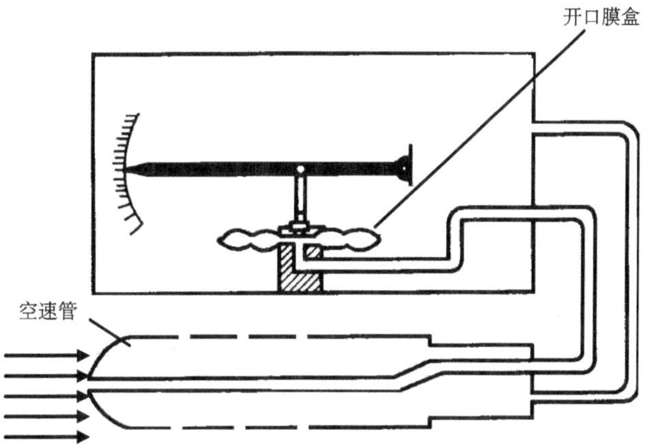

图 2.53　指示空速表的基本原理

2）指示空速与真空速的关系

指示空速仅是动压的量度，而真空速不仅与动压有关，还和静压、气温有关，因此两者是不同的。

如果飞机周围的大气参数符合海平面标准大气条件，也就是说，飞机在标准海平面上飞行，指示空速等于真空速。

如果保持真空速不变，而飞行高度升高，则一方面空气密度减小，要使动压减小；另一方面，气温降低，空气易于压缩，压缩性修正量增大，要使动压增大。但空气密度比空气压缩性修正量变化得快，因此实际动压变小，指示空速小于真空速。高度越高，它们的差别越大。

在同时装有指示空速和真空速指针的组合型空速表上，可以看到飞机飞行高度不高时，两针指示基本一致；随着飞行高度增加，真空速指示就越来越大于指示空速的指示。

3）测量指示空速的作用

指示空速虽然不等于真空速，但是它反映了动压的大小，即反映了飞行时作用在飞机上的空气动力情况，这对操纵飞机有重要作用。

飞机平飞时，升力等于重力。重力一定，升力也应一定，才能保持平飞。根据飞行原理，升力公式为

$$Y = C_y S \frac{1}{2}\rho_H V^2 = C_y S P_T \tag{2.66}$$

式中，Y 为升力；S 为机翼面积；C_y 为升力系数，它反映迎角的大小。在小于临界迎角范围内，迎角越大，升力系数也越大。

由式（2.66）可见，增大迎角时，升力系数变大，要想保持升力不变，必须减小动压；反之，减小迎角时，要想保持升力不变，必须增大动压。因此，大的迎角对应于小的动压，即对应于小的指示空速；小的迎角对应于大的动压，即对应于大的指示空速。这就是说，飞行员根据指示空速，可以保持所需要的迎角飞行。

另外，飞机在不同的高度上平飞时，欲保持一定的迎角，所需的指示空速值一般是不变的（即式（2.66）中 P_T 不变）。因此，不管飞行高度如何变化，飞行员只要记住一个指示空速值就可以了。但是，各高度上指示空速相同时，真空速却不一样。由此可见，飞行员根据指示空速操纵飞机，比用真空速操纵飞机更为方便。

跨音速和超音速飞行时，升力系数不仅与迎角有关，而且与 M 数有关，指示空速不再能反映空气动力，因此必须利用 M 数表。

3. 真空速的测量

测量真空速的方法一般有两种，一种是通过感受动压、静压、气温测量真空速；另一种是通过感受动压、静压测量真空速。

1）通过感受动压、静压、气温测量真空速的原理

根据空速与动压、静压、气温的关系式（2.60），如用三个感受部分，分别感受动压、静压和气温，共同控制仪表的指示，即能指示真空速。

图 2.54 所示为这种真空速表的原理示意图。表中有两个开口膜盒和一个真空膜盒。其中，第一开口膜盒内部通全压，外部通静压，其变形大小由两者之差——动压决定；第二开口膜盒与内装感温液体的感温器相连，其变形大小由气温决定（感温器装在飞机外面，感受大气温度，受热后液体汽化，压力增大）；真空膜盒感受静压，变形大小由静压决定。真空膜盒和第二开口膜盒共同控制支点位置，改变传送比。

如果静压、气温不变而动压增大，则说明真空速增大。这时，第一开口膜盒膨胀，通过传送机构，使指针转角增大。

如果动压、气温不变而静压减小，也说明真空速增大。这时，真空膜盒膨胀使支点向右移动，减小传送臂，增大传送比，在同样的动压作用下，指针转角增大。

如果动压、静压不变而气温降低，则说明真空速减小。这时，第二开口膜盒收缩使支点向左移动，减小传送比，指针转角减小。

由此可知，指针转角随动压增大而增大，随静压减小而增大，随气温降低而减小，它

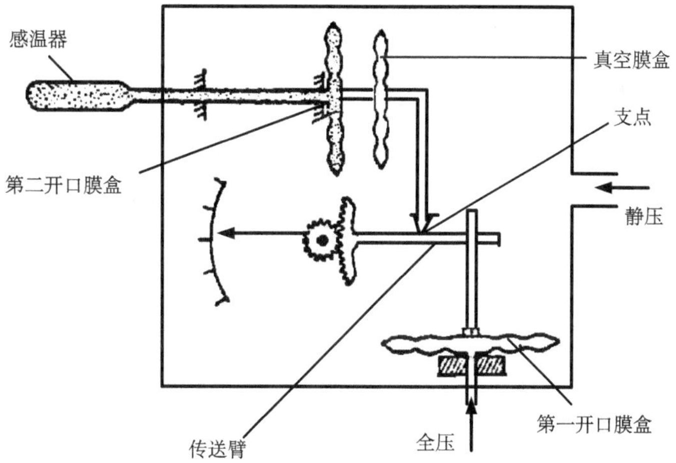

图 2.54　通过感受动压、静压、气温测量真空速的原理示意图

们的关系符合空速与动压、静压、气温的关系，可以测量真空速。

2）通过感受动压、静压测量真空速的原理

图 2.54 所示的真空速表结构完善，准确度较高，但有三个敏感元件，比较复杂，并且空气静温不容易测得，因此较少应用。那么能不能把静温转变成其他量来简化测量呢？

在标准大气条件下，高度在 11000m 以上时，由于气温不随高度变化，故空速只决定于动压和静压。高度在 11000m 以下时，气温和静压具有一定的对应关系。由标准气压高度公式（2.53）和气温公式 $T_{H}=T_{0}-\tau H$，可得

$$T_{H}=T_{0}\left(\frac{P_{H}}{P_{0}}\right)^{R_{\tau}} \tag{2.67}$$

根据式（2.60），可以计算出飞行各阶段真空速与动压、静压的关系。例如，将式（2.67）代入式（2.60），可得

$$V_{T}=K_{1}\frac{P_{T}^{0.5}}{P_{H}^{0.4}} \tag{2.68}$$

式中，$K_{1}=K\frac{T_{0}^{0.5}}{P_{0}^{0.1}}$，是一个常数。

式（2.68）说明，在标准大气条件下由于温度和静压互相对应，所以可以通过感受动压、静压来测量真空速。

这种真空速表的原理示意图如图 2.55 所示。动压增大时，开口膜盒膨胀，使指针转角增大；静压减小时，真空膜盒膨胀，支点向右移动，传动比增大，也使指针转角增大。

从而，仪表的指示可以按照标准大气条件下，真空速与动压、静压的关系，随动压、静压变化，指示出飞机的真空速。

这种真空速表没有感受气温的部分，真空膜盒不仅反映了静压，也反映了温度对真空速的影响。它的结构比较简单，使用较广泛。但是，当外界实际气温不等于标准气温时，将出现气温方法误差。若动压、静压保持不变，而气温由标准气温升高，将出现少指的误差；反之，当飞机周围的气温比标准条件下降低时，仪表将出现多指的误差。

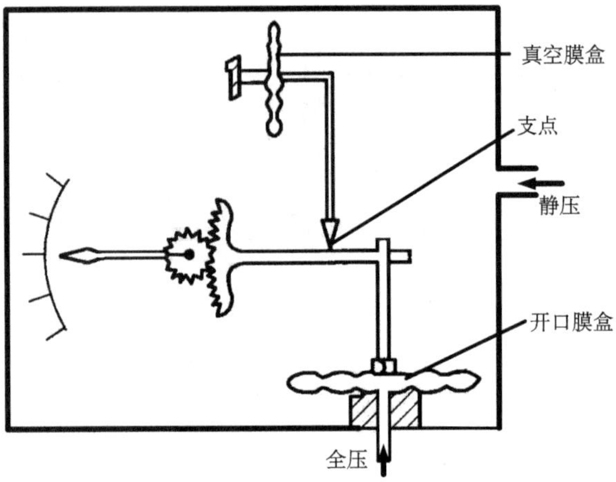

图 2.55 通过感受动压、静压测量真空速的原理

4. 空速表的误差

1) 机械误差

不管是指示空速表还是真空速表都会因制造缺陷、使用磨损、变形等而出现机械误差。机械误差经定期测定后，绘制成修正曲线表，放在飞机上，供需要时查用，如图2.56所示。

图中横坐标表示仪表指示空速 V_I，纵坐标表示修正值 ΔV。修正空速 V_C 为

$$V_C = V_I + \Delta V \tag{2.69}$$

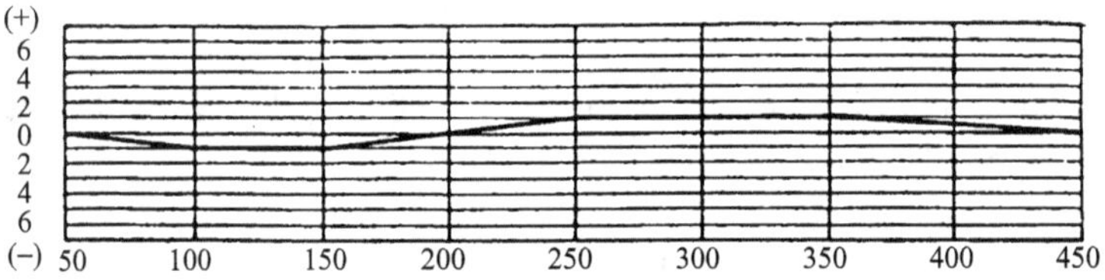

图 2.56 空速表机械误差修正量曲线表

2) 方法误差

通过感受动压、静压而指示的真空速表，当外界气温不符合标准大气条件时，将产生误差，这种误差称为气温方法误差。因为这种真空速表是根据标准大气条件下气温和静压的对应关系，通过测量静压代替测量气温。而当气温不符合标准大气条件时，上述关系就会出现误差。

例如，根据真空速表达式，当动、静压保持不变，而气温由标准温度升高，这说明飞机的真空速增大，但仪表没有测量温度，其指示不会改变，所以出现少指误差；反之，气温由标准温度降低时，仪表出现多指误差。误差可以通过领航计算修正。

特殊情况下的处置。除了机械误差和方法误差需要根据情况适当修正外，在飞行中还应综合分析空速表和发动机进气压力表、转速表、推力表以及地平仪、升降速度表、高度表、M 数表的指示。如果在一定高度上，俯仰角和升降速度也一定时，空速和发动机功

率不相对应；或者在一定高度上，M 数变化，空速没有相应变化，都说明空速表有故障。这时，还可以改变飞机俯仰角，进一步判断空速表是否出现故障。空速表出现故障后，可以根据空速和发动机功率的对应关系来控制飞机的速度。

2.3.5 马赫数的测量

马赫数 M 是真空速与飞机所在高度的音速之比。当飞机 M 数超过临界 M 数时，飞机的空气动力特性要发生显著的变化，飞机的安全性、操纵性出现一系列变化。例如，飞机可能自动倾斜；高空飞行时，飞机可能有明显的俯仰摆动现象；增大飞机的载荷因数时，操纵驾驶杆的力量需要大大增加等。这时，飞行员根据指示空速表不能判断飞机所受空气动力的情况，而必须测量 M 数。

1. M 数与动压、静压的关系

根据真空速与动压、静压、气温的关系以及音速与气温的关系，可以求得 M 与动压、静压的关系。

因为

$$M=\frac{V}{a} \tag{2.70}$$

而 $V_{\mathrm{T}}=K\sqrt{\dfrac{T_{\mathrm{H}}P_{\mathrm{T}}}{P_{\mathrm{H}}}}$（不考虑空气压缩性时），$a=\sqrt{kgRT_{\mathrm{H}}}$

式中，a 为飞机所在高度处的音速；k 为绝热指数。

则

$$M=\frac{K\sqrt{\dfrac{T_{\mathrm{H}}P_{\mathrm{T}}}{P_{\mathrm{H}}}}}{\sqrt{kgRT_{\mathrm{H}}}}=N\sqrt{\frac{P_{\mathrm{T}}}{P_{\mathrm{H}}}} \tag{2.71}$$

式中，$N=\dfrac{K}{\sqrt{kgR}}$，是一个常数。

还可以证明，在考虑空气压缩性时，M 仍然只与动压、静压有关，只是表达式的结构形式不同。因此，只需测量动压和静压，可以反映飞机的 M。M 表就是根据这个原理制成的。

2. M 数表的原理

马赫表的两个测量部件为空速膜盒和高度膜盒。空速膜盒是一个开口膜盒，通过测量全/静压的压差获得空速；高度膜盒使用静压测量出高度。马赫数的测量则采用这两套测量部件测量参数的比值得出。其测量原理和基本结构与只测量动压和静压的真空速表基本相同。如图 2.54 所示。

M 数表与组合型空速表的真空速部分，在结构形式上虽然大致相同，但它们的原理实际上是不同的。它们的区别主要有以下两点：

第一，从理论上讲，它们的真空膜盒的特性曲线是不同的。因为，马赫数与动压、静压的关系式和真空速与动压、静压的关系式不同，马赫数与静压的 0.5 次方成反比，而真空速与静压的 0.4 次方成反比。M 与真空速的这一区别，决定了 M 表真空膜盒的特性曲线与组合型空速表的真空膜盒的特性曲线是不同的。

第二，M 数表没有气温方法误差。因为 M 只与动压、静压有关，与气温无关，所以，气温变化时，M 数不会变化，因此不存在误差。

传统飞机的指示空速和超速指示器是组合式仪表，即马赫-空速表。马赫-空速表上的白色指针代表指示空速（IAS），红、白相间指针指示超速状况最大操作速度、最大操作马赫数（VMO/MMO）。

电动式马赫-空速表如图 2.57 所示。对飞机的超速状况可发出警告。马赫-空速警告系统在飞机出现超速状况时，系统提供视频和音频警告。白色的指针指示出计算空速（CAS），红/白指针指示由马赫-空速警告计算机计算出的速度极限值。马赫-空速表上的窗口还用数字形式指示出计算空速和马赫数，当马赫-空速警告计算机出现故障时，窗口内显示 VMO 和 MACH 故障旗。

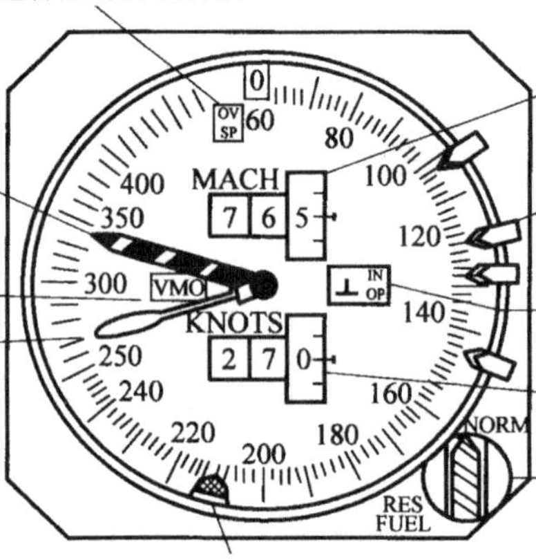

图 2.57 电动式马赫-空速表的显示

2.3.6 大气数据计算机系统

1. 大气数据计算机的基本原理

大气数据信息即指气流的静压、动压、静温、高度、高度偏差、高度变化率、指示空速、真空速、马赫数（地）、马赫数变化率及大气密度等参数，是飞机发动机、自动飞行控制系统、导航系统、空中交通管制系统及飞行驾驶仪表显示、警告系统等不可缺少的信息。大气数据信息的准确性对提高飞行安全和经济性起着重要作用。

由于各系统需要的大气数据信息的形式不同（包括各种形式的模拟量及数字量），需要的信息量也各不相同，有的飞机各系统需要大气数据信息上百个。显然，靠数目很多的分立式测量系统提供大气数据信息，造成重量大、成本高、功能少、可靠性差、延迟误差大及维护不便等缺点，而且测量精度也无法提高。

大气数据计算机系统就是根据传感器测得的少量原始参数，计算出较多的与大气数据有关的飞行参数的多输入多输出的机载综合测量系统。

大气数据计算机系统主要分为三大部分：①传感器测量装置，包括静压传感器、动压传感器（或总压传感器）、总温传感器、迎角传感器等；②具有可进行误差修正和补偿的解算部分（解算装置或计算机）；③座舱指示、显示装置及信号输出装置。它们将传感器感受的总压（P_t）、静压（P_H）和大气总温（T_t）进行相应的计算，输出所需要的大气数据，送给相应的指示仪表和系统。大气数据计算机除对上述数据进行处理和计算外，还要对静压源误差进行校正（SSEC），使计算的大气数据更加精确。

从飞机的发展历程来看，大气数据计算机有三种类型：第一种类型是模拟式大气数据计算机（ADC），它为机电式伺服仪表提供信号；第二种类型是数字式大气数据计算机（DADC），它用于现代飞机上，其输出数据通过数据总线传送至各数字仪表；第三种类型是混合式大气数据计算机，它既可以输出数字数据，也可以输出模拟信号，它实际上也是属于数字式计算机，因此，一般将后两者都称为数字式大气数据计算机。本节只介绍数字式大气数据计算机系统。

2. 数字式大气数据计算机的结构

数字式大气数据计算机的原理方框图如图 2.58 所示。它是由传感器、输入接口、中央处理机和输出接口等部分所组成的。

1）传感器

总压和静压传感器在数字式大气数据计算机中均采用高精度、重复性和稳定性好、迟滞误差小的小型压力传感器，如在 HG-480 型大气数据计算机中采用压阻式压力传感器；在 HG 480C1 型大气数据计算机中采用石英膜片的电容式压力传感器；在 ARINC 706 型大气数据计算机中采用谐振式压力传感器。总温传感器大多采用热电阻式温度传感器。迎角传感器大多采用零压式迎角传感器。这些传感器的输出信号有的是直流电压，有的是交流电压，有的是频率信号，有的是三线交流电压。

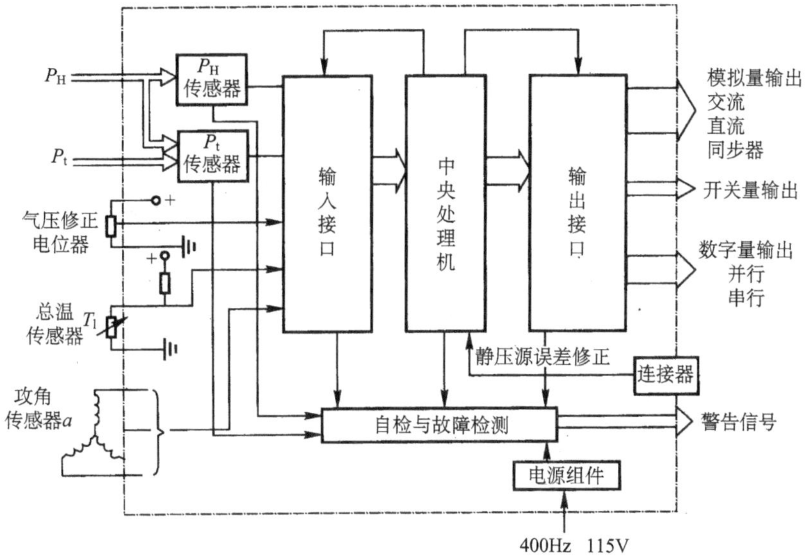

图 2.58　数字式大气数据计算机原理方框图

2）输入接口

输入接口将各种传感器输出的信号转换成计算机所需要的数字量。对输出频率信号类型的传感器主要采用频率（或周期）/数字转换器；对输出直流电压信号类型的传感器采用 A/D 转换器；对输出三线交流电压信号类型的传感器则采用一种特殊变压器将其转换成按正弦和余弦变化的信号，再由模拟/数字转换器转换。

3）中央处理机

中央处理机常用微型计算机，在程序存储器程序中完成各种参数计算任务，并协调控制整个大气数据计算机的工作。

4）输出接口

根据各机载系统的需求，将中央处理机算得的结果转换成一定格式的串/并行数字量、离散量和模拟机载系统要求的模拟量（直流、交流、三线交流）。

5）自检和故障监测系统

自检主要用于起飞前或飞行后的检查，使空、地勤人员能迅速判断大气数据计算机的工作状况；故障监测主要用于飞行过程中连续监测大气数据计算机各部分的故障，并诊断出故障源，根据故障的性质发出相应的告警信号。自检和故障监测系统由专用的硬件和软件实现。自检和故障监测系统是现代航空电子设备的重要部分，它提高了系统的可靠性、可维护性和使用效率。

6）ADC 的输出量

由静压、总压、总温、攻角等几个参数经计算得到 ADC 典型的输出量为：气压高度、气压校正后的高度、静压、静压比、气压高度速率、气压高度保持误差信号、总压、冲压、计算空速（校正后的空速）、计算空速速率（校正空速速率）、气压比（马赫数的函数）、马赫数、马赫数速率、总温、静温、密度比（空气）、空气密度、真空速、音速（空气中）、局部攻角、真攻角等。

关于具体的参数的计算方法本书不作详细介绍，可参阅相关的资料。

2.4 姿态仪表系统

测量飞机相对于水平面的姿态和航向信息是十分必要的，其中飞机的姿态表示的是飞机的机体的横轴和纵轴相对于地平面的位置关系，航向表示的是水平面上飞机机头相对于正北的方向。

飞机上测量飞机姿态的仪表，主要是指测量飞机姿态角和姿态角速度的一些仪表，这些仪表能为飞行员提供俯仰角、倾斜角和转弯角速度等重要参数的目视信号，或为其他机械设备提供这些参数的电信号。小型飞机上使用的姿态仪表主要是地平仪和转弯侧滑仪，大中型飞机上则采用姿态基准系统等。

2.4.1 航空地平仪

飞行中，用俯仰角和倾斜角来表示飞机的姿态，飞机的姿态表示的是飞机的机体坐标系相对于地球表面的位置关系。机体坐标系为右手直角坐标系，它固连在运载体上。原点 O 与运载体的质心重合，x_b 轴沿运载体横轴指向右，y_b 轴沿运载体纵轴指向前方，z_b 轴沿运载体立轴指向上方。航向角、俯仰角和横滚角如图 2.59 所示。精确地测量出飞机的俯仰角和倾斜角，无论是对于飞机驾驶，还是对于飞机自动控制系统，都是极为重要的。测量飞机姿态的仪表为航空地平仪（一般称为备用地平仪），又称陀螺地平仪（Gyro Horizon），是利用三自由度陀螺的稳定性来工作的。

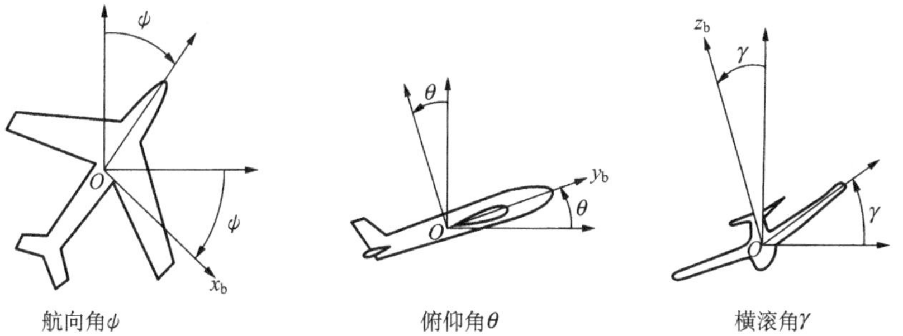

图 2.59　飞机的航向角与姿态角

1. 概述

飞机的俯仰角是飞机纵轴与地平面的夹角，即飞机绕横向水平轴转动的角度。俯仰角一般用秒表示，上仰为正。飞机的横滚角（倾斜角）是飞机对称面与通过飞机纵轴所作的铅垂面之间的夹角，即飞机绕纵轴转动的角度。在飞机无俯仰时，也等于飞机横轴与地平面的夹角。倾斜角一般用分表示，右倾斜为正。

由此可知，测量飞机的俯仰角和倾斜角的关键是要在飞机上建立水平面或地垂线基准，并且还要使这个基准在飞机机动飞行时保持稳定。

悬挂的摆锤，即单摆，对重力的方向很敏感，其摆线所指示的就是地垂线，也就是说单摆具有地垂性。由于地垂线和水平面是相互垂直的，所以找到地垂线也就等于找到了水平面。因此，可以在飞机上用单摆找到当地的地垂线。但是，由于飞机是运动的，当飞机加速、减速或转弯飞行时，由于摆除了受到重力作用外，还受到惯性力作用，将使摆线偏离地垂线。所以，摆不具有抵抗干扰的方向稳定性，不能单独用来测量飞机的姿态角。

从陀螺的基本特性可知，三自由度陀螺的自转轴具有很高的方向稳定性。如果在飞机上安装一个三自由度陀螺，并将其自转轴调整到地垂线方向，那么当飞机机动飞行时，自转轴不会像摆那样受干扰，仍然能相当精确地指示出地垂线。

另一方面，三自由度陀螺的自转轴是相对惯性空间保持方向稳定。由于地球自转，地垂线相对惯性空间的方向不断改变，而陀螺自转轴相对惯性空间的方向却不变，这就使原来与地垂线相重合的自转轴逐渐偏离地垂线（图 2.60（a））。并且，飞机又总是相对地球运动，从一个地点飞到另一个地点，地球上不同地点的地垂线相对惯性空间的方向是不同的，而陀螺自转轴相对惯性空间的方向却仍然保持与原来的方向相同，这也将引起自转轴逐渐偏离地垂线（图 2.60（b））。此外，实际的陀螺仪总是不可避免地存在着干扰力矩引起的漂移，也会使自转轴偏离地垂线。上述原因使陀螺没有对地垂线的方向选择性。因此，如果单独使用陀螺仪来测量飞机的姿态角，也将产生很大的误差。

综上所述，摆具有对地垂线的方向选择性，但没有抵抗干扰的方向稳定性；陀螺具有抵抗干扰的方向稳定性，却没有对地垂线的方向选择性。它们都不能单独作为飞机的姿态测量基准。但可以把两者有机地结合起来，建立稳定的地垂线测量基准。

地平仪的基本原理就是利用摆的地垂性修正陀螺，利用陀螺的稳定性建立稳定的人工地垂线，转子平面模拟当地水平面，从而根据飞机和陀螺的转子平面之间的关系测量飞机

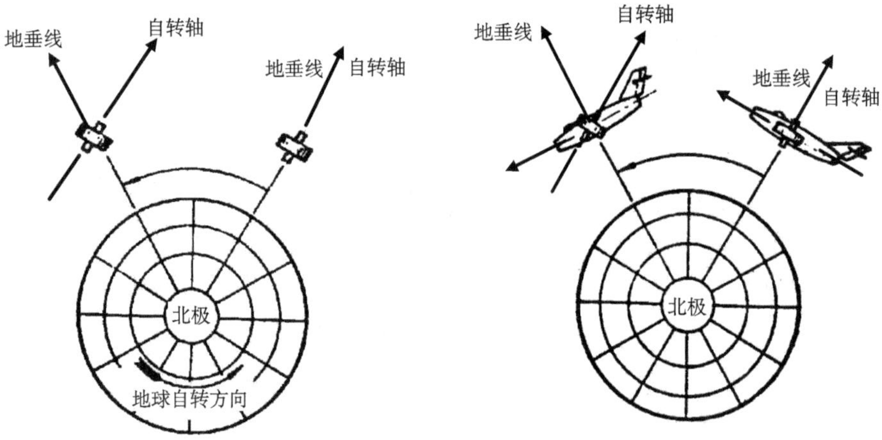

(a) 地球自转引起　　(b)飞机运动引起

图 2.60　陀螺自转轴偏离垂线

的俯仰角和倾斜角。

2. 地平仪的组成

地平仪的种类很多，结构也各有不同。但是，它们的组成基本为四个部分：三自由度陀螺、摆式地垂修正器、指示机构和控制机构，如图 2.61 所示。

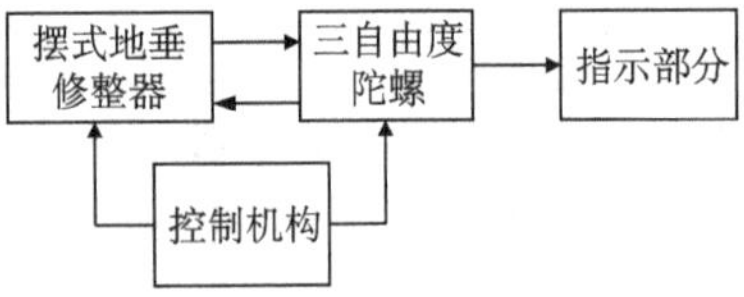

图 2.61　地平仪的基本组成

摆式地垂修正器是地平仪的修正部分，用来测量地垂线并对陀螺进行地垂修正。陀螺的自转轴偏离地垂线位置时，产生一个与摆的偏差，将使修正器产生一信号带动执行机构使陀螺自转轴进动，直至陀螺自转轴与摆垂线重合。当陀螺自转轴稳定在地垂线位置时，修正机构不会产生力矩，陀螺不会受外力矩作用，自转轴稳定不动。目前，电动地平仪采用的修正器主要有固体摆式修正器和液体摆式修正器两种。

指示机构用来向驾驶员提供飞机姿态角的目视信号。有的地平仪还安装了信号传感器，用来向姿态指示器、自动驾驶仪及其他机载设备提供飞机姿态角的电信号。

控制机构分为陀螺控制和摆的控制机构。陀螺控制机构可以在地平仪启动时或飞机机动飞行后使自转轴迅速恢复到地垂线方向，从而缩短启动时间或消除机动飞行过程中产生的指示误差，通常采用机械式锁定装置。摆的控制机构可以在飞机具有一定加速度或角速度时自动断开摆对陀螺的修正作用，避免地平仪产生误差，通常采用活动臂或加速度传感器、角速度传感器等。

在地平仪的四个组成部分中，陀螺和地垂修正器是组成地平仪的核心。因为地垂修正器的敏感元件实质上是一个摆，所以从原理上说，陀螺和摆是组成地平仪的核心。

3. 地平仪的修正原理

本小节根据液体摆式地垂修整器的工作原理，说明当自转轴偏离当地地垂线时，液体摆对地平仪的修正原理。

1）液体摆

在液体摆的铜盒中装有导电液，并且不完全装满，中间留有一个气泡。铜盒的绝缘板上有两对互相垂直的接触点。如图 2.62 所示，这是一个五极式的液体摆，壳体是公共电极，四个触点分别是一个电极。

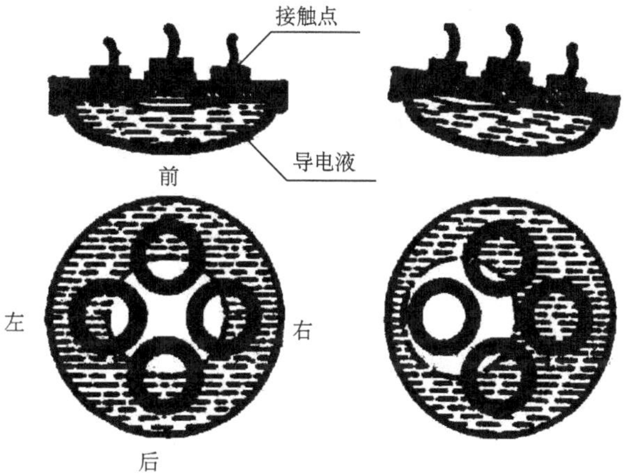

(a)　(b)

图 2.62　五极式液体摆

当液体摆水平放置时，如图 2.62（a）所示，气泡在中间，四个接点与壳体所形成的电阻值大小相等；当摆左右偏转时（图 2.62（b）），气泡就会发生偏移，前后两个电极上的阻值变化相等，但左右电极的电阻变化不等；同理，当摆前后偏转时，气泡会前后偏转，左右两个电极上的阻值变化相等，但前后电极的电阻变化不等。因此，液体摆有两个自由度，分别是前后和左右。

当将液体摆与三自由度陀螺的转子平面平行安装时，若三自由度陀螺的自转轴偏离地垂线，即转子平面偏离当地水平面，液体摆中的气泡也将随转子平面发生偏转，四个电极上的电阻发生变化，通过力矩器将这种变化加到三自由度陀螺上，利用三自由度陀螺的进动性，使自转轴恢复到地垂线方向。

2）液体摆式地垂修正器

一种如图 2.63 所示的液体摆式地垂修正器由敏感元件——液体摆、执行元件——横向和纵向修正线圈筒组成。前者用来感测地垂线，固定在陀螺室的下方。后者用来产生修正力矩。

纵、横向修正线圈筒安装在陀螺室的顶上。每个线圈筒都有一个圆柱形活动软铁心和两个结构相同的线圈。每个线圈的一端与电源连接，另一端与相应的一个接点相连。液体摆的铜盒则作为另一个电极与电源相接，如图 2.64 所示。

当陀螺自转轴处于地垂线方向时，四个接触点与导电液的接触面积相等，四个线圈的电流相等。每个线圈筒的两个线圈产生相等的磁场强度，使铁心停在线圈筒的中央，对陀螺不产生修正力矩。

当陀螺自转轴绕内框轴向左（飞机左侧）偏离地垂线时，气泡向右移动，使左接触点与导电液的接触面积增大，电阻减小；右接触点与导电液的接触面积减小，电阻增大。于

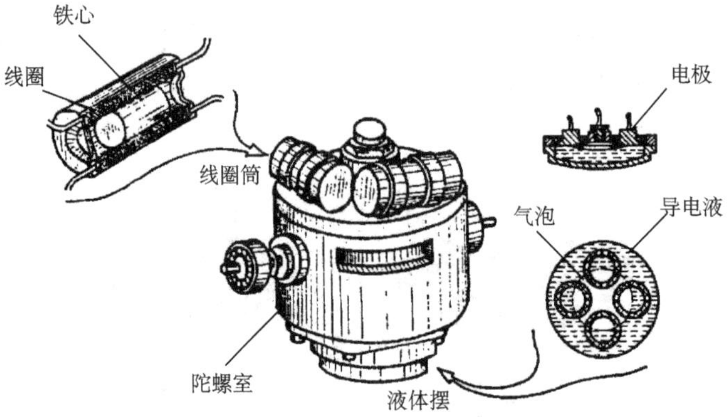

图 2.63 地垂修正器的组成

是，被这一对接触点控制的横向修正线圈筒两个线圈的电流大小不相等，铁心被磁场强的线圈吸向后边，沿外框轴方向产生修正力矩，方向向右，使自转轴（其角速度矢量向上）进动到地垂线方向。同理，当自转轴绕外框轴转动产生纵向偏离时，纵向修正线圈筒产生修正力矩的工作情形与上述相似。

除上述两种地垂修正器外，在气动地平仪和一些电动地平仪中还采用气动活门地垂修正装置。

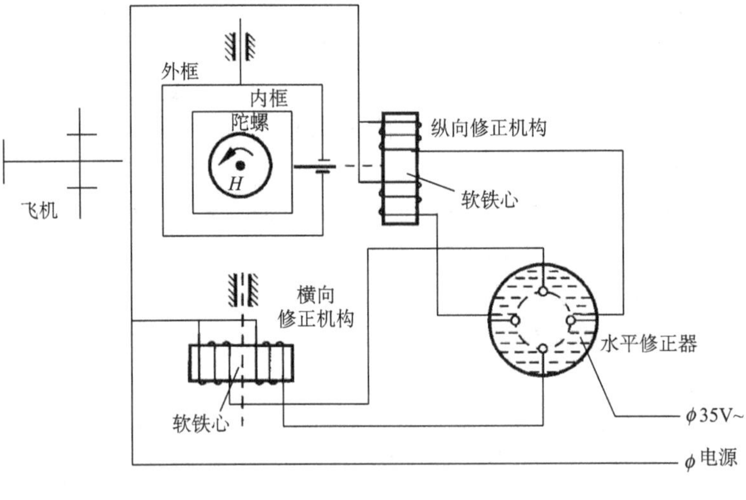

图 2.64 地垂修正器的工作情况

4. 航空地平仪的结构与指示

图 2.65 所示为航空地平仪的一种结构示意图。它由安装在陀螺上的人工地平线、倾斜刻度盘、俯仰刻度盘和安装在表壳上的小飞机形指针（简称小飞机）等组成。俯仰刻度盘安装在陀螺上，它的中线即人工地平线，每 10°有一条刻线，每 20°刻有角度数；上部涂成天蓝色，下部涂成褐色，形象地代表天和地。倾斜刻度盘安装在表面上部，每小格代表 10°，每大格代表 30°。

飞机平飞时，小飞机和人工地平线重合。飞机上升（或下降）时，人工地平线下降（或上升），小飞机在俯仰刻度盘上指示的度数代表飞机的俯仰角。飞机向左（或右）倾斜时，人工地平线向右（或左）倾斜，倾斜指标在倾斜刻度盘上的读数代表飞机的倾斜角。

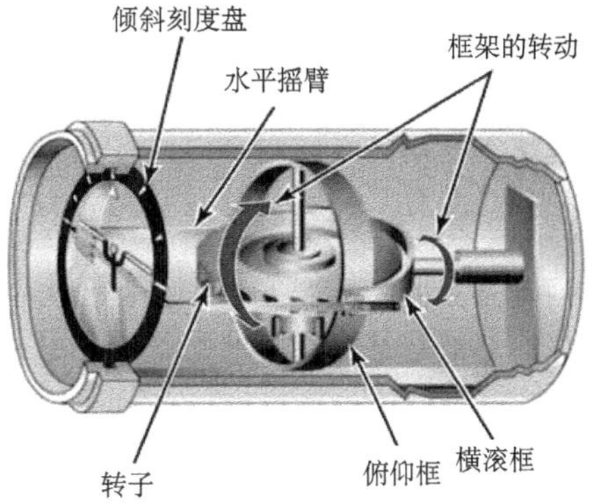

图 2.65　地平仪结构示意图

2.4.2　转弯侧滑仪

转弯仪用于测量飞机的转弯角。侧滑仪用于测量飞机的侧滑及侧滑方向。通常将两个独立的仪表组合构成转弯侧滑仪。由于转弯仪和侧滑仪的综合指示，对于驾驶员保持飞机平直飞行和作无侧滑的协调转弯具有重要作用，因此常把它们组装在一起。

1. 转弯仪

转弯仪（Turn Indicator）是用来指示飞机转弯（或盘旋）的方向，并粗略反映转弯的快慢程度，有的转弯仪还能用来指示飞机在某一真空速时无侧滑转弯的倾斜角（坡度）。

转弯仪的基本组成如图 2.66 所示。它由二自由度陀螺、平衡弹簧、空气阻尼器和指示机构等组成。陀螺的自转轴与飞机横轴平行，自转角速度矢量指向左机翼，内框轴与飞机的纵轴平行，测量轴与飞机立轴平行。

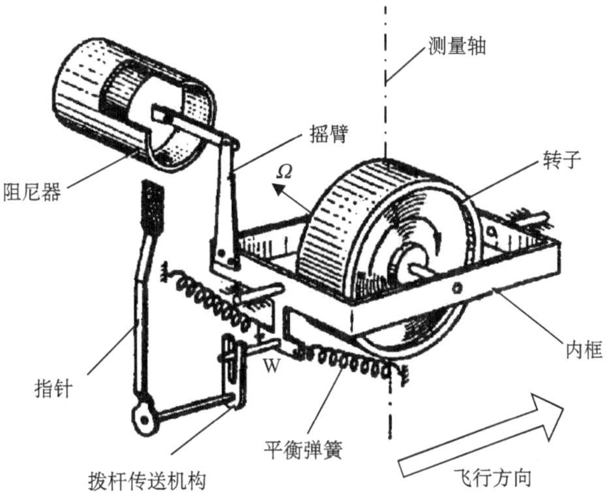

图 2.66　转弯仪的组成

1）指示转弯方向

转弯仪是利用两自由度陀螺进动性工作的。

当飞机直线飞行时，内框在平衡弹簧作用下，稳定在初始位置，指针指在刻度盘中央，表示飞机没有转弯。

当飞机以一定的角速度向左转弯时，转弯角速度矢量向上。由于自转角速度矢量指向左机翼，所以内框顺时针进动，直到引起进动的力矩（即陀螺力矩）与平衡弹簧的反作用力矩相等。内框的转角通过拨杆传送机构传给指针，使指针偏向左方，表示飞机正在向左转弯（图 2.67）。转弯停止后，陀螺力矩消失，内框在平衡弹簧作用下回到初始位置，指针指在刻度盘中央。

当飞机向右转弯时，内框逆时针进动，带动指针向右偏离刻度盘中央，表示飞机正在向右转弯。

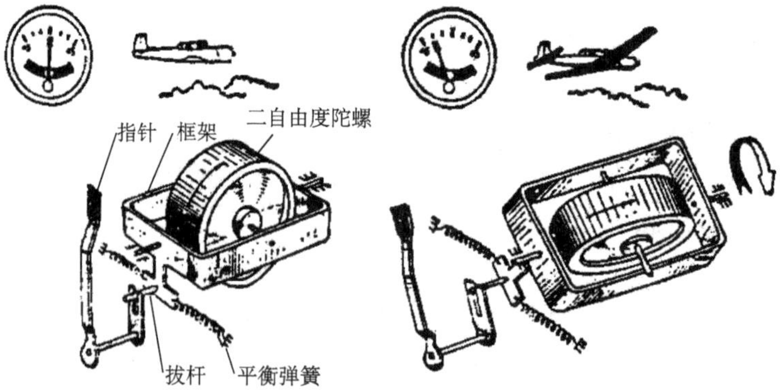

图 2.67　转弯仪的原理

2）指示转弯快慢

如果飞机以恒定的角速度转弯，引起陀螺进动的力矩是恒定的，内框转角和指针偏转角也一定。飞机转弯角速度越大，引起陀螺进动的力矩也越大，因此内框转角和指针的偏转角也越大。这样，转弯仪也就可以反映飞机转弯的快慢程度。

理论分析表明，飞机转弯时引起陀螺进动的力矩可以表示为

$$L = J\Omega\omega\cos(\gamma - \alpha) \tag{2.72}$$

式中，ω 为飞机转弯角速度；γ 为飞机倾斜角；α 为内框转角。

陀螺内框转角不大时，式（2.72）可以近似为

$$L = J\Omega\omega\cos\gamma \tag{2.73}$$

平衡弹簧的力矩可以表示为

$$M = K\alpha \tag{2.74}$$

式中，K 为弹性力矩系数。

指针稳定时，$M=L$，所以

$$\alpha = \frac{J\Omega}{K}\omega\cos\gamma \tag{2.75}$$

式（2.75）说明，转弯仪的内框转角不仅与飞机转弯角速度有关，而且还和飞机倾斜角有关。一般情况，飞机的倾斜角不是固定不变的，因此转弯仪只能粗略反映飞机转弯的快慢程度。

还有一种转弯仪，它的陀螺自转轴与飞机纵轴平行，内框轴与飞机横轴平行。由于这种转弯仪受飞机倾斜角影响更大，所以用得不多。

3）指示飞机无侧滑转弯时的倾斜角

有些转弯仪，除了能指示飞机的转弯方向以外，还能在一定条件下指示飞机的倾斜角。因此，这样的转弯仪还可以辅助地平仪指示飞机倾斜角。

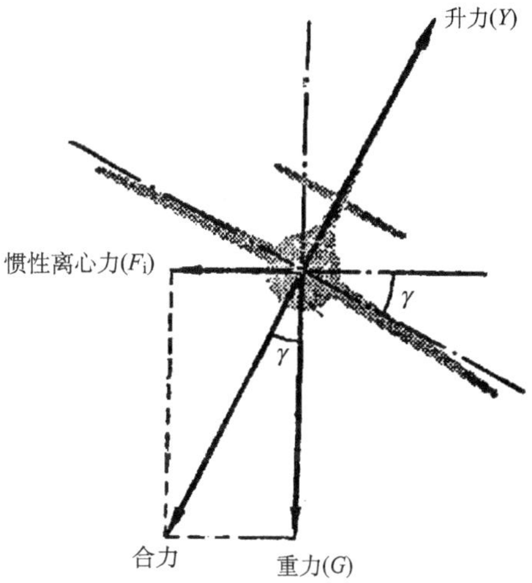

图 2.68　飞机作无侧滑转弯时，倾斜角同惯性离心力和重力的关系

转弯仪为什么能指示飞机倾斜角呢？在跑步（或骑自行车）转弯时，我们都有这样的体会：跑步（或骑自行车）的速度一定时，转弯越快，即转弯角速度越大，身体（或自行车）的倾斜程度也就越大。否则人（或自行车）的转弯半径将增大，不能按预定线路转弯。飞机转弯时也是如此。为了不使飞机发生侧滑，在飞行速度一定的条件下，飞机的转弯角速度越大，倾斜角也越大。可见，在飞机速度一定的条件下，飞机无侧滑转弯时的倾斜角，取决于转弯角速度。这样，测量飞机的角速度，就可以表示飞机的倾斜角。这个结论还可以由理论分析得出。如图 2.68 所示，当飞机作无侧滑转弯时，作用在飞机上的重力和惯性离心力的合力，正好与飞机的升力大小相等，方向相反；重力与合力的夹角，恰好等于飞机倾斜角。因此，飞机的倾斜角与惯性离心力 F_i、重力 G 的相互关系为

$$\tan\gamma = \frac{F_i}{G} \tag{2.76}$$

而 $F_i = mv\omega$，$G = mg$；式中，m 为飞机的质量；v 为飞机的飞行速度；g 为重力加速度。

因此

$$\tan\gamma = \frac{mv\omega}{mg} = \frac{v\omega}{g} \tag{2.77}$$

即

$$\omega = \frac{g}{v}\tan\gamma \tag{2.78}$$

把式（2.77）代入式（2.74），便可得出内框转角与飞机倾斜角的近似关系式为

$$\alpha = \frac{J\Omega g}{Kv}\sin\gamma \tag{2.79}$$

这就说明，当飞机的飞行速度（真空速）一定时，陀螺内框转角只取决于飞机无侧滑转弯时的倾斜角。飞机作无侧滑转弯时的倾斜角越大，内框和指针转角也越大；反之，倾斜角越小，内框和指针转角也越小。

2. 侧滑仪

飞行中，空速矢量与飞机对称面不平行的飞行状态，称为侧滑。空速矢量与飞机对称面之间的夹角称为侧滑角。飞机转弯时，空速矢量偏向转弯内侧称为内侧滑；偏向转弯外侧称为外侧滑。直线飞行时，空速矢量偏向对称面左侧称为左侧滑；偏向对称面右侧称为

右侧滑。

侧滑仪（Slip Indicator）是用来指示飞机有无侧滑和侧滑方向的仪表，常与转弯仪配合，供驾驶员操纵飞机协调转弯。

1）基本结构

侧滑仪由小球、玻璃管和阻尼液等组成，如图2.69所示。小球是敏感元件，相当于单摆的摆锤，能在玻璃管中自由滚动。玻璃管的曲率半径相当于摆长。阻尼液对小球起阻尼作用。玻璃管的一端有很小的膨胀室，以便阻尼液因温度升高，容积增大时占用。

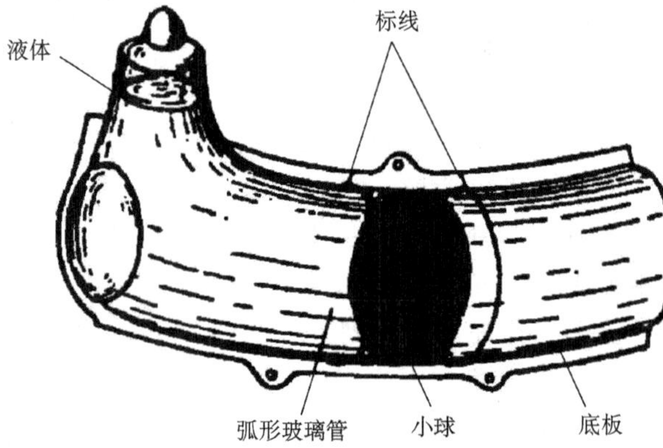

图2.69 侧滑仪的结构

2）工作原理

飞机在原来没有横向运动的情况下，只要在转弯时保持沿横轴方向的合力为零，就不会发生横向运动，即不会发生侧滑。

飞机作无侧滑转弯时，沿横轴方向的作用力有惯性离心力在横轴方向的分力和重力在横轴方向上的分力，这两个分力的方向是相反的，如图2.68所示。因此，只要这两个分力大小相等，其合力便基本上等于零（忽略方向舵偏转后产生的空气动力、螺旋桨扭转气流作用力等），飞机不会侧滑；反之，若这两个分力大小不等其横向合力便不等于零，飞机就会发生侧滑。因此，测量飞机转弯时的横向合力，便可知道飞机的侧滑情况。

直接测量飞机飞行时的受力状况是比较困难的。如果在飞机上悬挂一个单摆，在飞行时，摆锤可以模拟飞机的受力状况，摆锤的位移就反映了飞机的侧滑。

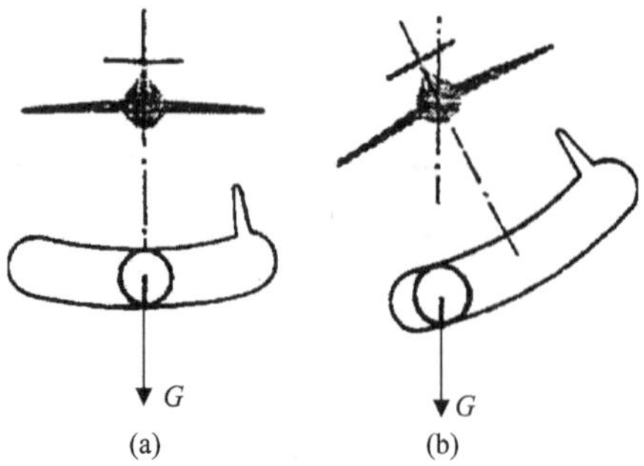

图2.70 直线飞行指示

侧滑仪就是利用单摆模拟飞机承受的横向合力，根据摆锤在横向合力作用下的运动状态指示飞机的侧滑。

下面具体分析飞机飞行时，侧滑仪的工作情况。

（1）直线飞行。

飞机平直飞行时，侧滑仪的小球受重力 G 作用，停在玻璃管中央的两条标线中间。如图2.70（a）所示。

飞机带坡度产生侧滑时，重力 G 使小球偏离中央。飞机左侧滑，小球偏向左边；飞机右侧滑，小球偏向右边。如图 2.70（b）所示为左侧滑。

（2）转弯飞行。

当飞机以角速度 ω 作无侧滑转弯时，飞机的立轴相对于地垂线倾斜 γ 角。此时，作用在飞机上的横向合力为零，飞机没有侧滑。由于侧滑仪的玻璃管也跟着飞机倾斜 γ 角，作用在小球上的横向合力（沿玻璃管的切线方向）也等于零，即 $F_X-G_X=0$，或 $F_X=G_X$，故小球处在玻璃管中央，表示飞机没有侧滑。如图 2.71 所示。

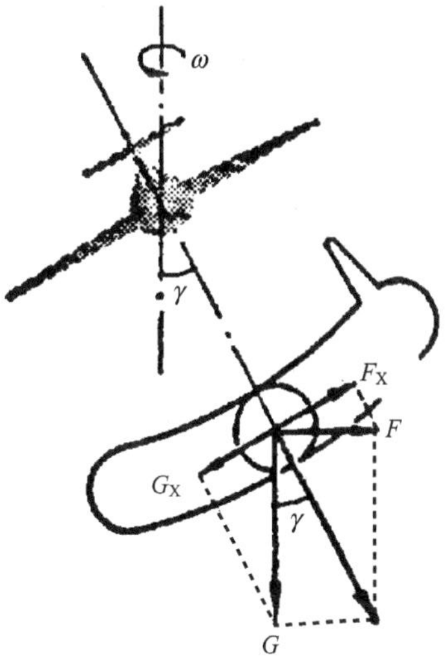

图 2.71　无侧滑转弯

若飞机转弯时的倾斜角过小或转弯角速度过大，则在横向合力作用下，飞机要发生外侧滑。此时，作用在小球上的横向合力大于零，即 $F_X>G_X$，或 $F\cos\gamma>G\sin\gamma$，小球在横向合力作用下偏离玻璃管中央向右（外）侧运动。

由于玻璃管是弯曲的，所以随着小球向右（外）运动，作用在小球上的力 F_X 和 G_X 都要改变。F_X 不断减小，G_X 不断增大。当这两个分力相等时，小球停止运动，如图 2.72 所示。

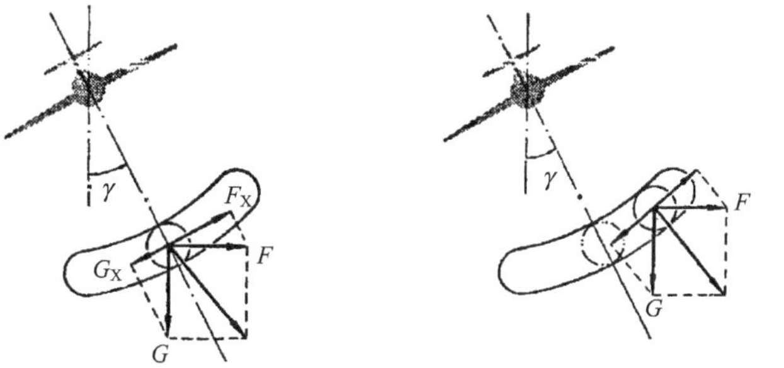

(a) $F_X>G_X$，小球向右(外)运动　(b) 小球停在右(外)侧

图 2.72　外侧滑时侧滑仪的指示

反之，若飞机发生内侧滑，作用在小球上的横向合力小于零，即 $F_X<G_X$，或 $F\cos\gamma<G\sin\gamma$，使小球偏离玻璃管中央而向左（内）侧运动。若飞机横向合力越大，侧滑越严重；小球横向合力越大，则偏离中央位置越远。因此，小球偏离中央位置的方向和距离，可以表示飞机侧滑的方向和严重程度。

综上所述，如果飞机转弯时，横向合力等于零，小球便停在玻璃管中央，表示无侧滑；横向合力大于零，小球便偏向玻璃管外侧，表示外侧滑；横向合力小于零，小球便偏向玻璃管内侧，表示内侧滑。横向合力越大，小球偏离中央位置越远，表示侧滑越严重。

2.5　航向仪表系统

航向是飞机飞行过程中重要的导航参数。用来测量飞机的航向或方位角的仪表系统称为航向仪表，包括各种仪表罗盘和无线电罗盘。它们能够指示出飞机的真航向、磁航向、陀螺航向、大圆航向或无线电台方位。所以，罗盘是飞机上重要的驾驶领航仪表之一。

根据指示航向的不同，仪表罗盘有磁罗盘、陀螺罗盘、陀螺磁罗盘和无线电罗盘等。根据地磁来确定航向的是磁罗盘；用陀螺来确定航向的是陀螺罗盘；用地磁和陀螺共同来确定航向是陀螺磁罗盘。无线电罗盘是根据地面信标台发射的无线电信号来确定飞机方位的。

目前，飞机上使用的罗盘，除了为飞行员提供各种航向的目视显示数据外，还要为其他机载电子系统提供各种航向基准和航向误差信号。例如，飞行指引仪和自动驾驶仪等都需要罗盘系统提供航向信号。本节将介绍各种仪表罗盘的工作原理、系统组成及指示等。

2.5.1 概述

1. 航向

飞机的航向是指飞机的机头方向，其大小是用飞机纵轴的水平投影（称航向角的定位线）与地平面上某一基准线之间的夹角度量的。并规定正航向角的计算方法是从基准线的正方向按顺时针量至定位线的正方向（机头方向）。

所用的基准线有地球真子午线、磁子午线、飞行航线起点子午线或飞机转弯起点子午线，这些基准线的正方向是指真北线、磁北线和飞行方向线等。

由于选取的基准线不同，所以航向可分为真航向、磁航向、罗航向、大圆航向和陀螺航向等。

1）真航向

真子午线与飞机纵轴在水平面上的夹角，称为真航向角。按真航向角计算的飞行航向称为真航向。如图 2.73（a）所示。

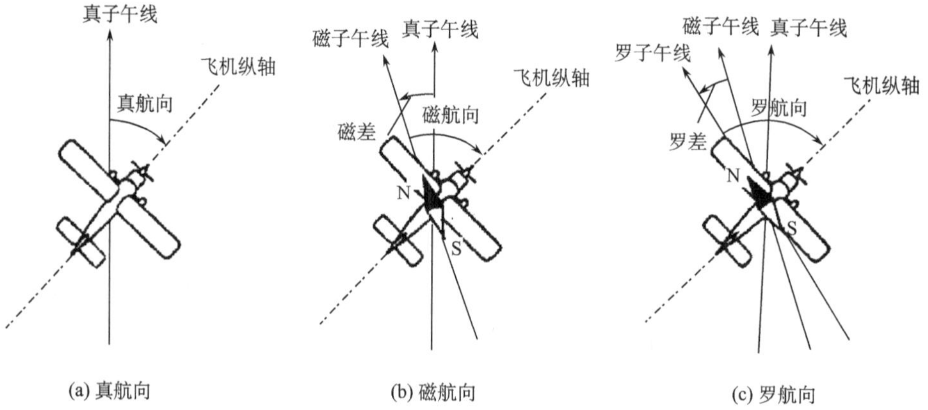

图 2.73 各种航向

真航向的 0°、90°、180°和 270°方向分别是正北、正东、正南和正西。在航向仪表的刻度盘上通常用英文字母 N、E、S 和 W 来表示，其余刻度读数用阿拉伯数字表示。

2）磁航向

磁子午线与飞机纵轴在水平面上的夹角，称为磁航向角。按磁航向角计算的飞行航向称为磁航向。如图 2.73（b）所示。

磁子午线与真子午线方向不一致而形成的地磁偏角称为磁差（或磁偏角）。用磁罗盘测得磁航向后需要根据磁差进行修正得到真航向。它们之间的换算关系为

$$\psi_T = \psi_C + \Delta\psi_C \tag{2.80}$$

式中，ψ_T 为真航向；ψ_C 为磁航向；$\Delta\psi_C$ 为磁差。

磁差是有正负的，规定磁子午线北端（正方向）在真子午线北端东侧时，磁差为正，反之，则为负。而且，地球磁差随时间、地点不同而异。

3）罗航向

装在飞机上的磁传感器能够同时感受地球磁场和飞机上铁磁物质产生的磁场，所以用磁传感器测得的航向基准线实际上是两者的合成磁场的水平分量方向。磁传感器测得的这一合成磁场水平分量方向，称为罗子午线（或罗经线）；该线与飞机纵轴在水平面上的夹角为罗航向角。按罗航向角计算的飞行航向称为罗航向。如图 2.73（c）所示。

罗子午线与磁子午线间的夹角称为罗差。并规定罗子午线北端在磁子午线北端东侧时的罗差为正；在西侧时的罗差为负，这样罗航向和磁航向的换算关系为

$$\psi_C = \psi_L + \Delta\psi_L \tag{2.81}$$

式中，ψ_C 为磁航向；ψ_L 为罗航向；$\Delta\psi_L$ 为罗差。

由于飞机磁场的大小和方向是随飞机转动而变化的，因此，飞机在不同的航向上，其罗差值是不同的。每架飞机在各个方位上的罗差值，是通过“校罗盘”方法求得的。磁传感器通过校验后，可将罗差减小到最小限度，此后，磁传感器所指示的航向可以认为是磁航向。

通常，磁传感器安装在飞机某侧机翼的外部，可以有效地消除飞机自身磁场源的影响。

4）陀螺航向

利用三自由度陀螺在惯性空间中具有定轴性的特性制成陀螺罗盘，将陀螺自转轴置于水平，作为航向基准，它所指的方向就是陀螺航向。

将陀螺罗盘的刻度盘 0°线置于磁子午线上，所指航向即陀螺磁航向；若置于真子午线上，则为陀螺真航向；陀螺罗盘还可用来确定飞机的转弯角度。

5）大圆航向

将通过地心的截面与地球表面相交的圆圈称为大圆圈。飞机沿大圆圈飞行的航向称为大圆航向。大圆航向角为飞机纵轴与直飞航线起点真子午线之间的夹角。飞机沿大圆航向飞行就是始终保持大圆航向角不变，即飞机纵轴与起始点真子午线之间的夹角始终不变。

用陀螺罗盘确定大圆航向。此时，陀螺罗盘选择的航向基准是直飞航线起点子午面上的大圆圈线。

陀螺罗盘作为大圆飞行的主要问题是大圆航向基准线要与航线起点子午线作同步运动。

2. 地磁场

地球具有磁性，通过地球磁场指示方向和通过指南（北）装置进行导航是最古老的传感器使用方法之一。磁罗盘就是通过对地球磁场的测量完成磁航向的计算的。

地球的两个磁极分别靠近两个地理极附近，但不重合。靠近地理北极的称为北磁极，具有S极磁性；靠近地理南极的称为南磁极，具有N极磁性。地球磁场的磁力线从南磁极某点指向北磁极某点，在磁北极点，磁场方向与实际地理方向相差约11.5°。其他地区的磁偏角，可以根据该地的地理位置，通过查表获得。

地球磁力线呈某一角度进入地球内，这一磁力线与当地地平面的交角称为磁倾角，各地磁倾角大小不同，某地磁倾角的大小称为该地区的磁纬度。越靠近地磁极，磁倾角越大，即磁纬度越高。美国和欧洲的磁倾角约为70°。

地球磁场 H 是正交的三个分量 H_X、H_Y、H_Z 的矢量和，如图2.76所示。

H_Z 是地磁垂直分量，H_X 和 H_Y 在水平面上，两者的合成即地磁水平分量，用 F 表示，该方向即磁子午线。可以参考磁北极用于确定罗盘航向。

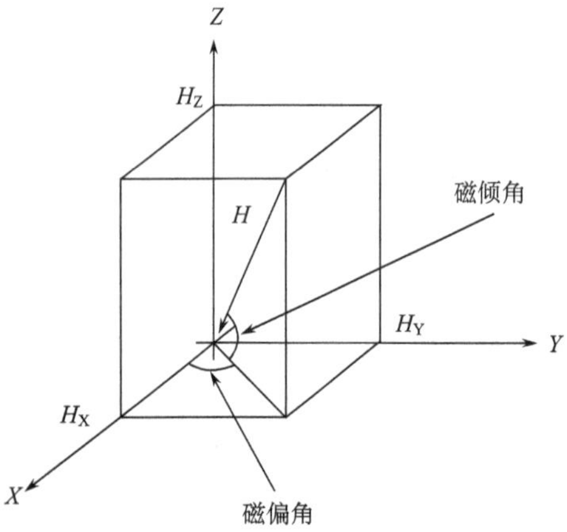

图2.74 地球磁场分量

若磁倾角为 ϑ，地磁场水平强度为 $F = H \cdot \cos\vartheta$，即磁倾角越大，地磁水平强度越小。

由于磁场方向与地理方向并不重合，地磁场水平强度与正北方向之间的夹角为地磁偏角（图2.74），地磁偏角简称“磁偏角”，也称“磁差”。它是一个修正角，与磁航向相加或相减以获得真正的罗盘航向。

依照习惯，地磁偏角一般不用大于180°的实际方位角度数值来表示，而以该方位角与360°之差（结果为负角）的数值来代替。在这种约定之下，当测站的磁北方向偏东时，地磁偏角取正值加以表示（或者在角度数值后面加“E”来表示）；其方向偏西时，地磁偏角取负值加以表示（或者在角度数值后面加“W”来表示）。例如，地磁偏角的数值“+3°”（即“3°E”）时，表示测站位置上磁北方向的方位角为3°；而如果在地磁偏角的数值为“−3°”（即“3°W”）的情况下，则代表测站位置上磁北方向的方位角为357°。

因此，正角度差为向东修正，负角度差为向西修正，这些修正要进行定期更新。

3. 罗差

飞机上的钢铁和工作着的电气设备会形成飞机磁场。飞机磁场也可以分解为水平分量和垂直分量两部分。地球磁场水平分量与飞机磁场水平分量形成的合成磁场方向，即罗子午线方向。罗子午线与磁子午线之间的夹角就是罗差。

地球磁场的水平分量相对于地球固定不动，而飞机磁场的方向和大小是随飞行航向和飞行姿态的改变而变化的。甚至地理纬度的变化也会引起飞机磁场的变化。所以，合成磁场的大小和方向也随飞行状态的改变而变化，使罗差成了飞行状态的函数。

飞机磁场由硬铁磁场（永久磁场）和软铁磁场（感应磁场）两部分组成。软铁磁场是受地球磁场和硬铁磁场的磁化产生的。由机上硬铁磁场磁化的那部分软铁磁场，其性质与硬铁磁场相同，可以认为是硬铁磁场的一部分；而受地磁场磁化的那部分软铁磁场，其性质与地磁场相同，可认为是地磁场的一部分。所以，总的软铁磁场大小和方向是随飞行状态的改变而变化。飞机硬铁磁场的大小和方向相对于飞机的方位是不变的，它与飞行状态无关。

2.5.2　磁罗盘

磁罗盘用来测量飞机的罗航向。由于经过罗差修正后，剩余罗差并不大，因此有的文献称为测量磁航向。

1. 基本原理

磁罗盘的基本原理是利用自由旋转的磁条跟踪罗经线的特性来指示飞机的罗航向。如图 2.75 所示，磁罗盘的敏感元件是在水平面内可以自由旋转的磁条。在磁条上固定着环形刻度盘，0°～180°刻度线与磁条方向一致。航向标线固定在表壳上，代表飞机纵轴。

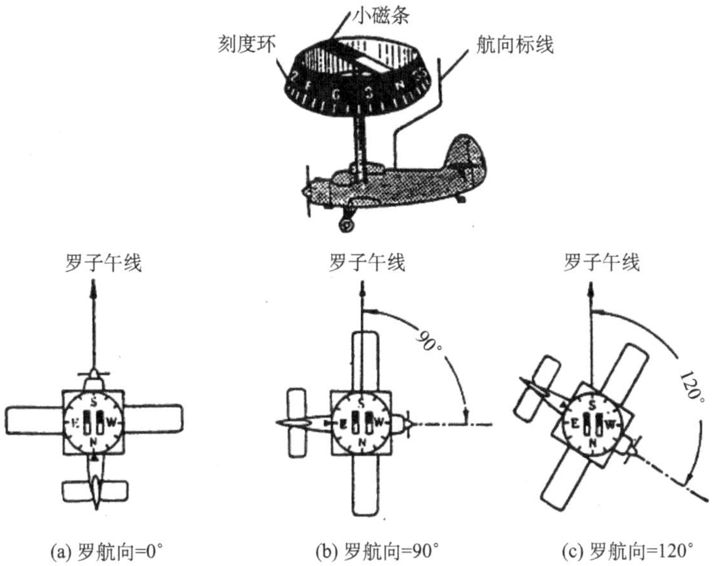

图 2.75　磁罗盘的基本原理

飞机航向改变后，磁条始终稳定在罗经线方向，表壳随飞机一起转动。因此航向标线在刻度盘上所指的角度，就是飞机纵轴与罗经线在水平面上的夹角，即罗航向。

2. 基本结构

磁罗盘主要由罗牌、罗盘油、外壳和航向标线、罗差修正器等组成，如图 2.76 所示。

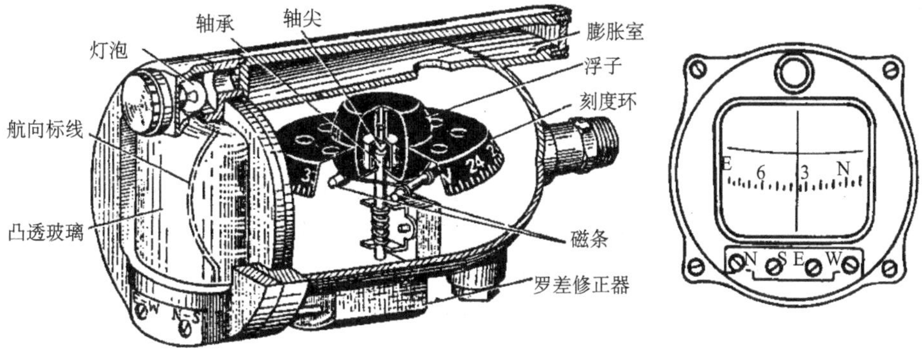

图 2.76　磁罗盘的结构和表面

罗牌是罗盘的敏感部分，它由磁条、轴尖、浮子、刻度环等组成。整个罗牌可在支柱的轴承上自由转动，保证0°～180°刻度线始终与罗经线方向一致。为了减小磁倾的影响，使敏感部分保持水平，罗牌的重心通常偏在支点的南面（在北半球飞行时，可以抵消磁倾的作用），并且还偏在支点的下面或上面。

罗盘油可以增加罗牌的运动阻尼和减小罗牌对轴承的压力，从而减小罗牌的摆动和摩擦。

罗差修正器用来抵消飞机磁场的影响，从而减小罗差。它有两对小磁铁（图2.77），一对可沿飞机纵轴方向产生附加磁场，抵消沿纵轴方向的飞机磁场对罗牌的影响，它们的相对位置可由E-W旋柄来改变；另一对可沿飞机的横轴方向产生附加磁场，抵消沿横轴方向的飞机磁场对罗牌的影响，它们的相对位置可由N-S旋柄来改变。

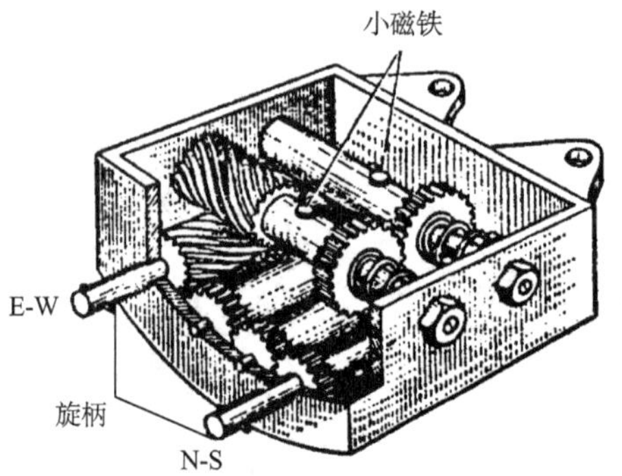

图2.77 罗差修正器的结构

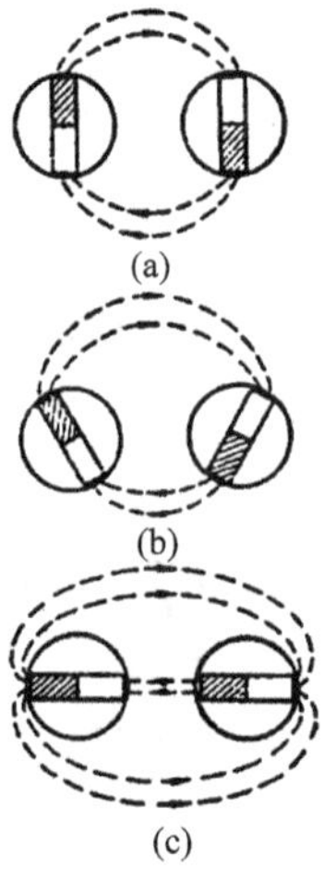

图2.78 罗差修正器的磁场

当两个小磁铁平行时（图2.78（a）），磁力线作用的空间范围最小，消除罗差的能力也最小；当两个小磁铁成一直线时（图2.78（c）），磁力线作用的空间范围最大，消除罗差的能力也最大；两个小磁铁处于其他相对位置时（图2.78（b）），消除罗差的能力介于上述两者之间。因此，只要适当转动旋柄，改变两个磁铁的方向和相对位置，就可以在一定范围内消除不同符号、不同大小的罗差。

罗差校正由机务人员按规定的时间进行，其他人员不能随意转动罗差修正旋柄。

3. *磁罗盘的误差*

磁罗盘具有罗差和飞行误差。

1） *罗差*

磁罗盘为了便于使用，一般安装在驾驶舱风挡玻璃的上部。而驾驶舱则是飞机用电设备高度集中的地方。由于电流磁场和飞机其他钢铁物质的影响，罗差较大，所以磁罗盘需要定期校正。校罗盘后制成剩余罗差曲线卡片，放在驾驶舱，供计算磁航向用，如图2.79所示，图中横坐标为罗航向，纵坐标为剩余罗差。磁航向与罗航向、剩余罗差的关系为

$$磁航向=罗航向+剩余罗差$$

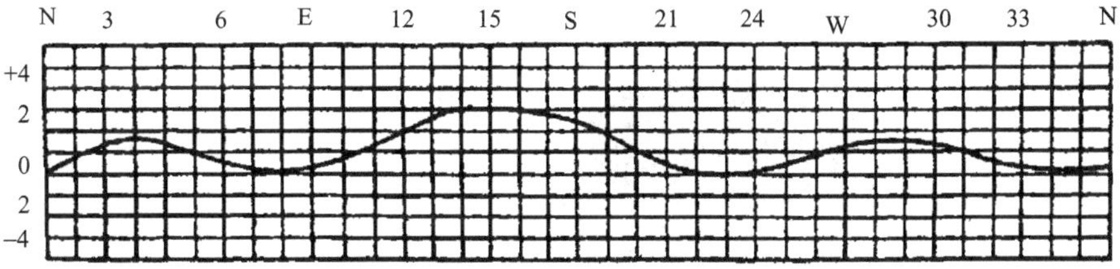

图 2.79　剩余罗差修正量曲线表

2）飞行误差

飞机在俯仰、倾斜、盘旋、加速或减速时，飞机磁场和地球磁场的垂直分量将对磁罗盘产生影响，使指示出现误差，这些误差统称为飞行误差。在飞机平飞后，这些误差会自行消除。

4. 磁罗盘的使用特点

（1）磁罗盘一般是在飞机上主用罗盘失效后使用。

（2）为了避免飞行误差，应在匀速平飞时判读航向，如果罗牌摆动，读数应取平均值。若在转弯时使用，应注意修正转弯误差。

（3）在磁矿区，磁罗盘误差很大。增加飞行高度，可减小误差。

（4）在两极地区飞行时，由于地磁水平分量小，磁罗盘不能准确指示航向。

（5）若要利用磁航向进行领航计算，应该修正剩余罗差。

2.5.3　陀螺罗盘

陀螺罗盘（Directional Gyro），又称陀螺方向仪，是利用三自由度陀螺稳定性工作的仪表。它可以测量飞机的转弯角度，经过校正，还可以指示飞机的航向。由于这种仪表不能独立测量航向，必须与其他罗盘配合工作，所以又称为半罗盘。

1. 工作原理

陀螺罗盘主要由三自由度陀螺、刻度盘、航向指标、水平修正器和方位修正器等组成，如图 2.80 所示。三自由度陀螺的外框轴与飞机的立轴平行。刻度盘固定在外框上，航向指标固定在表壳上，代表飞机纵轴。水平修正器的修正力矩作用于外框轴，使自转轴保持水平；方位修正器的修正力矩作用于内框轴，使自转轴能够跟踪选定的方位基准线。

1）测量飞机转弯角度

当飞机转弯时，由于陀螺的稳定性，自转轴方位不变，刻度盘被陀螺稳定不动，而航向指标则随着飞机转动。因此，航向指标相对于刻度盘的转角，可以表示飞机转弯转过的角度。

2）测量飞机航向

航向是飞机纵轴与经线的夹角。由于陀螺自转轴不能自动跟踪经线，因此要测量航向就必须把自转轴（准确讲是刻度盘 0°～180°连线）校正并稳定在基准线（如真子午线、磁子午线等）方向上，航向标线指示的角度便是航向角。由于地球在惯性空间中自转，而三自由度陀螺稳定性则表现为自转轴在惯性空间中不动，因此，在用陀螺罗盘测量航向时，要使其自转轴稳定在所选的基准线上就是要使自转轴同基准线在惯性空间有相同的运动速

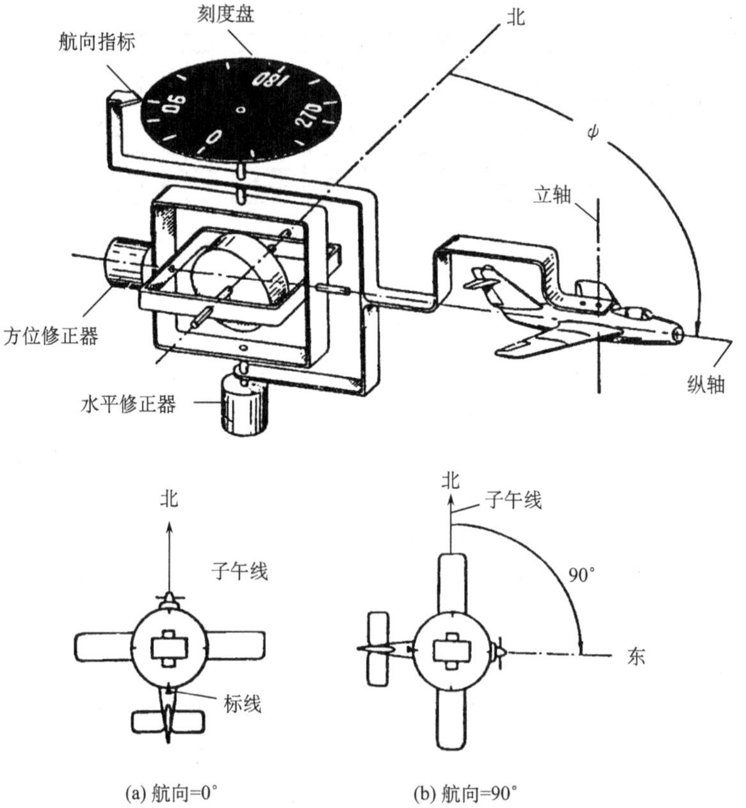

图 2.80　陀螺罗盘的结构原理图

度（包括大小和方向）。

（1）测量大圆航向。

大圆航向是飞机纵轴所在的大圆圈平面与起始点子午面的夹角。要想测量大圆航向，必须使自转轴稳定在起始点子午线上，也就是保持自转轴与大圆圈线在水平面内的夹角不变。因此，陀螺半罗盘应该具备两个条件：①使用前，必须使自转轴与起始点真经线方向一致；②飞行过程中，由于地球自转，必须使自转轴随起始点真经线在惯性空间一起转动。

要想使自转轴经常随起始点子午线一起转动，一方面，必须用水平修正器使自转轴经常处于水平（水平修正）；另一方面，必须用方位修正器使自转轴在方位上不断进动（方位修正）。

进行水平修正的方法，是在自转轴偏离水平面时，沿外框轴方向加修正力矩，使自转轴进动，从而恢复水平。

进行方位修正的方法，是沿内框轴方向施加修正力矩，使自转轴不断地绕外框轴进动，进动的角速度与地球自转角速度垂直分量大小相等、方向相同，即

$$\omega_c = \omega_d \cdot \sin\phi \tag{2.82}$$

式中，ω_c 为方位修正角速度；ω_d 为地球自转角速度；ϕ 为飞机所在纬度。

综上所述，如果在使用前将自转轴调整到起始点子午线方向，在使用过程中，水平修

整器经常使自转轴保持水平，方位修整器经常使自转轴按照 ω_c 的表达式在方位中进动，则陀螺罗盘指示的航向便是大圆航向。

（2）测量真航向。

真航向是飞机纵轴与飞机所在位置的真子午线之间的夹角。要想指示真航向，必须使自转轴稳定在飞机所在真子午线上。因此，陀螺半罗盘应该具备三个条件：①使用前，必须使自转轴与起始点真子午线方向一致；②飞行过程中，由于地球自转，必须使自转轴随起始点真子午线在惯性空间一起转动；③飞行过程中，由于飞机位置不断改变，所在点子午线也不断改变，飞机所在真子午线与起始点真子午线发生相对运动，因此还必须使自转轴随时转到飞机所在真子午线方向上。

显然，第一条和第二条与指示大圆航向的条件相同，第三条是指示真航向的特殊条件。

飞机所在经线与起始点经线的相对运动，是由于飞机与地球相对运动引起的。修正也包括水平偏离和方位偏离两方面，也要采用水平修正和方位修正的方法进行修正。

飞机以速度 V 平飞，真航向角为 ψ_T 时，飞行速度可分解为南北分速（用 V_N 表示）和东西分速（用 V_E 表示），如图 2.81 所示。

$$V_N = V\cos\psi_T \tag{2.83}$$

$$V_E = V\sin\psi_T \tag{2.84}$$

前者与飞机所在的子午线相切，后者与飞机所在的纬线相切，南北分速表示飞机沿子午线飞行，引起自转轴发生水平偏离；东西分速表示飞机沿纬线飞行，即飞机绕地轴旋转，引起飞机所在子午线与起始点子午线在水平面内发生相对运动，如图 2.82 所示，飞机绕地轴旋转的角速度可表示为

$$\omega_F = \frac{V\sin\psi_T}{R_d\cos\phi} \tag{2.85}$$

式中，ω_F 为飞机绕地轴旋转的角速度；R_d 为地球半径，严格地说，应包括飞行高度。

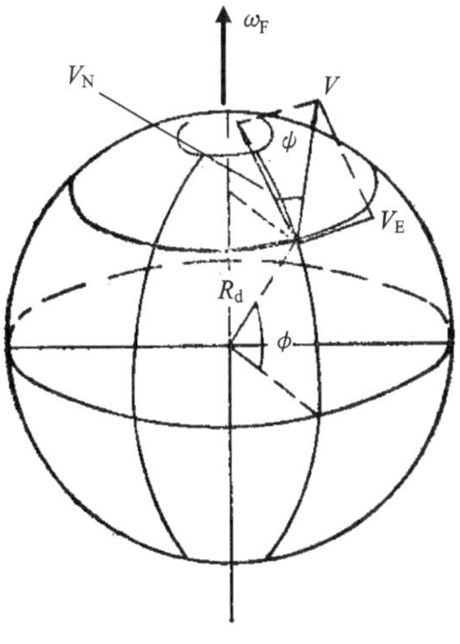

图 2.81　飞行速度的两个分速度和飞机绕地轴旋转的角速度矢量图

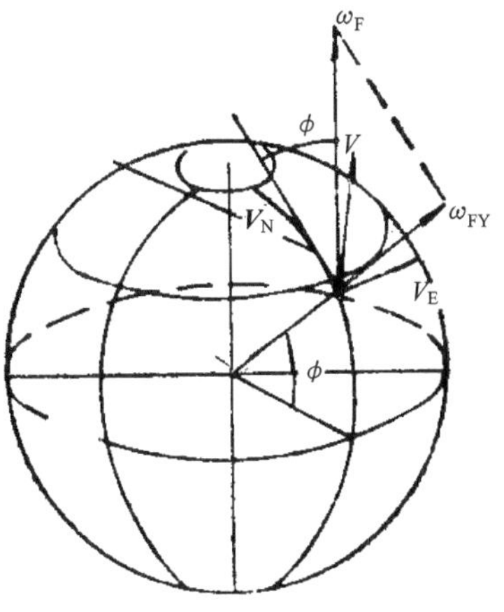

图 2.82　飞机绕地轴旋转角速度垂直分量矢量图

参见图2.82，飞机绕地轴旋转的角速度，可以分出一个与水平面垂直的分量，它就是飞机所在子午线与起始点子午线在水平面内的相对运动角速度，用公式表示，即

$$\omega_{FY}=\frac{V\sin\psi_T}{R_d}\tan\phi \tag{2.86}$$

式中，ω_{FY}为飞机绕地轴旋转角速度的垂直分量。

式（2.86）标明，飞机绕地轴旋转的角速度的垂直分量与飞机所在纬度的正切成正比。

因此，要想使陀螺罗盘的自转轴随飞机所在子午线转动，也要采用水平修正和方位修正的方法。在方位修正中，必须有两项，一项是修正地球自转角速度的垂直分量所引起的自转轴的方位偏离，这一点，与指示大圆航向相同；另一项是修正飞机绕地轴旋转角速度的垂直分量所引起的自转轴的方位偏离。综合起来，自转轴的方位修正角速度为

$$\omega_c=\omega_d\sin\phi+\frac{V\sin\psi_T}{R_d}\tan\phi \tag{2.87}$$

综上所述，如果使用前将自转轴调整到起始点真经线方向，在使用过程中，水平修正器经常使自转轴保持水平，方位修正器经常使自转轴以适当的角速度在方位上进动，则半罗盘的自转轴始终稳定在飞机所在真子午线方向上，航向标线指示的航向便是真航向。

2. 陀螺罗盘的误差

陀螺半罗盘主要存在自走误差。陀螺半罗盘的自走误差是陀螺自转轴相对地球经线运动而产生的误差，它包括纬度误差、速度误差和机械误差。

1）纬度误差

根据陀螺半罗盘工作原理，用半罗盘测量航向时，必须以适当的角速度对自转轴进行方位修正及水平修正，而方位修正的角速度是和飞机所在位置的纬度和相对地球运动的速度有关的。若给定的方位修正角速度为常值，不能按飞机所在纬度的变化而自动进行调节，则要引起误差，这种误差称为纬度误差。纬度误差的大小由飞机所在纬度与给定的常值修正纬度之差来决定。差值越大，误差越大。

直读半罗盘只能进行常值修正，纬度误差较大。远读半罗盘可以人工根据纬度改变修正速度，但一般每隔2°纬度调整一次，仍存在剩余纬度误差。

例如，若陀螺半罗盘具有根据北京地区的纬度（约为40°）给定的常值方位角速度，那么在广州地区（纬度约为23°），纬度误差积累的速度为3.78°/h。

2）速度误差

用陀螺半罗盘测量真航向（或磁航向）时，若仪表没有对飞机相对地球运动引起的自转轴方位偏离进行修正而产生的误差，称为速度误差。速度误差的大小与飞机飞行速度等因素有关，飞行速度越大，误差越大。

例如，若飞机在北京上空向东平飞，速度为800km/h，这时速度误差积累的速度为6°21′/h。

由于修正速度误差需要考虑飞机即时速度、航向等因素，现在的陀螺半罗盘都没有设置速度误差修正装置。

3）机械误差

机械误差是指陀螺静平衡不良（重心偏离支点）、轴承摩擦等机械原因使自转轴进动，

偏离经线，从而产生的误差。

为了减小陀螺半罗盘自走误差的影响，需要进行定时校正。

3. 陀螺罗盘的使用特点

（1）陀螺半罗盘的稳定性好，不受外界磁场影响，可以在加速、转弯、盘旋时，在强磁地区或高纬度地区使用。

（2）测量转弯角度。第一种方法，在转弯之前根据其他罗盘的指示，校正好半罗盘航向，在转弯过程中，根据航向的变化量确定转弯角度。第二种方法，在转弯之前将半罗盘的指示调到零，在转弯过程中即可指示出转弯的角度。对于直读半罗盘，第二种方法误差较小。

（3）测量航向。起飞前应调整半罗盘指示真航向（或磁航向）。在飞行过程中，每隔一段时间（直读半罗盘一般每隔 15min，其他依飞行手册而定）应根据其他罗盘进行一次校正，以消除这段时间积累起来的自走误差。

（4）陀螺半罗盘是陀螺仪表，如果在使用过程中发现陀螺飞转时，有上锁机构的，应柔和地上锁，然后再开锁，使仪表恢复正常工作。

2.5.4　陀螺磁罗盘

由前面可知，磁罗盘能够独立测量飞机航向，但稳定性差；陀螺半罗盘稳定性好，但不能独立测量飞机航向。如果把两者适当结合起来，发挥各自的优点，克服各自的缺点，就制成了一种既能独立测量航向，又具有良好稳定性和较高灵敏度的航向仪表-陀螺磁罗盘（Gyro Magnetic Compass）。它能够测量飞机的磁航向，也能测量转弯角度。

陀螺磁罗盘在近现代飞机上通常作为罗盘系统的一个组成部分。所谓罗盘系统是指由两种或两种以上不同原理的罗盘组成的系统，也称航向系统。一般认为，在罗盘系统中仅由磁传感器来校正航向的那部分系统也称为陀螺磁罗盘。

1. 组成及分类

陀螺磁罗盘的结构形式多种多样，但从基本结构来讲，它由磁传感器、放大器、陀螺机构（又称方位陀螺）、指示器四部分组成，如图 2.83 所示。

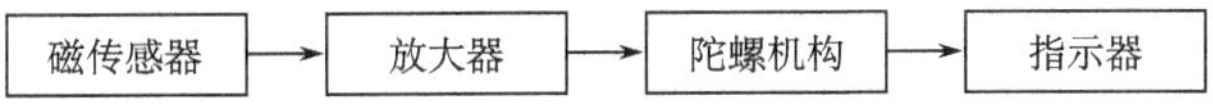

图 2.83　陀螺磁罗盘原理结构图

磁传感器是陀螺磁罗盘的地磁敏感部分。它可以测量飞机的磁航向，并输出航向信号，控制陀螺机构。磁传感器有两种，一种是磁条式；另一种是感应式。磁传感器一般安装在飞机翼尖等飞机磁场较小的地方，经罗差修正后，剩余罗差不大。

放大器用来放大陀螺磁罗盘中的电信号。

陀螺机构用来稳定磁传感器测出的磁航向信号。陀螺机构相当于一个陀螺半罗盘，它受磁传感器控制，同时磁传感器又通过它输出稳定的磁航向信号使指示器指示。

根据磁传感器的不同，陀螺磁罗盘可分为磁条式陀螺磁罗盘和感应式陀螺磁罗盘两类。磁条式陀螺磁罗盘由于灵敏度较低，精度不高已很少使用。感应式陀螺磁罗盘灵敏度高，准确度高，广泛使用在多种飞机上。

根据陀螺磁罗盘工作电路的形式，可以分为电子式和机电式两种。TB、Cheyenne ⅢA 飞机采用电子式，其他飞机大多为机电式。本节仅以机电式陀螺磁罗盘为例，说明它的工作原理。

2. 工作原理

图 2.84 所示为一种陀螺磁罗盘的工作原理图。下面分别分析磁传感器测量磁航向的原理、方位陀螺测量陀螺航向的原理和磁传感器控制方位陀螺指示磁航向的原理。

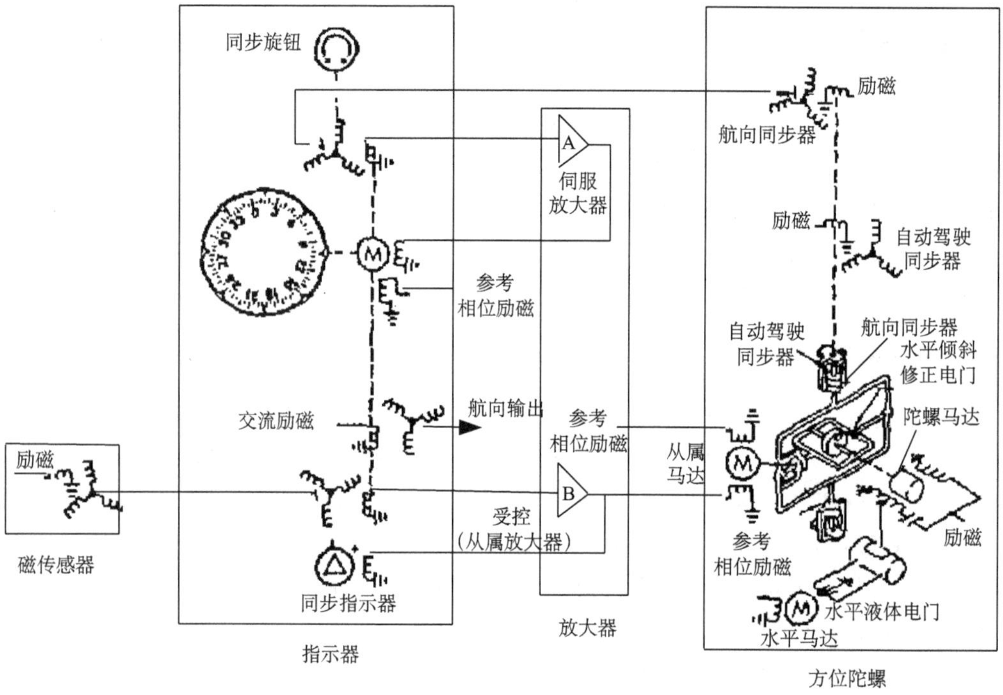

图 2.84 陀螺磁罗盘的结构原理图

1）传感器测量磁航向的原理

感应式地磁传感器的敏感元件是三相地磁感应元件，它由三个彼此相距 120°的扇形铁心、三个绕在铁心上连接成星形的测量线圈和一个共用的磁化线圈构成，如图 2.85 所示。地磁感应元件由万向接头安装在壳体上，靠重力保持水平，但不能在水平面内自由转动。

(1) 软磁铁心被地磁场磁化所产生的磁通与航向的关系。

设导磁系数为 μ 的软磁铁心水平放置在地磁场中（图 2.86），由于地磁水平分量 H_e 的感应，该铁心被磁化而具有一定的磁感应强度 B_e，其方向与铁心中心线一致，大小为

$$B_e = \mu H_e \cos\psi \tag{2.88}$$

式中，ψ 是铁心中心线与地磁水平分量之间的夹角。

若铁心的截面积为 S，则地磁在铁心中产生的磁通 Φ_e 的大小为

$$\Phi_e = SB_e = S\mu H_e \cos\psi \tag{2.89}$$

对于一定的铁心来说，其截面积是不变的，若铁心导磁系数和地磁水平分量也不变，

那么铁心中所产生的磁通就仅同铁心中心线与地磁水平分量之间的夹角有关。如果将铁心沿飞机纵轴方向安装在飞机上，并且测量出铁心中的磁通，那么就可以测量出飞机的磁航向。

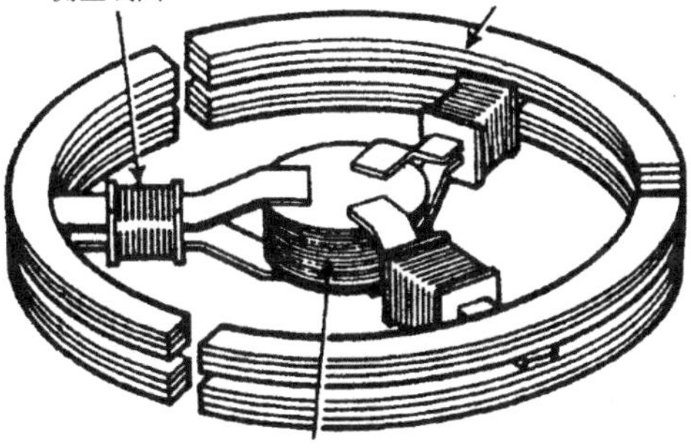

图 2.85　三相地磁感应元件

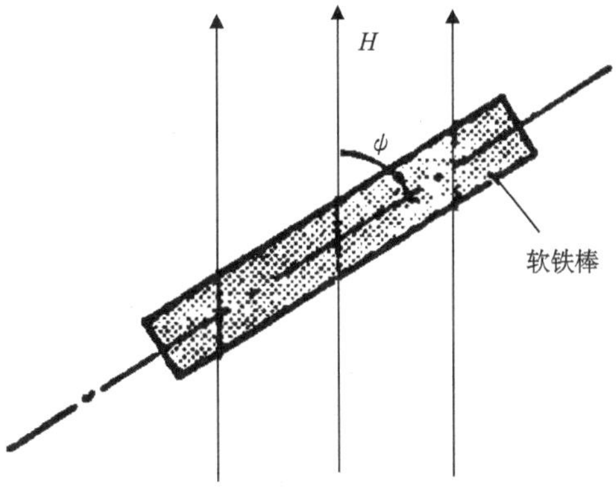

图 2.86　地磁场中的软铁棒

(2) 地磁感应元件的测量原理。

地磁感应元件是利用电磁感应原理，测量软铁心中地磁场磁通变化而产生的感应电势来表示航向的。

根据 Φ_e 的表达式可以看出，为了使地磁通交变而产生感应电动势，必须使导磁系数 μ 发生变化，由于铁心的导磁系数随磁场强度的变化而变化，因此只要外加一个交变磁场就可以使导磁系数发生变化。

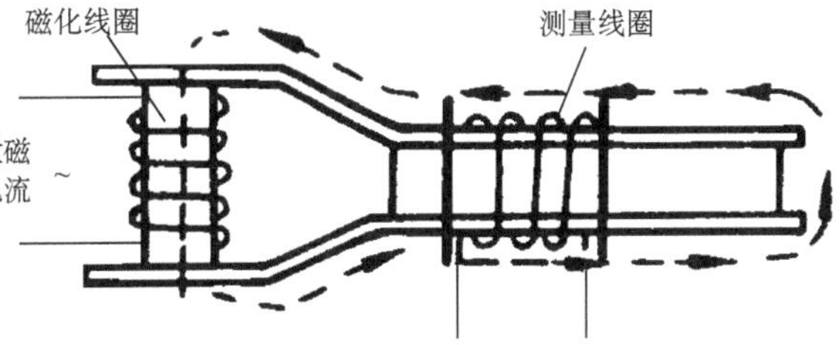

图 2.87　激磁电流使铁心磁化

若在磁化线圈中通以 400Hz 的交流电，磁化电流产生的交变磁通将通过铁心的两个臂形成闭合回路（图 2.87）。因为两臂磁通在测量线圈处大小相等、方向相反，互相抵消，所以测量线圈不产生感应电势。但是交变磁通却使铁心的导磁系数发生了周期性的变化。

如图 2.88 所示，由于磁场强度 B 与磁化电流成正比，故当磁化电流为零时，导磁系数最大；而磁化电流接近峰值时，铁心饱和，导磁系数最小。这样，由于磁化电流周期性变化，铁心导磁系数也产生了周期性变化，变化频率为 800Hz。

由于铁心的导磁系数不断变化，通过铁心的地磁磁通也就不断变化，从而使测量线圈中产生了地磁感应电动势。铁心中地磁通量越大，磁通的变化量也越大，感应电动势越大；反之，地磁通量越小，磁通变化量也越小，感应电动势越小。

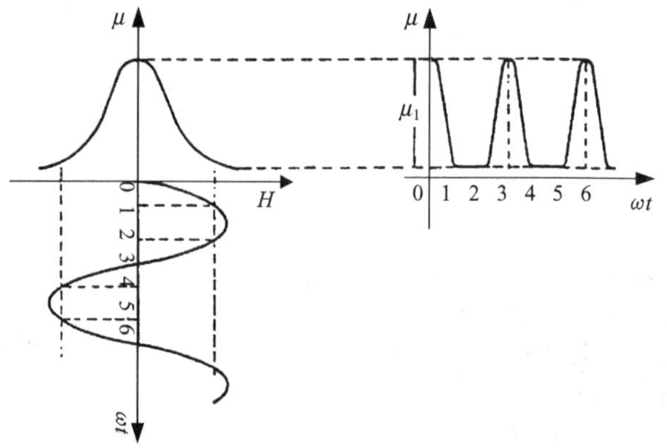

图 2.88 μ 的变化曲线

把磁传感器安装在飞机上，并且铁心①与飞机纵轴平行，如图 2.89 所示。当飞机向北飞行时，航向 $\Psi=0°$，铁心①的磁通量最大，并且是铁心②或③的 2 倍。这样，测量线圈①的感应电势为最大值 E_m，并且是测量线圈②或③的 2 倍。当飞机向东飞行时，航向 $\Psi=90°$，铁心①磁通量为零，铁心②、③均为$\sqrt{3}/2$ 倍最大值。这样，测量线圈①感应电势为零，线圈②、③则均为$\sqrt{3}/2E_m$。

设三相测量线圈的地磁感应电势分别用 E_1、E_2、E_3 表示，则它们与飞机航向的关系为

$$
\begin{aligned}
E_1 &= E_m\cos\Psi \\
E_2 &= E_m\cos(\Psi+120°) \\
E_3 &= E_m\cos(\Psi-120°)
\end{aligned}
\tag{2.90}
$$

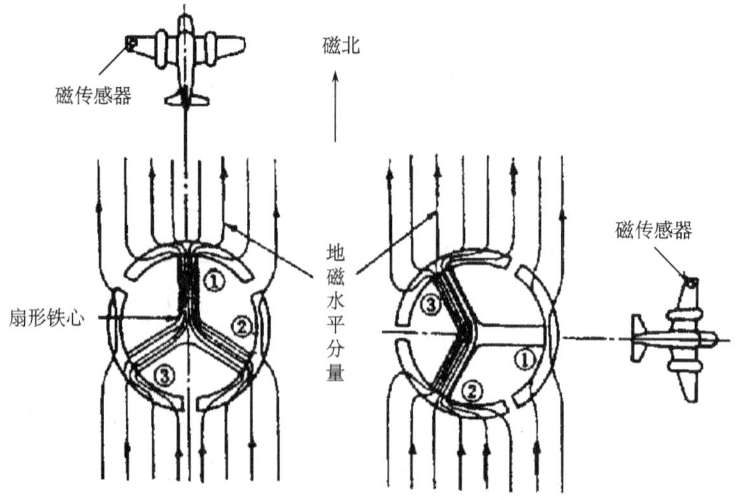

图 2.89 地磁场中的传感器

还可用曲线表示，如图 2.90 所示。由此可见，三相测量线圈产生的感应电动势与航向有关，随航向变化而变化。

如果把三相测量线圈和感应式同位器接收器的定子线圈相连，根据同位器磁通传送原理，同位器接收器定子合成磁场的角位移等于发送器磁通的角位移，也就是说，接收器合成磁场相对于定子绕组转动的角度等于三相地磁感应元件相对于地磁水平分量转动的角度，即等于飞机航向的变化，如图 2.91 所示。

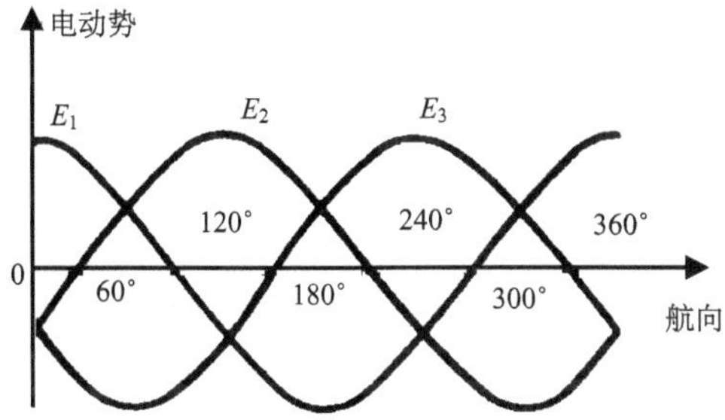

图 2.90　三相电势与航向的关系

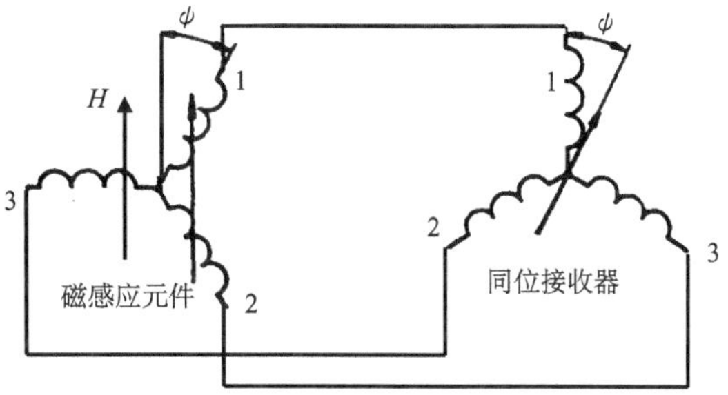

图 2.91　磁传感器测量航向原理

2）方位陀螺测量陀螺航向的原理

在图 2.84 中，方位陀螺和指示器构成了一个远读式陀螺半罗盘。方位陀螺像普通半罗盘一样测量飞机转弯角度和航向（这个航向未经校正时一般称为陀螺航向），然后传送给指示器转变成目视信号。

方位陀螺的水平修正器由水平液体电门和水平马达组成。水平液体电门安装在陀螺内框上，感受自转轴是否水平，并通过水平马达使自转轴始终稳定在水平面内。

方位陀螺的方位电机（从属马达）受磁传感器控制，用来校正磁航向。

方位陀螺测量的航向信号由航向随动系统传送给指示器。航向随动系统由方位陀螺的航向同步器和指示器的航向接收器、放大器 A、随动电机 M 组成。航向同步器的转子安装在陀螺外框轴上，定子安装在表壳上。

飞机航向改变时，航向同步器定子相对转子转动一个航向变化角，这个航向信号由航向同步器定子发送到指示器中航向接收器的定子，然后接收器转子线圈输出失调信号，经放大器 A 放大后使随动电机工作，电机一方面带动接收器转子转动，逐渐和发送器协调，同时又使刻度盘指示出飞机航向，此外，还把地磁同步接收器的转子置于相应位置。

水平倾斜修正电门是沿陀螺自转轴方向安装的一个液体开关（液体摆）。当这个方向的加速度增大到一定值时，它切断水平修正电路，避免错误修正。

方位陀螺外框轴上还安装了一个自动驾驶仪同步器，它可以向自动驾驶仪输出航向稳定信号。指示器中还安装了一个航向同步器，它可以向其他设备输出航向信号。

3）磁传感器控制方位陀螺指示磁航向的原理

磁传感器测量的磁航向由磁校正随动系统传送到方位陀螺。磁校正随动系统由磁传感器、指示器中的磁同步接收器、放大器 B 和方位陀螺中的从属马达组成。

磁航向传感器测量的磁航向信号，由磁同步器传送到指示器中的磁同步接收器定子线圈后，形成合成磁场。如果这时方位陀螺输出的航向等于磁航向，指示器中的随动电机正好会使磁同步接收器的转子线圈和合成磁场垂直，系统处于协调状态。如果这时方位陀螺输出的航向信号不等于磁航向，则随动电机使转子线圈和合成磁场不垂直，磁校正随动系统失调，转子线圈输出失调信号，经放大器B放大后，使从属马达工作，方位陀螺绕外框轴进动，航向随动系统失调，随动电机转动，使磁同步器转子逐渐与定子合成磁场垂直，系统逐渐协调，失调信号渐趋于零，从属马达停转，指示器中随动电机停转，指示器指示出磁航向。

例如，飞机平飞时，由于陀螺自走误差，方位陀螺输出的航向不等于磁航向，指示器中随动电机使磁同步接收器转子线圈偏离垂直于定子合成磁场的位置，输出失调信号，使从属马达转动，对陀螺进行磁航向校正，直到陀螺航向等于磁航向，磁同步接收器转子重新和定子合成磁场垂直，系统恢复协调，指示器指示磁航向。

飞机平飞时，陀螺自走误差一般小于1°/min，而系统的协调速度选择在1°/min～4°/min,协调速度大于自走误差引起的方位偏离速度，磁传感器能够有效地对陀螺进行磁校正，指示器准确地指示磁航向。当然，在飞机平飞时，由于振动和飞机加、减速，磁传感器也会产生误差，但因为系统协调速度很慢，误差很小。

飞机转弯时，磁传感器由于转弯误差等，误差较大，这个误差信号使系统一直处于失调状态，但是由于转弯时间很短，系统协调速度很慢（每分钟只能反映1°～4°误差值），误差被大大减小，指示器仍然能比较正确地指示出转弯角度和航向。在这个过程中，可以认为陀螺稳定了磁传感器，指示器的指示主要由方位陀螺决定。

为了进一步减小转弯过程中的误差，有的陀螺磁罗盘采用转弯角速度传感器等装置，在转弯角速度增大到一定值时（如0.1°/s～0.3°/s），切断磁航向校正电路，待飞机改平后重新接通。

飞机转弯过程中积累的误差，在飞机平飞时可以由随动系统自动校正（协调）。但是，由于协调速度慢，校正时间较长。此外，陀螺磁罗盘接通电源起动时，由于自转轴处于任意位置，刻度盘0°～180°连线可能偏离磁经线很远，启动时间就很长。

为了加快协调速度，缩短启动时间或快速消除误差，罗盘设置了同步旋钮（或快速协调按钮）。转动同步旋钮，可以使指示器中航向接收器的定子直接启动，人为加大了指示器和方位陀螺之间的失调角，加快了协调电机的转动速度，使协调速度可以达到1200°/min～3000°/min，这种状态称为快速协调。

综上所述，陀螺磁罗盘由磁传感器测量出飞机磁航向，经磁校正随动系统控制方位陀螺，反映磁航向；同时，由陀螺减小磁传感器的飞行误差，然后经航向随动系统控制指示器指示出磁航向。

3. 使用特点

1）地面启动

接通陀螺磁罗盘电源3～5min（根据飞行手册确定），罗盘正常工作，指示磁航向。若尚未指示当时航向，可根据同步指示器指示，转动同步旋钮，或按下快协按钮，加快协调速度，直到指示当时磁航向。

2）空中使用

在飞行过程中，罗盘应能指示飞机磁航向和转弯角度。

在转弯、盘旋、俯仰、倾斜、加速、减速时，罗盘有少量误差，待飞机匀速平飞后，可转动同步旋钮（或按快协按钮），快速消除误差。在上述机动飞行过程中，禁止采用快速协调，否则磁传感器的各种飞行误差会迅速传给指示器。

3）特殊情况下的处置

飞行中，应综合分析陀螺磁罗盘、磁罗盘和转弯侧滑仪、地平仪的指示。如果其他几种表都表明航向有了变化，而陀螺磁罗盘没有相应的指示，说明陀螺磁罗盘可能发生了故障。这时应保持一段时间平飞，再进行快速协调，若指示仍不正常，则可判断仪表发生了故障。陀螺磁罗盘发生故障后，可以利用磁罗盘、陀螺半罗盘了解航向，还可以参看地平仪和转弯侧滑仪的指示了解航向的变化。

第3章　无线电通信系统

民航客机的机载通信设备大体分为两类：一类负责机外通信联络，主要是无线电通信系统，包括高频通信系统（HF COMM）、甚高频通信系统（VHF COMM）、选择呼叫系统（SEL CAL）、紧急定位发射机（ELT）等。另一类用于机内通信，包括音频选择系统（ASS）、内话系统（INT）、旅客广播系统（PA）和呼叫系统（CALL）等。这些通信系统的安装和使用可实现机组人员与机内人员及地面人员的通信联络，保证了飞行安全，同时也满足了旅客娱乐和服务的需求。以上为话音通信系统。随着飞行技术的发展，现在的大型飞机还具备数据通信功能，如飞机通信寻址与报告系统（ACARS）。

3.1　无线电基础知识

在空间传播的交变电磁场称为电磁波。通常将频率在300GHz以下的电磁波称为无线电波，简称电波。表3.1给出了3kHz～300GHz无线电波频段的分类。由于各频段的无线电波具有各自的特点，因此，适用于不同用途的无线电系统。

表3.1　无线电波频段的分类

频段名称	频段范围（含上限）	波段名称	波长范围（含上限）	用途
甚低频 VLF	3～30kHz	超长波	10万米～1万米	导航
低频 LF	30 ～ 300kHz	长波	10千米～1千米	导航
中频 MF	300～3000kHz	中波	1000～100米	导航、广播
高频 HF	3～30MHz	短波	100～10米	通信
甚高频 VHF	30～300MHz	米波	10～1米	通信、导航
特高频 UHF	300～3000MHz	分米波	10～1分米	导航、卫星通信
超高频 SHF	3～30GHz	厘米波	10～1厘米	雷达、卫星通信
极高频 EHF	30～300GHz	毫米波	10～1毫米	雷达

对于短波以上的波段，有超短波和微波的叫法；对于微波波段，有使用字母来表示一定的频率范围，如表3.2所示。

表3.2　微波常用波段代号

波段代号	标称波长/cm	波长范围/cm	频率范围/GHz
L	22	15～30	1.0～2.0
S	10	7.5～15	2.0～4.0
C	5	3.75～7.5	4.0～8.0
X	3	2.4～3.75	8.0～12.5

续表

波段代号	标称波长/cm	波长范围/cm	频率范围/GHz
Ku	2	1.67～2.4	12.5～18.0
K	1.25	1.13～1.67	18.0～26.5
Ka	0.8	0.75～1.13	26.5～40.0

3.1.1　无线电波的传播

1. 电磁波的形成与传播

当把射频信号施加到天线输入端时，天线便能有效地把射频信号所包含的电磁能量辐射到空中去，在天线附近的空间中形成电磁波。即天线将射频电源（发射机）所产生的射频能量转化成了空间电磁波。由于电磁波的交变特性，它可以按照一定的规律向远处扩散。如图3.1所示。天线在 A 点形成的交变电场 E，形成了 B 点的交变磁场，而 A 点的交变磁场 H 又形成了 B 点的交变电场，A 点的交变电磁场便传递到了 B 点。而 B 点的电磁场又会在 C 点形成交变电磁场，于是，天线产生的电磁波就不断地向远处传播。

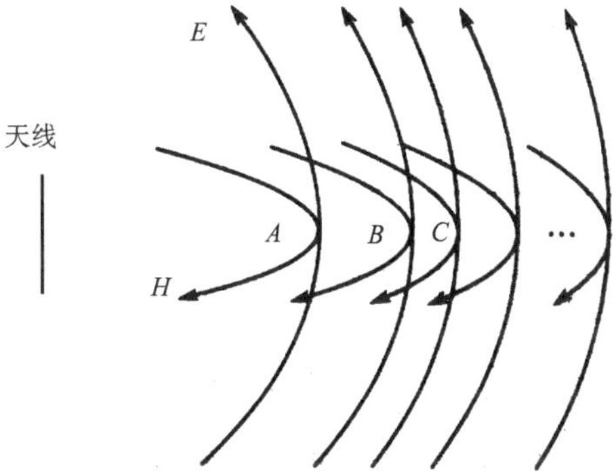

图 3.1　电波的传播

2. 电波的分布

空间电磁波是由天线上的射频信号形成的，其变化规律取决于射频信号的变化规律。当天线射频电流按正弦规律变化时，空间各点的电场强度和磁场强度随之按正弦规律变化，并且在其传播方向上也是按正弦规律分布的。且电磁波在空间任意一点处其电场向量与磁场向量始终是垂直的，并且二者又都与传播方向垂直。如图 3.2 所示。

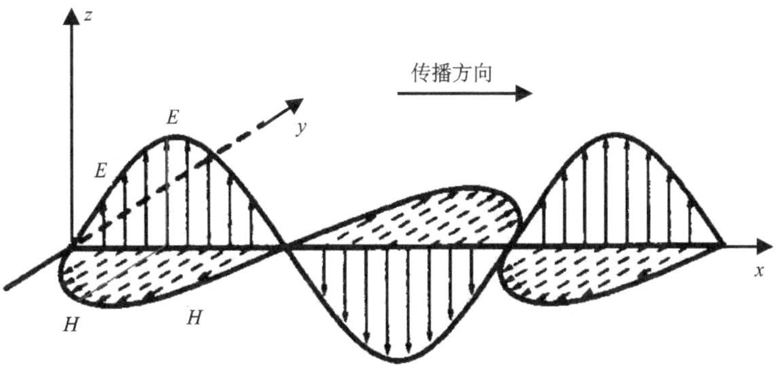

图 3.2　电波的分布

3. 电波的频率与波长

电波的频率等于发射信号的频率。

在信号一个周期内电波前进的距离称为波长。波长等于传播速度与周期的乘积。即

$$\lambda = vT = v/f \tag{3.1}$$

式中，v 为无线电波传播速度；f 为频率；T 为周期。

4. 电波的相位

在电波传播的途径上，一个波长的范围内同一时刻的电场强度是不相同的。某点场强的强弱、方向和变化趋势的瞬时状态，称为电波的相位。习惯上用角度 φ 来表示电波的相位，称为电波的相角（相位角）。两点之间的相位之差，称相位差，用 $\Delta\varphi$ 表示：

$$\Delta\varphi = d/\lambda \times 360° \tag{3.2}$$

式中，d 为传播途径中两点的距离差；λ 为波长，条件限制在一个波长内。如图 3.3 所示。

5. 电波的传播方向

空间电磁波的电场向量 E、磁场向量 H 和电波传播方向是互相垂直的，这种电磁波称为横电磁波。横电磁波的传播方向可以形象地用右手螺旋定则来确定：伸开右手四指与电场向量方向一致，再使四指弯向磁场向量方向，则拇指方向就是电波传播的方向。如图 3.4 所示。

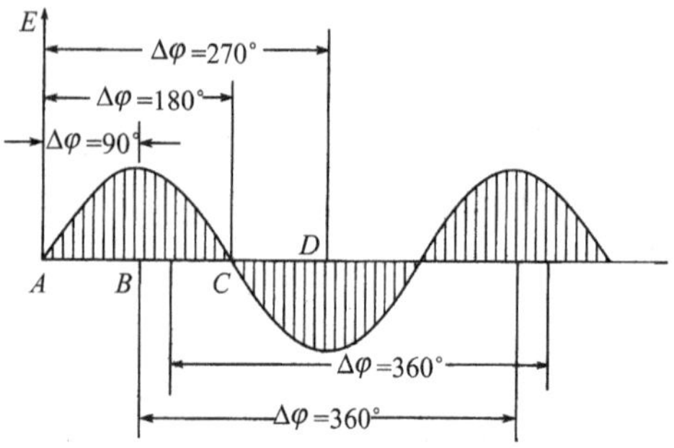

图 3.3 电波的相位

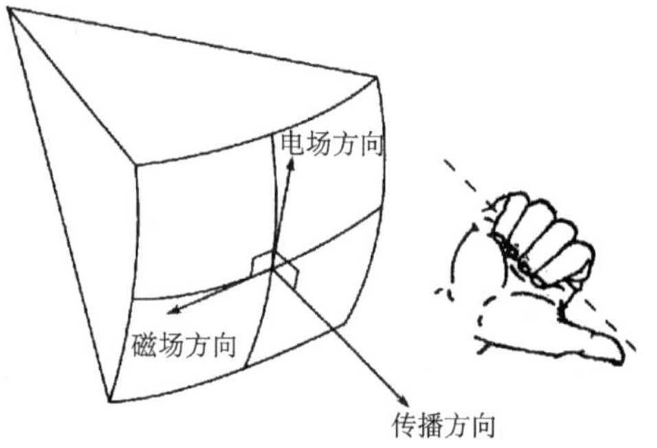

图 3.4 电波的传播方向

6. 电波的传播速度

电波在真空中的传播速度等于光速 C（$C=3\times10^8$ m/s）。在空气或其他媒质中的传播速度为：$v=C/\sqrt{\mu_r\varepsilon_r}$，其中 μ_r 为媒质的相对导磁系数，ε_r 为媒质的相对介电常数（相对电容率）。在均匀媒质中，电波的传播方向和速度都是恒定的，空气可以认为是近似均匀的介质。

7. 电波的极化

电波在空间传播时，其电场向量是按照一定的规律变化的，这就是电波的极化。电波的电场方向称为它的极化方向。

如果空间某点电波电场向量终端随时间变化的轨迹为一条直线，这种电波称为线极化波；如果为一个圆，则称为圆极化波；如果为椭圆，则称为椭圆极化波。

若线极化波的电场与地面垂直，则称为垂直极化波，若与地面平行，则称为水平极化波。

要有效地接收垂直（水平）极化波，天线必须垂直（水平）安装。对于机载高频通信系统和甚高频通信系统，它们发射的电波为垂直极化波，所以接收天线要求垂直安装。但电波在实际传播过程中，由于各种干扰的存在，其极化方向有一些变化，因而接收天线也应该适当地作些调整。

3.1.2　在不均匀媒质中的电波的传播

当电波在不均匀媒质中传播时，即媒质的 μ_r 和 ε_r 发生变化，那么不仅电波的传播速度会发生变化，电波的传播方向也会发生改变，产生反射、折射、绕射和散射等现象。

1. 反射

电波经过不同介质的交界面时，会产生反射现象。尤其是电波遇到 ε_r 很大的金属或其他导电体时，电波的能量几乎全部被分界面所反射，电波频率越高，反射越强。

当反射面是平面且远大于电波波长时，电波的反射遵循光的反射规律——反射线与入射线及反射点处的法线处于同一平面内，且反射角等于入射角。

2. 折射

电波由一种介质进入另一种介质时，除了在交界面上发生反射以外，通常也会产生折射现象。

产生折射的原因是在两种 ε_r 不同的介质中，电波的传播速度不同，经过交界面后波阵面发生偏转，从而改变传播方向。如图 3.5 所示。

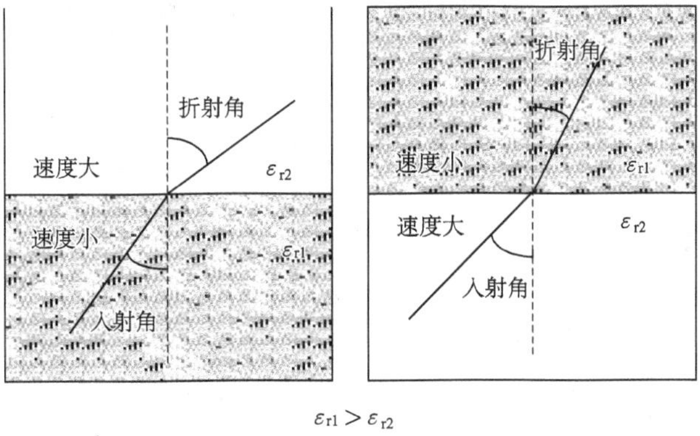

图 3.5　电波的折射

电波通过两种介质交界面时，其折射方向总是向着 ε_r 大的介质的法线方向偏折。即当电波由传播速度大的媒质进入传播速度小的媒质时，入射角大于折射角；反之，折射角大于入射角。折射的程度取决于电波在两种媒质中的传播速度之差、电波的频率及入射角等，速度差越大，折射程度越大；电波的频率越低，入射角越大，折射程度也越大。

短波在进入大气层中的电离层时，就会发生折射现象。

3. 绕射

电波遇到某些障碍物时，同样能绕过障碍物继续向前传播，这种现象称为绕射。电波的绕射能力与波长有关，波长越长，绕射能力越强。如图 3.6 所示。

4. 散射

电波在大气中传播时，由于大气中的其他微粒（如水滴、尘土或其他物体等）及不均匀的气团等在电波的作用下会激起电流，成为新的波源，散射就是这些新波源向各个方向辐射的结果。目前，散射通信中，就是利用散射的特点来增加传输距离的。如图3.7所示。

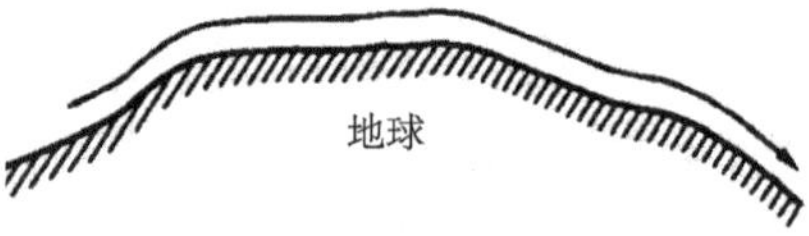

图3.6 电波的绕射

图3.7 电波的散射现象

3.1.3 无线电波的传播方式

电波在大气层中传播，由于本身的频率不同以及地面和电离层对它的不同影响，形成了不同的传播方式。传播方式如图3.8所示。

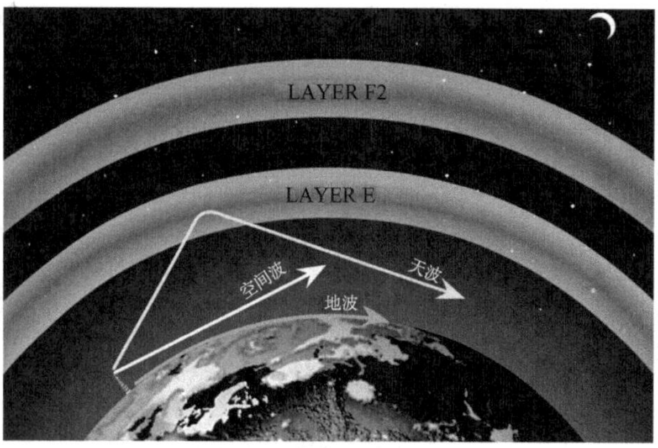

图3.8 无线电波的传播方式

1. 天波

电波由发射天线向空中辐射，被电离层反射后到达接收点，这种靠电离层的反射传播的电波称为天波。在电离层中，当被调制的无线电波信号在电离层内传播时，组成信号的不同频率成分有着不同的传播速度，所以波形会发生失真。同时，由于自由电子受电波电场作用而发生运动，所以当电波经过电离层，其能量会被吸收一部分。

2. 地波

沿地球表面传播的电波，称为地波或表面波。这时电波是紧靠着地面传播的，地面的性质、地貌、地物等的情况都会影响着电波的传播。

3. 空间波

空间波包括直达波和地面反射波。电波沿视线直接传播至接收点，称为直达波；经地面反射后到达接收点的电波，称为地面反射波。空间波在大气层的底层传播，传播的距离受到地球曲率的影响。收/发天线之间的最大距离基本上被限制在视线范围内，要扩大通信距离，就必须增加天线高度。一般来说，其传播距离在50km左右。

4. 散射波

电波利用电离层或对流层的散射作用传播，称为散射波。这种通信方式的通信距离可达300～800km，适用于无法建立微波中继站的地区，例如，用于海岛之间和跨越湖泊，沙漠，雪山等地区。但是，由于散射波信号相当微弱，所以散射传播接收点的接收信号也相当微弱，即传播损耗很大，这样，散射通信必须采用大功率发射机，高灵敏度接收机和高增益天线。

3.1.4 各波段电波的传播特点

1. 超长波和长波

从频段的角度来命名，超长波和长波分别称为甚低频和低频。由于波长较大，频率较低，超长波和长波的绕射能力很强，而且地面的吸收也很小，所以超长波和长波以地波的方式可以传播很远的距离。除地波方式外，超长波和长波还能够通过电离层的折射，以天波方式传播，这是因为在白天电波只需在 D 层就被折射，穿入电离层深度较浅，被电离层吸收的能量也较少；在夜间，由于电离层的 D 层消失，电波被 E 层折射。经过电离层和地面之间的多次反射，电波可传播很远的距离，信号也较稳定。

超长波除具有传播距离远，传播稳定的特点外，它还可以深入水下，为潜艇提供导航。

美国在地球上建立了8个超长波台为其海军提供超远程的导航服务，并可以覆盖全球。

超长波信号的传播也有其不足之处。主要表现在对发射信号方面要求很高。例如，发射功率很大，发射设备庞杂，尤其是其天线系统高度往往要求达数百米，建造十分困难，通常采用的办法是在邻近的山峰上架设天线，或者采用伞状天线。

2. 中波

中波即频段命名中的中频。由于中波的波长比长波小，因此其地波的传播距离比长波近。除了以地波的方式传播外，中波也可以以天波的方式传播。在白天，中波穿透 D 层，并深入 E 层才能被电离层反射，因此其能量被电离层吸收较大，所以在白天中波通常不能以天波方式传播；在夜间，D 层消失，E 层电子密度减小，电离层对中波能量的吸收也大为减少，因此在夜间中波的天波可以比地波传播得更远，这也是我们的收音机在夜间比白天收到的电台多的原因。

概括地说，中波的传播方式是以地波为主，天波为辅，与长波和超长波一样，它也具有稳定可靠的特点，而且所需的天线比长波要小，发射设备也较为简单，因此在民用广播和中程无线电导航中得到广泛应用。无方向性信标台（NDB），又称中波导航台，是民航系统中工作于中波波段的重要导航设备，其机载接收设备自动定向机（ADF），也称无线电罗盘，是各种大中型飞机、小型通用飞机、直升机等普遍采用的导航设备，它能较为方便地测量飞机与地面导航台的相对方位。

3. 短波

短波的传播以天波传播方式为主。因为电离层对短波的吸收比中、长波的吸收要小得多，因此短波可以利用天波传播很远的距离，而且，短波通信系统的发射天线尺寸和发射机功率都较小，成本较低，因而短波通信在无线电通信领域中得到广泛应用。

但是利用电离层反射来传播电波，会受电离层变化的影响，信号传播出现不稳定的现象，主要表现为多径传播、衰落和静区（越距）等现象。

（1）多径传播。在远距离的短波通信中，为获得较小的传输衰减，需要精心选择传输模式，如图 3.9 所示，短波线路上可能出现多种传输模式。电波通过若干路径或者不同的传输模式到达接收端，称为多径传播。由于短波具有多径传播的特点，因此到达接收端的时间也不同。电波在同一方向沿不同路径传播时，到达接收端同一脉冲的各射线间最大的允许时延差值称为多径时延。多径时延将严重地影响短波通信质量。

（2）衰落。在短波通信中，即使在电离层的平静时期，也不可获得稳定的信号。这种在接收端信号振幅呈现忽大忽小的随机变化现象称为“衰落”，如图 3.10 所示。

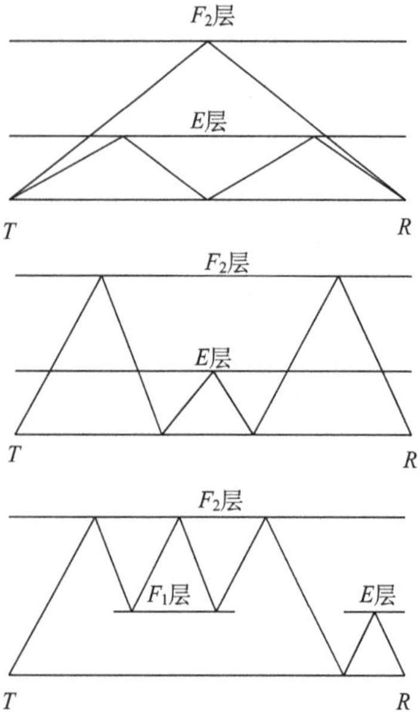

图 3.9 短波的多径传输

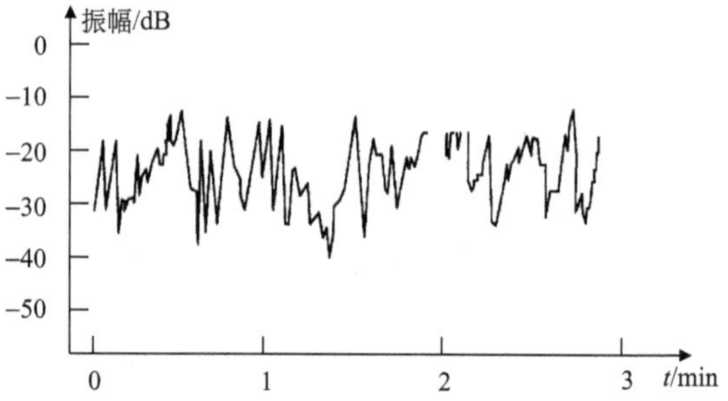

图 3.10 接收端信号振幅的随机起伏

衰落的产生原因多种多样，表现为接收的短波信号幅度极不稳定，直接影响信号的通信质量，“衰落”现象是短波通信的重要特点。

（3）静区。在短波波段，如果使用较高的频率进行通信，会产生静区，如图 3.11 所示。

发射点 A 发射的地波，只能传播到 B 点；A 点发出的天波，只有入射角较大的电波才能够反射回地面，所以只能到达 C 点或更远的区域。因此在天波传播越过了而地波传播又未到达的这段区域内，接收机接收不到短波信号，这样的区域称为静区。如果飞机处于静区，则地空双方将无法通信，这时应降低发射机的工作频率，避免接收方处于静区。

综上所述，短波传播的主要特点是：地波衰减快，天波不稳定。但其能以较小功率获得较远的传播距离，所以在航空通信和民用无线电中获得了广泛的应用，民航飞机上的高

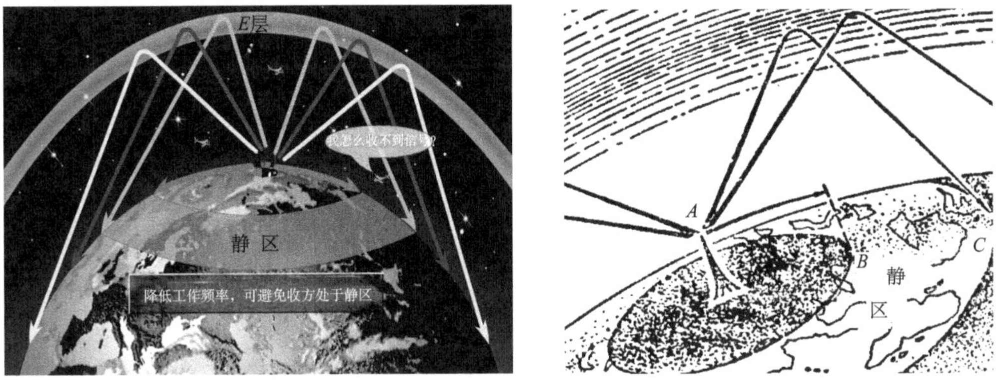

图 3.11　静区的形成

频通信系统便是工作于短波波段。

4. 超短波

超短波由于频率较高，因而地波衰减很快，加之天波又一般都会穿透电离层不能折回地面，所以它主要以空间波进行传播，其有效传播距离一般限于视线范围。但由于对流层的折射作用，使得实际传播距离略大于实现距离，如图 3.12 所示。

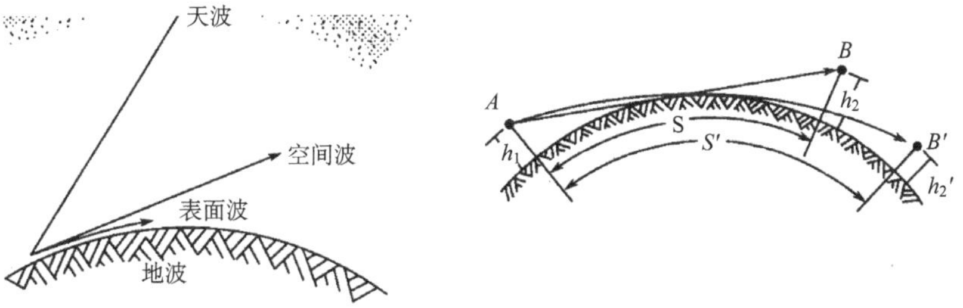

(a) 超短波的传播方式　　(b) 超短波的传播距离

图 3.12　超短波的传播

由于超短波传播受天电干扰小，其信号较稳定，而且保密性好，因而广泛应用于民航的通信和导航业务中，机载 VHF 通信系统和 VHF 导航系统就是工作于超短波波段。就目前的发展趋势来看超短波在民航的机载设备和空中交通管制方面的应用呈上升趋势。

3.2　无线电通信基础

3.2.1　通信的基本概念

通信的目的是传递信息，从广义上讲，通信是指信息从发送者传递到接收者的过程。

实现通信的方式有很多，目前使用最广泛的通信方式是电通信。所谓电通信，是指用电信号携带所要传递的信息，然后经过各种信道进行传输，以达到通信的目的。电通信能使信息几乎在任意的距离上实现迅速而又准确的传递。如今，在自然科学领域内涉及“通信”这一术语时，一般指的就是电通信。从广泛的意义上来说，光通信也属于电通信，因为光也是一种电磁波。

电通信（以下简称通信）所传递的信息，有各种不同的形式。例如，语言、文字、图像、数据等。根据所传递信息的不同，可将当今的通信业务分为电报、电话、传真、数据传输、可视电话等。其实，从广义的角度讲，广播、电视、雷达、无线电导航、遥控、遥测等均属于通信的范畴。

实际上，无论何种通信，为了实现信息的传递和交换，都需要一定的设备和传输媒质。

所谓通信系统是指为实现通信任务所需要的一切设备和传输媒质的总体。如图 3.13 所示，为通信系统的一般模型。

图 3.13　通信系统的一般组成

图 3.13 中，信号源是将原始信号，如语言、文字、图像、数据，转换为电信号的设备。这种电信号通常称为基带信号，常用的信号源有话筒、摄像机、传真机等。

发送设备是对基带信号进行处理和变换，使它适合在信道中传输。这些处理和变换通常包括调制、放大和滤波等。

信道是指传输媒质，它可以是导线、电缆、空间、电离层等。

接收设备的功能与发送设备相反，它将接收到的电信号进行必要的处理和变换，以恢复原始的基带信号。

终端是将恢复的低频信号转换成相应的原始信息，提供给最终的信息接收者。常见的终端有显示器、扬声器等。

电信号在传播的过程中需要一定的媒质，按照传输媒质的不同，通信方式可分为两大类：有线通信和无线通信。有线通信是指用导线作为传输媒质的通信方式，这里的导线可以是架空明线、电缆、波导以及光纤等。有线通信的优点是信号稳定可靠、保密性好，其缺点是传输距离有限，线路铺设费用高，如程控固定电话。无线通信则不需要架设导线，而是利用电磁波在空间的传播来传递信息。由于空间中存在丰富的噪声，因此无线信号在传输过程受到的干扰比有线信号要大得多，而且其保密性也相对较差。但是无线通信适用于移动通信，因此它在航空、航天、航海等领域内得到广泛的应用。无线通信的方式主要有短波通信、微波通信、卫星通信等。

3.2.2　调制

无线电通信、导航及其他无线电电子系统，都是利用天线将电磁波向空间辐射的方式传送信号。由电磁场理论可知，天线辐射单元的尺寸至少应为被辐射信号波长的 1/10 或更大些，信号才能被有效地辐射出去。但通常需传送的语音或图像信号的频率较低，波长较长，若直接把语音或图像信号有效地辐射出去，天线的尺寸将大到难以实现。另外，即便有办法直接发送低频信号，由于各个电台所发出的信号的频率基本相同，在接收端无法有效区分和有选择地接收所需的信号，台与台之间的干扰和影响将无法克服。鉴于此，需要对低频信号进行调制，才能有效地将低频信号发射出去。

1. 调制

调制就是把基带信号变换成传输信号的技术。基带信号是原始的电信号。用携有信息的低频电信号（基带信号）控制高频载波信号的某个参量（振幅、频率和相位），使得这些参量按照基带信号的规律去进行变化，这种处理方式称为调制。用来控制高频载波参数的基带信号称为调制信号。未调制的高频振荡信号称为载波（可以是正弦波，也可以是非正弦波，如方波、脉冲序列等）。被调制信号调制过的高频振荡信号称为已调波或射频信号。射频信号通过信道传送到接收端，在接收端经解调后恢复成原始基带信号。解调是调制的反变换，是从已调波中提取调制信号的过程。在无线电通信中常采用双重调制。第一步用数字信号或模拟信号去调制第一个载波（称为副载波），或在多路通信中用调制技术实现多路复用（频分多路复用和时分多路复用）。第二步用已调副载波或多路复用信号再调制一个公共载波，以便进行无线电传输。第二步调制称为二次调制。

调制方式按照调制信号的性质分为模拟调制和数字调制两类；按照载波的形式分为连续波调制和脉冲调制两类。

连续波调制是用调制信号控制高频振荡信号的幅度、频率或相位，分别称为调幅（AM）、调频（FM）或调相（PM），而调频和调相又统称为调角。

脉冲波调制是先用调制信号去控制脉冲波的幅度、宽度、位置及脉冲编码组合等，然后再用该已调脉冲对高频振荡进行调制，因此，脉冲波调制包含有脉冲幅度调制（PAM、脉冲宽度调制（PWM）、脉冲位置调制（PPM）、脉冲编码调制（PCM）等多种形式。

调频是用调制信号控制载波的振荡频率，使载波的频率随着调制信号变化。已调波称为调频波。调频波的振幅保持不变，调频波的瞬时频率偏离载波频率的量与调制信号的瞬时值成比例。调频系统实现稍复杂，占用的频带远较调幅波为宽，因此必须工作在超短波波段。但抗干扰性能好，传输时信号失真小，设备利用率也较高。

调相是用调制信号控制载波的相位，使载波的相位随着调制信号变化。已调波称为调相波。调相波的振幅保持不变，调相波的瞬时相角偏离载波相角的量与调制信号的瞬时值成比例。在调频时相角也有相应的变化，但这种相角变化并不与调制信号成比例。在调相时频率也有相应的变化，但这种频率变化并不与调制信号成比例。

幅度调制是指利用调制信号的瞬时值去控制载波信号的幅度，从而使载波的振幅随着调制信号的变化而变化。已调波称为调幅波。调幅波的频率仍是载波频率，调幅波包络的形状反映调制信号的波形。幅度调制通常包括普通调幅（AM）、双边带调制（DSB）、单边带调制（SSB）和残留边带调制（VSB）。其中普通调幅是最基本的，其他幅度调制都是由它变化而来的。针对机载 HF 通信系统和 VHF 通信系统所采用的调制方式，本书仅介绍 AM 和 SSB。

2. 调幅

普通调幅简称调幅。调制信号包含了许多频率成分，其波形比较复杂，为了分析方便，将它看作正弦波形或余弦波形，如图 3.14（a）所示。图 3.14（b）所示波形为载波，在未调制之前，它的振幅是维持不变的。从图 3.14（c）中可以看出，调幅波（已调波）是载波振幅随调制信号的大小成线性变化的高频振荡，它的频率并没有改变，仍然等于载

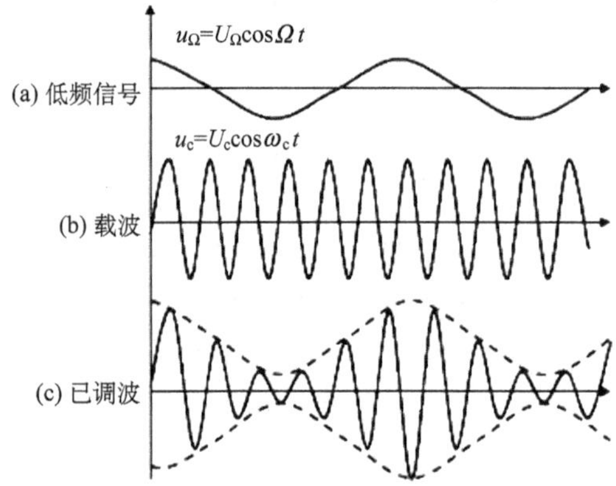

图 3.14 调幅波的波形

波的频率。下面通过调幅波的数学表达式，来对调幅过程进行分析。

1) 调幅波的数学表达式

为简化起见，假定调制信号是一个低频的正弦波，其表达式为

$$u_\Omega=U_\Omega\cos\Omega t \tag{3.3}$$

载波为一高频振荡信号，其表达式为

$$u_c=U_c\cos\omega_c t \tag{3.4}$$

如果用调制信号对载波进行调幅，那么在理想情况下，调幅波的振幅为

$$U(t)=U_c+k_aU_\Omega\cos\Omega t \tag{3.5}$$

式中，k_a 为比例常数。

因此调幅波可以用下面的数学表达式表示：

$$u(t)=U(t)\cos\omega_c t=(U_c+k_aU_\Omega\cos\Omega t)\cos\omega_c t=U_c(1+m_a\cos\Omega t)\cos\omega_c t \tag{3.6}$$

式中，$m_a=k_aU_\Omega/U_c$，称为调幅度或调幅指数，它是指调幅波幅度受调制信号控制的变化程度。

m_a 的数值可以自 0（未调幅）至 1 变化，它的绝对值不允许超过 1。如果 $m_a>1$，得到的已调波形中，有一段时间振幅等于零，使已调波的包络产生严重失真，这种情形称为过调幅。过调幅必须避免。如果 m_a 的值很小，在调幅波的包络上不能充分反映调制信号的变化规律，而且容易被寄生调幅所掩盖，这种情形称为浅调幅。浅调幅将直接影响通信距离，也不是我们所希望的。像机载甚高频通信系统就要求其调幅系数至少应达到 0.85，同时希望在保证调幅系数最大的情况下而不产生过调幅现象。$m_a<1$ 称为欠调制，$m_a=1$ 称为满调制。

2) 调幅波的频谱

前面的分析是采用时域的分析方法，时域分析的明显标志就是横轴以时间 t 为基准。为了说明调制的特征，还常采用频谱分析法。

所谓频谱就是把信号分解出的所有正弦分量，按照频率由低到高的次序依次排列在频率轴上。这样一来，对一些不规则的信号就容易进行分析了。

将调幅波采用三角公式进行分解：

$$\begin{aligned}u(t)&=U_c\cos\omega_c t+m_aU_c\cos\Omega t\cos\omega_c t\\&=U_c\cos\omega_c t+0.5m_aU_c\cos(\omega_c+\Omega)t+0.5m_aU_c\cos(\omega_c-\Omega)t\end{aligned} \tag{3.7}$$

式（3.7）说明，由正弦波调制的已调波是由 3 个不同的频率分量组成：式（3.7）中第一项为载波；第二项的频率等于载波频率与调制频率之和，称为上边频；第三项的频率等于载波频率与调制频率之差，称为下边频。后两个频率显然是由于调制产生的新频率。如图 3.15 所示为正弦波调制的调幅波的频谱图，由图中可以看出上边频和下边频对称地位于载波两侧，幅度完全相等。实际上，调幅的过程也就是频谱搬移的过程，经过调幅，调制信号的频谱被搬到载波的两侧，成为上、下两个边频。

以上讨论的是单音频信号对载波进行调幅的简单情形，这时只产生两个边频。实际

上，调制信号本身就会有许多频率成分，因此产生的调幅波中并不只有一个上、下边频，而是有许多个，组成了上边带（USB）和下边带（LSB）。非正弦调幅波的上、下边带由许多上、下边频组成，两个边带的频谱是对称载波分布的，上、下两个边带所包含的信息完全一样，也就是说要传递信息，只要有一个包含信号的边带就够了。

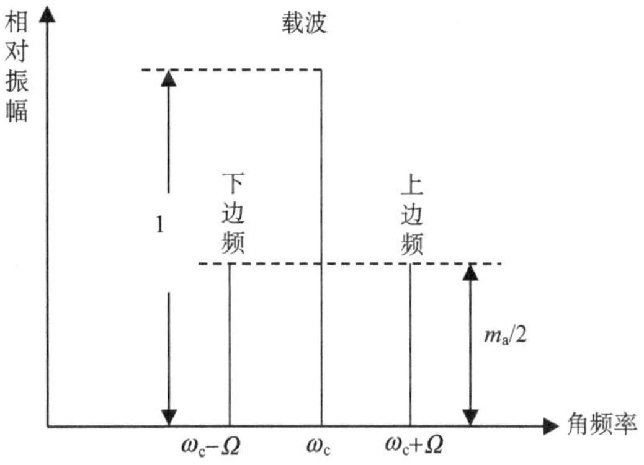

图 3.15　调幅波频谱图

3）调幅波的功率

如果将单音正弦调制的调幅波信号输送至电阻 R 上，则负载上消耗的功率如下。

（1）载波功率：$P_{0T}=V_0^2/2R$。

（2）下边频功率：$P_{(\omega_0-\Omega)}=(m_aV_0/2)^2/2R=m_a^2P_{0T}/4$。

（3）上边频功率：$P_{(\omega_0+\Omega)}=(m_aV_0/2)^2/2R=m_a^2P_{0T}/4$。

（4）调幅波的总功率：$P_0=P_{0T}+P_{(\omega_0-\Omega)}+P_{(\omega_0+\Omega)}=P_{0T}(1+m_a^2/2)$。

讨论：当 $m_a=0$ 时，$P_0=P_{0T}$。这种情况表明没有进行调幅。当 $m_a=1$ 时，也即满调制时，$P_0=1.5P_{0T}$。

由此可知，调幅波的输出功率随 m_a 的增大而增加。它所增加的部分功率就是两个边频所产生的功率：$P_{0T}m_a^2/2$。由于信号包含在边频内，而载波并不包含传送的信息，因此在调幅过程中应尽可能提高 m_a 的值，从而提高有用信号（边带）功率在总输出功率中所占的比例。但即使是在 $m_a=1$ 时，两个边带的功率也仅占总功率的 1/3。

从调幅波的功率关系中，不难看出，有用信号功率在总输出功率中所占的比例非常小，大部分输出功率浪费在载波和无用边带上。

3. 单边带调制

调幅从实质上讲是将调制信号的频谱搬移至载波的两侧。调幅波所传送的信息包含在两个边带内，且两个边带所包含的信息内容完全一样，而载波分量本身并不包含任何信息。但从调幅波的功率分配上看，载波分量的功率却在已调波的总功率中占有很大的比例，这样就降低了调幅波的功率有效率。从理论上讲，只要发送一个边带就可以不失真地传送信息，而另一个边带和载波分量都可以加以抑制，这就是单边带制，简称 SSB。由于单边带通信系统是建立在调幅制理论基础上的，所以也称其为调幅单边带调制系统，如图 3.16 所示。

目前，机载 VHF 通信系统采用的调制方式为调幅，HF 通信系统采用调幅与单边带兼容的调制方式。单边带制与调幅相比具有以下特点：

（1）节约频谱。调幅波所占频谱宽度等于调制信号最高频率的两倍。而采用单边带制以后，频带可节约一半，这对于日益拥挤的短波波段来说，具有十分重要的意义。因为这样就能在相同带宽内，使所容纳的频道数量增加一倍，大大提高了短波波段的利用率。

（2）节省功率。在调幅波中，载波功率占整个调幅波功率的绝大部分，但它并不包含

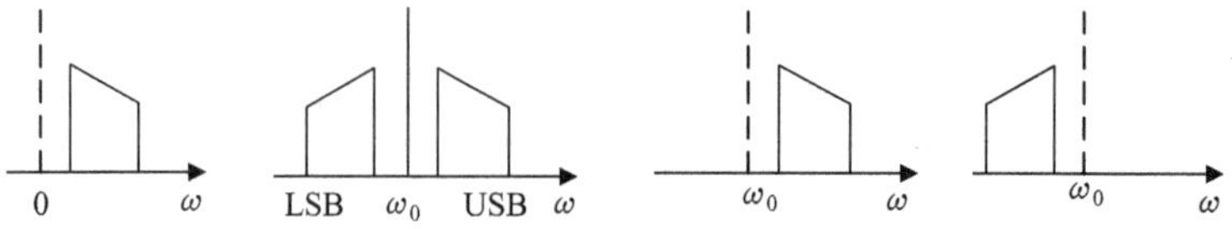

(a) 调制信号频谱 (b) 普通调幅波的频谱 (c) 上边带信号的频谱 (d) 下边带信号的频谱

图 3.16 单边带调制信号频谱

所要传送的信息；单边带制则只传送携带信息的一个边带，因而在接收端的信噪比相同时，单边带制能大大节省发送功率，换句话说，在同样的发射功率或同样的信噪比条件下，单边带通信的距离比调幅通信的距离更远。

（3）抗干扰能力强。短波的传播方式主要以天波为主，对于调幅波来说，载波分量很大，因而接收端的合成波形由于选择性衰落而产生的失真也很严重，降低了信噪比。单边带通信不含有载波成分，因而不会受到上述影响，也就是说单边带制的衰落现象要轻得多。另外，单边带制通信的频带较窄，因此电台之间的相互干扰也很小。所以说单边带制通信的质量比调幅通信质量高。

（4）设备昂贵、复杂。单边带通信对收发机的频率稳定度要求很高，而且需要增加复杂的自动频率控制系统，这必然造成收发设备技术上的复杂和成本的提高。

3.2.3 调幅发射与接收设备

1. 调幅发射设备基础

无线电发射机的基本任务是向发射天线提供传送信息的射频信号。而射频信号的频率、功率又需满足系统的整体要求。为此，就必须产生足够功率的射频载波，并按系统的要求实现对射频信号的调制。尽管无线电发射机的电路千差万别，但其基本上是由射频振荡、功率放大、调制器、低频放大及电源几部分功能电路组成的，见图 3.17。

高频振荡器也称射频振荡器，用来产生频率稳定度符合要求的正弦载波。高频放大器除了具有放大信号的作用外，还可以消除或者减弱功率放大器对主振频率稳定度的影响，因此有时可称为缓冲放大器。低频信号由转换器变换为低频电信号后，通过低频放大器与射频振荡信号同时被送到调制器，振幅调制器用来实现调幅功能，它将输入的载波信号与调制信号变换为所需的调幅波信号，由高频放大器进行功率放大后，达到所需要的发射功率，然后加到发射天线上去。

2. 调幅接收设备基础

无线电接收设备的基本任务，是从接收端接收的无线电信号中提取系统所需的信息。

接收机可以分为高频、检波和低频三个基本组成部分。高频部分的首要任务，是从天线所接收的各种各样的高频信号和干扰中，选出本系统所需要的信号。由于信号往往很微弱，所以高频部分的第二个任务是对微弱的信号进行足够的放大，从而使检波器能正常工作。检波器（或其他类型接收机中的解调装置）的作用，是把高频信号变换成低频信号，即实现对已调高频信号的解调。低频部分用于放大低频信号，使其满足扬声器、耳机等终端器件或者信号处理电路的需要。

飞机无线电接收设备通常采用超外差式接收电路。高频信号在超外差式接收机中经过

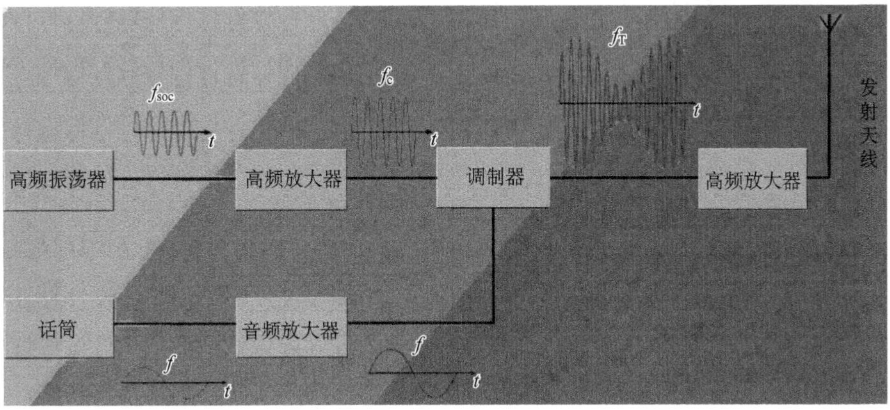

图 3.17　发射设备的基本组成

一次或两次变频，由中频放大器进行放大后再输往检波器，其灵敏度、选择性及抗干扰性等性能均比较优越。图 3.18 和图 3.19 分别为一次和两次变频的超外差接收机的电路组成方块图。

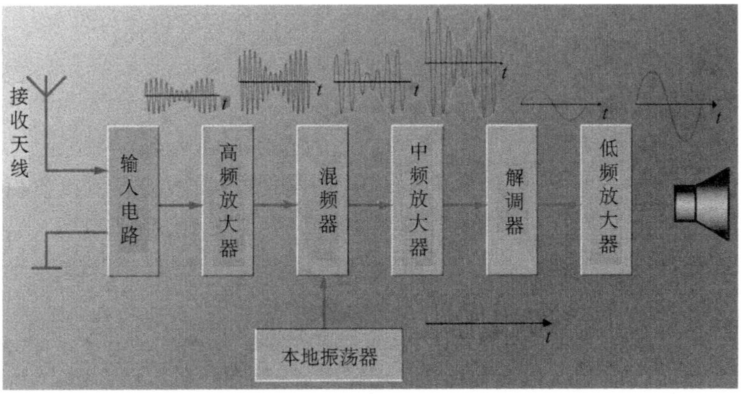

图 3.18　一次变频超外差式接收机

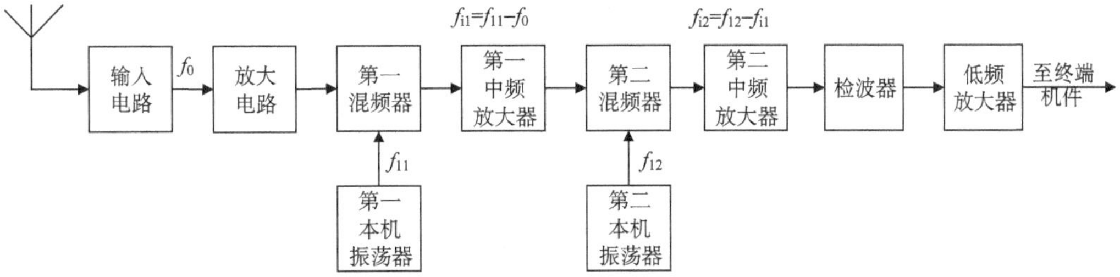

图 3.19　两次变频超外差式接收机

1）输入电路

输入电路的主要任务是选取系统所需频率的有用信号，尽可能滤除其他频率的信号和噪声干扰。输入电路应具有较高的电压传输系数，并且应在整个工作波段内保持均匀。

不同用途、不同工作频率的接收机对输入电路的要求各有侧重，其电路形式也会有所区别。常见的输入电路有电感耦合、电容耦合和电感-电容耦合几种形式。

2）高频放大器

除了某些工作频率极高（1000MHz以上）的接收机外，超外差式接收机通常设置一级或两级高频放大器。

高频放大器一般采用调谐于工作频率的谐振电路作为输入和输出电路，因此高频放大器在放大微弱的高频信号的同时，还可以起到滤除镜像干扰和中频干扰的作用。

虽然高频放大器对信号具有放大作用，但设置高频放大器的主要目的不是提高整机的放大能力，而是着眼于提高输出信噪比。这是因为，接收机的第一级（以及第二级）对整机信噪比的影响最为直接、明显。而变频器所产生的噪声往往较大，所以在变频器之前设置一级或二级高频放大器，即使放大器对信号的放大倍数不是很高，但却可以明显地提高输至变频器的信号电平与变频器噪声电平的比值，从而明显地改善整机信噪比。因此，高频放大器件必须是本身噪声极小的低噪声器件，并且在电路设计上采用有利于降低噪声的措施，这是高频放大器的明显特点。

设置高频放大器可以在变频之前滤除相当多的干扰信号和噪声，也有利于降低变频噪声和减少组合干扰。此外，还可以防止本振信号从接收天线辐射出去，干扰机上其他接收设备。

3）变频

变频就是在保持原信号调制规律的前提下降低或者增高载频的频率，即实现所谓频率搬移。在超外差式接收机中，通常是将所接收的高频信号的频率变换为较低频率的中频信号，但也有一些设备需要增高所接收的高频信号的频率，如有的自动定向机和单边带变频的基本方法，就是把高频信号 f_0 与本机振荡信号 f_t 在非线性的混频器中相混频，再利用选频回路选出其差频 f_0-f_t（或 f_t-f_0），或者和频 f_0+f_t。

变频器由本机振荡器、非线性元件以及选频回路等组成。其中非线性元件及其回路合称混频器。图3.20所示为调幅接收机信号变频波形图。

图3.20（a）为输入的调幅信号 u_0，其载频为 f_0，调制频率为 F。图3.20（b）为等幅的本机振荡信号 u_1，其频率为 f_t，（图中 $f_t>f_0$，差拍频率 $f_i=f_t-f_0$），两者的合成电压波形如图3.20（c）所示。由图可见，合成电压的振幅除了随差拍频率 f_i 周期性地变化外（图3.20（c）中的点虚线），还保持了输入高频信号的幅度变化规律——随信号调制频率 F 变化（图3.20（c）中的长虚线）。将这一合成电压加到一个非线性元件——混频二极管的两端，即可得到图3.20（d）所示的高频脉冲信号，其振幅变化保持图3.20（c）所示的规律。这就是变频中的非线性过程。最后用谐振于中频频率 f_i 的选频电路来选出中频信号，同时滤除 f_0、f_t 及其他频率成分。选频电路所输出的中频信号如图3.20（e）所示。与图3.20（a）所示的输入高频调幅信号相对照，可见它保持了输入信号的调制规律，而只是载频由高频 f_0 变为较低的中频 f_i。

采用变频的方案，可以有效地提高接收机的灵敏度和信道选择性。这是超外差接收机的突出优点，也正是其特点。因为中频较低并为固定值，因而中频放大比高频放大更容易获得高的增益，有利于整机灵敏度的提高。同时，中频较低，其通频带相对较窄，又可以用较复杂的回路系统或滤波器来获得比较理想的矩形频率特性，从而使接收机具有较好的信道选择性。因此，采用变频方案对提高接收机的性能是很有必要的。

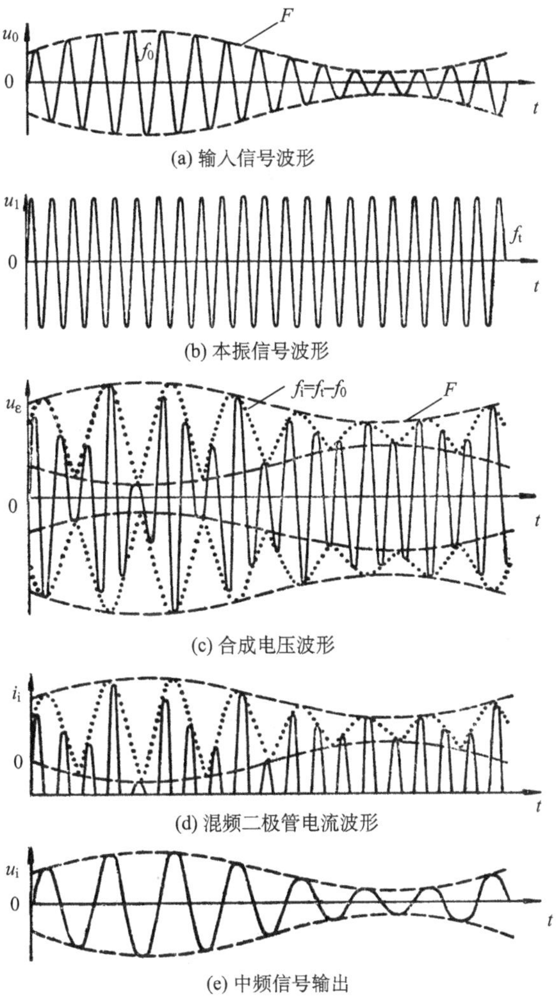

(a) 输入信号波形

(b) 本振信号波形

(c) 合成电压波形

(d) 混频二极管电流波形

(e) 中频信号输出

图 3.20　调幅接收机信号变频波形图

在采用两次变频方案的接收机中，所接收的高频信号在第一混频器中与第一本机振荡信号相混频，由第一中频放大器选取出第一中频信号并进行放大。为了进一步降低信号的频率，将第一中频信号与第二本机振荡信号在第二混频器中相混频，由第二中放的调谐回路选取出第二中频信号。高频信号经过这样的两次变频-放大后，再输往检波器进行检波。

目前使用的大多数机载无线电接收机都采用这种两次变频方案。

采用两次变频方案，即可不必再在兼顾信道选择性和抑制镜像干扰能力两者之间折中。选用较高的第一中频，可以使接收机具有较理想的镜像干扰抑制能力；第一中频与第二本振混频所产生的第二中频较低，又保证了接收机对信道干扰的抑制能力，并使第二中频易于提供较高的增益。

混频器有晶体管混频器，二极管混频器和场效应管混频器等几种。旧式接收设备中则应用电子管作混频器件，如三极管混频器、五极管混频器等。

晶体管混频器在变换信号频率的同时，可以提供一定的增益，其缺点是噪声较大，动态范围小。目前较为常用的是二极管混频器。不少机载设备中都应用由两个对称的晶体二极管组成的平衡混频器。

4）中频放大器

超外差接收机所需的整机增益，主要由中频放大器提供，因此可以说，接收机的灵敏度在很大程度上取决于中频放大器的放大能力。在采用两次变频方案的接收机中，则主要依靠第二中放来获得所需的增益。为了获得高达几十万倍或者更高的放大能力，中频放大器总是多级运用的，一般为数级，有的则可以多达十几级。

中频放大器的增益及通带直接影响接收机的灵敏度及选择性等指标。

中频放大器可以采用固定调谐于中频频率的谐振电路作负载，也可以采用参差调谐的方式，以获得足够宽的通频带。前面已说明，接收机的选择性取决于中频放大器的频率特性。当中频放大器具有较窄的接近矩形的频率特性时，接收机可以获得较为理想的信道选择性。当然，中放通带宽度也不可过窄，应满足信号传输的要求。

为了满足接收机动态范围的要求，中频放大器的增益往往是可以控制和调节的。利用控制盒上的增益调节旋钮可以人工调节接收机的增益，而中放增益的自动控制通常是采用自动增益控制电路或对数中频放大电路来实现的。

5）检波与低频放大电路

调幅接收机的检波电路一般比较简单。二极管检波器是最常用的检波电路。检波器输出的低频信号经低频电压放大和低频功率放大后，向终端负载提供足够的信号功率。低频放大电路的频带应该满足不失真传输信号的要求。通带的具体宽度，视接收机的用途不同而异。

3.3 高频通信系统

高频通信系统（HF COMM）是用于实现飞机与地面或飞机与其他飞机之间远距离通信。HF 通信系统占用 2～30MHz 的高频频段，波道间隔为 1kHz。利用天波进行传播，因此信号可以传播很远的距离。大型飞机上通常装备 1～2 套高频通信系统。由于短波信号的不稳定，电台数量的众多及电台之间的相互干扰，严重影响了 HF 通信系统的通信质量。为了提高信噪比，节约频谱，HF 通信系统普遍采用了单边带的通信方式。在卫星通信还没有完全普及的情况下，HF 通信仍然是远距离通信的主要手段，即使采用了卫星通信系统，在高纬度的南北极附近地区也仍将使用 HF 通信系统。

3.3.1 HF 通信系统的组成

典型的高频通信系统由收发组、天线调谐组件、天线、高频附件盒和控制板组成。天线调谐组件用于实现天线和收发机输出级之间的阻抗匹配，在某些系统中使用分离的天线耦合器和天线耦合控制组件。如图 3.21 所示。

天线调谐组件安装在垂直安定面的前下部两侧，每侧各一个。高频天线、馈线和射频屏蔽罩位于垂直安定面内部，其中天线在垂直安定面的前缘。系统使用的电源为三相 115V、400Hz 交流电。

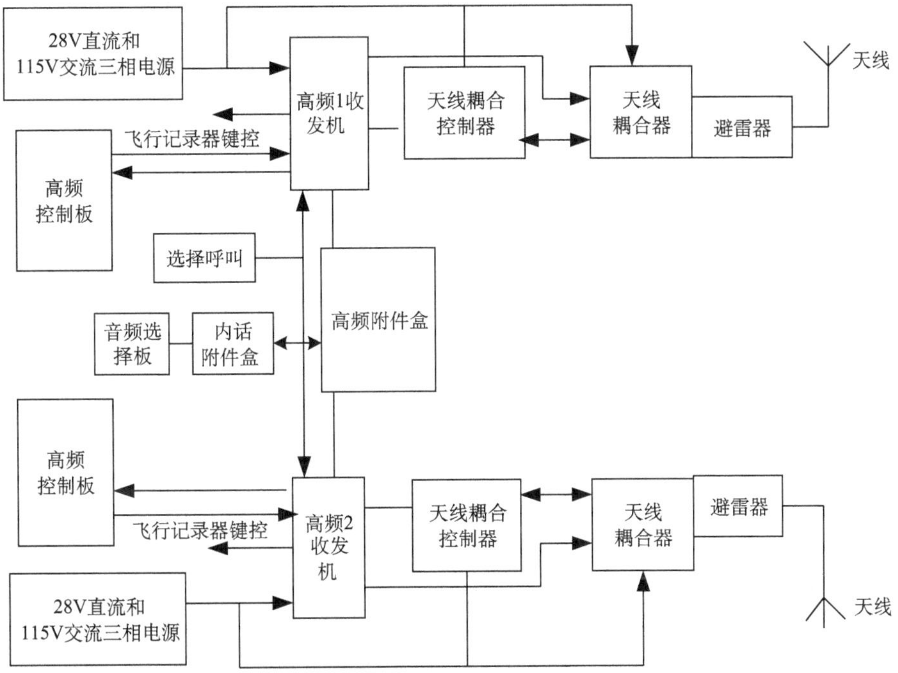

图 3.21　高频通信系统方块图

1. 高频收发机

收发机用于发射和接收载有音频的射频信号。发射机和接收机共用一个可选择工作频率的频率合成系统。音频输入和输出通过 REU（或音频附件盒）与飞行内话系统相连接。天线调谐耦合器用于在所选择的频率上使天线与发射机阻抗相匹配。

收发组由于功率大，需要采取特殊的通风散热措施。发射期间，机内风扇工作用来冷却发射机功效。

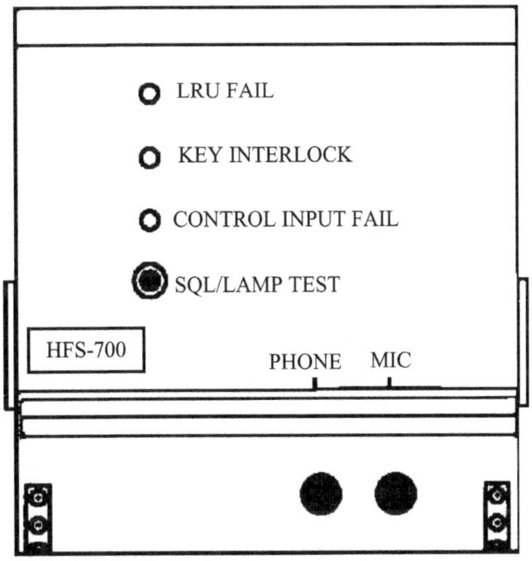

图 3.22　高频通信收发机

收发机使用 115V、400Hz 三相交流电源。在单边带方式，输出峰值功率为 400W；在调幅方式，平均功率为 125W。

如图 3.22 所示，收发机前面板上有三个故障灯、一个测试开关、一个话筒插孔和一个耳机插孔。当来自控制板的输入信号失效时，“CONTROL INPUT FAIL”灯亮。在收发机内，当出现 +5VDC 或 +10VDC 电源电压消失、发射输出功率低、频率控制板故障或频率合成器失锁和机内微处理器故障时，“LRU FAIL”灯亮。当收发机已被键控，而天线调谐耦合器中存在故障，则“KEY INTERLOCK”灯亮，此时发射被抑制。

当按下静噪/灯试验电门（SQL/LAMP TEST）时，静噪抑制失效，此时耳机内可听到噪声，同时三盏故障灯亮，可检查故障灯的好坏。

2. 高频天线

现代飞机应用与机身蒙皮齐平安装的天线，这类天线多安装在飞机尾部或垂直安定面的前缘。

3. 高频控制板

HF 控制板用来选择工作频率、工作方式及调节接收灵敏度。如图 3.23 所示。其中左边部分控制第一套 HF 通信系统，右边部分控制第二套 HF 通信系统。功能选择开关可选择“OFF”（关断）位、“USB”（上边带）、“LSB”（下边带）和“AM”（调幅）。“RF SENS”（射频灵敏度）旋钮用来控制接收增益。

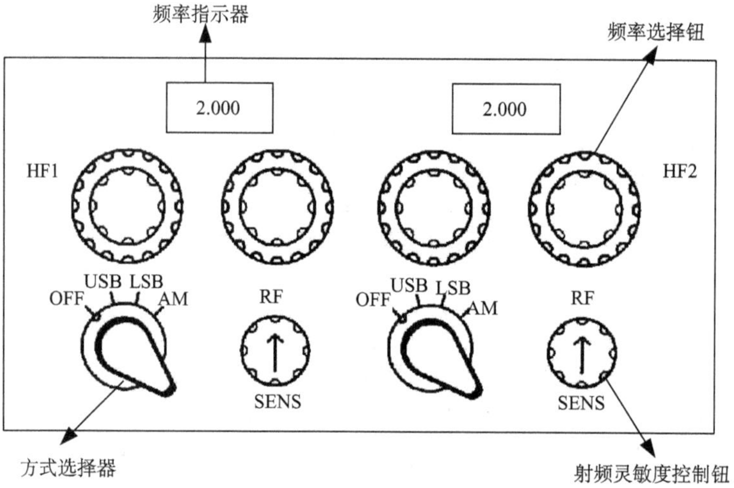

图 3.23 高频通信系统控制盒

每个 HF 通信系统的控制盒上有 4 个频率选择钮，分别控制兆赫、百千赫、十千赫和千赫的频率数字，所选择的频率显示在频率显示窗中，图 3.23 显示 HF1 所选频率为 2.000MHz。

方式选择器用来选择系统的工作方式，它有 4 个位置：

OFF：关断收/发机电源。

USB：系统采用上边带调制。

LSB：系统采用下边带调制。

AM：系统采用调幅方式。

射频灵敏度控制钮用来调节接收机的灵敏度，以期获得最佳的接收效果。顺时针转动该旋钮将增强接收机灵敏度以接收微弱或远距离信号，但同时也将增加干扰信号；逆时针转动将降低灵敏度以减弱噪声或天电干扰，但如果灵敏度降低得太多，会妨碍接收和选择呼叫系统对 HF 通信系统的监控。

4. 天线耦合器

天线调谐耦合器用来在 2～30MHz 调谐，通常它能在 2～15s，自动地使天线阻抗与传输特性阻抗为 50Ω 的高频电缆相匹配，使电压驻波比（VSWR）不超过 1.3∶1。

控制盒上的频率指示器用来显示调谐的频率，其可调频率范围为 2.000～29.999MHz，频率间隔为 1kHz。

两套 HF 通信系统共用一根位于垂直安定面的收发天线。在频率改变后或工作方式改变后的首次发话，必须短时按压发射电门调谐天线耦合。在天线的调谐过程中，通过喇叭或耳机能听到一音响信号。

由于两套系统共用一根天线，任一部 HF 发射机工作时，两套 HF 接收机将不能工作。

5. 天线耦合控制器

耦合控制器确定、监控和显示系统的操作状态。耦合器前面板上有用于自测本控制器的按钮电门和七个系统状态指示器，耦合控制器指挥完整的调谐顺序以便使收发机在所选的频率上与天线耦合器的阻抗匹配。

6. 高频附件盒

高频附件盒用于内话系统和每个高频接收机之间的阻抗匹配。

3.3.2　HF COMM 工作说明

当电源有效并在控制盒上选择了一种工作方式和一个频率后，高频系统就工作。系统的电源为 115V 三相 400Hz 交流电。

在电源接通或当一个新频率被选定后，每个系统就重新回到接收-等待状态。在这种状态，系统通过天线耦合器内的隔离放大器接收射频信号并处理音频信号，然后加到音频综合电路。当通过继电器的控制使该发射机工作时，则相应的调谐元件被驱动至所选频率相应调谐点。在这段时间内，调谐过程指示灯亮，并有 1kHz 音频加至音频综合系统。

在调谐完成后，调谐指示灯灭，1kHz 音频消失，工作指示灯亮，系统进入所选的工作方式和准备供发射。在已调好的这个频率工作期间工作指示灯一直亮。

当高频系统发射时，一个按下发话接地逻辑和话筒音频加至收发机，产生高压电源并使话筒音频对高频载波进行调制，然后射频经调谐元件送至天线发射出去。在停止发射期间，收发机从天线接收信号。

3.4　甚高频通信系统

3.4.1　概述

甚高频通信系统（VHF COMM）供飞机与地面台站、飞机与其他飞机之间近距离通话联络。甚高频通信电台采用调幅工作方式，电台的工作频率范围按照国际民航组织的统一规定在 118.000～136.975MHz，但目前只使用到 135.975MHz，每 25kHz 为一个频道，可设置 720 个频道由飞机和地面控制台选用。频率具体分配为：118.000～121.400MHz、123.675～128.800MHz 和 132.025～135.975MHz 三个频段主要用于空中交通管制人员与飞机驾驶员间的通话，其中主要集中在 118.000～121.400MHz；121.100MHz、121.200MHz 用于空中飞行情报服务；121.500MHz 定为遇难呼救的全世界统一的频道。121.600～121.925MHz 主要用于地面管制。

在新型的具有数据功能的飞机上增加了数据通信功能，可以进行双向的数据通信。由于电台工作于超短波波段，电波主要以空间波方式传播，所以只能进行视线距离的通信，通信距离与飞机的飞行高度直接相关。当发射机的输出功率为 20W，飞行高度为 6km 时，其通信距离在 350km 左右，若飞行高度增加，其通信距离还可以增加。

飞机上通常装备 2～3 套 VHF COMM。

3.4.2 VHF COMM 的组成

一般甚高频通信的接收和发射都用调幅方式。发射机最小发射功率为 20W。接收机灵敏度为输入 3μV（信噪比为 6dB）。每套 VHF 系统由一部收发机、控制盒和天线组成。甚高频通信系统天线是辐射和接收射频信号的装置。天线通常是刀型天线，长度通常为 12in。天线与发射电路的阻抗是匹配的，天线通过同轴电缆与甚高频收发组件相连。甚高频发射机的输出阻抗为 50Ω。当甚高频电台天线受潮或者绝缘不良时，会使发射机输出功率降低，通信距离缩短。

VHF 通信控制盒保证了收发机的正常工作和为测试系统提供输入。它包括以下部分。

两个同轴旋钮用于选择工作频率；旋钮上方有两个频率显示窗，从指示的数字就可知道所选的频率。

转换开关：用于选择两个预选频率中的一个频率。

试验按钮：用于检查接收机工作是否正常。当按下按钮时，静噪门限电压降低，即噪声抑制电路不起作用，耳机内能听到噪声，用于测试接收机。

有的控制盒上还有工作频率指示灯，如果指示灯亮，表示灯下面窗内所选频率为当时收发机所用工作频率。

VHF 收发机的前面板上装有一个“静噪断开”按钮，它与控制盒上的试验开关并联，此外还有“耳机”、“话筒”两个插孔。静噪按钮供操作者通过操作静噪控制电路来测试接收机。两个插孔用于在不使用内话系统的情况下直接测试收发机。面板上还有一个“发射功率”指示灯。当输出功率超过 10W 时，指示灯亮，当发射机受到调制时，指示灯亮。在最新生产的收发机上，用功率/电压驻波比指示器和功率指示器控制开关代替了发射功率指示灯。功率/电压驻波比指示器是一个两位数字的七段发光二极管显示器，它根据功率指示器控制开关的位置进行显示。反向、正向分别表示反向功率、电压驻波比和正向功率读数。

甚高频系统与其他系统交连和供电情况如图 3.24 所示，各部件外形图如图 3.25 所示。

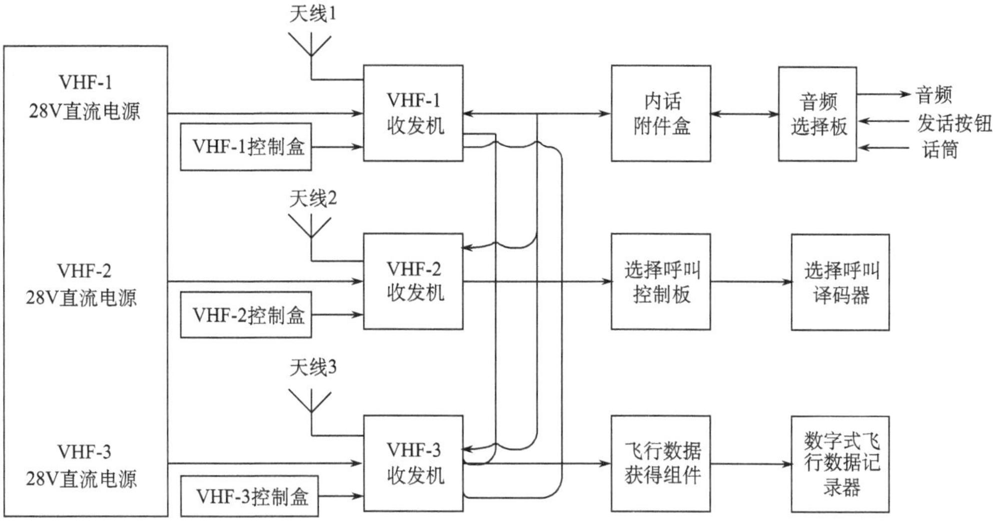

图3.24 甚高频通信系统的供电和与其他系统的交连

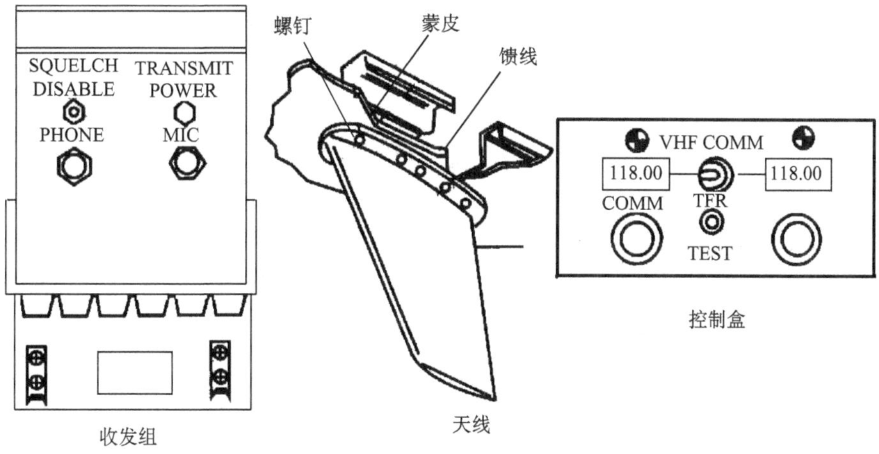

图3.25 甚高频通信系统各部件外形图

3.4.3 甚高频系统的工作说明

1. 电源

甚高频通信系统接收时需28V直流电压；发射时需16V直流电压。

2. 频率选择

频率选择是用控制盒上的两个同轴转动的旋钮完成的。旋钮利用五中取二原理为频率合成器提供两根地线，而频率合成器把五中取二的信息提供给调谐电压并产生相应的频率加至发射或接收部分。

3. 发射方式

通过在音频选择板上选择VHF并按下PTT按钮，使系统进入发射方式并提供各种控制，即为话筒提供地线，接通发射继电器，使噪声电路不工作并使调压器产生16V话筒直流电压。当空勤人员讲话时，音频进入话筒，经音频选择板、内话附件盒加至收发机内的音频变压器。从频率合成器来的射频信号被音频调制并放大，随后经发射继电器将被调制的射频由同轴电缆送至天线发射出去。这个射频还被检测作为自听信号加至内话系统。如果发射功率大于10W，电平检测器输出正向功率，使发射功率灯亮。

4. 接收方式

在任何时间只要音频选择板上的VHF按钮按下（PTT开关未按下），或VHF收听开关接通，则VHF系统为接收方式。此时由天线接收的射频信号经同轴电缆输至收发机，随后经过收发转换开关的常通触点到接收部分。射频信号先加至射频预选回路，此回路受频率合成器来的调谐电压的控制，始终保持在所需的频率上。预选器的输出与由频率合成器输出的本振信号进行混频，得出的中频信号输至自动增益放大器，去控制中频电路的总增益。

当接收到有用信号时，混频后的中频信号经中频放大器、检波器送至音频放大器，音频放大器把音频信号分别送至选择呼叫系统和飞行内话系统。当输入信号中没有有用音频时，中频输出信号向音频放大器加一个截止偏压，使音频放大器不工作，耳机内无噪声，减少了驾驶员的疲劳，这就是静噪电路的功用。当接收到临界信号时，可使噪声抑制电路接通或断开。面板上的噪声抑制断开按钮可将噪声门限降至零，这样就接通音频放大器，使机组能听到接收机的噪声，用来检查接收机是否正常工作。

3.5 选择呼叫系统

选择呼叫系统（SELCAL）供地面塔台通过高频或甚高频通信系统对指定飞机或一组飞机进行联系。当被呼叫飞机的选择呼叫系统收到地面台的呼叫后，将以声、光告警信号提醒飞行员地面在呼叫本飞机。

飞机上装有一套独特的四字选择呼叫识别编码解码器。当地面电台想要和该架飞机进行通信联络时，它将通过事先约定好的高频或甚高频频率发送该飞机的识别编码，机载的SELCAL解码器将启动双谐音提醒机组注意并使选择呼叫控制盒上相应的选择呼叫灯亮。图3.26所示为选择呼叫控制盒。

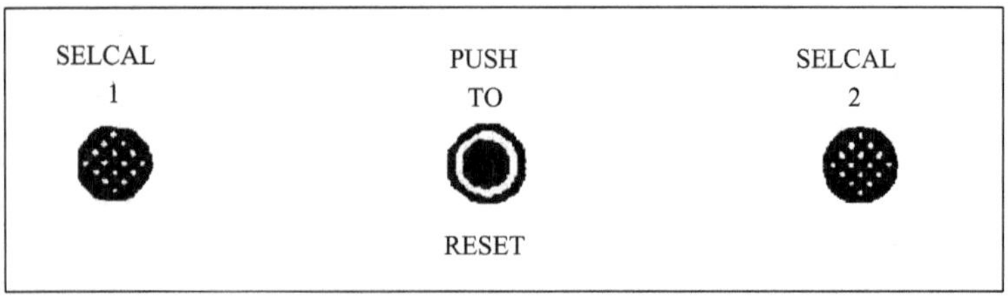

图3.26　选择呼叫控制盒

选择呼叫控制盒上有2个指示灯：SELCAL1和SELCAL2，其中SELCAL1灯亮表示地面通过VHF1或HF1呼叫飞机；SELCAL2灯亮表示地面通过VHF2或HF2呼叫飞机。按压复位按钮将使SELCAL灯灭并使解码器复位，以等待下一次呼叫。

3.6 飞机通信与寻址报告系统（ACARS）

3.6.1 数据链

当航空公司变得越来越依赖向飞行中的飞机提供信息和接收飞机信息时，话音通信就让位给了数据通信。数据链是地空数据通信系统的通称。该系统用于飞机机载设备和地空数据通信网络之间建立飞机与地面计算机系统之间的连接，实现地面系统与飞机之间的双向数据通信。可用的地空数据通信方式有甚高频（VHF）、卫星通信（AMSS）、高频（HF）通信和S模式数据链。现在，地空数据链已成为航空公司运营的主要依靠手段。

航空公司最早应用的数据链是从1978年起开始的VHF数据链，这种数据链起初称为“ARINC通信寻址与报告系统”（ACARS），但ARINC一词很快被改为“飞机”（Aircraft），以表明新媒介无所有权特性。早期的ACARS信息主要包括，每个飞行区段的四个下行链信息：离开登机口准备滑行—离开跑道起飞—已着陆—滑行到停机坪（称为OOOI，即Out，Off，On和In信息）。发送的这些信息使得航空公司能够更好地跟踪它们的飞机，并且为飞机上的机组人员提供自动计时。现在，加入ACARS的飞机已经从原来的50架增加到近1万架。信息量现在最高达到每月2000万条，而信息的类型包含了航空公司运营所能够想到的每一个方面：飞行运行；行政管理信息，如机组的计划；旅客信息，如登机口；维护信息，如发动机性能和故障报告；机场和航空公司间的业务协调，如除冰和加油等，不胜枚举。数据链包括上行链路和下行链路。虽然通过数据链的互动缺少话音对话的即时性，但它们是异步的，请求者和响应者不需要同时“在线”。对于实时性不是关键的应用场合，这是一个很大的优点。

3.6.2 ACARS

1. 概述

今天，ACARS提供了世界范围的数据链覆盖。对于配备了相应设备的飞机，可以使用四种不同的空地子网络：原来的VHF、卫星通信（AMSS）、HF数据链（HFDL）和VDL模式2（VDL-M2）数据链。图3.27所示为一个ACARS网络的概况，此网络中，有飞机、四个空地子网络、中央消息处理器和地面消息传递网络。ACARS消息传递网络采用以中央消息处理器为集线器（hub）的星形拓扑结构。地面消息传输网络将消息传送至集线器，然后把消息从集线器传送出去，而空地子网络都是将消息从集线器发射出去。多家ACARS网络服务提供商提供网络服务，虽然在实施方案的细节上各有所不同，但都采用同样的星形拓扑结构。ARINC和SITA数据链服务提供商可提供世界范围的ACARS覆盖，其他一些提供商则提供区域性覆盖。任何给定的ACARS消息都能够在任一空地子网络上传送，由飞机运营商来选择配置。

应注意的是，ACARS是一种面向字符的网络，这意味着只有有效的ASCII字符才能被识别，而且某些控制字符被用来构成一个有效消息帧。

2. ACARS系统组成

本节以VHF空地子网络为例，介绍ACARS系统组成。

ACARS系统包括ACARS机载设备，地空数据链传输系统，地面通信网络，远端地

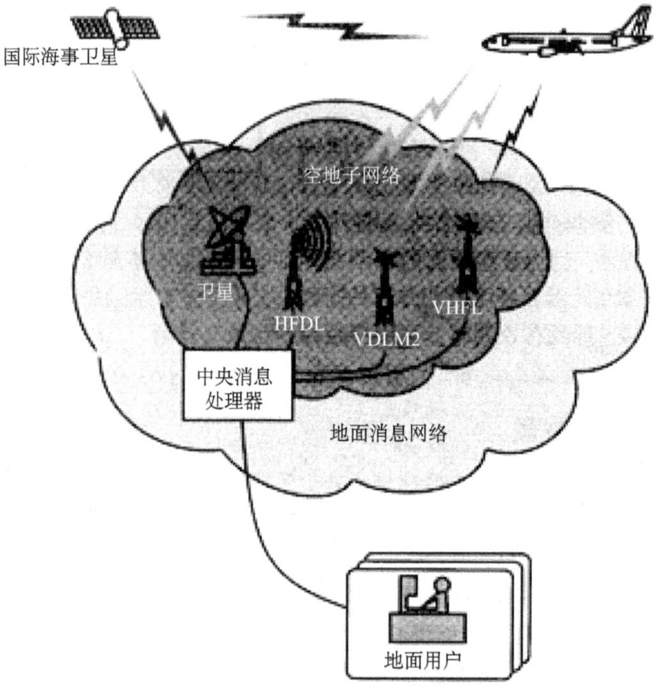

图 3.27 ACARS 网络概貌

注：VHFL-VHF 数据链，可以是 ACARS 或者 VDLM3 或 VDLM4

面站和地面设备，如图 3.28 所示。

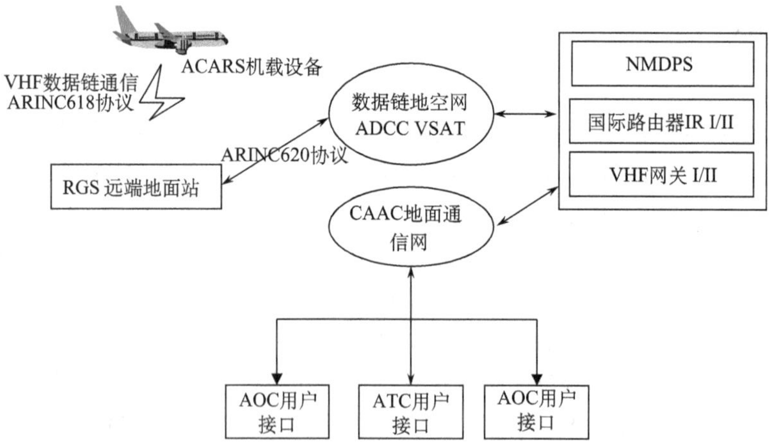

图 3.28 VHF 地空数据链 ACARS 系统结构示意图

1) ACARS 机载设备

ACARS 机载设备包括管理单元（MU）或通信管理单元（CMU）、多功能控制与显示组件（MCDU）、VHF/HF 电台、卫星通信数据单元、打印机等极适用的软件。图 3.29 给出了这种航空电子的结构。

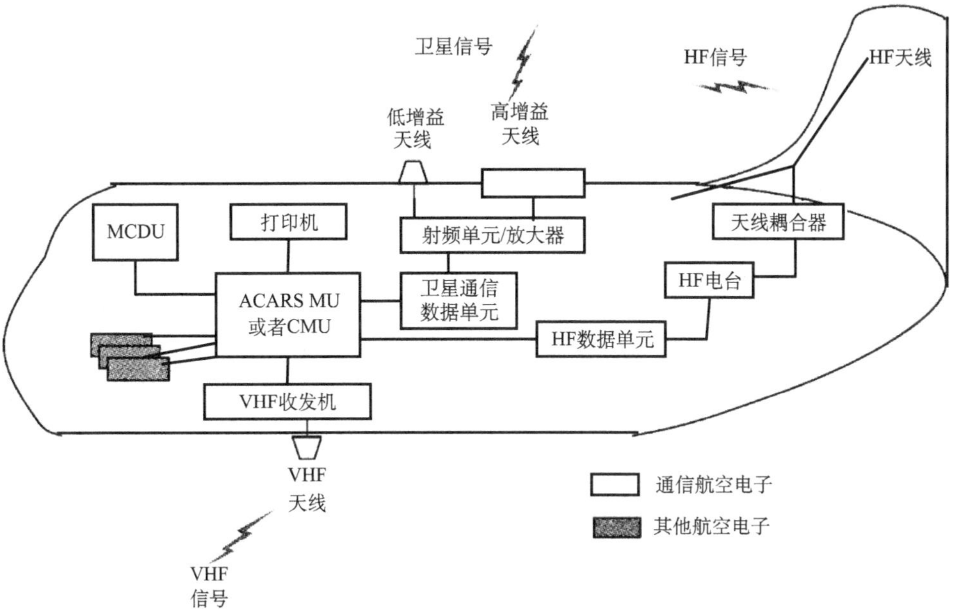

图 3.29　ACARS 机载电子设备

在飞机上，MU 或 CMU 起着机上路由器的作用。所有的地空电台都连接到 MU 或者 CMU 来发送和接收消息。CMU 连接到所有与地面通信的各种电台上。多用途控制和显示单元（MCDU）和打印机是 ACARS 与机组人员的主要接口。其他单元，例如，飞行管理系统（FMS）或空中交通服务单元（ATSU），也要与机组人员就 FANS 消息进行交互作用。当今，大量重要的数据链消息是由飞机上各种系统自动生成后下行传输的。MU 识别每个上行消息块，并把它送到相应的装置。同样，MU 在每条下行链路上附加相应的飞机信息，例如，飞机的尾号，并把它发送到其中一个空地子网络。四种子网络的每一种最新航空电子设备都通过一条数据总线（典型的为 ARINC 429）接收作为数据消息的 ACARS 消息块。然后，子网络航空电子设备将把消息块转换成与地面电台通信所需的信号。每个子网络都有自己的协议，用于物理层和链路层交换数据块。

2）地空数据链传输系统——VHF 子网络

图 3.28 采用的是 VHF 空地子网络。作为先驱者的最早的 VHF 子网络在 1978 年问世，它使用了与空中交通管制（Air Traffic Control，ATC）和航空公司运营通信系统（Airline Operational Communication，AOC）话音相同的 25kHz 信道；这种空中信号有时称为简易老式 ACARS（POA）。这种 VHF 子网络使用最小频移键控（MSK），此方式的载波被 1200Hz 或 2400Hz 音调调制。每个发送信号的间隔代表一个信息位，因此 2400 波特率（即信号改变的速率）等于 2400bit/s 的位速率。初始同步后，接收机就可判定一个给定位是“1”还是“0”。

VHF ACARS 在东南亚地区使用 131.450MHz 作为空地数据链的基本频率。甚高频通信电台采用双边带调幅技术。ACARS 系统空地通信的工作方式为半双工，与地空无线电话音通信方式相同。在地空间的双向无线信道中进行通信时使用了载体侦听多重访问（CSMA）协议，以降低两台发射机同时或有重叠时间上发送一个数据块造成的影响。

ACARS通过VHF链路向地面站发送ACARS报文，即通过甚高频系统和远端地面站（Remote Ground Station，RGS）组成了完整的地空数据链应用系统。基于ACARS的地空数据链是通过ARINC-618和ARINC -620协议封装的，如图3.28所示。ARINC-618和ARINC-620在3.6.3节中介绍。

3）地面通信网络

地面通信网络是将航路飞行的监视信息连接到有关的空中交通服务单位；也可将空中交通服务单位的信息送到反射单元。这主要是通过地面通信网络和卫星通信网络传输，它们是整个航空电信网（ATN）的一部分。目前，中国民航的基于VHF地空数据链的ACARS系统，地面数据传输网络采用民航的是X.25分组交换网。

4）远端地面站

作为数据链系统的地面节点的RGS，是指用于飞机与地面数据通信网的连接、实现地面数据通信网节点间数据通信的设备。它由接收报文的VHF收发电台、对空数据调制解调器、单板计算机、集成控制单元、与地面网相连的路由器、与地面网相连的调制解调器、GPS授时单元以及天线、UPS电源单元和相应的系统软件等组成。

我国已建立VHF地空通信远端地面台站80多个，除西藏以外的大部分地区都已覆盖。在VHF未覆盖的区域可通过HF通信网或AMSS来实现。

5）地面设备

由图3.28可看出，下行链路数据经过远端地面站（RGS）接收后，按照ARINC-620协议规范，经地空网传送到数据处理中心（我国设在北京）。用户终端前端是数据处理中心的网络管理与数据处理系统（NMDPS），实现上下行链路数据的分发和处理。用户子系统（包括AOC和ATC）通过数据链提供的报文信息，进行下行链路数据的处理，并通过数据链向ACARS机载设备发送信息，实现用户与飞行机组的上行链路数据通信。

地面设备还包括建设、维护地空数据通信网络的地空数据通信服务商（Data Link Service Provider，DSP），它是提供一定区域或全球的地空数据通信的服务机构或组织。

3. ACARS的协议

ARINC-618是指面向字符的地空通信协议，该协议规定了飞机系统与通信服务商（Data Link Service Provider，DSP）网络系统间以面向字符方式进行数据传输的数据编码格式。候选空地数据链有VHF、AMSS，VDL-2和HF。

ARINC-620是指数据链地面系统标准和接口协议。该协议规定了DSP与数据链的使用者（飞机、地面用户）之间数据交互需满足的接口特性，同时为地面数据链用户研发应用系统提供相关信息。ARINC-620是针对数据链信息的地面传输而言的。

飞机与地面用户是数据链的两类使用者，它们与DSP之间使用的是两种不同的协议。DSP除提供合适的信息路由，还要提供在这两种不同协议之间信息格式的转换。

ARINC-622是指基于ACARS地空网络的空中交通服务数据链应用标准。该标准对ACARS系统在ATS中应用进行了说明。

ARINC-623是指面向字符的空中交通服务应用标准。该标准对基于ACARS系统传输的ATS报文文本格式进行定义。

4. ACARS 的报文格式及类型

1) 报文格式

报文格式是指飞机与地面应用系统进行数据通信时所使用的编码格式。只有满足编码格式标准的数据才能在通信网络中正确传输，并能被飞机设备和地面应用系统所使用。

ARINC-618 描述了数据链在空地之间的通信协议，ARINC-620 协议描述了系统空/地之间和地/地之间的通信协议，以及 DSP 系统的功能、输入及输出。

表 3.3 和表 3.4 分别表示了 ARINC-618 下行报文和上行报文的格式。

表 3.3　ARINC-618 下行报文格式

Name	SOH	Mode	Address	TAK	Label	DBI	STX	MSN	FlightID	AppText	Suffix	BCS	BCSSuffix
Size	1	1	7	1	2	1	1	4	6	0～220	1	2	1
Exp	<SOH>	2	.UN1234	<NAK>	5Z	2	<STX>	M01A	XX0001	…	<ETX>		<DEL>

表 3.4　ARINC-618 上行报文格式

Name	SOH	Mode	Address	TAK	Label	UBI	STX	AppText	Suffix	BCS	BCSSuffix
Size	1	1	7	1	2	1	1	0～220	1	2	1
Exp	<SOH>	2	.UN1234	<NAK>	51	2	<STX>	…	<ETX>		<DEL>

表中 SOH、Mode、Address、TAK、Label、DBI/UBI 为报文头，主要用于控制报文的传输，STX（ASCII 码值为“0x02”）标志正文的开始，Suffix（ASCII 码值为“0x03”）标志正文的结束，之间则为报文正文的内容，BCS 为报文的 CRC 校验码，BC-SSuffix（ASCII 码值为“0x7F”）为报文的结束。

报文正文内容是由报文种类决定的，而报文头涉及通信传输且格式固定，因此，对其进行使用时需要了解报文头的各个字段的含义和用途，介绍如下：

SOH（Start Of Header）：ASCII 码值为“0x01”，标志报文的开始；

Mode：报文的模式。ACARS 报文分为 A 模式和 B 模式，在 A 模式下，发送的报文会被所有通信范围内的 RGS 接收，而在 B 模式下，仅由“Mode”字符指定 RGS 地址的 RGS 站接收发送的报文；

Address：指明发送下行报文的飞机注册号、上行报文对应下行报文中的飞机注册号或飞机的航班号。通过该字段来识别通信的双方；

TAK（Technical Acknowledgment）：控制报文的确认信息；

Label：标志报文的类型，如“QG”为“OUT/Return In Report”报文；

DBI/UBI（D/U Block Identifier）：ARINC-618 协议规定发送报文的“BI”字段一般采用递增的方式，不能与前一条报文的“BI”字段相同，上行报文必须从“A”到“Z”或从“a”到“z”或为“null”；下行报文必须为“0”到“9”。

2) 报文类型

ACARS 的报文按要求分为“基本”和“建议”两类。报文类型很多，主要有以下几种。

(1) 飞机起降状态报告：有推出报（OUT）、起飞报（OFF）、着陆报（ON）、滑入报（IN）；

（2）飞机自动报告：位置报（POS）、航路位置报、预达时间报（ETA）；

（3）机组手工报告：自由格式报（FREE TEXT）、气象请求报（WXR）、服务应答报（SVR）、配载平衡数据请求报（LOADSHEET）、旅客名单请求报（PASSENGERL-IST）、航班初始化请求报（INIT）、飞行计划请求报（PLAN）、桥位请求报（GATE）；

（4）机务维修：起飞报（TKO）、发动机性能报告/巡航报（CRZ）、APU 性能报（APU）、发动机超限报、颠簸报（TUR）、重着陆报（HDL）、超重着陆报（OWL）、实时故障报；

（5）地面服务：自由格式报（FREE TEXT）、机坪服务报（RAMP）、服务应答报（SVR）；

（6）航空器气象资料下传：爬升阶段、巡航阶段、降落阶段；

（7）空中交通服务报告：起飞前方向（PDC）、自动化终端区信息服务（D-ATIS）、管制员-飞行员数据链通信（CPDLC）与合同式自动相关监视（ADS-C）；

（8）地面上行电报：语音通信请求（VOICE）；

（9）自组织电报。

5. ACARS 报文译码和获取

ACARS 中 VHF 无线收发机接收到的 ARINC-618 协议格式的报文不能直接使用，要首先译码为工程值。在 ARINC-618 报文中，用“Label”字段来区别不同的报文类型，报文的有效信息则存放在报文的正文部分，而报文正文存放信息的内容和格式则是由 ARINC-620 协议规定的。因此，ACARS 报文的译码首先需要根据 ARINC-618 报文协议中“Label”字段确定报文的类型，“Label”字段用 ACARS 报文的第 11 和第 12 两个字符来标识，因此报文分类只需提取出报文的第 11 和第 12 两个字符即可；然后根据该类型对应的 ARINC-620 正文格式对报文进行译码。

第4章 导航系统

4.1 概 述

4.1.1 导航的定义与作用

导航是一种为运载体航行时提供连续、安全和可靠服务的技术。顾名思义，它的基本作用是引导飞机、船舰、车辆等（总的称为运载体），安全准确地沿着所选定的路线，准时地到达目的地。导航由导航系统完成，或者说导航系统所完成的功能称为导航或导航服务。

任何导航系统中都包括有装在运载体上的导航设备，驾驶员或自动驾驶仪根据导航设备的仪表指示或输出的信号，便能不管是白天或夜晚，雨天、雾天或晴天，夏天或冬天，在云海茫茫的天上、水天相接的海上，以至在任何陌生的环境中，操纵运载体正确地向目的地前进。这种指示或信号的内容称为导航信息。

第 1 章中介绍过，目前有两类基本的导航方法：惯性导航系统和无线电导航系统。无线电导航系统又分为陆基无线电定位导航系统以及卫星导航系统。

惯性导航系统利用惯性传感器（陀螺仪和加速度计）测量运动载体在惯性空间中的角运动和线运动，根据牛顿第二定律，实时地、精确地解算出运动载体的位置、速度和姿态角（载体坐标系相对于地理坐标系的方位角）。这种利用装在运载体上的设备可单独产生导航信息的系统称为自主式导航系统。它是一种航位推算导航系统。

无线电导航系统的原理是利用外部的参考物来获得运载体的位置。除了要有装在运载体上的导航设备之外，还需要有设在其他地方的一套设备与之配合工作，才能产生导航信息。装在运载体上的设备分别称为机载、船（舰）载、车载导航设备，而设在其他地方的设备称为导航台。导航台与所有运载体上的导航设备用无线电波相联系，形成一个导航系统，称为它备式导航系统。运载体进入导航台所发射电磁波的覆盖范围后，它的导航设备便能输出导航信息。导航台不输出导航信息，它一般设在陆上，因此把它们称为陆基无线电导航系统。20 世纪 90 年代新出现的是把导航台设在人造地球卫星上，称为卫星导航系统。

4.1.2 导航的基本功能

最初的导航系统只提供航向信息，因为只要不出现“南其辕而北其辙”的情况，便总归可以达到目的地。但是，随着航空和航海交通的发展，为了提高安全性和经济性，人们逐渐放弃了这种较为粗放的导航方式。在机场周围的空域中有的飞机在起飞，有的在着陆，有的在等待。在航路上有的飞机飞得高，有的飞得低，有的飞得快，有的飞得慢。地面上有禁飞区和限制区，还有高山和高的建筑。为了避免飞机相撞，天空被划分为连接城市的一条条具有一定宽度和高度的航路，为运载体提供实时位置成为头等重要的导航信息，因为它能使驾驶员随时判定运载体是否在规定的航路或航道中行驶，偏离航路或航道有多远，应采用什么航向航行，离目的地还有多远。还需航行多长时间；从而避免相撞，以及误入禁区，节省油料与时间，并准时到达目的地。

因此，导航的基本功能是回答“我在哪里”，其基本任务如下。

（1）引导运载体沿既定航线航行；

（2）确定运载体当前所处的位置及其航行参数，包括航向、速度、姿态等实时运动状态；

（3）引导运载体在夜间和复杂气象条件下的安全着陆和进港；

（4）保证运载体准确、安全地完成航行任务所需要的其他引导任务。

因此，不论采用何种导航设备或导航方法，都必须解决以下三个导航课题。

（1）如何确定航行体的位置；

（2）如何确定它从一个位置向另一个位置前进的方向（航向）；

（3）如何确定距离（或速度、时间）等。

即提供航行中的位置、方向、距离和速度等导航信息。因此，导航的研究，就是要弄清楚如何测量和运用导航信息；而导航的实践，就是运用所得到的结果来保证运载体安全而有效地航行。

4.1.3 导航基础知识

1. 基本导航参数

基本的导航参数如图4.1所示，介绍如下。

1）航向

飞机的航向将由一个相对于磁（罗盘）北或地球地理坐标系统中真北的方位角来确定，从磁北或真北顺时针到航向线（飞机纵轴前线的延长线在水平面上的投影）的航向角为正，否则为负。

2）方位（bearing）角

方位角是以经线北为基准，顺时针量到水平面上某方向线的角度。当从飞机 A 处观察地面电台 S 时，从 A 点处的经线北端量到飞机与电台的法线 AS 的角度称为电台方位角；如果从电台 S 处观测飞机，从 S 处的经线北端量到电台与飞机的连线 SA 的角度则称为飞机方位角；在飞机上观测地面或空中目标，也常以飞机纵轴的前端同观测线在水平面上的夹角来表示目标的方向，这一角度称为相对方位角。

3）真空速（TAS）与指示空速（IAS）

飞机相对于空气的真实运动速度称为真空速（TAS）；按海平面标准大气条件下，动压与空速的关系测得的空速称为指示空速（IAS）。

飞机飞行时在飞机的 X（V_X）、Y（V_Y）、Z（V_Z）轴上都有速度分量，飞机穿过大气的速度可由指示空速（IAS）或马赫数（Ma）来表示。飞机相对于地面的速度由静空状态时的真空速（TAS）来确定。

4）地速（GS）、风速（WS）、风向（WD）

飞机在地面的投影点的移动速度称为地速，是飞机相对于地面的水平运动速度。风速与风向是飞机当前位置处大气的运动速度与方向，是相对于地面而言的。风速和风向会改变飞机相对于地面的速度，即飞机的地速。

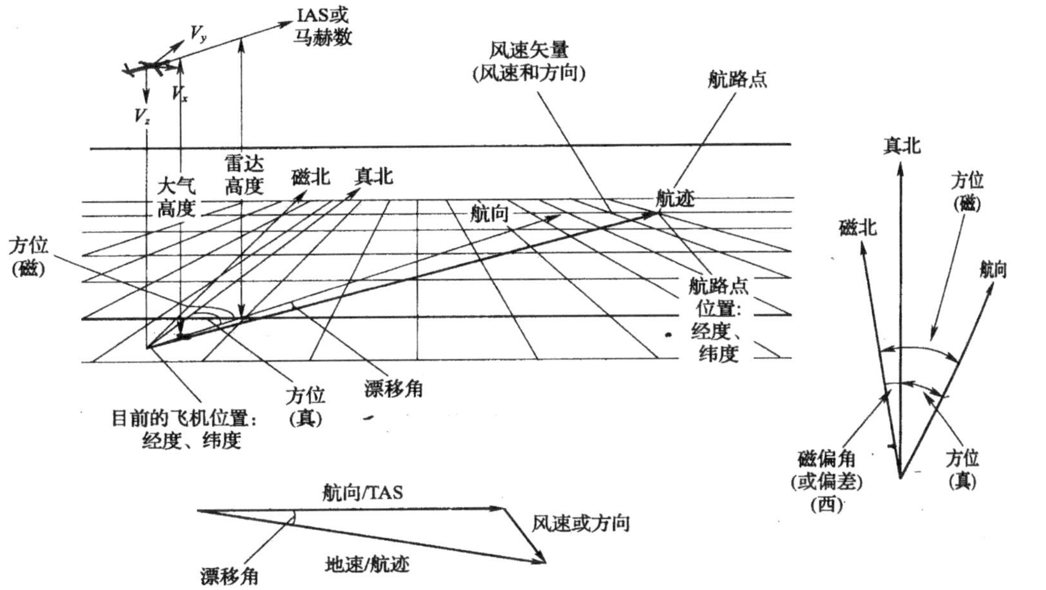

图 4.1 基本的导航参数

真空速 V_T、风速 W_S 和地速 G_S 三者的关系为

$$G_S = V_T + W_S \tag{4.1}$$

由式（4.1）可以看出，当风速等于零时，飞机的地速等于真空速。

5）航迹线或航迹（TK）

飞机重心在地面的投影点的移动航迹称为航迹或航迹线，是飞机沿地形的飞行路径，该路径将一直延伸至飞机的终点或下一个航路点。飞机在某一时刻的实际运动方向角就是该时刻飞机的航迹角。航迹角是从经线北端顺时针量到航迹去向的角度。

6）偏流角

在存在侧风时，飞机的实际航迹就会与飞机的航向不一致，航向线与航迹线之间的夹角，称为偏流角，或是飞机的空速矢量与地速矢量之间的夹角。

当航迹线偏向航向的右边时，规定偏流角为正值；偏向左侧则为负值。图 4.1 中的偏流角为正值。

7）航路点（WPT）

航路上，用于飞机改变航向、高度、速度等或向空中交通管制中心报告的明显位置，称为航路点。飞机将从经度和纬度决定的当前位置飞向也是由经度和纬度确定的下一个航路点。由多个航路点确定的一系列的飞行航线段最终形成了飞机从起飞空域至目的地空域的飞行路线。

8）高度

飞机将按相对于气压数据（气压高度）或地形（雷达高度）的特定高度飞行。

9）距离（DIS）

指从飞机当前位置至飞往的目的地或前方航路点之间的距离，即待飞距离。通常，航路是由几个航路点连成的折线航路。在不加声明时，距离是指飞机沿指定航路飞往目的地的沿航距离。两个航路点之间的距离为连接两个航路点的大圆距离。

2. 经纬度

飞机相对于地球在运动，因此通常用纬度和经度来表示飞机在大地坐标中的地理位置。

1）赤道和纬度

通过地心且与地轴相垂直的平面，把地球分成南北两个半球，平面与地球表面的交线称为赤道。在大地坐标中，赤道相当于平面直角坐标中的横坐标轴。

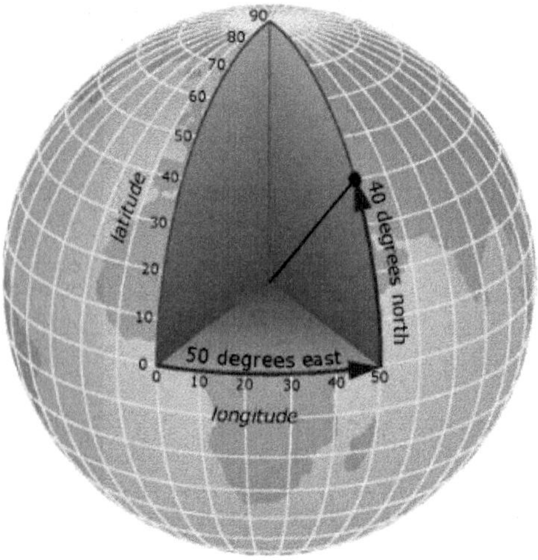

图 4.2 坐标系中的经度/纬度

其余与地轴相垂直的平面与地球表面的交线都是小圆，这些小圆称为纬圈（纬线）。纬圈平面都是和赤道平面相平行的，纬圈与地心的连线与赤道平面之间的夹角，就是这个纬圈的纬度（缩写为 Lat）。用纬度可以表示地球上任何一点的南北位置。赤道的纬度为 0°；赤道以北为北纬（N）0°～90°，北极的纬度为 90°N；赤道以南为南纬（S）0°～90°，南极的纬度为 90°S。如图 4.2 所示，图中示出了北纬 40°。

2）子午线与经度

包含地轴的平面与地球表面的交线也是大圆。这些大圆都通过地极，称为经圈，经圈总是与纬圈正交的。经圈的一半称为经线，又称子午线。国际上约定，以通过英国伦敦南郊的格林尼治天文台子午仪中心的经线，作为起始经线，又称本初子午线。起始经线相当于平面直角坐标中的纵坐标轴。

以起始子午线（0°子午线）为基准，可以用经度（缩写为 Long）来表示其他经线的位置。地球表面上任意一点的经度，就是通过该点的子午线平面与起始经线平面之间的夹角。起始子午线向东为东经（E）0°～180°；以西为西经（W）0°～180°。图 4.2 中标出了东经 50°。

3）大圆和大圆航线

任何平面与地球表面的相交线都是圆，而大圆是指通过地心的平面与地球表面相交的圆，它把地球分成两半，是地球表面上最大的圆；小圆则是指不通过地心的平面与地球表面相交的圆。

沿大圆连线飞行的航线就是大圆航线。大圆弧连线是地球表面上任何两点之间距离最短的连线。

3. 坐标系

习惯上将原点位于地球中心、相对于恒星固定的坐标系定义为惯性参考坐标系。图 4.3 中给出了用于陆地导航的固连于地球的参考坐标系和当地地理导航坐标系。

1）惯性坐标系（i 系）

惯性坐标系 $O_e x_i y_i z_i$ 为右手直角坐标系，如图 4.3 所示。原点 O_e 位于地球中心，$x_i O_e y_i$ 平面在赤道平面内，坐标轴相对于恒星无转动。其中 $O_e z_i$ 的方向与地球极轴的方向一致（假定极轴方向保持不变）。

2）地球坐标系（e系）

地球坐标系 $Ox_ey_ez_e$ 为右手直角坐标系，又称地心坐标系，当今广泛使用的 e 系是 WGS84 坐标系，如图 4.3 所示。原点 O_e 位于地球中心，坐标轴与地球固连，z_e 轴沿地球极轴方向，x_e 轴沿格林尼治子午面和地球赤道平面的交线，y_e 轴垂直 x_e 轴和 z_e 轴。e 系固连在地球上，相对于惯性坐标系绕 z_i 轴以地球自转角速度 w_{ie} 转动。

3）当地地理坐标系（t系）

当地地理坐标系 $Ox_ty_tz_t$ 为右手直角坐标系。如图 4.4 所示。原点 O 位于飞机重心 U，x_t 轴沿当地纬线指向东，y_t 轴沿当地子午线指向北，z_t 轴沿当地地理垂线（椭球体表面法线）方向上方（形成指向东北天的坐标系）。其中，x_tOy_t 平面称为大地水准面，y_tOz_t 面称为当地子午面。

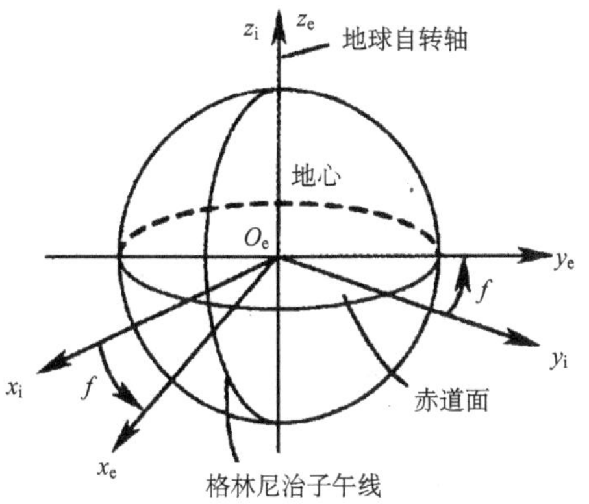

图 4.3 惯性坐标系和地球坐标系

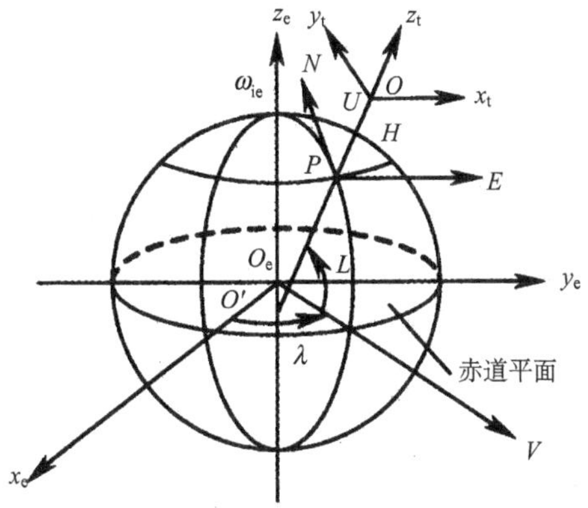

图 4.4 当地地理坐标系

L，λ 分别表示地球表面 P 点的纬度和经度

这个坐标系随着飞机一起运动，不管飞机运动到哪里，三个坐标轴的指向总是按照规定的确定指向。在地球表面附近运动的载体，一方面，由于地球表面是弯曲的，而 z_t 轴总是指向天的方向，随着载体运动，地理坐标系（t系）相对地球坐标系（e系）发生转动，它在地理坐标系中的转动角速率记为 ω_{et}^t；另一方面，地球自转会引起地球坐标系相对惯性坐标系（i系）转动，它在地理坐标系中的转动角速率记为 ω_{ie}^t，这样，在地理坐标系中，地理坐标系相对惯性坐标系的转动角速率矢量为 $\omega_{it}^t=\omega_{et}^t+\omega_{ie}^t$。

4）导航坐标系（n系）

导航坐标系 $Ox_ny_nz_n$ 为右手直角坐标系。它是根据导航系统工作需要而选取的作为导航基准的坐标系。当导航坐标系选择为地理坐标系时，这种导航坐标系称为指北方位系统。为了适应在极区附近导航的需要，往往将导航坐标系的 z_n 轴选择得与 z_t 轴重合，而使 x_n 与 x_t、y_n 与 y_t 之间相差一个自由方位角 α_f 或者是游动方位角 α，这种导航坐标系称为自由方位系统或者游动方位系统。

5）机体坐标系（b系）

机体坐标系 $Ox_by_bz_b$ 为右手直角坐标系，它固连在运载体上。原点 O 与运载体的质心重合，x_b 轴沿运载体横轴指向右，y_b 轴沿运载体纵轴指向前方，z_b 轴沿运载体立轴指向上方。

6）平台坐标系（p系）

平台坐标系$Ox_py_pz_p$为右手直角坐标系，是惯导系统的惯导平台（包括捷联式惯导系统的“数学平台”）所模拟的导航坐标系。当惯导系统不存在误差时，平台坐标系与导航坐标系重合。当惯导系统出现误差时，平台坐标系相对导航坐标系出现误差角。

惯性传感器是在惯性空间中敏感出载体的运动参数的，而导航是在地理坐标系中进行的，因此，惯导系统必须在不同坐标系中进行一系列坐标变换解算。

4.1.4 无线电导航系统的要求

导航的基本作用是为运载体航行服务，它所提供的服务应该满足航行所提出的特定要求，这些要求是安全性、服务连续性等。

一般来说，要描述一个无线电导航系统，必须考虑其精度、可用性、可靠性及其完好性等。

1. 精度

导航系统的精度是指系统为运载体所提供的实时位置与运载体当时的真实位置之间的重合度。受各种各样因素的影响，如发射信号的不稳定、接收设备的测量误差、气候及其他物理变化对电磁波传播媒介的影响等，这种重合度有时好有时差，即导航误差是一个随机变化的量，因此只能用统计的度量单位来描述，也就是用定位误差不超过一个数值的概率来描述。

在民用卫星导航中，现在有一种表示精度的趋向，即不管误差分布成什么样子，水平定位、垂直定位和时间的精度都用与95%置信水平相对应的数来表示。

导航系统的精度通常有以下三种类型。

第一种是预测精度，它是导航系统的测量结果相对于地图上标出位置而言的精度。

第二种是重复精度，它指用户回到从前曾用同一导航系统测定过的位置的精度。

第三种是相对精度，它指用户测量出的位置相对于另一个差不多同时用同一导航系统测量出的位置的精度。

2. 可用性

交通运输是昼夜不间断进行的，因此导航服务也不能间断，要全年365天每天24小时提供服务。这就要求无论在什么天气、地形和电波传播条件下都能提供符合要求的导航服务，然而导航系统受各种各样因素的影响仍然可能有时要停止工作。因此对导航系统提出了可用性这一指标。系统可用性是它为运载体提供可用的导航服务时间的百分比。

在导航中还有信号可用性的提法。信号可用性指从导航台发射的导航信号可以使用的时间百分比，它与发射台及电波传播环境有关。

3. 可靠性

系统的可靠性是系统在给定的使用条件下在规定的时间内以规定的性能完成其功能的概率。可靠性的这个定义标志的是系统发生故障的频度。

系统可用性与可靠性是不同的概念，例如，有些导航系统每年有几天要停下来检修发射台的大型铁塔天线，这当然对其可用性有影响；然而除停机的那几天，它的服务十分连续，发射台、用户设备工作和电波传播都很稳定，因此可靠性很高。相反，有些系统每年不需要停机检修，因此可用性指标很高，但时不时要出点短期毛病，这就是可靠性不高。

4. 覆盖范围

覆盖范围是指一个面积或立体空间，那里导航台发射的信号足以使机载或船载导航设备以规定的精度给出载体的位置。覆盖范围受到系统几何布局关系（许多无线电导航系统，当运载体与导航台之间的距离或方位不一样时，导航精度便不同）、发射信号功率电平、接收机灵敏度、大气噪声条件，以及其他影响信号可用性等因素的影响。

5. 导航信息更新率

所谓导航信息更新率是指导航系统在单位时间内提供定位或其他导航数据的次数，对更新率的要求与运载体的航行速度和航行阶段有关。例如，对于航空，如果导航信息更新率不够，在两次为飞行员提供位置数据之间的时间内，飞机的当前位置与上一次的指示位置有可能已相差很远，这就使导航服务的实际精度大打折扣。另外，现代飞机常依靠自动驾驶仪以实现自动化操作，因此，导航系统必须能与自动驾驶仪交联工作，自动驾驶仪要求它所输入的导航信息要有与飞机本身的动态条件和飞行操作相当的更新率，才能精确和平稳地驾驶飞机。

6. 系统完好性

所谓完好性是指当导航系统发生任何故障或误差超出了允许的范围时，自动向驾驶员发出及时报警的能力。这显然是必要的。例如，飞机向跑道下滑的阶段，如果导航系统发生了故障或误差超过了允许的范围而未向驾驶员及时发出报警，而飞机继续按仪表飞行，便有可能使飞机偏离或滑出跑道甚至撞到地上，酿成事故。

完好性是保证交通安全的必要功能，所有为交通服务的导航系统必须具有这项功能。

7. 导航信息的维数

导航信息的维数是指导航系统为用户所提供的是一维、二维还是三维的位置数据。导航系统从导航信号中导出的第四维（时间）信息也属于这个参数。

总之，导航是一种为运载体作交通运输航行时提供连续、安全和可靠服务的技术，为了便于国际和国内的顺利通航，要在全世界范围内建立规定种类和具有规定性能的导航系统，导航系统的性能除了由其信号特性和上述参数来描述外，还有导航信息多值性、系统容量等参数要求。也就是说，为了保证交通运输的安全和连续进行，对导航的性能要求是特定的，也是多方面的，不能把任何一个能定位的系统便说成是导航系统。

4.2　惯性导航系统

4.2.1　概述

1. DR 导航的基本原理

首先说明 DR 导航系统中推算位置的基本原理。DR 导航的必要参量如下。

（1）初始位置——运载体的经纬度（φ_0，λ_0）；

（2）运载体的北向速度 V_N 与东向速度 V_E。

经纬度变化率如图 4.5 所示。

纬度变化率为

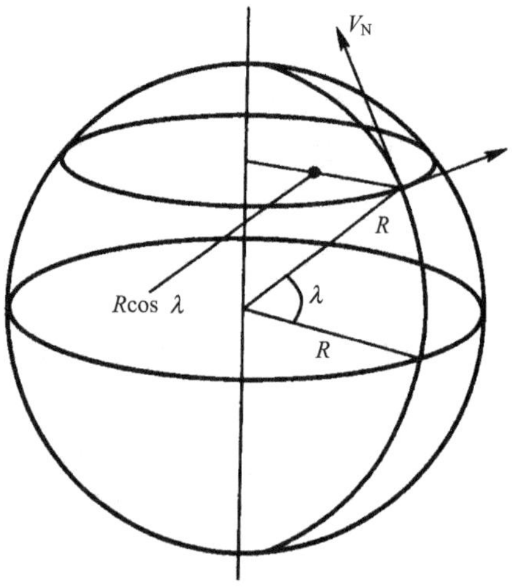

图 4.5 经/纬度变化率

$$\dot{\lambda}=\frac{V_N}{R} \tag{4.2}$$

经度变化率为

$$\dot{\varphi}=\frac{V_E}{R\cos\lambda} \tag{4.3}$$

在时间 t 内纬度的变化量为 $\frac{1}{R}\int_0^t V_N \mathrm{d}t$，故 t 时刻的纬度为纬度变化量加上起始纬度 λ_0；在时间 t 内经度的变化量为 $\frac{1}{R}\int_0^t \frac{V_E}{\cos\lambda}\mathrm{d}t$，$t$ 时刻的经度为经度变化量加上起始经度 φ_0，即

$$\lambda=\lambda_0+\frac{1}{R}\int_0^t V_N \mathrm{d}t \tag{4.4}$$

$$\varphi=\varphi_0+\frac{1}{R}\int_0^t \frac{V_E}{\cos\lambda}\mathrm{d}t \tag{4.5}$$

由此可以看出，当 λ 接近 90°时，$1/\cos\lambda$ 趋向于无穷大。因此，用该方法来计算 DR 定位的纬度和经度时，一般纬度限制在 80°以下。

2. 惯性导航系统简介

惯性导航系统是主要的 DR 导航系统。20 世纪 60 年代后期，惯性导航系统（INS）进入民用航空领域，为导航家族增添了新的成员。惯性导航是指通过测量飞行器的加速度（惯性），自动进行积分运算，根据飞行器的初始速度和初始位置，获得飞行器瞬时速度和瞬时位置数据的技术。组成惯性导航系统的设备都安装在飞行器内，工作时不依赖外界信息，也不向外界辐射能量，不易受到干扰，是一种自主式导航系统。

现在，驾驶员能够采用带有惯性传感器的机载 INS 进行自主导航。在初始化时，通过将平台与地球基准坐标和当前位置进行对准，现在飞机已可以在不依赖陆上 VOR/DME 信标或各地的双曲线导航系统的情况下进行远距离飞行。航路点可以按照经、纬度设定为地球上的任意一点。这样更适宜飞机沿想要的飞行航线飞行，而不必像无线电信标网络那样必须沿特定的地理特征或特定的点飞行。如图 4.6 所示。

惯性导航系统的优点如下。

（1）由于它是不依赖任何外部信息、也不向外部辐射能量的自主式系统，故隐蔽性好，也不受外界电磁干扰的影响；

（2）可全天候、全时间地工作于空中、地球表面乃至水下；

（3）能提供位置、速度、航向和姿态角数据，所产生的导航信息连续性好而且噪声低；

（4）数据更新率高、短期精度和稳定性好。

其缺点如下。

（1）由于导航信息经过积分而产生，定位误差随时间而增大，长期精度差；

（2）每次使用之前需要较长的初始对准时间；

（3）设备的价格较昂贵；

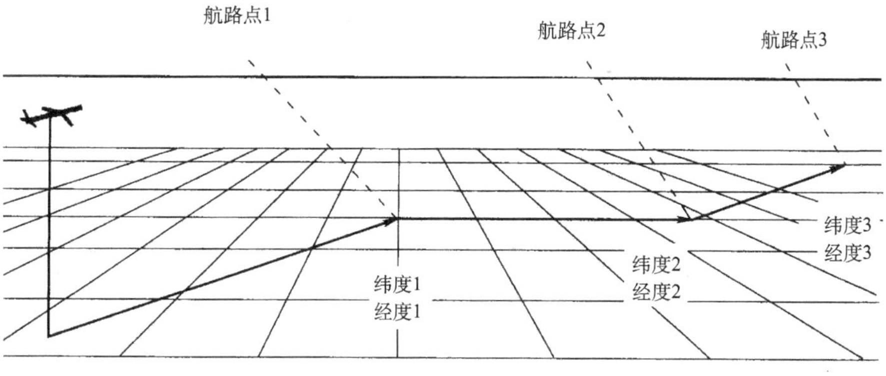

图 4.6　惯性导航原理

（4）不能给出时间信息。

4.2.2　惯性导航系统的基本原理

1. 基本原理

惯性导航系统是以牛顿第二定律为基础的。牛顿第二定律描述了物体的加速度、质量和所受作用力三者间的关系。已知一物体的加速度为 a，初始速度为 v_0，则该物体的即时速度和位移可由式（4.6）获得

$$
\begin{aligned}
v &= v_0 + \int_0^t a\,\mathrm{d}t \\
S &= v_0\int_0^t \mathrm{d}t + \frac{1}{2}\int_0^t\int_0^t a\,\mathrm{d}t^2
\end{aligned}
\tag{4.6}
$$

惯性导航定位分为二维和三维两种，为了简便，在此首先以二维导航为例来讲述惯性导航的原理，如图 4.7 所示。

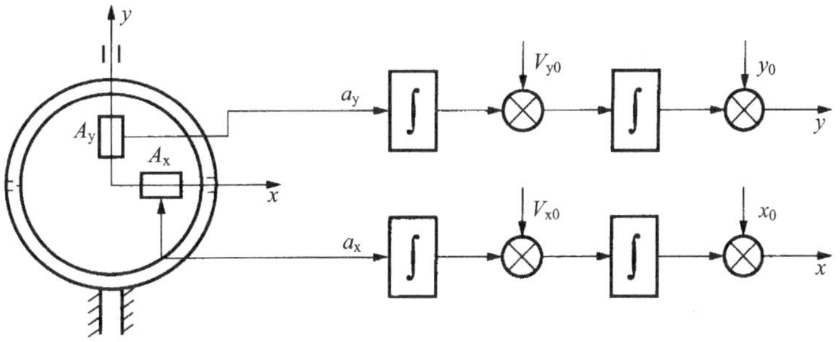

图 4.7　惯性导航系统二维导航原理图

假设在飞机或车辆上有一个可以相对飞机转动的平台，沿着平台的 x 和 y 轴上分别装了一个加速度计 A_x 和 A_y，不论飞机或车辆在地面上如何运动，平台指向不变，即这两个加速度计中总是一个 y 轴方向，另一个指向 x 轴方向，且 a_x 和 a_y 分别为 x 和 y 轴的加速度，V_{x0}、V_{y0} 为 x、y 轴的初始速度，x_0、y_0 为 x、y 轴的初始位置。按照式（4.6）

得到飞机分别在 x 轴和 y 轴方向的速度和位移。这里的平台就是惯导平台，它确定的坐标系就是导航坐标系。

当飞机在空中飞行时，加速度是空间向量，为此需要在飞机上装载一个能在其上建立三维空间正交坐标系的惯导平台，然后按飞机沿三个坐标轴方向给出初始条件，测出运动加速度，以便进一步推出飞机在任何时刻的速度向量以及空间位置。

由上，惯性导航系统的基本原理是，利用一组加速度计来感知运载体的加速度，将加速度沿某一特定导航坐标系的坐标轴方向分解，就可以得到各轴向的分量，在初始条件（初始位置和初始速度）已知时，在时间上对加速度分量连续积分，可以求出沿坐标系各轴向的速度、运动距离，实际的飞机惯导系统是以经/纬度表示位置信息的，根据 DR 导航原理推算出运载体即时位置信息。

第 2 章中介绍过惯性传感器，陀螺仪测量运载体相对于惯性空间的姿态变化率或转动速率，加速度计用于测量飞机的线加速度，并输出与加速度成比例的电信号。

根据惯性导航的基本原理，惯性导航系统的核心是惯导平台。若需要确定运载体相对于一个三维参考坐标系的位置，惯导平台由 3 个二自由度陀螺和 3 个加速度计构成。3 个陀螺用来测量运载体绕 3 个轴的转动速率，3 个加速度计用来测量运载体沿 3 个轴的加速度分量。为了方便和准确，所选的 3 个轴通常相互垂直，而且陀螺的三个敏感轴与加速度计的三个敏感轴应严格保持方向一致，构成平台坐标系。陀螺稳定平台用来建立导航坐标系。由装于平台上的 3 个加速度计测得稳定平台上各轴的加速度分量，经积分后得到各轴的速度分量，进而得到运载体在坐标系的 3 个轴向的位置。

2. 比力

根据牛顿第二定律 $F=ma$，这里，F 为力，m 为物体质量，a 为加速度，所以加速度计实际是一个对作用在物体上的力进行测量的传感器，而且测得的是一个作用在物体上的合力，这其中包括物体受到的万有引力。而惯性导航系统要求的是要敏感出造成物体在地球坐标系中运动的力，即要测量的加速度是相对于惯性空间的加速度，但加速度计并不能把运载体的总加速度（相对于惯性空间）与由引力场引起的加速度分开。实际上，这些敏感器测量的是空间真实加速度与引力加速度之差，称为“比力”。该值是作用在敏感器上的每单位质量的非万有引力，即

$$f=a-G \tag{4.7}$$

式中，f 为“比力”，即加速度计测量的加速度值；a 为真实加速度（相对于惯性空间）；G 为天体引力加速度。

这样，为了确定运载体相对于惯性空间的加速度，加速度计给出的测量值必须结合引力场的影响，尤其是当靠近大型天体（如地球）时。利用这些信息，就可以推导出运载体相对于天体的加速度。

因此，惯性导航就是把运载体转动和比力的测量值与引力场的影响相结合，估算出相对于预定参考坐标系的姿态、速度和位置。图 4.8 给出了这种惯性导航系统的原理框图。

3. 惯性导航系统的基本功能

根据前面的讨论，惯性导航系统的基本功能可定义如下。

(1) 用陀螺敏感器确定运载体的转动，从中可推算出运载体相对于参考坐标系的姿态；

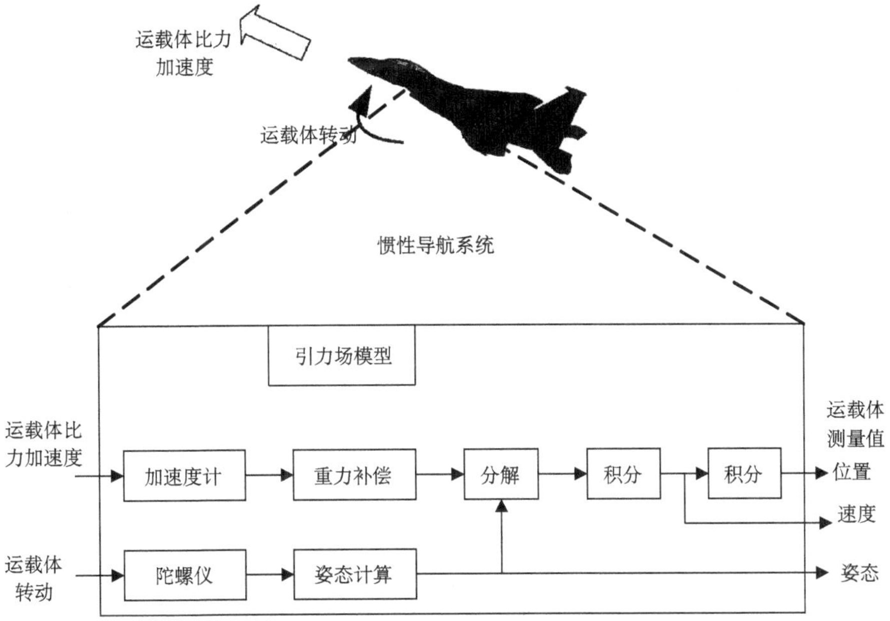

图 4.8　惯性导航系统的原理框图

(2) 用加速度计测量比力；

(3) 利用陀螺提供的姿态信息把比力测量值分解到参考坐标系；

(4) 评估引力场引起的受力（即地球引力，如果系统工作在地球附近）；

(5) 对分解的比力测量值进行积分，获取运载体速度和位置的估算值。

4. 惯导系统要解决的问题

由惯性导航系统的基本功能可知，惯性导航系统要解决的基本问题如下。

(1) 必须采用一组高精度的加速度计作为测量单元；

(2) 必须依靠一组高性能的陀螺仪来模拟一个稳定的导航坐标系；

(3) 必须有效地将运动加速度和重力加速度分离开，并补偿其他不需要的加速度分量；

(4) 必须建立全面细致的计算和补偿网络，采用的计算装置要有足够的计算精度和运算速度 。

因此，惯性导航系统由惯性测量组件、导航计算机和控制显示器组成。惯性测量组件包括加速度计和陀螺仪。

5. 惯性导航系统的分类

按惯性测量元件在飞机上的安装方式，惯性导航系统分为平台式惯性导航系统和捷联式惯性导航系统。

(1) 平台式惯导：将惯性测量元件安装在惯性平台的台体上，由平台建立导航坐标系，三个正交安装的加速度计输入轴分别与导航坐标系相应轴向重合，且在飞机所在点的水平面内。飞机的姿态角直接利用惯导平台获得。

(2) 捷联式惯导：将惯性测量元件直接安装在飞机上，没有机械装置的惯导平台，测量机体转动的陀螺仪的输入轴和加速度计的输入轴都置于与机体轴向一致的位置。以“数学平台”取代机械装置的惯导平台，所以结构较平台式惯导简单，体积小，但计算量大。

4.2.3 平台式惯性导航系统

1. 分类

平台式惯性导航系统是将惯性测量元件安装在惯性平台（物理平台）的台体上。根据平台所模拟的坐标系的不同，又分为空间稳定惯性导航系统和当地水平惯性导航系统。前者的平台台体相对惯性空间稳定，用来模拟某一惯性坐标系。而后者的平台台体则模拟某一当地水平坐标系，即保证两个水平加速度计的敏感轴所构成的基准平面始终跟踪当地水平面。

（1）空间稳定惯导系统 ：取地心惯性坐标系（$Ox_iy_iz_i$）为导航坐标系，即平台坐标系（$O_px_py_pz_p$）始终跟踪 $Ox_iy_iz_i$ 坐标系。

（2）当地水平惯导系统：根据平台指向的不同可分为如下三类。

① 指北方位惯导系统：采用地理坐标系（$Ox_ty_tz_t$）为导航坐标系，即惯导平台坐标系（$O_px_py_pz_p$）模拟地理坐标系。它不适用于高纬度地区，因为飞机飞行在高纬度地区时经度变化速率太快，使平台的经度和导航参数的计算都存在问题。

② 自由方位惯导系统：惯导平台坐标系（$O_px_py_pz_p$）模拟自由方位系统。平台的台面仍然保持在当地的水平面内，但平台的方位指向惯性空间的某一个方向，由于地球的转动以及飞机的运动，这个平台方位相对地球（或子午线）有任意的角度，因此称它为自由方位惯导系统。平台上的方位陀螺不需施加控制信号，只需给使控制平台保持在当地水平面内的陀螺施加控制指令。它克服了指北平台不能在高纬度地区导航的缺点。

③ 游动方位惯导系统：惯导平台坐标系（$O_px_py_pz_p$）模拟游动方位系统。平台的台面仍保持在当地水平面内，但相对惯性空间以某一规定的角速度（当地地球自转角速度的垂直分量）进动。

2. 系统组成

平台式惯导系统的基本组成部分，以及各部分之间的相互关系示意图如图 4.9 所示。平台式惯导系统主要包括以下几部分。

（1）加速度计：用来测量载体运动的加速度（确切地说是比力）。

（2）惯导平台：包括陀螺仪、平台和稳定或跟踪回路。

惯导平台在惯导系统中的功能，简单地讲就是支撑加速度计，并把它稳定在惯导空间或按导航计算机的指令使之跟踪所选定的导航坐标系，即工作在几何稳定状态或空间积分状态。

几何稳定状态，又称稳定状态，是指平台在基座运动和干扰力矩的影响下能相对惯性空间保持方位稳定的工作状态；空间积分状态，又称指令角速度跟踪状态，是指在与指令角速率成正比的指令电流的控制下，平台相对惯性空间以给定的规律转动工作状态。

（3）导航计算机：完成导航计算和平台跟踪回路中指令角速度信号的计算。

（4）控制显示器：给定初始参数及系统需要的其他参数，显示各种导航信息。

3. 工作原理

平台式惯导系统计算导航参数是让平台坐标系模拟选定的导航坐标系，然后根据导航

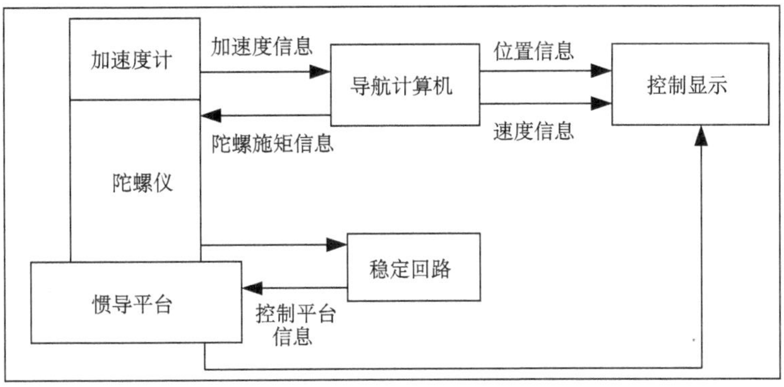

图 4.9　平台式惯导系统组成示意图

坐标系与地理坐标系的关系，建立导航参数的计算方程，再由计算机按照方程计算出导航参数，关于导航所需要的俯仰、倾斜和航向角，是通过平台相对于机体轴的转动求得的。

本书只介绍指北方位惯导系统的工作原理及各导航参数的解算，指北方位惯导系统的平台坐标系就是导航坐标系（即当地地理坐标）。

平台式惯性导航系统要解决的问题如下。

（1）如何控制平台保持在水平指北或跟踪水平；

（2）如何使平台回路满足舒勒调谐；

（3）如何从加速度计输出中，得到运动速度；

（4）如何计算得到运载体的实时位置；

（5）如何获取姿态角 。

1）平台指令角速度（即当地地理坐标系的角速度）

从当地地理坐标系的定义可知，不仅地球的自转要带着当地地理坐标系一起转动，而且飞机的运动也将引起当地地理坐标系的转动，因此，保证惯导平台始终跟随当地地理坐标系，就需给平台施加控制力矩，用于补偿地球的自转运动和载体（平台）相对地球曲面的转动运动。即

$$\omega_{ip}^{n}=\omega_{in}^{n}=\omega_{ie}^{n}+\omega_{en}^{n} \tag{4.8}$$

式中，ω_{ie}^{n}中的下标“i”表示惯性系（i系），“e”表示地球系（e系），上标“n”表示导航坐标系（n系）；ω_{ie}^{n}的含义为地球系相对于惯性系的角速度在导航系中的投影矢量。以此类推。ω_{iex}^{n}中的 x 代表 x 轴的分量，这个符号的含义是地球系相对于惯性系的角速度在导航系中的投影矢量的 x 轴分量。

地球自转角速率在当地地理坐标系上的分解为

$$\omega_{ie}^{n}=\begin{bmatrix}0\\ \omega_{ie}\cos L\\ \omega_{ie}\sin L\end{bmatrix} \tag{4.9}$$

式中，L 表示纬度。

以飞机水平飞行的情况讨论载体（平台）相对地球曲面的转动角速率。

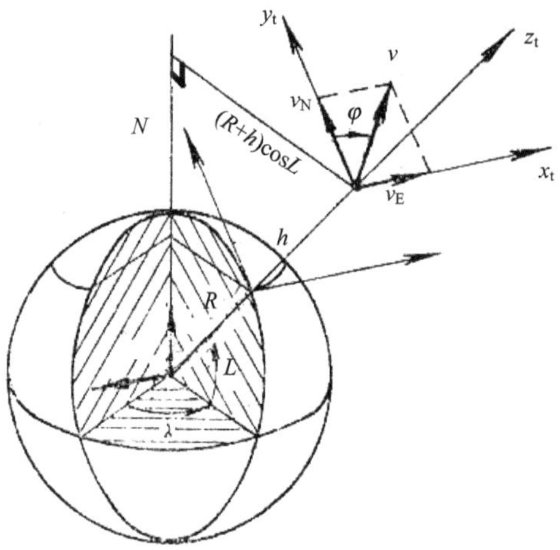

图 4.10 飞行速度引起的地理坐标系的转动

如图 4.10 所示，设飞机所在地的纬度为 L，飞行高度为 h，速度为 v，航向角为 φ。把飞行速度 v 分解为沿地理北向和地理东向两个分量：

$$\begin{aligned} v_N &= v\cos\varphi \\ v_E &= v\sin\varphi \end{aligned} \tag{4.10}$$

飞行速度北向分量 v_N 引起地理坐标系绕平行于地理东西方向的地心轴转动，其转动角速度为

$$\psi' = \frac{v_N}{R+h} = \frac{v\cos\varphi}{R+h} \tag{4.11}$$

飞行速度东向分量 v_E 引起地理坐标系绕地轴转动，其转动角速度为

$$\lambda' = \frac{v_E}{(R+h)\cos L} = \frac{v\sin\varphi}{(R+h)\cos L} \tag{4.12}$$

把 ψ' 和 λ' 平移到地理坐标系的原点，并投影到地理坐标系，可得

$$\omega_{enE}^{n} = -\psi' = -\frac{v\cos\varphi}{R+h} \tag{4.13}$$

$$\omega_{enN}^{n} = \lambda'\cos L = \frac{v\sin\varphi}{(R+h)} \tag{4.14}$$

$$\omega_{enZ}^{n} = \lambda'\sin L = \frac{v\sin\varphi}{(R+h)}\tan L \tag{4.15}$$

该式表明，飞机飞行速度将引起地理坐标系的绕地理东向、北向和垂线方向相对地球坐标系的转动。

综合考虑地球自转和飞行速度的影响，得当地地理坐标系的角速度为

$$\omega_{ip}^{n} = \omega_{ie}^{n} + \omega_{en}^{n} = \begin{bmatrix} -\dfrac{v\cos\varphi}{R+h} \\ \omega_{ie}\cos L + \dfrac{v\sin\varphi}{R+h} \\ \omega_{ie}\sin L + \dfrac{v\sin\varphi}{R+h}\tan L \end{bmatrix} \tag{4.16}$$

2）舒勒调谐

对于近地面运行的运载体，我们比较关心的是人工水平面的建立问题。解决了这一问题，就能解决加速度计的敏感轴始终保持水平等一系列问题。一个指示垂线的装置，如果固有振荡周期为 84.4min，则当运载体在地球表面以任意方式运动时，此装置将不受运载体加速度的干扰。这个原理是德国数学家舒勒（Schuler）于 1923 年提出的，称为舒勒原理（休拉原理）。通过选择参数使之满足舒勒原理，则称为舒勒调谐。舒勒原理及舒勒调谐在近地惯性导航系统中有着重要的应用。只有使平台系统成为舒勒调谐的系统，才不受

运载体加速度的干扰而精确地重现当地水平面，从而使惯性导航原理的实现成为可能。

3）运动速度的计算

如图 4.11 所示，设飞机质心 q 在地球表面附近飞行时，它在惯性参考系 $O_ix_iy_iz_i$ 中的位置矢量为 R，在地球坐标系 $O_ex_ey_ez_e$ 中的位置矢量为 r，而地心相对日心的位置矢量为 R_0。现在的运动情况是，飞机一方面相对地球运动，另一方面又与地球一起相对惯性空间做牵连运动。

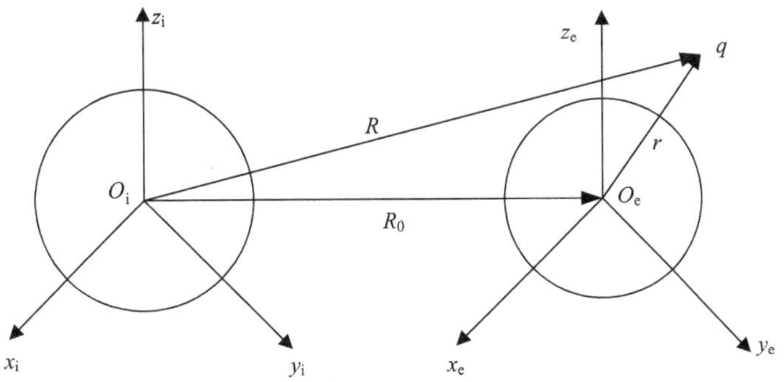

图 4.11　动点 q 的位置矢量

由图中矢量关系可得

$$R=R_0+r \tag{4.17}$$

将式（4.17）对时间求一阶导数，则有

$$\frac{\mathrm{d}_iR}{\mathrm{d}t}=\frac{\mathrm{d}_iR_0}{\mathrm{d}t}+\frac{\mathrm{d}_ir}{\mathrm{d}t} \tag{4.18}$$

根据理论力学中矢量的绝对导数与相对导数的关系，可得等式右边的第二项为

$$\frac{\mathrm{d}_ir}{\mathrm{d}t}=\frac{\mathrm{d}_er}{\mathrm{d}t}+\omega_{ie}\times r \tag{4.19}$$

由此得到飞机绝对速度表达式为

$$\frac{\mathrm{d}_iR}{\mathrm{d}t}=\frac{\mathrm{d}_iR_0}{\mathrm{d}t}+\frac{\mathrm{d}_er}{\mathrm{d}t}+\omega_{ie}\times r \tag{4.20}$$

上述各式中导数中下标 i 表示相对惯性坐标系求导；e 表示相对地球坐标系求导。式中各项的物理意义如下。

$\frac{\mathrm{d}_iR}{\mathrm{d}t}$：飞机相对于惯性空间的速度，即飞机的绝对速度。

$\frac{\mathrm{d}_er}{\mathrm{d}t}$：飞机相对于地球的速度，即飞机的相对速度。

$\frac{\mathrm{d}_iR_0}{\mathrm{d}t}$：地球公转引起的地心相对惯性空间的速度，它是飞机牵连速度的一部分。

$\omega_{ie}\times r$：地球自转引起的牵连点相对惯性空间的速度，它是飞机牵连速度的另一部分。

将式（4.20）进一步对时间求导，并利用绝对导数与相对导数之间的关系，可得飞机

的绝对速度表达式为

$$\frac{d_i^2 R}{dt^2}=\frac{d_i^2 R_0}{dt^2}+\frac{d_e^2 r}{dt^2}+2\omega_{ie}\times\frac{d_e r}{dt}+\omega_{ie}\times(\omega_{ie}\times r) \tag{4.21}$$

式中各项物理意义如下。

$\frac{d_i^2 R}{dt^2}$：飞机相对惯性空间的加速度，即飞机的绝对加速度。

$\frac{d_e^2 r}{dt^2}$：飞机相对地球的加速度，即飞机的相对加速度。

$\frac{d_i^2 R_0}{dt^2}$：地球公转引起的地心相对惯性空间的加速度，它是飞机牵连加速度的一部分。

$\omega_{ie}\times$（$\omega_{ie}\times r$）：地球自转引起的牵连点的相对加速度，它是飞机牵连加速度的一部分。

$2\omega_{ie}\times\frac{d_e r}{dt}$：飞机的哥氏加速度。

比力方程 $f=a-G$ 中的 a 为绝对加速度；G 是引力加速度；它是地球引力加速度 G_e、月球加速度 G_m、太阳引力加速度 G_s 和其他天体引力加速度 $\sum_{i=1}^{n-3}G_i$ 的矢量和，即

$$G=G_e+G_m+G_s+\sum_{i=1}^{n-3}G_i \tag{4.22}$$

将式（4.22）和飞机绝对速度代入比力方程，可得

$$f=\frac{d_i^2 R_0}{dt^2}+\frac{d_e^2 r}{dt^2}+2\omega_{ie}\times\frac{d_e r}{dt}+\omega_{ie}\times(\omega_{ie}\times r)-(G_e+G_m+G_s+\sum_{i=1}^{n-3}G_i) \tag{4.23}$$

由于检测质量属于在地球表面附近的运动，并和地球一起绕太阳公转，因而它也具有与地球相同的向心加速度，故有

$$\frac{d_i^2 R_0}{dt^2}-G_s=0 \tag{4.24}$$

对于一般精度的惯导系统，月球及其他天体引力加速度的影响可略去不计。考虑上述关系，加速度计检测质量感测的比力可写为

$$f=\frac{d_e^2 r}{dt^2}+2\omega_{ie}\times\frac{d_e r}{dt}+\omega_{ie}\times(\omega_{ie}\times r)-G_e \tag{4.25}$$

式中，$\frac{d_e r}{dt}$为飞机相对地球的速度，用 v 表示；同时注意到，地球引力加速度 G_e 与地球自转引起的向心加速度 $\omega_{ie}\times$（$\omega_{ie}\times r$）形成地球重力加速度，即

$$g=G_e-\omega_{ie}\times(\omega_{ie}\times r) \tag{4.26}$$

这样，加速度计感测的比力可写为

$$f=v'+2\omega_{ie}\times v-g \tag{4.27}$$

在惯性导航系统中，加速度计安装在飞机内的某一测量坐标系中。假设安装加速度计的测量坐标系为 p 系，它相对地球坐标系的转动角速度为 ω_{ep}^{n}，则有

$$\frac{\mathrm{d}_e v}{\mathrm{d}t}=\frac{\mathrm{d}_p v}{\mathrm{d}t}+\omega_{ep}^{n}\times v \tag{4.28}$$

所示比力表达式为

$$f=\frac{\mathrm{d}_p v}{\mathrm{d}t}+\omega_{ep}^{n}\times v+2\omega_{ie}^{n}\times v-g \tag{4.29}$$

式（4.29）称为比力方程。

为了标明相对速度 v 与坐标系之间的关系，以 v_{ep} 代表 v，那么比力方程为

$$v'_{ep}=f-\omega_{ep}^{n}\times v_{ep}-2\omega_{ie}^{n}\times v_{ep}+g \tag{4.30}$$

式中，v'_{ep} 为载体（或平台）相对地球坐标系的相对加速度，是惯性导航系统要提取的信息，$\omega_{ep}^{n}\times v_{ep}$ 是平台相对地球转动引起的向心加速度；$2\omega_{ie}^{n}\times v_{ep}$ 是载体相对地球的速度 v_{ep} 与牵连速度 ω_{ie}^{n} 引起的哥氏加速度，g 为地球的重力加速度矢量。

令 $(2\omega_{ie}^{n}+\omega_{ep}^{n})\times v_{ep}-g=\alpha_B$，则式（4.31）为

$$v'_{ep}=f-\alpha_B \tag{4.31}$$

导航计算中需要的是相对加速度 v'_{ep}，因此，需要从测量值比力 f 中消除有害加速度 α_B，然后对 v'_{ep} 积分即可得速度，再积分一次得位移。

这就是惯性导航的基本方程。

分解到各个坐标轴，得地速表达式为

$$\begin{bmatrix}\dot v_x^n\\ \dot v_y^n\\ \dot v_z^n\end{bmatrix}=\begin{bmatrix}f_x^n\\ f_y^n\\ f_z^n\end{bmatrix}-\begin{bmatrix}0 & -(2\omega_{iez}^{n}+\omega_{enz}^{n}) & (2\omega_{iey}^{n}+\omega_{eny}^{n})\\ (2\omega_{iez}^{n}+\omega_{enz}^{n}) & 0 & -(2\omega_{iex}^{n}+\omega_{enx}^{n})\\ -(2\omega_{iey}^{n}+\omega_{eny}^{n}) & (2\omega_{iex}^{n}+\omega_{enx}^{n}) & 0\end{bmatrix}\times\begin{bmatrix}v_x^n\\ v_y^n\\ v_z^n\end{bmatrix}+\begin{bmatrix}0\\ 0\\ -g\end{bmatrix} \tag{4.32}$$

$$\begin{aligned}
\dot v_x^n&=f_x^n+\left(2\omega_{ie}\sin L+\frac{v_x^n}{R_n}\tan L\right)v_y^n-\left(2\omega_{ie}\cos L+\frac{v_x^n}{R_n}\right)v_z^n\\
\dot v_y^n&=f_y^n+\left(2\omega_{ie}\sin L+\frac{v_x^n}{R_n}\tan L\right)v_x^n-\frac{v_y^n}{R_m}v_z^n\\
\dot v_z^n&=f_z^n+\left(2\omega_{ie}\cos L+\frac{v_x^n}{R_n}\tan L\right)v_x^n+\frac{v_y^n}{R_m}v_y^n-g
\end{aligned} \tag{4.33}$$

注：$R_m=R$，$R_n=R+h$。

4. 经度、纬度和高度计算

由图 4.10 可知，纬度变化率 $\dot L$、经度变化率 $\dot\lambda$ 和高度变化率 $\dot h$ 与相应的地速分量有如下关系：

$$\begin{aligned}
\dot L&=\frac{v_y^n}{R_m}=-\omega_{enx}^{n}\\
\dot\lambda&=\frac{v_x^n}{R_n\cos L}=\frac{\omega_{enz}^{n}}{\sin L}\\
\dot h&=v_z^n
\end{aligned} \tag{4.34}$$

因此，由 v_x^n，v_y^n，v_z^n 可方便地求出经度 L、经度 λ 和高度 h：

$$
\begin{aligned}
L &= \int_0^T \frac{v_y^n}{R_m} dt + L_0 \\
\dot{\lambda} &= \int_0^T \frac{v_x^n}{R_n \cos L} dt + \lambda_0 \\
\dot{h} &= \int_0^T v_z^n dt + h_0
\end{aligned}
\tag{4.35}
$$

5. 姿态角的获取

由于平台坐标系模拟了当地地理坐标系，故从平台框架的角度传感器（同步器）上可以直接取得载体的三个姿态角：俯仰角（pitch）、横滚角（roll）和航向角（heading）。

4.2.4 捷联式惯性导航系统

捷联式惯性导航系统（图 4.12），是将陀螺和加速度计直接固联在载体上的惯性导航系统，三轴陀螺仪和加速度计的输入轴安装要严格保持正交并与载体坐标系完全一致，用于测量载体的角运动与线运动信息。因为这类导航系统没有惯性平台实体，所以又称为无平台式惯性系统。在捷联惯导系统中，平台的概念仍然存在，它仅是用计算机软件建立了一个“数学平台”来替代平台式惯导系统中的电气机械平台实体。而且，“数学平台”是捷联式惯性导航系统的核心。

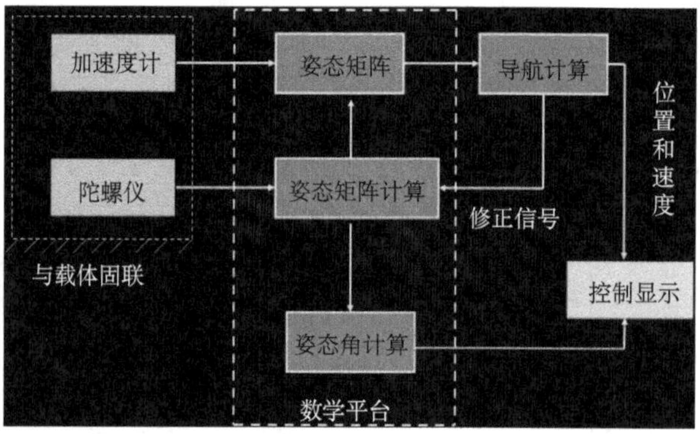

图 4.12 捷联式惯导原理图

所谓的“数学平台”有以下三项功能。

(1) 姿态矩阵的计算。通过计算姿态微分方程，实时求解出载体坐标系至导航坐标系的方向余弦矩阵；

(2) 比力变换。由获得的坐标变换方向余弦矩阵，把沿载体坐标系各轴上的加速度分量转换到导航坐标系中；

(3) 姿态和方位的计算。根据方向余弦矩阵与姿态方位的唯一关系，计算出载体的姿态和方位角。

由此可知，姿态矩阵的计算是实现捷联惯导系统“数学平台”的关键。

捷联式惯导系统与平台式惯导系统在本质上是相同的，但具体实现有明显的差异。捷联式系统与平台式系统相比，其优点如下。

(1) 取消了机械平台，大大减少了机械零部件(惯性平台的体积和重量约占系统的一半，平台的加工制造成本约占系统的2/5，而惯性元件只有平台重量的1/7)。

(2) SINS容易采用多敏感元件，实现多余度，可靠性较高。

(3) 惯性仪表可以直接给出飞行器的线加速度和角速度信息，提供给飞行控制系统使用，而平台式INS中，必须由单独的传感器来提供它们。

(4) SINS较平台式INS维护简单，故障率低。据国外资料统计，故障率约下降20%。

但捷联式惯导系统也有如下缺点。

(1) 从动态环境看，SINS对惯性器件的要求比平台式高。因为惯性器件直接固连在载体上，载体的干扰振荡运动将传递到惯性器件上，因此要求惯性器件的参数和性能有很高的稳定性。

(2) 捷联式陀螺仪测量角速度的范围为0.01°/h～400°/s，动态范围量程高达到10^8，这对陀螺仪要求大大提高了。

(3) 平台式系统的陀螺仪安装在平台上，可以相对重力加速度和地球自转角速度任意定向来进行测试，便于误差标定。而捷联陀螺则不具备这个条件，因而装机标定比较困难，从而要求捷联陀螺有更高的参数稳定性。

(4) 对导航计算机的软件精度和实时性要求更强，算法的复杂性大大增强，由此带来的误差较大。

4.2.5 大气数据惯性基准系统

20世纪80年代早期开发的新型综合化大气数据惯性基准系统(ADIRS)将大气数据系统(Air Data System，ADS)与惯性基准系统(Inertial Reference System，IRS)综合在一起。在早期的民航客机上，ADS和IRS作为两个独立系统使用，前者具有大气数据基准功能，完成垂直导航；后者具有惯性基准功能，完成水平导航。随着科学技术和计算机水平的发展，ADIRS将上述两者结合起来，既具有ADS的功能，又具有IRS的功能，并且可以克服IRS中加速度误差而产生的垂直高度回路的发散和ADS在垂向高动态下的气压管路测量延迟而产生的误差。因而，ADIRS可以利用各自的优势，取长补短，获得优于任何一种系统的计算精度和可靠性，实现了集水平导航和垂直导航于一体的综合导航系统。80年代后期推出了大气数据组件(ADM)，因此，在很多新系统中已不再使用ADS。

ADIRS接收来自大气数据的真空速和高度速率、来自惯性基准系统的姿态数据，经计算得到飞机的姿态、航向、速度和加速度信息。这种系统也是一种自主式导航系统。

以B737-800为例，ADIRS组成如图4.13所示。包括大气数据组件(ADM)(4个)、总温(TAT)探头、迎角(AOA)探测器(2个)、惯性系统显示组件(ISDU)、模式选择组件(MSU)、大气数据惯性基准组件(ADIRU)(2个)、IRS主告诫组件。其中ADIRS的主要装置是大气数据与惯性基准单元(ADIRU)，它是提供大气数据和惯性信息的主要信息源。

各部件的功能如下。

(1) 总温(TAT)探头在机身左侧。TAT探头用于测量外界空气温度。它把温度值

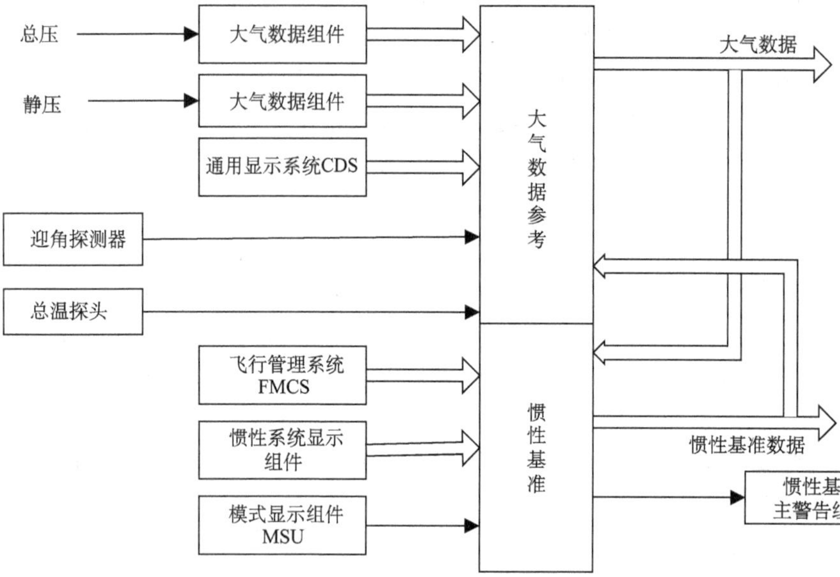

图 4.13　B737-800 的大气数据惯性基准系统组成

转换为电信号。电信号被送到 ADIRU。

(2) 迎角 (AOA) 传感器位于机身两侧。迎角传感器测量并将迎角信号转换为电信号。电信号被送到 ADIRU。

(3) ISDU 向 ADIRU 提供初始位置和航向数据。它也将当前位置、航向、导航、性能、状态等数据提供给机组。如图 4.14 所示为 ISDU。使用位于前面板上的键盘输入纬度经度和航向数据。

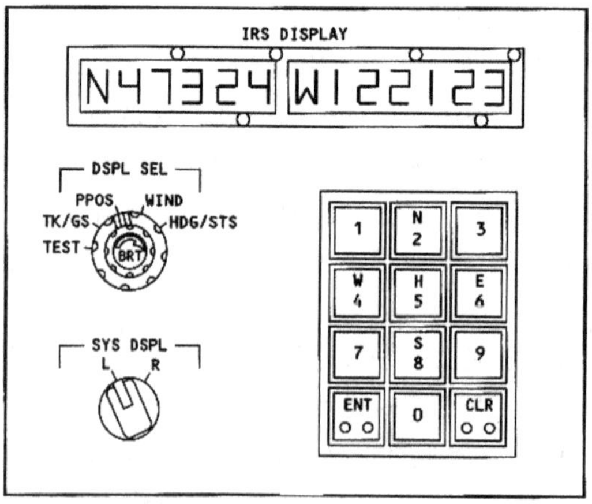

图 4.14　惯性系统显示组件 (ISDU)

(4) MSU 向 ADIRU 提供模式选择数据。它也向机组人员显示系统运行和故障状态。图 4.15 所示为 MSU。

(5) IRS 主告诫组件向驾驶舱主告诫系统输送故障离散信号。

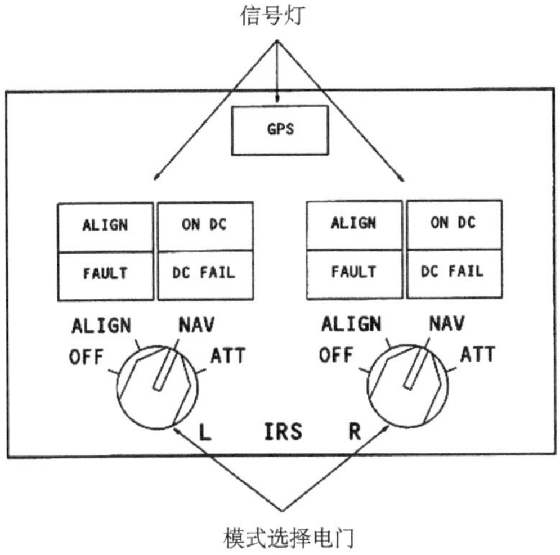

图 4.15 模式选择组件（MSU）

(6) 两个 ADIRU 计算并向 ARINC 429 数据总线传送大气数据和惯性基准信息。每个 ADIRU 有两部分。一部分是大气数据基准（ADR）部分，另一部分是惯性基准（IR）部分。ADIRU 需要使用的输入数据有全压、静压、总温、迎角、共用显示系统（CDS）气压修正、IR 数据。每个 ADIRU 使用三个加速度计和三个激光陀螺来计算惯性基准（IR）数据。送往 ADIRU 的初始当前位置信息来自 ISDU，或来自飞行管理计算机系统（FMCS）。

(7) 大气数据组件（ADM）测量大气压力并将测量值转换为 ARINC 429 数据，并将该数据发送到 ADIRU。

ADIRS 有四个 ADM，分别是两个全压 ADM 和两个静压 ADM。两个全压 ADM 连接到两个主空速管，两个静压 ADM 连接到两套主静压探口。

4.3 陆基无线电导航系统

陆基无线电导航系统以设置在陆地上的导航台为基础，通过无线电信号向飞机（有时也向车辆、船只等）提供导航信息的系统。在 20 世纪 90 年代初卫星导航出现之后，由于其覆盖范围、精度、提供的导航信息种类以及使用方便等优点，对陆基无线电导航系统的应用造成了巨大的影响，如奥米伽由于在精度、数据更新率和多值性等方面都无法与 GPS 相比，已于 1997 年关闭。但现代飞机上仍安装和使用多种的无线电导航设备，如无线电自动定向机、甚高频全向信标系统、无线电高度表、仪表着陆系统、测距机和气象雷达等。

陆基无线电导航能够存在和使用下去的理由如下。

(1) 陆基无线电导航已建有成熟的基础设施，覆盖了世界交通运输的主要航路，是人们熟悉而且已建立起了高度信任的导航手段；

(2) 陆基无线电导航系统由各国分头建立和运行，并按国际协议和标准而划一地建设的系统，因而在国家主权和国际同行方面实现了良好的平衡；

(3) 陆基无线电导航系统由于信号功率大，作用距离近，不易受到干扰。

所以，现在美国、欧洲和世界许多国家都把无线电导航政策修改为，交通运输逐步过渡到以卫星导航作为主要导航手段，而以陆基无线电导航作为冗余和备用系统。而且在实施这项政策时需要相当时间过渡，最终保留一定数量的陆基无线电导航系统，以备万一卫星导航系统失效时，为交通运输提供最基本的导航服务。这就意味着陆基无线电导航系统还要长期使用下去。因此，本节将对陆基无线电导航进行详细介绍。

陆基无线电导航利用无线电波在空间的传播过程中的下列特性：

(1) 无线电波在理想均匀媒质中，沿直线传播；

(2) 无线电波经电离层反射后，入射波和反射波在同一铅垂面内；

(3) 无线电波在不连续媒质的界面上会产生反射；

(4) 在理想均匀媒质中，无线电波传播的速度恒定。

利用上述特性，通过无线电波的发射、接收和处理，陆基无线电导航系统能够测量出所在载体相对于导航台的方向、距离、距离差和速度等导航参量（几何参量）。

4.3.1 位置线和导航定位方法

1. 位置线

在无线电导航中，通过无线电导航系统测得的电信号中的某一电参量，如幅度、频率、相位及时间延迟等，可获得相应的导航参量（如方向、高度、距离、距离差等），对接收点而言，某导航参量为定值的点的轨迹称为位置线。

导航系统可实现的位置线有直线、圆、双曲线等。相应地，可以把导航系统划分为测向系统、测距系统、测高系统及测距差系统。

测向系统（如 VOR、ADF）的位置线是直线（图 4.16（a））。

测距系统（如 DME）的位置线是平面上的圆（图 4.16（b））。

测高系统（如 LRRA）的位置线也是一个圆，不过这个圆是以地心为圆心、以地球半径与飞机离地高度之和为半径的（图 4.16（c））。在可以把地球表面看成是平面的范围内，才可以把等高线看成是与地平面平行的直线。

测距差系统，如利用测距差原理工作的奥米伽导航系统、罗兰系统等，其位置线为双曲线（图 4.16（d））。这类系统又可以称为双曲导航系统。

2. 无线电导航定位方法

利用无线电测向、测距等系统测得导航参量的位置线实现对飞机定位可按位置线的形状分为 ρ-θ 定位系统、θ-θ 定位系统、ρ-ρ 定位系统和双曲线定位系统（图 4.17）。

1) ρ-θ 定位系统

用测距系统（如 DME）的圆位置线与测向系统（如 VOR）的直线位置线相交的方法，可确定飞机的位置 M，该定位法称为 ρ-θ 定位（ρ 表示距离，θ 表示角度或方位），也称为极坐标定位。

2) θ-θ 定位系统

由飞机测定对两个地面导航台（如两个 VOR 台）的方位，可获得两条直线位置线，其交点 M 即飞机的位置。

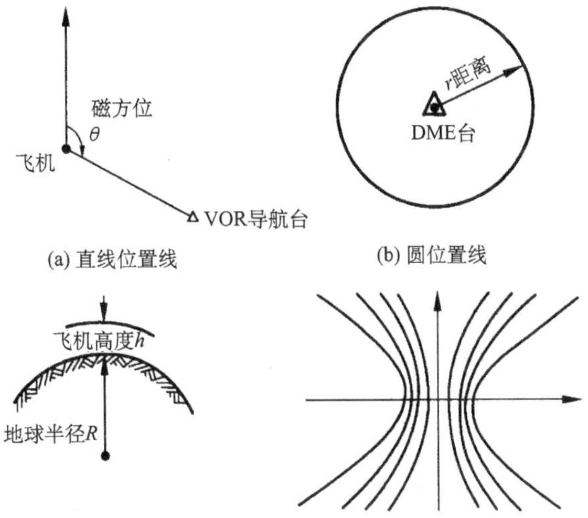

图 4.16　位置线

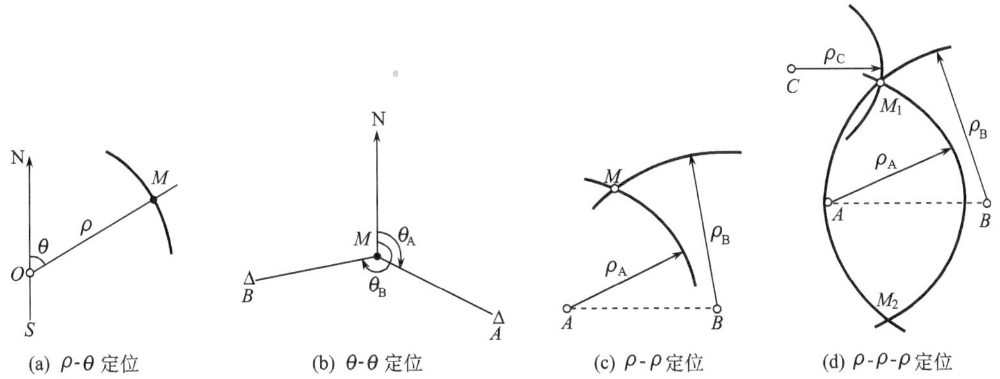

图 4.17　位置线定位法

3）ρ-ρ 定位系统

由飞机测定对两个地面导航台（如两个 DME 台）的距离，可获得两个圆位置线，其交点 M 为飞机位置。但两个圆位置线有两个交点，出现定位双值，为此，采用 ρ-ρ-ρ 系统，用三个地面台，确定三个圆位置线可确定飞机的唯一位置 M_1（图 4.17（d））。

4）双曲线定位系统

利用奥米伽导航系统（或罗兰系统等）测得一组两个导航台的距离差，得到一组双曲线位置线，同时再测出另一组导航台的距离差，得到另一组双曲线位置线，用其交点确定飞机的位置。

4.3.2 自动定向机

1. 概述

早在1912年，人们就开始研制世界上第一个无线电导航系统，即自动定向机（Automatic Direction Finding，ADF），又称无线电罗盘（Radio Compass）。它是一种地基定向系统，通过接收地面各地的民用中波无线电广播电台或专用的地面导航台无方向信标（Non-direction Beacon，NDB）的信号来测量无线电波的来波方向，获得相对方位角，实现对飞机的导航。它的位置线为直线。它具有结构简单、可靠、使用方便等特点，所以，至今仍为各种飞机必备的一种无线电导航设备。

现代民用飞机通常装有两部定向系统，它们在使用中分别调在两个不同方位的导航台上，两个定向机的指针则装在同一个仪表内。自动定向系统的工作频率范围为190～1750kHz。

20世纪40～50年代的ADF采用电子管电路，定向天线为单个的旋转式环形天线；60～70年代采用晶体管电路，采用两个正交的旋转式或固定式环形天线；80年代左右，采用集成电路，天线系统有较大的改进，采用旋转测角器代替了环形天线的旋转，而最新的ADF则采用了组合式环形垂直天线，从而在天线系统中取消了任何机械传动部件。

2. ADF系统的主要功能

机载ADF系统通过接收地面台信号，可以用来实现以下功能。

(1) 测量飞机纵轴方向（航向）到地面导航台（或中波电台）的相对方位角。

(2) 利用ADF测出的相对方位角的变化判断飞机飞越导航台的时间。

(3) 当飞机飞越导航台后，可利用ADF的方位指示保持飞机沿预定航线背台飞行。在向台或背台飞行时，还可以求出偏流修正航迹。

(4) 驾驶员利用"向/背"台飞行，还可操作飞机切入预定航线。同时，可进行穿云着陆和在机场上空作等待飞行。

(5) 可对飞机进行空中定位测量。因为现在飞机上一般都装有两套ADF机载系统，将它们分别调在两个不同方位的地面导航台或广播电台的频率上，既可分别测出两个台的相对方位角，又可得到两条直线位置线，其交点便是飞机的位置（可看成θ-θ定位）。

(6) 可接收中波民用广播电台的信号，用于定向或收听广播。还可收听500kHz的遇险信号（ADF-700自动定向机可收听2182kHz的另一海岸遇险信号），以确定遇险方位。

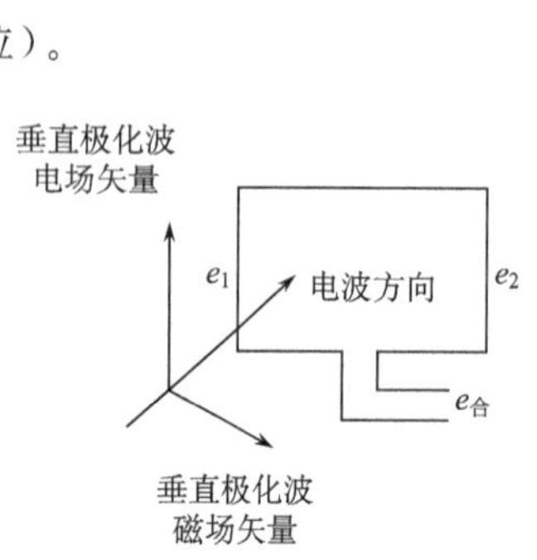

图4.18 环形天线示意图

3. 自动定向的基本原理

自动定向接收机利用环形天线方向性特性测定地面电台的相对方位。环形天线的外形可以是各种形状，一般机载ADF环形天线是一个用导线制成的矩形或圆形的线环，如图4.18所示。

图中假设环形天线平面垂直于地平面，并假定接收的无线电波为垂直极化波（电场强度矢量垂直于地面)，则只有图中与电场矢量平行的导体 1 和 2 才能产生感应电动势 e_1 和 e_2，而与电场矢量垂直的水平边不能感应出电动势。

每匝天线的合成电动势为：$e_{合}=e_1-e_2$。

从图 4.19 可以看出，当天线平面垂直于电波来向时（图 4.19（a）），e_1 和 e_2 的相位和振幅都相同，因此合成电动势等于零，信号幅度达到最小值。在其他几种情况中，电波到达导体 1 和 2 的时间不同，产生电动势 e_1 和 e_2 的相位不同，显然相位差越大，合成电动势 $e_{合}$ 的振幅也越大。当天线平面与电波来向平行时（图 4.19（c）），$e_{合}$ 的振幅达到最大值。比较图 4.19（b）和图 4.19（d）可以看出，由于导体 1 和 2 相对于电波的位置互换，合成电动势 $e_{合}$ 的相对方位也改变了 180°。

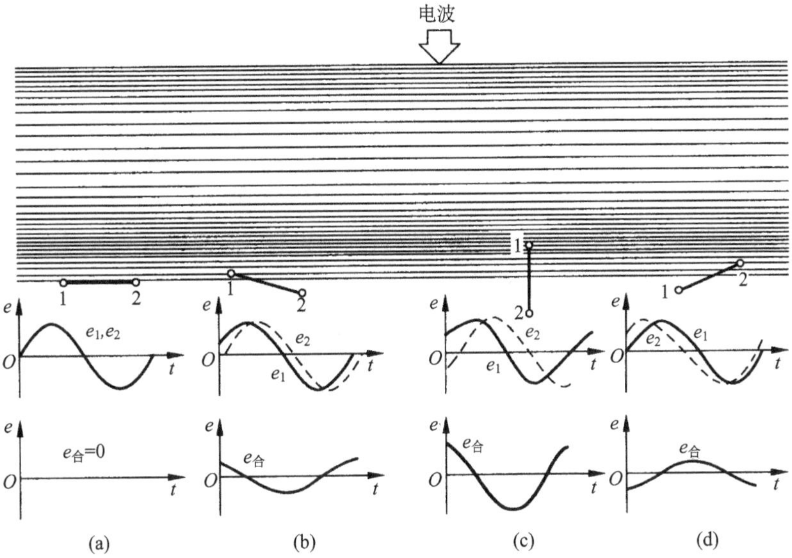

图 4.19 环形天线的定向原理

根据上述分析，可以画出环形天线的水平方向性图，如图 4.20 所示。

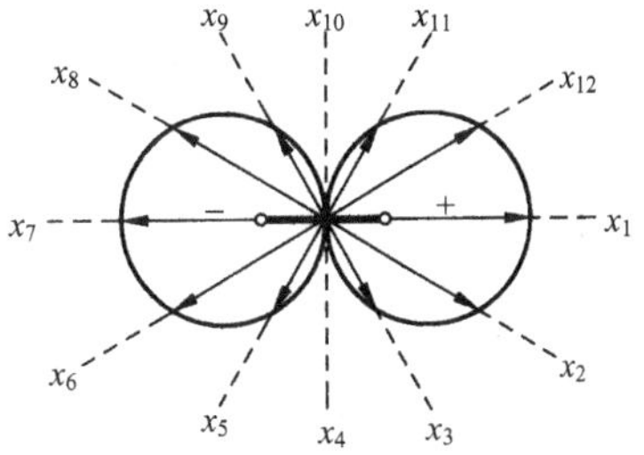

图 4.20 环形天线方向性图

在 $\theta=0°$（x_1）或 180°（x_7）方向上，感应电动势最大，但两者相位相差 180°；在 $\theta=90°$（x_{10}）或 270°（x_4）方向上，感应电动势为零。因此，电波来波方向和环形天线感应电动势的关系在极坐标上表现为“8”字形，称为“8”字形方向性图。

利用环形天线的“8”字形方向性图，可以根据环形天线接收信号振幅的变化确定电波的来向，从而确定 NDB 导航台的相对方位。

“8”字形方向性图中，最小值方向（即 $\theta=90°$或 270°）比最大值方向（即 $\theta=0°$或 180°）灵敏，因此，在 ADF 中，常用最小值方向对准电波来确定导航台的相对方位。但环形天线有两个最小接收方向，即用最小值测向时具有“双值性”，还必须加以判别。

由图 4.20 可以看出，当 $90°<\theta<270°$时，导体 2 上的感应电动势 e_2 将超前于导体 1 上的感应电动势 e_1（“8”字形图中标有“—”号的左半部分）。此时，若通过随动装置使

环形天线逆时针旋转，θ 将逐渐减小，当 θ 减小到 90°时，环形天线感应的合成电动势为 $e_{合}=0$，天线停止转动，90°的方向即导航台方向。反之，若 $-90°<\theta<90°$，则 e_1 超前于 e_2（“8”字形图中标有“+”号的右半部分），通过随动装置使环形天线顺时针旋转，则 θ 将逐渐增大，直至 $\theta=90°$。采用这种方法后，环形天线将只有一个稳定的最小值方向（对应于 $\theta=90°$），而另一个最小值方向（$\theta=270°$）将是不稳定的，即只要电波的来向稍有变化，环形天线将自动转向，以稳定的最小值方向对准来波的来向。

要确定 e_1 是超前还是滞后于 e_2，需要另加一根天线，该天线为无方向的垂直天线，亦称判读天线。该天线接收同一电波所产生的感应电动势，其方向性图为一个圆，规定其产生的感应电动势为 $e_s=1$，其相位比环形天线合成电动势 $e_{合}$ 超前或滞后 90°，通过比较该电动势与环形天线合成电动势 $e_{合}$ 的相位差，即可确定 e_1 是超前还是滞后于 e_2，从而确定环形天线应该向哪个方向旋转。

若将环形天线产生的合成感应电势移相 90°，使其与垂直天线产生的感应电势同相或反相，再与垂直天线产生的感应电势叠加而形成组合合成感应电势，即合成感应电势 $e_t=1+\cos\theta$（同相）或 $e_t=1-\cos\theta$（反相）。当环形天线接收信号的最大感应电动势的振幅和垂直天线接收信号的感应电动势的振幅相位相同时，则叠加后的情况如图 4.21 所示。

为了使环形天线平面的法线方向与飞机纵轴一致（即环形天线在飞机上安装的实际情况），令 $\psi=90°-\theta$（ψ 是来波方向与飞机纵轴之间的方位），那么图 4.21 中合成感应电势为 $e_t=1+\sin\psi$，其方向性图为 4.22 所示的心脏形方向性图。

根据前述原理，$\psi=0°$的方向（x_{10}）即导航台的方向。环形天线转动的角度即地面导航台相对于飞机纵轴的方位。

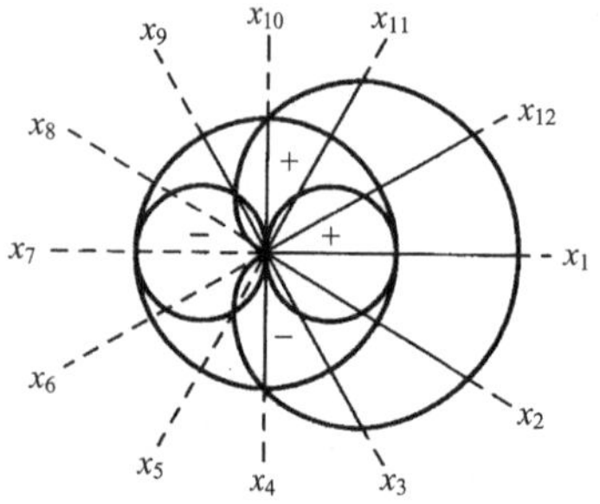

图 4.21 叠加后的心形方向图

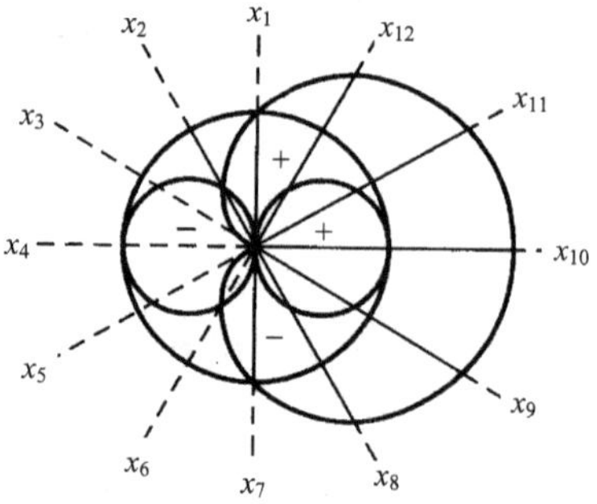

图 4.22 以相对方位角表示的合成电势心形图

4. ADF 系统的组成

自动定向系统由机载自动定向机（ADF）系统和地面设备所组成。

地面设备由中波导航发射机、天线和一些辅助设备组成，它向空中全方位地发射无电信号，故称为无方向信标（NDB）。根据地面设备安装位置和用途的不同，可分为航线导航台和双归航台两大类。

机载 ADF 系统一般包括自动定向接收机、控制盒、方位指示器、环形天线和垂直天线或组合型环形/垂直天线等，如图 4.23 所示。

自动定向接收机主要用来接收和处理环形天线与垂直天线收到的地面导航台的信号，将处理后的方位信息送至无线电磁指示器（RMI）或 EHSI 等指示器，显示出飞机与地面台的相对方位角，并分离出地面台的识别信号，送至飞机的音频系统。自动定向接收机不仅可以接收地面 NDB 台的信号，也可接收中波民用广播电台和商用电台的信号作为普通收音机使用，也可利用这些电台为飞机定向。

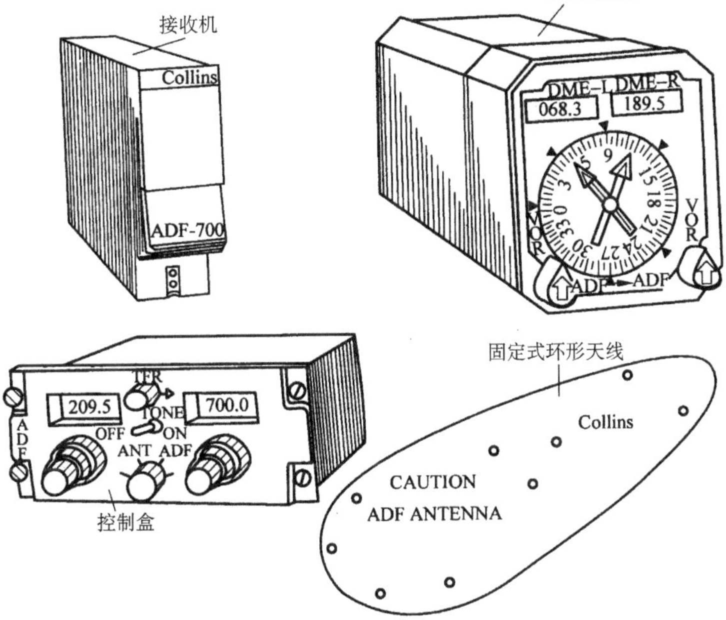

图 4.23　自动定向机

控制盒可用来选择接收机的工作频率和工作方式。方位指示器有几种不同的类型，如 RMI、RDMI、EHSI 等。如图 4.24 所示为无线电磁指示器。指示器顶端固定标记（航向标记）可指罗牌（可转动的刻度盘）的刻度为飞机的磁航向，指示器指针指示罗牌上的刻度数为地面导航台（电台）的磁方位角，机载自动定向机（ADF）所测的方位角就是指示器的航向标记与指针方向的夹角，为飞机与地面台的相对方位角。它们之间的关系为：电台的相对方位＝电台磁方位－飞机磁航向。

自动定向接收机工作时需要两种天线。一种是无方向性的，称为垂直天线或辨向天

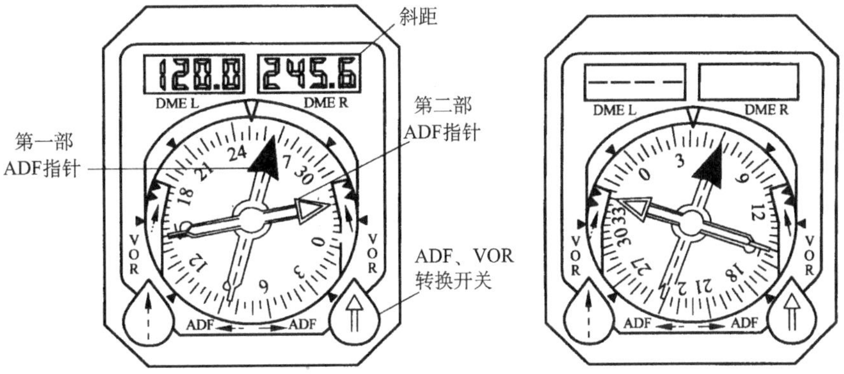

图 4.24　无线电磁指示器

线，其接收信号用来调谐接收机，并与环形天线接收的信号叠加，为定向机提供单值定向；另一种是有方向性的，称为环形天线，用来提供方位信息。这两种天线都工作在190～1750kHz。

4.3.3 甚高频全向信标系统（VOR）

1. 概述

甚高频全向信标系统（VHF omnidirectional range，VOR）是一种近程测向导航系统，位置线为直线，它的机上设备通过接收地面VOR导航台发射的电波，可以直接确定以导航台所在位置的北向为基准的飞机方位。

与同样是测向导航设备的ADF相比较，VOR具有下列特点。

(1) ADF采用地面无方向发射，机上用方向性天线接收的方法测向；VOR则采用地面用方向性天线发射，机上用无方向天线接收的方法测向。

(2) VOR可直接提供飞机的方位角（相对于地面导航台）而无须航向基准，其精度高于ADF。

(3) 工作频率高（在超短波波段），因此受静电干扰小，指示较稳定。但作用距离受视线距离限制，与飞行高度有关。

(4) 常规VOR（Conventional VOR，CVOR）信标台对周围场地的要求相当严格，因为地形起伏较大或有大型建筑物位于天线附近，则由于反射波的干涉，会引起较大的方位误差。目前使用的多普勒VOR（DVOR）地面信标克服了CVOR对场地要求严格的缺点，只是产生辐射信号的方法不同，而机载VOR接收机对两者均可兼容。

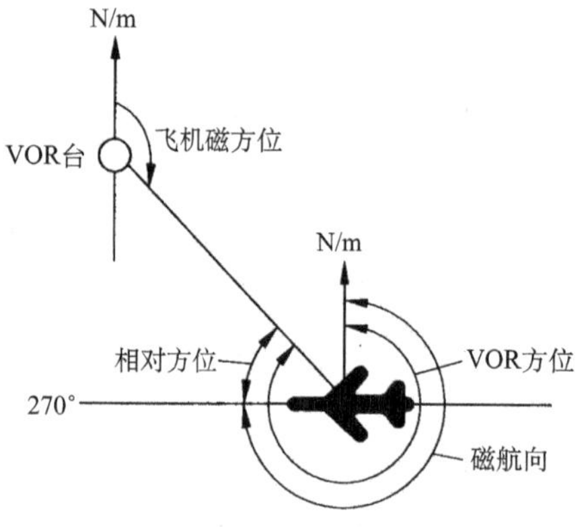

图4.25 VOR方位、飞机磁方位

1) 相关的角度

(1) VOR方位角。VOR方位角是指从飞机所在位置的磁北方向顺时针测量到飞机与VOR台连线之间的夹角。VOR方位也称电台磁方位，它是以飞机为基准来观察VOR台在地理上的方位，如图4.25所示。

(2) 飞机磁方位。从VOR台的磁北方向顺时针测量到VOR台与飞机连线之间的夹角，称为飞机磁方位。它是以VOR台为基准来观察飞机相对VOR台的磁方位。

(3) 磁航向。磁航向指飞机所在位置的磁北方向和飞机纵轴方向（机头方向）之间顺时针方向测量的夹角。

(4) 相对方位角。飞机纵轴方向和飞机到VOR台连线之间顺时针方向测量的夹角，称为相对方位角或电台航向。

2) 功用

(1) 引导飞机沿选定的航路飞行。终端VOR信标设在机场（通常位于跑道一侧），也称为“本场VOR”，它主要用于引导飞机的进出港，辅助仪表着陆系统（ILS）来引导飞机着陆；航路VOR信标安装在航路的各相应的航路点上可引导飞机沿航路飞行。机载

VOR 接收机输出的信息可以显示沿预选航道的飞行情况以及是飞向或飞离 VOR 信标台、飞机偏离预选航道的方向和角度等情况。机载 VOR 接收机接收 VOR 台所发射的信号，经处理后可指示出 VOR 台的磁方位角，并进而计算飞机相对于预选航道的偏差。飞行员根据 EHSI 等仪表上的航道偏离杆的指示，即可驾驶飞机沿预选航道飞行。

（2）定位。利用 VOR 接收机所测出的 VOR 方位角，加上由测距机所提供的飞机到 VOR/DME 台的距离，便可进行 ρ-θ 定位计算，确定飞机的地理位置。也可以利用所测得的两个 VOR 方位角，通过 θ-θ 定位计算来确定飞机的地理位置。定位计算是由飞行管理计算机自动进行的。

3）工作频率

在现代飞机上，VOR 导航系统的机载设备与 ILS 的航向信标（LOC）的机载设备的有些部分是公用的，所以，VOR/LOC 的工作频率也在同一甚高频频段的不同频率上。频率范围为 108.00～117.95MHz，频率间隔为 50kHz，共有 200 个波道。其中，在 108.00～111.95MHz 内共有 80 个波道，为 VOR/LOC 共用，其中十分位为偶数的频率有 40 个波道，为 VOR 工作频率（十分位为奇数的频率有 40 个波道，为 LOC 的工作频率），该频段多用于终端 VOR 系统。

此外，112.00～117.95MHz，频率间隔 50kHz，共有 120 个波道，均为 VOR 的工作频率，该频段多用于航路 VOR 使用。

2. VOR 的基本工作原理

VOR 台向四周放射全方位光线的同时还发射一个自磁北方向开始顺时针旋转的光束，如图 4.26 所示。如果观察者记录了从开始看到全方位光线到看到旋转光束之间的时间间隔，并已知光束旋转速度，就可以计算出观察者磁北方位角。即

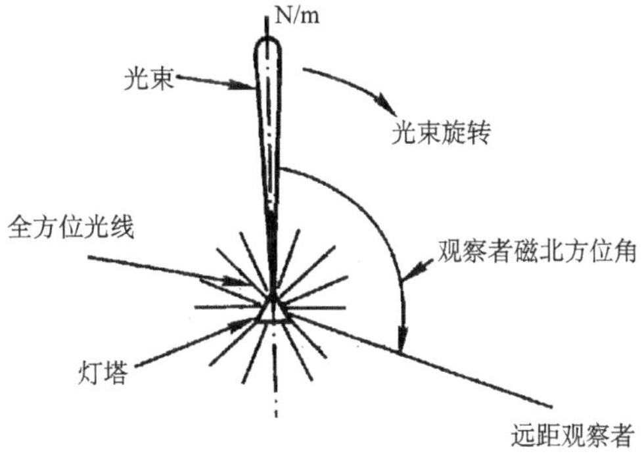

图 4.26 VOR 基本原理图

$$观察者方位=360^\circ/光束旋转周期\times观察时间间隔$$

VOR 台发射被两个低频信号调制的射频信号，这两个低频信号，一个称为基准相位信号，另一个称为可变相位信号。基准信号相当于全方位光线，其相位在 VOR 台周围的各个方位上相同；可变相位信号相当于旋转光束，其相位随 VOR 台的径向方位而改变。飞机磁方位取决于基准和可变相位信号之间的相位差（相当于看到全方位光线和光束之间的时间差）。

机载设备接收 VOR 台的发射信号，并测量出这两个信号的相位差，就可得到飞机磁方位角，再加 180°就是 VOR 方位。

1）VOR 地面台发射信号

由 VOR 的基本工作原理可知，VOR 是利用两个 30Hz 的低频信号进行比相来测定飞机方位的。这两个信号分别称为基准相位信号（图 4.27）和可变相位信号（图 4.28）。

（1）基准相位信号。

基准相位信号是用 30Hz 低频信号先调频到 9960Hz 的副载频上，然后调幅到载频（108.00～117.95MHz 中 VOR 频率）上，用无方向性天线发射，如图 4.27 所示。天线

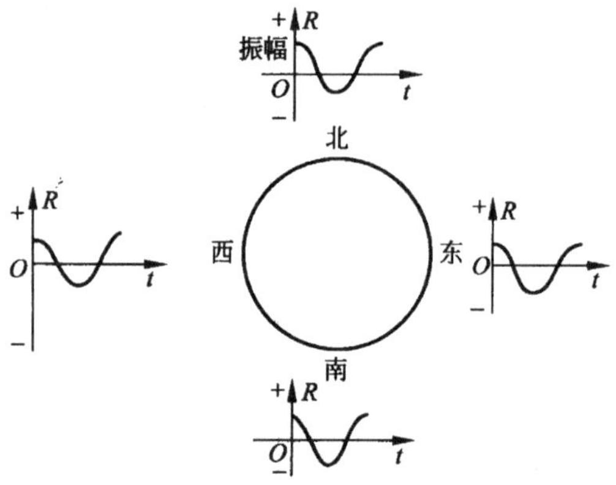

图 4.27 基准相位信号

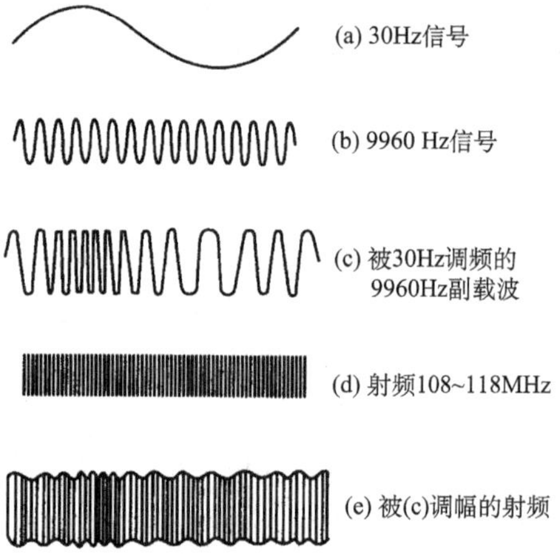

图 4.28 基准相位信号的形成波形图

的描射场在水平面上为一圆形，其最大值在任何方位上都是同时出现的。

首先由 30Hz 产生器产生的 30Hz（F）低频信号对副载波产生器的 9960Hz（f_s）调频，其频偏为±480Hz（$\pm\Delta f_s$），得到 9960Hz 的调频副载波为

$$U(t)=U_m\cos\left(\Omega_s t+\frac{\Delta\Omega_s}{\Omega}\cos\Omega t\right)=U_m\cos(\Omega_s t+m_f\cos\Omega t) \tag{4.36}$$

式中，$\Omega_s=2\pi f_s$；$\Omega=2\pi F$；$\Delta\Omega_s=2\pi\Delta f_s$；$U_m$ 为调频副载波的幅度；$m_f=\Delta\Omega_s/\Omega$ 为调频系数。

再用 9960Hz 的调频副载波信号对辐射载波（ω_0）进行调幅，则发射机全向天线向空间辐射的信号，即基准相位信号 U_R（t）为

$$\begin{aligned}U_R(t)&=(U_{Rm}+U(t))\cos\omega_0 t=[U_{Rm}+U_m\cos(\Omega_s t+m_f\cos\Omega t)]\cos\omega_0 t\\&=U_{Rm}[1+m\cos(\Omega_s t+m_f\cos\Omega t)]\cos\omega_0 t\end{aligned} \tag{4.37}$$

式中，$\omega_0=2\pi f_0$；U_{Rm}为基准相位载波信号的幅度；$m=U_m/U_{Rm}$为调幅系数。

U_R（t）作为基准相位信号，其中包含有 30Hz 调频信号成分，其信号波形如图 4.29 所示。

U_R（t）经 VOR 信标全向天线向空间 0°～360°水平方位辐射的水平极化波信号，辐射信号的方向性图为一个圆。机载接收机接收并检测出的该 30Hz 信号称为基准相位 30Hz 信号。

（2）可变相位信号。

可变相位信号是用 30Hz 低频信号直接对载频调幅，然后由方向性天线发射，在空间形成“8”字旋转辐射场，如图 4.29 所示。天线辐射场在各个方位上的正向最大值出现的时刻不同，随方位角的变化而变化。

在正北方向，可变相位信号的正向最大值与基准信号的正向最大值同时出现；在正东方向，可变相位信号的正向最大值出现时刻比基准信号的正向最大值出现时刻延迟 1/4 周期；其他方位以此类推。

由此可见，在相对于电台的任何方位上，通过测量基准相位信号和可变相位信号之间

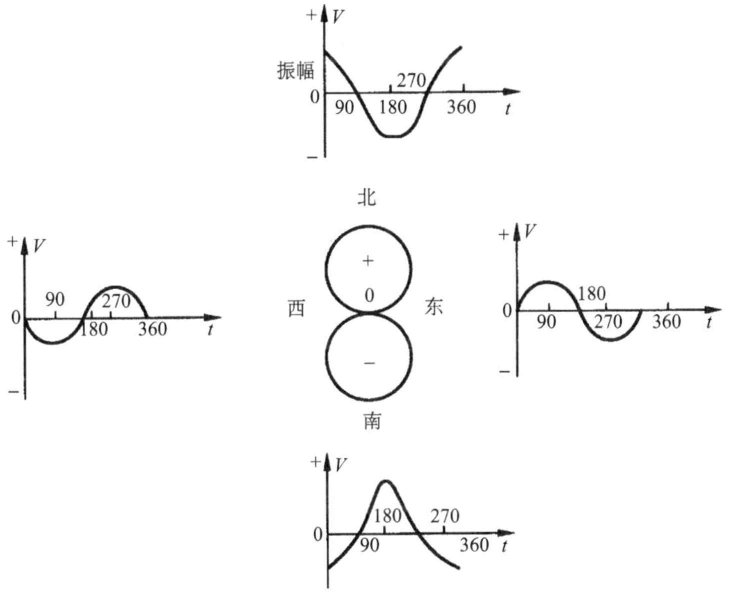

图 4.29　可变相位信号

的相位差，即可确定飞机所在方位。

可变相位信号的产生原理本书略。

(3) 全 VOR 信号。

基准相位信号与可变相位信号是通过不同天线（全向天线和边带天线）以水平极化方式向空间辐射的。飞机在空间某一点接收到的信号实际上是两者在空间的合成信号 $U_\Sigma(t)$，表示为

$$\begin{aligned} U_\Sigma(t) &= U_R(t) + U_V(t) \\ &= U_{Vm}\cos(\Omega t - \theta)\cos\omega t + U_{Rm}[1 + m\cos(\Omega_s t + m_f\cos\Omega t)]\cos\omega t \\ &= U_{Rm}[1 + m_A\cos(\Omega t - \theta) + m\cos(\Omega_s t + m_f\cos\Omega t)]\cos\omega t \end{aligned} \tag{4.38}$$

式中，$m_A = U_{Vm}/U_{Rm}$，为变相位信号的调幅系数。

“全 VOR 信号”的波形即辐射场如图 4.30 所示。

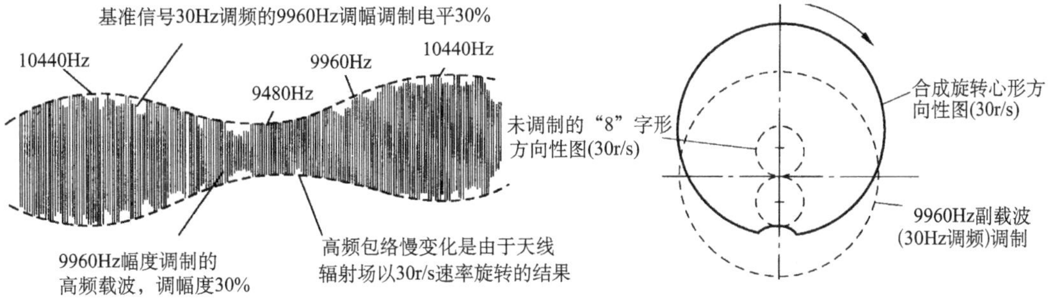

图 4.30　“全 VOR 信号”波形及空间合成辐射场

通过以上分析可以得出以下结论。

（1）空间合成信号 $U_{\Sigma}(t)$ 即“全 VOR 信号”，它是一个复杂的调频调幅波，其空间合成辐射场为基准相位信号辐射场形（圆）与可变相位信号辐射场形（“8”字形）的线性合成，即以 30r/s 速率旋转的心脏形。

（2）空间合成辐射场包含两种成分的信号，一种是 $[1+m_A\cos(\Omega t-\theta)]$，其相位随方位角 θ 而改变。机载接收机检测出的该 30Hz 信号即可变相位 30Hz 信号。另一种是 $m\cos(\Omega_s t+m_f\cos\Omega t)$，它是 9960Hz 调频副载波产生的调幅部分，与 θ 无关。机载接收机从调频副载波（9960±480）Hz 中检测出调频 30Hz 为基准相位 30Hz 信号。

2）VOR 方位测量的基本原理

（1）当机载 VOR 接收机接收到“全 VOR 信号”时，接收机首先通过幅度检波器检出 9960Hz 调频副载波的包络信号，并通过一个双向限幅器变成等幅调频信号，再由频率检波器检出 30Hz 调频信号，即基准相位 30Hz。经接收机包络检波器检出 30Hz 调幅部分，称为可变相位 30Hz。

（2）基准相位 30Hz 信号与可变相位 30Hz 信号的相位关系如图 4.31 所示。

当心形方向图最大值对准磁北时，调频副载波的频率为最大值 10440Hz。以磁北方向作为相位测量的起始方位，若有四架飞机分别位于 VOR 台的北（磁北）、东、南、西四个方位上，同时接收 VOR 台发射信号，四架飞机接收的基准相位 30Hz 和可变相位 30Hz 的相位关系如图 4.31（a）所示。

在磁北方位上，两个 30Hz 信号幅度最大值同时出现（同相），如图 4.31（b）所示。

在正东方位上的飞机，当心形方向图最大值旋转 90°指向正东时，30Hz 调幅信号的峰值最大，而调频副载波的频率变成 9960Hz，30Hz 调频信号的幅度变到“零点”，因此，在 VOR 台的 90°方位线上：接收的调幅 30Hz 落后于调频 30Hz 的相角为 90°，如图 4.31（c）所示。在正南方位上的飞机，当调幅 30Hz 为最大值时，副载波频率变成 9480Hz，而基准相位 30Hz 变成负最大值，这时调幅 30Hz 落后于调频 30Hz 的相角为 180°，如图 4.31（e）所示；同样，在正西方位上的飞机接收的调幅 30Hz 落后于调频 30Hz 信号的相角为 270°，如图 4.31（d）所示。

由于调频 30Hz 和调幅 30Hz 是同步变化的，也就是说，当心形方向图旋转一周时，9960Hz 副载波的频率变化一个周期，因此，在磁北方位上，调频 30Hz 和调幅 30Hz 总是同相的。在其他方位上，调幅 30Hz 落后于调频 30Hz 的相角也总是等于飞机磁方位角（VOR 台径向方位）。

比较调频 30Hz 和调幅 30Hz 两个信号相位，并取其差角 θ 再加上 180°，即可求得飞机所在位置的 VOR 方位角。即 VOR 方位角＝可变相位 30Hz 信号落后基准相位 30Hz 信号之差角 θ＋180°＝飞机磁方位＋180°。

3. 机载 VOR 接收系统

机载 VOR 接收系统由接收天线、控制盒、甚高频接收机和指示器所组成，如图 4.32 所示。

1）接收天线

VOR/LOC 接收天线是一种具有 50Ω 特性阻抗的全向水平极化天线，通常安装在飞

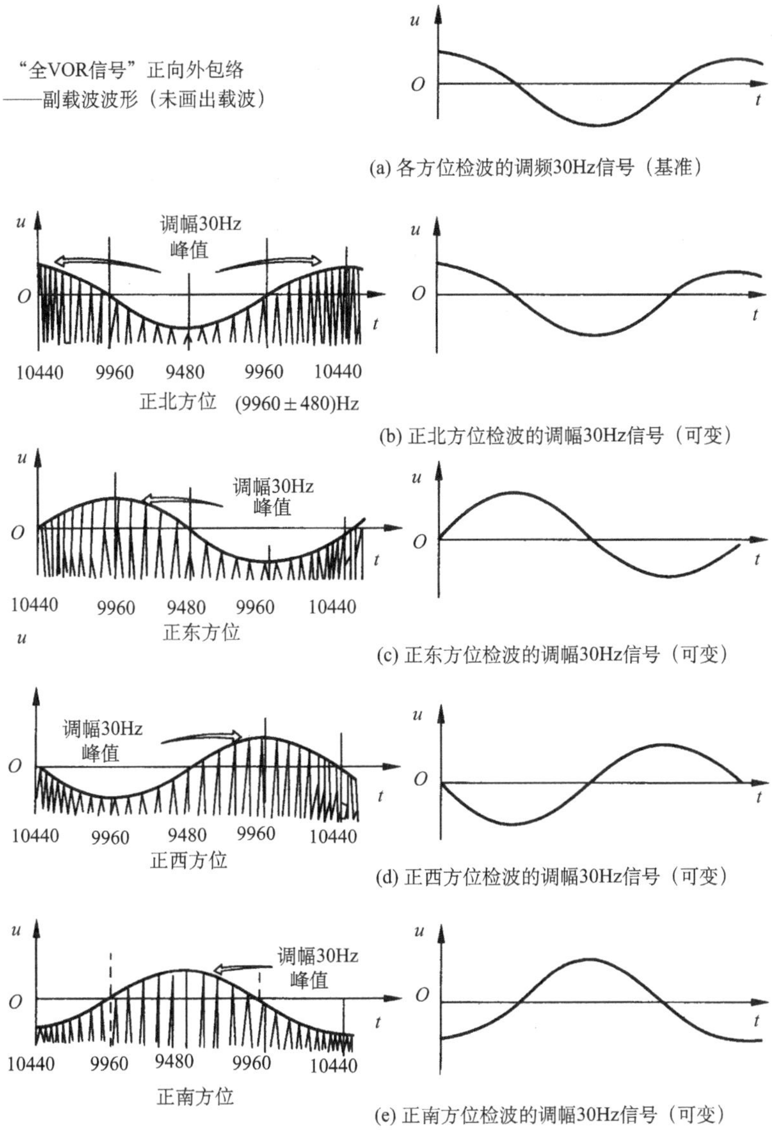

图 4.31　“全 VOR 信号”外包络波形及检波波形

机垂直安定面的顶部，可接收 VOR 信标和航向 LOC 信标的 108.00～117.95MHz 的甚高频信号。

2）控制盒

目前飞机上 VOR 控制盒是与 ILS、DME 共用的，如图 4.32 所示。它的主要功能如下。

(1) 频率选择和显示。人工选择并显示 108.00～117.95MHz 间隔 50kHz 的任一频率，其中包括 VOR 接收信号频率和航向 LOC 接收频率。当选定 LOC 频率时，与之配对的下滑接收频率即被选定；当选定 VOR 和 LOC 频率时，与之配对的测距机 DME 的接收频率也被选定。

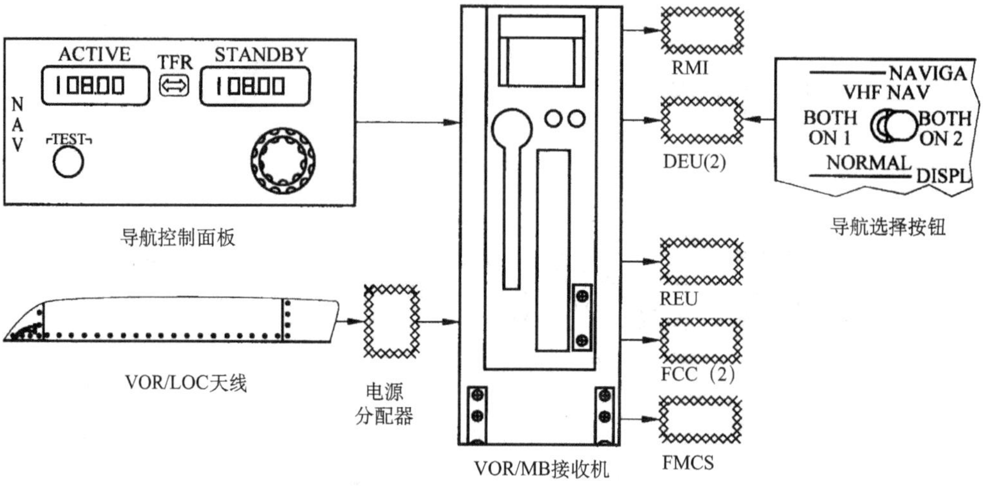

图 4.32 VOR 导航控制面板

(2) 试验按钮，可分别对 VOR、ILS 和 DME 的设备进行测试检查。

(3) 可对识别信号和话音信号音量进行控制。

3) 甚高频导航接收机

VOR 甚高频导航接收机由一个二次变频的超外差接收机和一些相关的电路所组成。VOR 甚高频导航接收机可以单独设置，也可与 ILS，或与信标（MAK，LOC，GS）等构成组合型接收机。

4) 指示器

机载 VOR 系统通常使用的指示器有无线电磁指示器（RMI）或无线电方位、距离磁指示器（RDDMI）和水平状态指示器（HSI）或电子水平状态指示器（EHSI），它们均为综合指示器。

4. 航道偏离与向/背台指示

1) 航道偏离指示

航道偏离是指飞机的实际飞行航道与驾驶员通过全方位选择器（OBS）选择的航道即预选航道之间的偏离情况，预选航道是以磁北为基准 0°，包括两条方向相反的方位线。当实际飞行航道与预选航道不一致时，则在指示器上通过航道偏离杆指出当前飞机是在预选航道的左边或右边，即飞机应向右飞或向左飞（图 4.33）。VOR 航道偏离杆偏右 1 点表示飞机偏离在预选航道左侧 5°。

2) 向/背台指示

当预选航道选定后，飞机可以沿着选定航道飞离（FROM）或飞向（TO）VOR 台。在这两种情况下，偏离指示器给驾驶员提供的飞左或飞右指示是相同的，这就产生双值性。向/背台（TO/FROM）指示器的功能就是用来消除这种“模糊性”，指出此飞机在预选航道的一边飞行或者在预选航道相反的一边飞行。

图 4.34 给出了一个向/背台指示的例子，通过 VOR 台作一条与预选航道（30°～210°）相垂直的正交线 A-B，A-B 线为向/背台指示的分界线。如果预选航道方位是 30°，

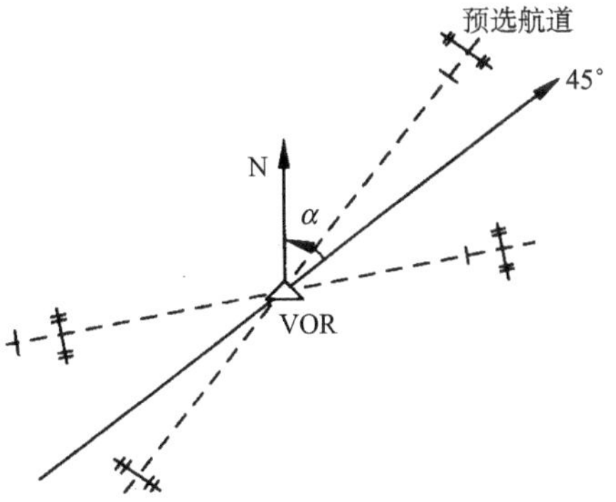

图 4.33 预选航道与航道偏离

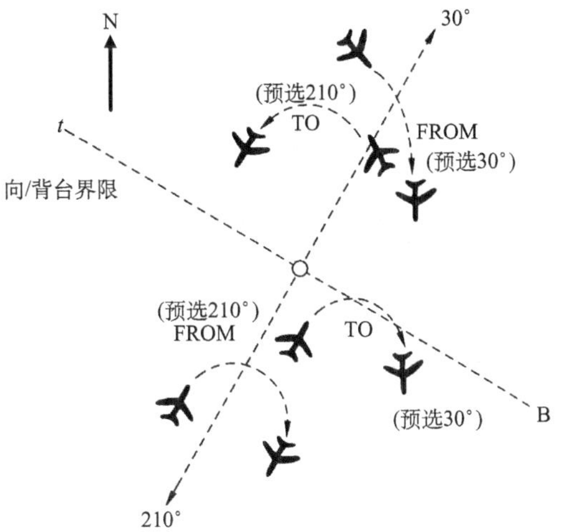

图 4.34 向/背台指示

则飞机在 A-B 线的右上方，无论飞机航向如何，均指背台（FROM）；相反，飞机在 A-B 线的左下方，指向台（TO）。若预选航道方位是 210°，则在 A-B 线的右上方，指向台；而在 A-B 线的左下方，指背台。由此可见，向/背台指示与飞机的航向无关，只取决于预选航道方位和飞机所在径向方位的差角。

4.3.4 仪表着陆系统

1. 概述

1）功用

飞机在着陆时，驾驶员可以目视外界地标操纵飞机着陆，但为保证着陆安全，在“目视着陆飞行条例”（VFR）中规定，目视着陆的水平能见度必须大于 4.8km，云底高不小于 300m。当着陆机场气象条件不能满足该条件时，着陆飞机只能依靠飞行仪表系统的引导进行着陆，该系统称为“仪表着陆系统”（Instrument Landing System，ILS）。

ILS 用于在恶劣气象条件和能见度不良条件下给驾驶员提供引导信息，保证飞机安全进近和着陆。

ILS 提供的引导信号在驾驶舱仪表上显示。驾驶员可根据仪表指示（或使用自动驾驶仪“跟踪”仪表指示），操纵飞机沿跑道中心线的垂直面和规定的下滑角下降到跑道入口水平面以上的一定高度上，再由驾驶员看着跑道操纵飞机目视着陆。ILS 系统只能引导飞机下降到最低允许的高度（决断高度）上。

2）着陆标准等级

仪表着陆系统是由地面设备和机载设备所组成的。根据地面设备的精度和机载接收设备的分辨能力以及机场的净空条件、跑道视距和决断高度等因素，国际民航组织（ICAO）为使用仪表着陆系统（ILS）的飞机制定了三类着陆标准，以跑道视距（RVR）和决断高度（DH）来划分，如表 4.1 所示。

（1）决断高度：是指驾驶员对飞机着陆或复飞做出决断的最低高度。决断高度在中指点信标（Ⅰ类着陆）和内指点信标（Ⅱ类着陆）上空，用无线电高度表测量。

表 4.1 三类着陆标准

类别	跑道视距（RVR）	决断高度（DH）
Ⅰ	800m（2600ft）	60m（200ft）
Ⅱ	400m（1200ft）	30m（100ft）
$Ⅲ_A$	200m（700ft）	
$Ⅲ_B$	50m（150ft）	
$Ⅲ_C$	50 以内	

(2) 跑道视距：是指跑道能见度，即在跑道表面的水平方向上能在天空背景上看见物体的最大距离（白天），可用仪器测量。

各类设施的运用性能如下。

Ⅰ类：RVR≥800m，以高的进近成功概率，引导飞机至 DH=60m。

Ⅱ类：400≤RVR<800m，以高的进近成功概率，引导飞机至 DH=30m。

$Ⅲ_A$ 类：200≤RVR<400m，无 DH 限制，着陆最后阶段凭外界目标参考，引导飞机至跑道表面，称为“看着着陆”。

$Ⅲ_B$ 类：无 DH 限制，不依赖外界目标参考，一直引导飞机到跑道表面，接着在 RVR=50m 条件下，凭外界目标参考滑行，称为“看着滑行”。

$Ⅲ_C$ 类：RVR<50m，无 DH 限制，不依赖外界目标，能沿着跑道表面着陆和滑行。

目前 ILS 系统只能满足Ⅰ、Ⅱ类着陆标准。

3) 仪表着陆系统的组成

仪表着陆系统由机载设备和地面设备两部分组成。ILS 的机载系统组成包括航向道（LOC）天线、下滑道（G/S）天线、指点信标（MB）天线、ILS 接收机和 ILS 控制盒。ILS 的地面系统包括三个分系统：提供横向引导的航向信标（Localizer）系统、提供垂直引导的下滑信标（Glideslope）系统和提供距离的指点信标（Marker Beacon）系统。每一个分系统均由地面发射设备和机载接收设备组成。

航向信标天线产生的辐射场，在通过跑道中心延长线的垂直平面内，形成航向面和航向道，如图 4.35 所示，用来提供飞机偏离航向道的横向指引信号。

机载接收机收到航向信标发射的信号后，经处理，输出飞机相对于航向道的偏离信号，经电子飞行仪表系统（EFIS）符号发生器加到驾驶舱仪表板上的电子水平姿态指示器（EHSI）的航向指针。

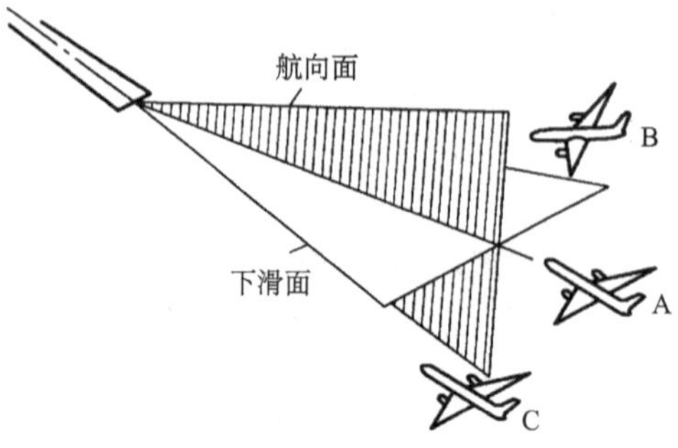

图 4.35 航向和下滑信标产生的指引信号

若飞机在航向道上（飞机 A），即正对准跑道中心线，偏离指示为零；如果飞机在航向道的左边（飞机 C）或右边（飞机 B），航向指针就向右或向左指，给驾驶员提供“飞右”或“飞左”的指令。

下滑信标台天线产生的辐射场形成下滑

面（图 4.35），下滑面和跑道水平面的夹角，根据机场的净空条件，可在 2°～4°选择。下滑信标用来产生飞机偏离下滑面的垂直引导信号，机载下滑接收机收到下滑信标台的发射信号，经处理后，输出相对于下滑面的偏离信号，加到 EHSI 上的下滑指示器。若飞机在下滑面上（飞机 A），下滑指针在中心零位；若飞机在下滑面的上面（飞机 B）或下面（飞机 C），指针向下或向上指，给驾驶员提供“飞下”或“飞上”的指令。

航向面和下滑面的交线定义为下滑道，飞机沿这条交线着陆，就对准跑道中心线和规定的下滑角，在离跑道入口约 300m 处着地。

指点信标台为 2 个或 3 个，装在顺着着陆方向的跑道中心延长线的规定距离上，分别称为内、中、外指点信标。每个指点信标台发射垂直向上的扇形波束，只有在飞机飞越指点信标台上空的有效范围时，机载接收机才能收到发射信号。由于各指点信标台发射信号的调制频率和识别码不同，机载接收机就分别使驾驶舱仪表板上不同颜色的识别灯亮，同时驾驶员耳机中也可以听到不同音调的频率和识别码，驾驶员由此就可以判断飞机在哪个信标台的上空，即知道飞机离跑道入口的距离。

表 4.2 航向信标与下滑信标频率的配对关系 （单位：MHz）

航向信标	下滑信标	航向信标	下滑信标
108.10	334.70	110.10	334.40
108.15	334.55	110.15	334.25
108.30	334.10	110.30	335.00
108.35	333.95	110.35	334.85
108.50	329.90	110.50	329.60
108.55	329.75	110.55	329.45
108.70	330.50	110.70	330.20
108.75	330.75	110.75	330.05
108.70	329.30	110.90	330.80
108.95	329.15	110.95	330.65
109.10	331.40	111.10	331.70
109.15	331.25	111.15	331.55
109.30	332.00	111.30	332.30
109.35	331.85	111.35	332.15
109.50	332.60	111.50	332.90
109.55	332.45	111.55	332.75
109.70	333.20	111.70	333.50
109.75	333.05	111.75	333.35
109.90	333.80	111.90	331.10
109.95	333.65	111.95	330.95

4）仪表着陆系统技术参数

航向信标工作频率为108.10～111.95MHz范围中1/10MHz为奇数的频率，共有40个波道。下滑信标工作频率为329.15～335MHz的UHF波段，频率间隔150kHz，共有40个波道。指点信标工作频率为固定的75MHz。

航向信标和下滑信标工作频率是配对工作的。机上的航向接收机和下滑接收机是统调的，控制盒上只选择和显示航向频率，下滑频率自动配对调谐，如表4.2所示。

2. 航向偏离指示原理

航向信标的机载设备包括天线、控制盒、接收机和航道偏离指示器，在大多数飞机上，航向信标接收机及航道偏离指示器是与VOR合用的。

机上天线接收的地面台发射信号，送到常规的单变频或双变频外差式接收机。由于LOC和VOR接收机部分是共用的，接收机接收和处理哪种信号，取决于控制盒选择的频率是LOC频率还是VOR频率，当选择LOC频率时，接收机接收LOC台的发射信号。通过高频、中频和检波电路，输出信号包括90Hz和150Hz导航音频，1020Hz的台识别码以及地-空通信话音信号（300～3000Hz），这些信号的分离是由滤波器来完成的。

地面航向台沿跑道中心线两侧发射两束水平交叉的辐射波瓣，跑道左边的甚高频载波辐射波瓣被90Hz低频信号调幅，跑道右边的甚高频载波辐射波瓣被150Hz低频信号调幅。

当飞机在航向道上时，90Hz调制信号等于150Hz调制信号。若飞机偏离到航向道的左边，90Hz调制信号大于150Hz调制信号；反之，150Hz调制信号大于90Hz调制信号。

机载设备的功能就是接收和处理航向信标台的发射信号，即放大、检波和比较两个调制信号的幅度，由“中心零位指示器”显示飞机偏离航向道的方向（左边或右边）和大小（度）。

如飞机在航向道上（图4.36中的飞机C），90Hz信号等于150Hz信号，指示器指零；飞机偏离航向道的左边（图4.36中的飞机B），90Hz信号大于150Hz信号，指示器向右指；反之，（图4.36中的飞机A）向左指。

3. 下滑指示的基本原理

下滑信标和航向信标工作原理基本类似，特别是机载设备。两者间的主要不同之处是下滑信标工作频率定在UHF波段（329.15～335MHz），对飞机提供垂直引导（上/下引导）。下滑信标发射功率小，因为它的引导距离仅10n mile。此外，下滑信标不发射自识别码和地-空话音通信信号，因为它是和航向信标配对工作的。下面对下滑信标和航向信标的不同点作简要的说明。

下滑信标天线安装在跑道入口处的一侧。天线通常安装在一个垂直杆上。下滑信标天线的等效辐射场如图4.37所示。在顺着着陆方向上发射两个与跑道平面成一定仰角并有一边相重叠的相同形状的波束。两个波束信号以相同的频率发射。但上波束用90Hz调幅，下波束用150Hz调幅，调幅度均为40%。

下滑接收机通过对90Hz和150Hz调制音频下滑的比较，引导飞机对准下滑道。如所接收的90Hz信号等于150Hz信号，下滑偏离指针指在中心零位（C飞机）。若飞机在下滑道的上面，90Hz音频大于150Hz音频，偏离指针向下指（A飞机），表示下滑道在飞机的下面；反之，飞机在下滑道下面时，150Hz音频大于90Hz音频，指针向上指（B飞

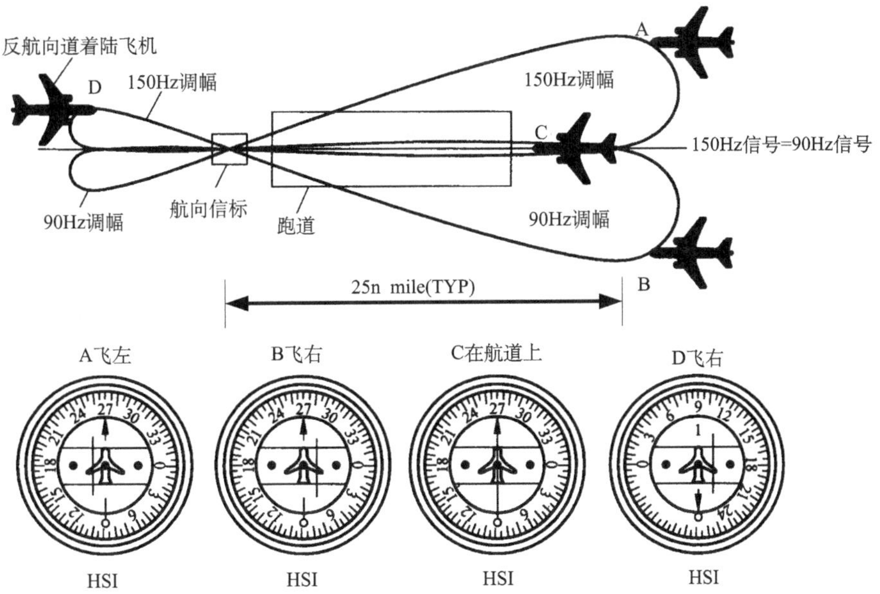

图 4.36 航向信标辐射场及航向道偏离指示

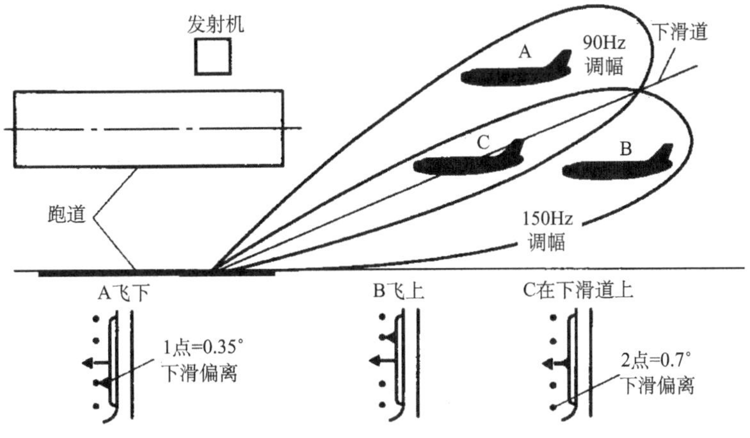

图 4.37 下滑信标天线辐射场和偏离指示

机)，表示下滑道在飞机的上面。

在跑道中心线两侧为 8°的扇形区内，当规定的下滑角为 θ 时，下滑台应在下限为 0.3θ 上限为 1.75θ 的范围内提供最小为 10nmile 的有效导航距离，如图 4.38 所示。

下滑台的识别信号与航向台相同。

4. 指点信标系统

1）指点信标的功用

指点信标系统主要用于对飞机在航路上的位置告知和在进近着陆阶段的距离引导。当飞机飞越机场跑道指点信标发射机时，指点信标系统提供音频和视频指示。

指点信标系统可按其用途分为航路信标（Runway Marker）和航道信标（Course Marker）。航路信标安装在航路上，向驾驶员报告飞机正在通过航路上某些特定点的地理

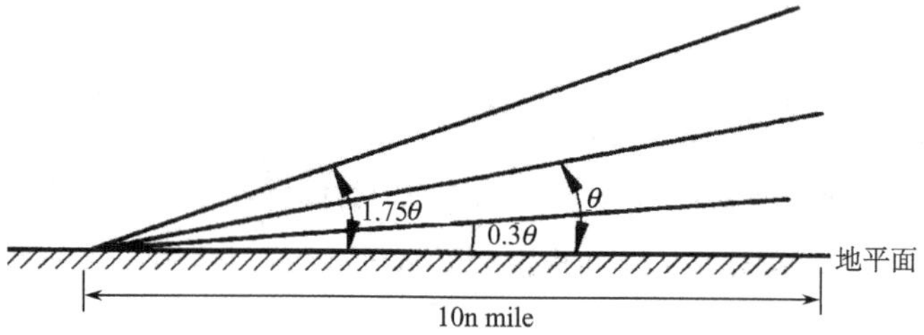

图 4.38 下滑台有效导航距离

位置。航道信标用于飞机进场着陆，用来报告着陆飞机离跑道头预定点（远、中、近指点信标上空）的距离。两种信标地面台天线发射垂直向上的扇形波束或倒锥形波束，以便飞机飞越信标台上空时被机载接收机接收。

2）指点信标的组成

指点信标包括一个 MB 天线和一个 VOR/MB 接收机。并且指点信标只在左 VOR/MB 接收机内工作。

3）指点信标的工作原理

指点信标台发射频率均为 75MHz，而调制频率和台识别码各不相同，以便使飞行员识别飞机在哪个信标台上空，指点信标台的发射功率从几瓦到 100W 不等。远指点标台的音频调幅频率为 400Hz，识别电码为 2 划/s（蓝色灯）；中指点标台的音频调幅频率为 1300Hz，识别电码为 1 点 1 划/s（琥珀色灯）；近指点标台音按调制频率为 3000Hz，识别电码为 6 点/s（白色灯），如图 4.39 所示。

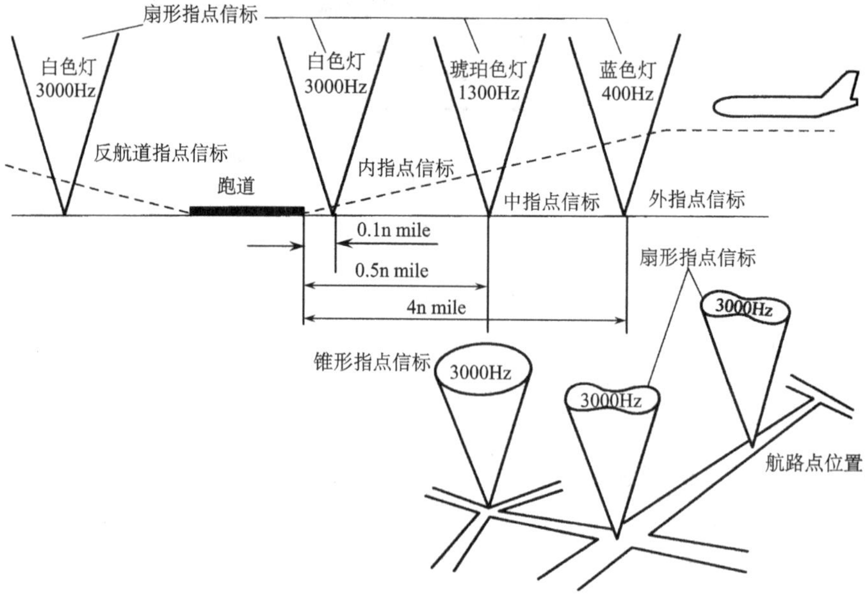

图 4.39 指点信标系统工作图

航道指点信标台配合仪表着陆系统使用的指点标架设在进近方向的跑道中心线的延长线上，它向上辐射一个锥形波束，发射功率为 12W。因此，只有当飞机飞越其上空时，机上信标接收机才能收到信号，并发出相应的音响和灯光信号，向飞机提供地标位置信息。

国际民航组织规定大、中型机场要设置三个指点标台：远指点标台（LOM）、中指点标台（MM）和近指点标台（INNERM）。远指点标台设置的距离距跑道入口端约 7200m，中指点标台距跑道入口端约 1050m，近指点标台的位置根据机场条件确定，一般离跑道入口约为 75m。

4.3.5　低高度无线电高度表（LRRA）

1. 概述

无线电高度表是利用无线电波测量飞机到地面的真实高度（垂直高度）的一种自主式无线电导航设备。其高度的测量范围为 0～2500ft。当飞机进行低空飞行时，尤其在进近着陆时无线电高度表对保障飞行安全起着重要的作用。此外，它还可作为气压高度表的校准仪表。

飞机上通常装有两套（或三套）无线电高度表系统，每套系统均由收发组、接收天线和发射天线以及指示器所组成。指示器有不同型号：有专用的无线电高度表和决断高度指示器；也可在 ADI 上由跑道符号指示 200ft 以下高度；在电子姿态指引仪（EADI）或主飞行显示器（PFD）上可显示数字无线电高度和决断高度（DH）。

2. 无线电高度表测高的基本原理

无线电高度表属于无线电测距系统。这种系统是利用无线电信号的某一参量，如频率差、相位差或时间等，与导航参数-距离构成一定关系的一种导航设备。

由于电波在空间传播的等速性，即速度或电波传播一定距离所需要的时间与电波频率无关，这样就可使传播的信号只在时间上滞后，但波形不失真。为此，可判断电波在空间传播的时间。已知电波传播的速度和时间，则可测出距离，公式为

$$H = \frac{1}{2}ct \tag{4.39}$$

式中，H 为距离或高度；c 为电波传播速度；t 为电波传播的时间。

对无线电高度表而言，其系统的基本原理框图如图 4.40 所示。

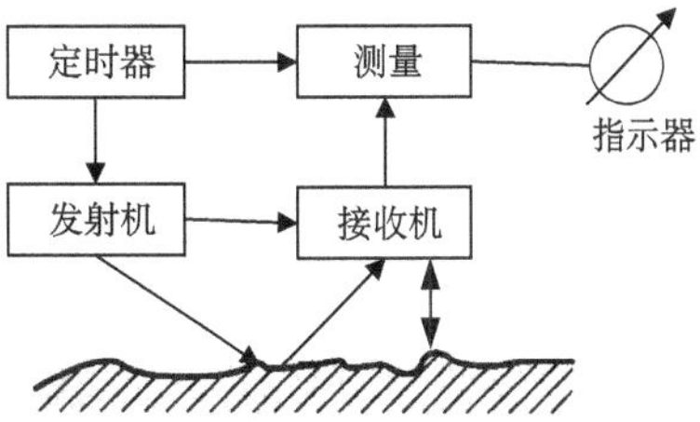

图 4.40　无线电高度表原理框图

无线电高度表的发射机向地面发射无线电信号，以大地为反射目标，大地反射回波由接收机接收，发射机在向地面发射信号的同时，也向接收机发射一个直达信号。反射回波信号与直达信号比较可测得电波往返于飞机和地面之间距离所用的时间（$t=2H/c$），故可由无线电高度表的测量电路计算出飞机的无线电高度（$H=ct/2$）。

3. 无线电高度表的分类

无线电测距系统按其测量参量可分为相位无线电测距、频率无线电测距和时间无线电测距。

目前，国际民航所使用的无线电高度表只有三种不同的类型，即属于频率无线电测距

的“普通调频连续波无线电高度表”、“等差频调频连续波无线电高度表”和属于时间无线电测距的“脉冲雷达高度表”。脉冲雷达高度表，测高范围超过10000m，主要为轰炸瞄准提供高度数据，而前两种无线电高度表典型的测高范围为500m、750m甚至150m，民航飞机上安装的均为这两者之一。因此，本书对脉冲雷达高度表不予介绍。

1）调频连续波（FMCW）高度表

FMCW高度表发射的信号是调频连续波，可以用正弦波调频或用三角形线性波调频。调制器产生一个对称的三角波线性调制电压，对发射机进行调频，发射波是三角形线性调频的连续锯齿波。不同高度表其调制参数不同。以860F-4高度表为例，其发射信号中心频率为4300MHz，调制频率为100Hz，频移ΔF为100MHz。

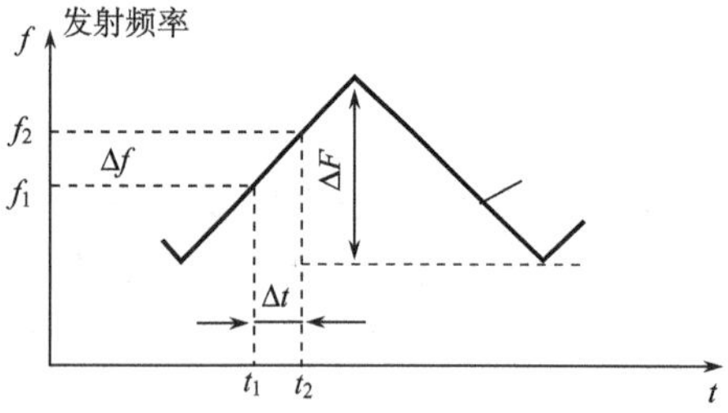

图4.41　无线电高度表测高原理

发射机发射信号一路经宽方向性天线发射到地面，取样部分发射信号直接加到接收机信号混频器（直达信号），与反射信号相混频，如图4.41所示。

在接收到反射波的t_2时刻的发射频率为f_2，而所接收的信号频率为f_1，即在Δt时间内，发射频率从f_1变化到f_2，差频$\Delta f = f_2 - f_1$。所以可以用Δf来测量高度，因为它反映了时间差Δt，即反映了飞机的高度。

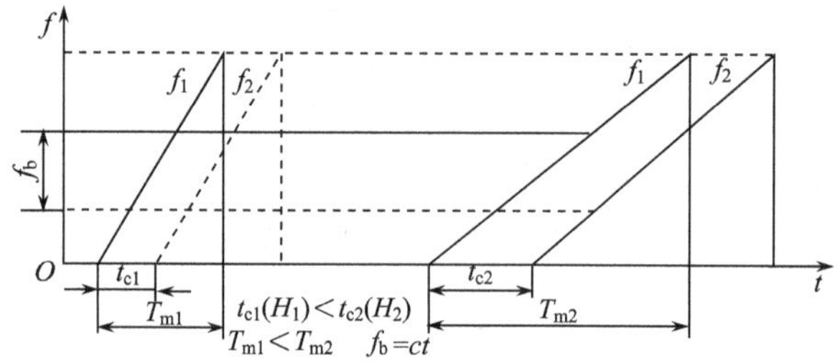

图4.42　锯齿波调频特性曲线

2）等差频调频连续波无线电高度表

等差频调频连续波无线电高度表发射机向地面辐射锯齿波调频信号的同时，也向接收机直接耦合该信号（即直达信号）。假设该信号的频率为f_1，那么，经地面返回信号的频率为f_2，图4.42所示为发射信号（或直达信号）和返回信号的调频特性。

当飞机高度H一定时，两信号在接收机中混频，取其差频f_b为

$$f_b = f_1 - f_2 = t_c \frac{df}{dt} \tag{4.40}$$

若锯齿波为线性，用Δf表示最大频偏，T_m表示锯齿波的正程上升时间，则$f_b = t_c \Delta f / T_m$，其中c为电波传播速度。此时

$$H = \frac{cf_b}{2\Delta f} T_m \tag{4.41}$$

因为c、Δf均为常数，若设法使差频f_b保持恒定，那么，被测的飞机高度与锯齿波

调制周期 T_m 成正比。这种通过测量调制信号周期而保持差频恒定来实现测高的高度表，称为恒定（等）差频调频连续波无线电高度表。目前，民航飞机上使用的 AHV 系列的高度表就为此种类型的高度表。

4. 高度表指示

无线电高度表指示器有各种不同类型，如专用的机械模拟式高度表指示器，在姿态指引仪（ADI）、电子姿态指引仪（EADI）或主飞行显示器（PFD）上也可显示无线电高度和决断高度。图 4.43 所示为一种典型的高度表指示器。

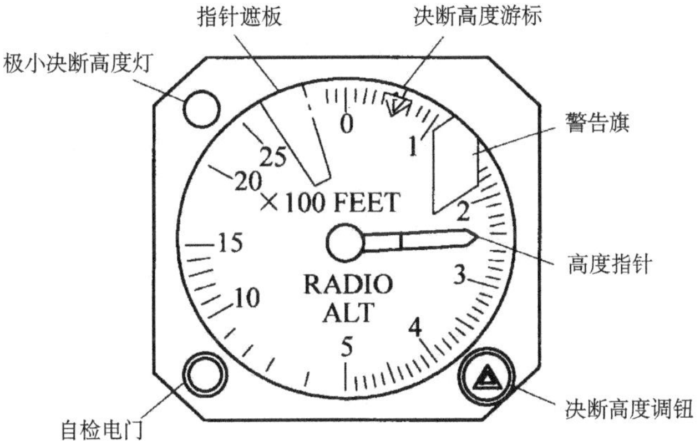

图 4.43　典型的高度表指示器

1）高度指针

由高度表收发组件来模拟高度电压驱动，指示无线电高度，从－20～2500ft。指示器上的刻度在－20～500ft 是线性变化；500～2500ft 以内是对数变化；当高度大于 2500ft 时，高度指针由指针板盖住。

2）决断高度（DH）旋钮

飞行员根据具体情况，用它来选择确定的决断高度。转动 DH 旋钮时，它带动决断高度指针沿刻度盘滑动，指示出选定的决断高度。当飞机高度低于决断高度时，决断高度灯亮。

3）警告旗

它用来监视接收机、发射机和指示器的工作是否正常。如果系统工作正常，警告旗不出现。当系统有故障或接收信号太弱时，警告旗出现，这时高度指示无效，不能用于飞行。

按下“自检电门”按钮时，指示器指示或显示在规定的高度上（如 30ft），且同时出现警告（如规定高度低于 DH 调定高度，则 DH 灯也亮），说明系统工作正常。

在对高度表进行自测试时，当方式选择板选择进近方式（APP）或航向（LOC），下滑（G/S）截获时，切断自测试；而在进行自测试时，近地警告计算机（GPWC）被抑制。

EADI 上的上升跑道符号用于飞机在进近着陆阶段向飞行员提供高度指示和航向偏离指示。水平位移由仪表着陆系统的航向偏离信号驱动，指示航向偏离，垂直位置由无线电高度信号驱动指示无线电高度。

4.3.6 测距系统（DME）

1. 概述

测距系统（DME）用于测量飞机与地面测距信标台之间的斜距，它的位置线为圆。如图 4.44 所示，机载测距机和地面测距信标台配合工作，可连续地向飞行员和飞行管理计算机及其他机载电子系统提供飞机到测距台的实时距离信息。利用测距机所提供的距离信息，结合全向信标（VOR）系统所提供的方位信息，即可按 ρ-θ 定位法确定飞机的位置，并进而计算地速、预计到达时间和其他导航参数。在现代飞机上，这些计算是由飞行管理计算机完成的。因此，地面测距台通常是和 VOR 信标台同台安装的。同样，利用所测得的飞机到 2 个或 3 个测距台的距离，也可按 ρ-ρ 或 ρ-ρ-ρ 定位法确定飞机的位置，进行各种导航计算。利用机场测距台和机场 VOR 台，则可以实现对飞机的进近引导。

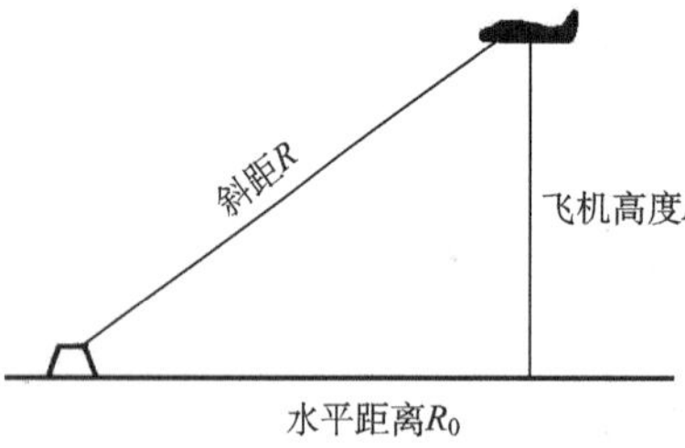

图 4.44　测距机测距原理图

2. 系统工作的基本原理

DME 系统工作原理如图 4.44 所示，它由机载测距机（询问器）与地面测距信标台所组成，如图 4.45 所示。

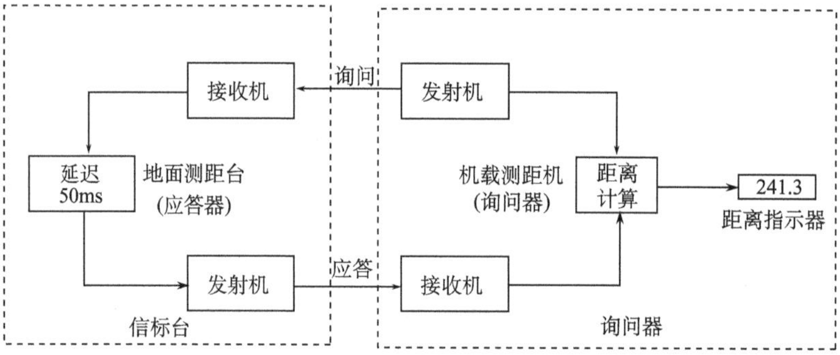

图 4.45　测距机系统组成

机载询问器通过无方向性天线向空间（实际朝向地面方向）发射射频脉冲对信号，即“询问”信号；地面测距信标台接收到这一“询问”信号后，经过 50μs 的延迟，触发发射机产生相应的“应答”射频脉冲对信号向空间辐射，机载询问器接收到这一应答脉冲对信号后，询问器的计算电路根据询问脉冲对信号与应答脉冲对信号之间的延迟时间 t，计算出飞机到地面测距信标台之间的视线距离（斜距）：

$$R=(t-50\mu s)/2\times c \tag{4.42}$$

式中，c 为电波传播速度。

机载询问器发射的询问脉冲对信号的重复频率不是固定的，而是围绕某一个平均值随机变化（抖动）的，且在询问器不同的工作状态时，平均值也不同。如在询问器处于“跟踪”状态时，询问脉冲对的平均重复频率较低（通常为 22.5 对/s 或 10 对/s），而在“搜索”状态时，其平均重复频率较高（通常为 90 对/s 或 40 对/s）。

地面测距信标台在其有效作用范围（0～200n mile，最大 390n mile）内，可为若干架（如 100 架）飞机提供询问的应答信号。但作用范围内，询问飞机的多少是变化的，有时很少或无飞机询问，则应答很少或不需应答；有时询问飞机很多，则信标台需产生很密集的应答脉冲对，致使地面信标发射机过载。为使其保持最佳工作状态，使地面信标发射机发射的应答重复频率基本保持不变，如以满负荷为标准，规定地面测距信标发射机的应答脉冲对重复频率为 1000～2700 对/s。

为此，在测距信标台中采取用接收机噪声来触发发射机产生附加的脉冲对信号，即断续发射的脉冲对，也称“噪声填充脉冲”对，以保证在询问飞机数量不同的情况下，都能使信标发射机发射的脉冲对重复频率基本保持不变。

3. DME 频率及信号格式

机上询问器的频率为 1025～1150MHz，波道之间间隔为 1MHz，共有 126 个询问频率；地面应答器的频率为 962～1213MHz，波道之间间隔也为 1MHz，共有 252 个应答频率。

地面应答器有两种波道划分方式，称为 *X* 波道和 *Y* 波道，共有 252 个波道。*X* 波道与 *Y* 波道应答脉冲对的信号格式如图 4.46 所示。

X 波道的询问与应答脉冲对的信号格式相同，脉冲对的脉冲间隔均为 12μs；*Y* 波道的询问脉冲对的脉冲间隔为 36μs，而应答脉冲对的脉冲间隔为 30μs。*X* 波道与 *Y* 波道的脉冲宽度均为 3.5μs。

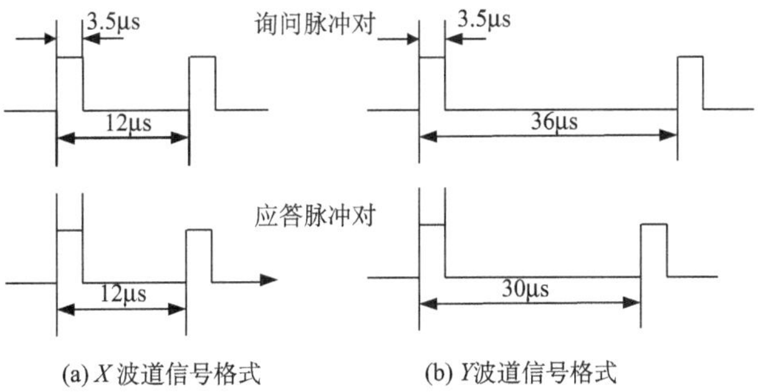

图 4.46　*X*、*Y* 波道脉冲对信号

无论是 *X* 波道还是 *Y* 波道，其应答频率与机上询问器的询问频率总是相差 63MHz（或高 63MHz，或低 63MHz）。*X* 波道和 *Y* 波道的具体划分如图 4.47 所示。以 30*X* 波道为例，机上询问频率为 1054MHz，地面应答频率为 991MHz，而 30*Y* 波道的地面应答频率为 117MHz。

由于 1030MHz 和 1090MHz 是空中交通管制二次雷达的应用频率，为避免可能产生的干扰，DME 中 1*X*（*Y*）～16*X*（*Y*）及 60*X*（*Y*）～69*X*（*Y*）这 52 个波道尽量不使用，其余 200 个波道与 VOR 和 ILS 通常配对使用。

4. 机载测距机

1）机载测距机组成

机载测距系统由询问器、天线、显示器和 VHF NAV 控制盒等组成，如图 4.48 所示。

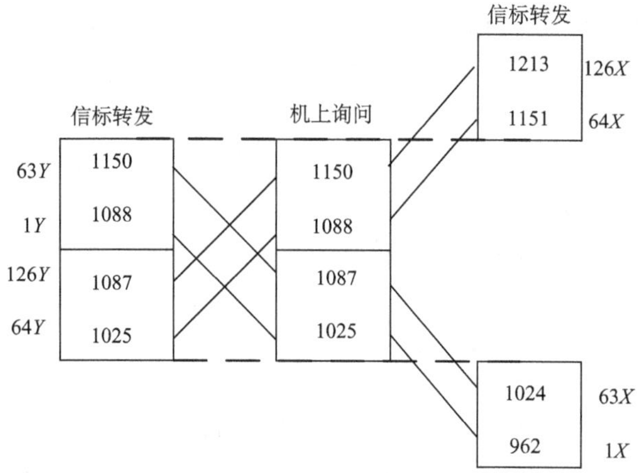

图 4.47 X/Y 波道划分

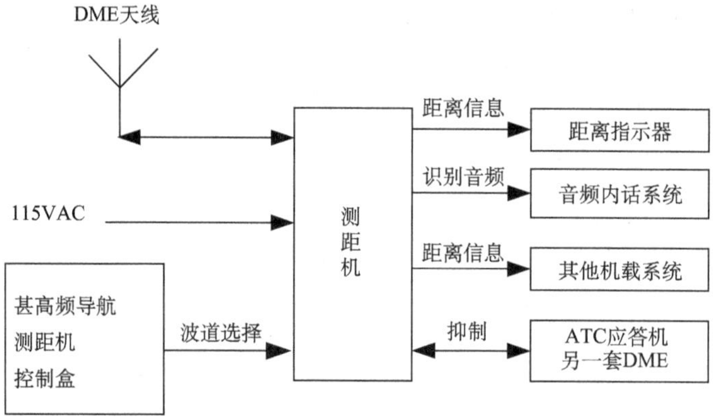

图 4.48 机载测距系统组成

DME 天线为（L 波段）刀形天线，用来发射询问信号和接收应答信号。该天线可与机载 ATC 天线完全相同，可以互换。

询问器实际是一个收发机和计数器。发射机产生 1025～1150MHz 的射频脉冲对询问信号，并由接收机接收地面 DME 信标的 962～1213MHz 的高频应答脉冲对信号，计算出飞机到地面 DME 信标的距离，该距离信息可在显示器上显示，同时，送到飞机其他系统使用。接收信号中还包含有地面 DME 信标的 1350Hz 的音频识别信号，输出至飞机音频系统。此外，询问器还可以执行自测试并指示故障。

控制盒与 VOR/ILS 共用，当选定 VOR 或 LOC 频率后，机载 DME 的工作频率即同时被配对选择和调谐。

显示器通常使用 RDMI 或 EHSI，显示距离信息。

2）询问器工作状态及转换

测距机在进入正常的距离测量状态，跟踪飞机距离的变化提供距离读数之前，需经历自动等待、搜索、预跟踪等进程。在距离测量过程中，同样也会因信号状态的变化进入记忆或者回到搜索状态。所以，测距机的实际工作状态可能是上述自动等待、搜索、预跟踪、跟踪或者记忆状态中的一种。图 4.49 所示为 DME 工作状态及其转换关系。

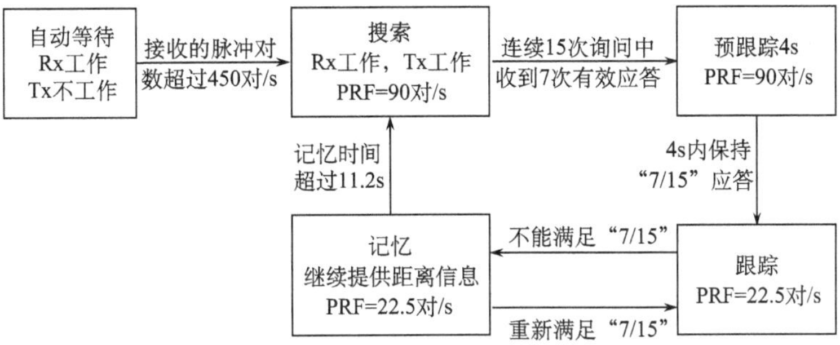

图 4.49 DME 工作状态及其转换关系

(1) 自动等待。

在空中接通测距机的电源、选定波道后，测距机即工作于自动等待状态。自动等待状态也可以称为信号控制搜索（SCS）状态。

在自动等待状态，测距机的接收电路正常工作，但发射电路是被抑制的。接收处理电路接收来自信标台的脉冲信号，并计算所接收到的脉冲对数。在飞机接近测距信标台的过程中，测距机所接收到的射频脉冲信号电压逐渐增高，所接收到的有效脉冲对数也会随之增加。当所接收到的脉冲对数超过 450 对/s 时，表明飞机已进入有效测距范围，测距机中的自动等待控制电路就触发编码电路开始发射询问信号，使测距机由自动等待状态转为搜索状态。

(2) 搜索。

所谓搜索，是指机载测距机在不断发射询问信号的过程中搜寻测距信标台对自己询问的应答信号，并初步确定这一应答信号相对于发射时刻 t_0 的间隔时间。

在搜索状态，测距机所产生的询问信号的平均重复频率较高，典型测距机的为 90 对/s，40 对/s 等。在众多的机载询问器同时向同一个信标台询问的情况下，某一机载测距机所接收到的信号中除了有对自己询问的应答信号外，还包括信标台对其他飞机测距机询问的应答信号。接收处理和距离计算电路对所接收的信号进行鉴别，以识别出信标台对自己询问的应答信号。这一识别过程就是搜索。

如果在连续的 15 次询问中识别出 7 次对自己的应答信号，测距机即可结束搜索，转入预跟踪状态。

(3) 预跟踪。

进入预跟踪状态后，测距机继续进行上述询问-接收识别过程。其询问仍然维持较高的询问率，即 90 对/s。

(4) 跟踪。

在经历 4s 的预跟踪状态后，测距机进入正常的跟踪状态。在跟踪状态，随着飞机与测距信标台距离的变化，应答脉冲与询问脉冲发射时刻 t_0 之间的时间间隔也随之改变，此时距离计算电路所产生的距离波门精确地跟踪应答脉冲，所提供的距离信息输往显示器，显示飞机的距离读数，距离读数跟踪飞机距离的变化，随之不断更新。

由于已经进入了正常的跟踪状态，所以询问率可以比搜索状态时的低，通常是从搜索状态的 90 对/s 降为 22.5 对/s，或者从 40 对/s 降为 12 对/s。

(5) 记忆。

倘若在跟踪状态由于某种原因而使上述“7/15”准则得不到满足，则测距机将转为记忆状态。

在测距机进入记忆状态后，距离计算电路按照飞机进入记忆状态时的运动速度和运动方向更新距离信息。此时距离显示器所显示的距离读数继续更新。一旦信号重新获得，测距机即由记忆状态返回跟踪状态，按照所获取的应答信号计算飞机的实际距离。如果记忆状态持续 4～12s（典型时间为 11.2s）仍不能重新获得有效的应答信号，则测距机将转为搜索状态，脉冲询问率重新增加到 90 对/s。

3) 应答抑制

由于飞机上的测距机和空中交通管制应答机、TCAS 都工作于频率相近的 L 频段，所以不应同时辐射信号，以免相互干扰。为此，当一台测距机发射时，该机所产生的 30μs 宽的抑制波门即通过互连的同轴电缆，加到两台 ATC 应答机、TCAS 计算机和另一台测距机，以抑制其发射；反之亦然。

4.4 卫星导航系统

卫星导航系统是利用导航卫星来实现导航功能的。导航卫星严格地控制在预定的轨道上运行，利用装在航行体上的无线电装置测出航行体与卫星之间的相对速度或位置，从而确定航行体在地球上的位置等导航参数。

世界上第一个卫星导航系统是美国的全球卫星定位系统（GPS），1993 年 12 月 8 日，美国宣布 GPS 达到了初始运行能力（IOC），1995 年 7 月 17 日，宣布达到了全部运行能力（FOC）。GPS 的额定星座由 24 颗卫星组成，分布在 6 条轨道上。第二个卫星导航系统是俄罗斯的 GLONASS 系统，1996 年 1 月 24 日宣布其 24 颗卫星正式发射信号，标志着系统正式投入运行。1999 年，欧洲联盟决定于 2001 年正式启动并发展自己的卫星导航系统 Galileo，经过多方论证后，于 2002 年 3 月正式启动。系统建成的最初目标是 2008 年，但由于技术等问题，延长到了 2011 年。2010 年初，欧盟委员会再次宣布，伽利略系统将推迟到 2014 年投入运营。Galileo 计划分别与 2011 年 10 月 21 日和 2012 年 10 月 12 日成功发射四颗卫星，初步发挥地面精确定位的功能，但由于经济与欧盟政治体制等原因，导致该系统还不能提供全球服务。北斗卫星导航系统（BeiDou Navigation Satellite System，BDS）是中国正在实施的自主研发、独立运行的全球卫星导航系统，是继美国的 GPS 和俄罗斯的 GLONASS 之后的第三个成熟的卫星导航系统。与 GPS、GLONASS 和 Galileo 系统并称全球四大卫星导航系统。北斗卫星导航系统于 2011 年 12 月 27 日起提供连续导航定位与授时服务。

4.4.1 全球卫星定位系统

GPS 是 20 世纪 70 年代由美国陆海空三军联合研制的新一代空间卫星导航定位系统。其主要目的是为陆、海、空三大领域提供实时、全天候和全球性的导航服务，它可提供高精度的三维空间定位、三维速度和高精度的时间，并用于情报收集、核爆监测和应急通信等一些军事目的。

1. GPS 概述

GPS 系统由空间段（SS）、地面段（CS）和用户段（US）三部分组成，如图 4.50 所示。

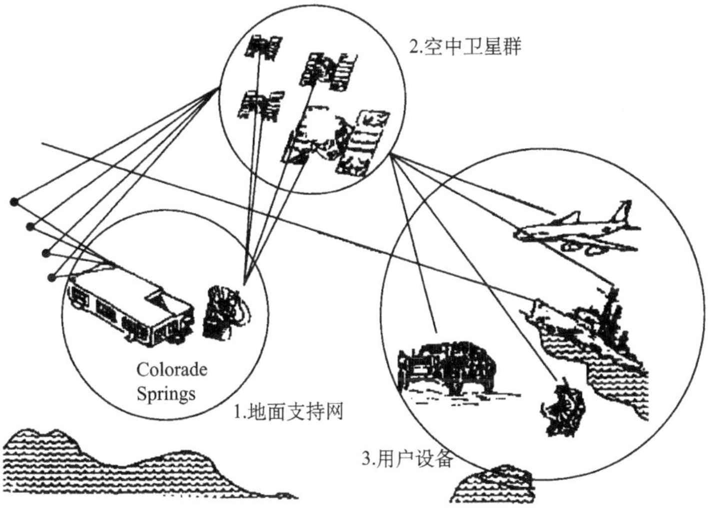

图 4.50 GPS 系统组成

1）GPS 的空间段

GPS 的空间段由 24 颗卫星组成，等间隔分布在 6 个倾角为 55°、高度约 20202km（10908nmile）的地球同步轨道上，每条轨道上有 4 颗卫星，每个卫星约每 12h 绕以地球为中心的轨道转一圈。其中有 21 颗卫星覆盖了全球，另外 3 颗则作为轨道备用卫星，因此，可以在 3 颗卫星故障的情况下仍能提供全功能服务。每颗卫星绕地球运行两圈时，地球恰好自转一周。这样，每颗卫星每一恒星日（23h56min3.6s）有 1～2 次通过地球上同一地点的上空。每一颗卫星每天至少一次通过一个地面控制站的上空，因此控制站可全部设在美国国内。

卫星接收地面站发送来的星钟修正参数、电离层校正参数等导航电文，以便为用户提供精密定位服务（PPS）和标准定位服务（SPS）。卫星向用户设备连续发射带有导航数据、测距码和精确时间的无线电信号。

2）GPS 的地面段

地面段是由地面上的控制站和监测站组成的地面支持网构成。它们连续地监测并跟踪各个卫星，以完成如下工作。

（1）监测并修正卫星的轨道和卫星时钟。

（2）计算并生成卫星导航电文。此电文具有说明卫星未来位置的更新信息，并收集所有 GPS 卫星的最新数据。

（3）有规则地不断更新卫星导航电文。

GPS 的地面段由 1 个主控站（Master Monitor Station）、5 个监测站（Monitor

Station）和3个注入站组成。监测站对卫星进行无源跟踪并对卫星信号品质进行监测，所产生的数据送至主控站。在主控站进行处理，产生对所有GPS卫星的星历和时间校正量的预报值，经上行注入站每隔8h向卫星发送一次。卫星存储这些数据，格式化为电文，然后广播至地球附近的用户。

① 主控站。主控站（MSC）设在美国科罗拉多州斯普林斯的联合空间工作中心，还有一个位于马塞诸塞州的盖塞尔斯堡的备用主控站。主控站有一个原子钟，此钟是GPS的基准。主控站负责系统运转的全面控制，即提供GPS的时间基准、处理由各监控站送来的数据、编制各卫星的星历、计算各卫星钟的偏差和电离层校正参数等，然后把不断更新的导航电文送到注入站再转发给卫星。

② 监测站。监测站（MS）现在共有12个。每个监测站有一台用户接收机、若干台环境数据传感器、一个原子钟和一台计算机信息处理机。它的任务是：记录卫星时钟的精度；对所有视见卫星每1.5s测量一次距离数据，主控站利用此数据计算并预测卫星轨道；监测导航电文；收集当地环境气象数据，如气压、气温等（主控站用它计算对流层的信号延迟）。

③ 注入站。监测站中有4个也作数据的上行注入站。注入站为主控站和卫星之间提供接口。它用1754～1854MHz的频率向卫星注入有关数据。注入数据有用户导航电文（包括时钟校正参数、大气校正参数）、卫星星历及全部历书数据。

3）GPS的用户段

GPS的用户段就是GPS接收机。其主要功能是能够捕获到按一定卫星截止角所选择的待测卫星，并跟踪这些卫星的运行。当接收机捕获到跟踪的卫星信号后，就可测量出接收天线至卫星的伪距离和距离的变化率，解调出卫星轨道参数等数据。根据这些数据，接收机中的微处理计算机就可按定位解算方法进行定位计算，计算出用户所在地理位置的经纬度、高度、速度、时间等信息。要计算四维数据——经度、纬度、高度（位置）和时间，就需要4颗卫星。

2. GPS导航定位原理

卫星导航定位系统中，飞机通过测量对卫星的相对位置，进而确定自己在宇宙空间或在地球上的位置。导航卫星是系统设置在空间的导航台，是基准。为了实现高精度导航定位，必须准确知道任一时刻卫星在空间的位置：X，Y，Z。这可通过导航卫星向外发射的卫星星历得到。

导航卫星的星历是不同时刻的一组组时空数据，即（t_i，X_i，Y_i，Z_i，$i=1, 2, 3, \cdots$）称为卫星星历。

用户接收机上也安装了时钟，用户机在接收到导航卫星的星历后，只要与自身时钟的时间对比，就可以获得发送时间与接收时间的时差，再乘以光速，就可以得到与卫星的距离。即

$$r = c \times \tau \tag{4.43}$$

式中，c为电波传播速度，即光速；τ为电波传播时延。

通过空间解析几何可知，在一个立体直角坐标系中，任何一个点的位置都可以通过三个坐标数据X、Y、Z来得到确定。如果能测得某一点与其他三点A、B、C的距离，并确知A、B、C三点的坐标，就可以建立起一个三元方程组，解出该未知点的坐标数据，

从而得到该点的确切位置。因此，用户在地球上任何一个位置都需要观测到至少三颗卫星（设为 A、B、C），因此，用户根据接收的卫星星历，测得与它们的距离，就可以解算出自身的坐标。设三颗卫星的坐标分别为（X_A，Y_A，Z_A）、（X_B，Y_B，Z_B）和（X_C，Y_C，Z_C），建立的三元方程组为

$$\begin{cases}[(X-X_A)^2+(Y-Y_A)^2+(Z-Z_A)^2]^{1/2}=r_A \\ [(X-X_B)^2+(Y-Y_B)^2+(Z-Z_B)^2]^{1/2}=r_B \\ [(X-X_C)^2+(Y-Y_C)^2+(Z-Z_C)^2]^{1/2}=r_C\end{cases} \tag{4.44}$$

但在实际应用中，这个做法仍有缺陷。由于用户机受空间和能源的限制，只能采用精度较差的石英钟，因此不可能做到与卫星时钟的完全同步，存在时钟差 Δt。在有钟差 Δt 的情况下，用户测量的传播延时 τ' 并不等于真正的电波传播延时 τ，相差 Δt。即

$$\tau'=\tau+\Delta t, \qquad r'=c\tau'=c(\tau+\Delta t)=r+c\times\Delta t \tag{4.45}$$

把 τ' 对应的距离 r' 称为伪距离。

这样测量出来的传播延时和由此所计算得出的距离与真正的值有较大的误差。为消除这一误差，GPS 测距时同时接收 4 颗卫星的信号，从而把钟差 Δt 也作为一个未知数，与坐标共同组成一个四元方程组，与坐标一起解算出来，从而保证了相当高的定位精度。即

$$\begin{cases}[(X-X_A)^2+(Y-Y_A)^2+(Z-Z_A)^2]^{1/2}-c\times\Delta t=r_A \\ [(X-X_B)^2+(Y-Y_B)^2+(Z-Z_B)^2]^{1/2}-c\times\Delta t=r_B \\ [(X-X_C)^2+(Y-Y_C)^2+(Z-Z_C)^2]^{1/2}-c\times\Delta t=r_C \\ [(X-X_D)^2+(Y-Y_D)^2+(Z-Z_D)^2]^{1/2}-c\times\Delta t=r_D\end{cases} \tag{4.46}$$

三维导航是 GPS 的最主要功能。GPS 接收机被用在飞机、轮船、汽车上，也可以个人手提使用。

使用 GPS 接收机可以提供相对于某一基准位置的精确定位，它可以提供相对于该远程接收机的修正和相关位置数据，如观测、大地测绘、大气参数的测量和星球的构造研究等。

时间和频率校准是 GPS 的另一个用途，因为有受地面站控制的卫星的精确时钟，宇航观测、远程通信设施、实验室标准都可以用具有特殊用途的 GPS 接收机进行精确的时间设定或精确的频率控制。

3. GPS 提供的两种服务

GPS 提供两种服务。一个是民用服务，称为标准定位服务（SPS），用 GPS 卫星发射的 1575.42MHz L1 载频信号和传输速率为 1.023Mbit/s 的 C/A 伪随机码提供，为全世界所有用户开放使用，按 2001 年公布的标准，其空间信号精度是：水平定位误差≤13m（95%），垂直定位误差≤22m（95%），定时误差≤40ns（95%）。另一种服务是军用服务，称为精密定位服务（PPS），用 GPS 卫星发射的 L1 和频率为 1227.6MHz 的 L2 两个载频信号以及传输速率为 10.2323Mbit/s 的保密的 P（Y）伪随机码提供。由于 PPS 用了双载频，所以可校正由电离层折射引起的误差。使用 P（Y）码，一方面对军用保密，另一方面因为码速率高而有较小的接收机噪声、高的扩频增益和抵抗多径干扰的能力，因而 PPS 无论是抗干扰能力还是精度都高于 SPS。

4. 机载 GPS

机载 GPS 系统由 GPS 天线和多模式接收机（MMR）组成。

飞机上一般装两套 GPS 系统。GPS 天线 1 接收卫星信号并将它送给 MMR1，而 GPS 天线 2 将卫星信号送给 MMR2，MMR 用于接收天线所收到的卫星导航数据并计算 GPS 数据，计算出飞机位置和精确时间再把它送给飞行管理计算机（FMC），FMC 把 GPS 来的位置信息或导航无线电来的位置信息与 IRS 数据结合起来，并计算出最终的飞机位置。MMR 可以执行自检和指示故障。

5. 差分 GPS

目前 GPS 可以得到的水平位置（无论是军用还是民用）精度为 16m，但在 2000 年取消"选择可用性"的限制以前，情况并不是这样的。

考虑到潜在的敌人会采用 GPS 发射导弹和其他武器对美国进行攻击，美国策略性地降低了 GPS 的精度，这就是"选择可用性"。GPS 地面中心故意引入卫星时钟误差以减小精度，使民用导航位置精度 95%的概率为 100m。一般情况下该精度符合导航的需要，但在实际中，对机载导航来说，却满足不了精确性和综合性的要求。因此，一种辅助的导航方式——差分 GPS（DGPS）被开发出来用于提高位置精度，以适应日益增长的民用需求。

DGPS 可以定义为"由 GPS 伪距进行实时修正的移动站定位。修正是由静态基准站确定，并发送到移动站的。监控站可包括在该系统中，对基准站发射信号进行性能监测。"

DGPS 是一种相对定位方式，至少要有两台 GPS 接收机，一台放在位置已精确测定的已知点，将其称为基准站，另一台放在运动载体（一个用户）上，称为流动站。图 4.51 说明了 DGPS 的基本原理。基准站和流动站同时进行 GPS 观测，将基准站得到的单点定位的结果，与基准站坐标比较，求解出实时差分修正值，以广播或数据链传输方式，将差分修正值传送至流动站，以修正流动站 GPS 定位解，提高其局部范围内用户的定位

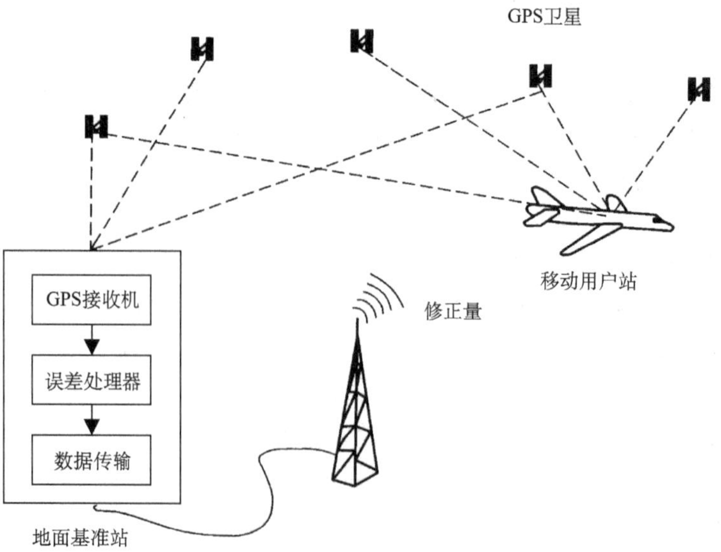

图 4.51 差分 GPS 的原理图

精度。利用这一方法可以将用户的实时单点定位精度提高到米级。

GPS 系统中存在的误差，主要是由以下几个方面引起的。

（1）卫星星历误差。卫星位置是所有位置计算的初始点，所以星历数据直接影响系统的精度。GPS 卫星被投放到很高的轨道上，不受地球高层大气的影响。即便如此，它们同样也会从原轨道上缓慢漂移，从而造成了系统误差。

（2）大气误差。无线电波速度以光速在真空中传播，当穿越电离层和地球大气时会逐渐变慢。这分别是因为收到电离层中带电粒子以及对流层中的水蒸气和中性气体的影响。这些延迟直接导致了位置误差。

（3）多路径误差。GPS 卫星信号的接收是直线直接接收的，但同时地面反射信号也可能被吸收。反射信号比直线信号略有延迟，形成多路径信号，这样形成的噪声称为多路径误差。

（4）接收器时钟误差。GPS 接收器时钟的内部噪声引起的微小误差。

因为基准站接收器和用户接收器的上述误差是相同的，DGPS 可以抵消大多数的误差。情况不同的只有多路径误差和接收器误差，它们受当地情况影响。DGPS 显著地提高了精度。

DGPS 有局域 DGPS 和广域 DPGS 两种主要技术，其中局域 DGPS 包括单基准站局域 DGPS 和多基准站局域 DGPS。单基准站局域 DGPS 是只有一个基准站和若干流动站组成的 DGPS 系统。对于单基站局域 D-GPS 而言，随着基准站与流动站距离的增加，两种站之间的误差的相关性在减小，因此，精度会随着距离的增大而降低。若采用多基站局域 DGPS 则可提高精度，并增大差分范围。

多基站局域 DGPS 的组成是，在局部区域内，布设若干个基准站和一个监控站，组成一个 DGPS 基准站网，位于该区域中的流动站，根据与其周围的基准站之间的距离的远近，对多个基准站提供的改正信息采用加权平均法或最小方差法，对来自多个基准站的改正信息进行平差计算，求得自己的改正数或距离改正数，然后，得到自己的位置坐标。

若在局部区域内，基准站布设得很多、很密，流动站总能找到一个与自身误差相关的基准站，这样能保证定位精度。流动站与基准站之间的距离一般在 500km 以内，能获得较好的定位精度。

广域 DGPS 的基本思想是，首先对 GPS 观测量的误差源进行区分，分别对每一误差源“模型化”，然后将每一误差源的数值，通过数据链传输给流动站，对流动站的 GPS 定位误差加以改正。

表 4.3 对三种 D-GPS 进行了特性比较，在此不详细介绍。

表 4.3　三种 D-GPS 特性比较

DGPS 模型	优点	缺点
单基站局域 DGPS	结构、模型简单	差分范围小，精度随距基准站距离的增加而下降
多基站局域 DGPS	差分精度高、可靠性高，差分范围增大	差分范围仍然有限，模型不完善
广域 DGPS	差分精度高、差分精度与距离无关、差分范围大，作用范围可达 1000km，精度为±1m	系统结构复杂、建设费用高

4.4.2 北斗导航定位系统

在GPS系统中，卫星只起到广播测距信号的作用，用户机根据接收到的测距信号自主解算坐标。因此该系统是一个开放系统，可容纳的用户机数量不受限制。同时由于用户机只接收信号，不需要发射信号，因此它的定位保密性强。这两点对于在军事上的应用尤其有价值。

GPS系统覆盖面大，精度高，是一种性能优秀的全球卫星定位系统。但是，该系统是一个由美国国防部控制的系统，因此，出于国家安全方面的考虑，一些国家希望建立自己的卫星定位系统。但是，GPS类的卫星定位系统技术难度大，投资大，一般国家难以承担。因此，一些国家就采用了技术难度相对较低、投资相对较小的RDSS（"卫星无线电定位服务"的英文缩写）系统。我国研制的"北斗导航系统"（简称"北斗"，BDS）系统就属于这一类。

1. "北斗"的工作原理

前面已经指出，对于一个坐标未知点，如果能测得该点与其他三点A、B、C的距离，并确知A、B、C三点的坐标，就可以根据已经建立的数学模型，解算出该点的确切坐标。北斗系统同样是采用了这个方法，但它只用了位于赤道上空的两颗同步卫星提供两个距离值，第三个距离值采用未知点与地心的距离，这个数值可以通过地球半径加上用户自身的海拔高程得到。这样，由于地心坐标已知，因此通过三个距离值和三点的坐标，就可以解算出用户机的具体坐标了。

对于用户级的海拔高程，北斗系统是采用在数字地图上进行查找的办法获取的。其原理是：将地球表面当作一个不规则球面，根据用户机到两颗卫星的距离，在数字地图上搜索符合条件的点，其结果就是用户的坐标。由于采取了这样的工作原理，因此北斗系统的工作过程与GPS系统有着很大的不同。

北斗系统的一次定位工作流程简述如下：

（1）由地面中心站向位于同步轨道的两颗卫星发射测距信号，卫星分别接到信号后进行放大，然后向服务区转播；

（2）位于服务区的用户机在接收到卫星转发的测距信号后，立即发出应答信号，经过卫星中转，传送到中心站；

（3）中心站在接收到经卫星中转的应答信号后，根据信号的时间延迟，计算出测距信号经过中心站—卫星—用户机—卫星—中心站的传递时间，并由此得出中心站—卫星—用户机的距离，由于中心站—卫星的距离已知，由此可得用户机与卫星的距离；

（4）根据用上述方法得到的用户机与两颗卫星的距离数据，在中心站储存的数字地图上进行搜索，寻找符合距离条件的点，该点坐标即所求的坐标；

（5）中心站将计算出来的坐标数据经过卫星发送往用户机，用户机再经过卫星向中心站发送一个回执，结束一次定位作业。

2. "北斗"与GPS的区别

由上述定位过程可见，北斗系统的定位作业需要中心站直接参加工作，中心站在每次定位过程中都处于核心的位置。这使它具有一些与GPS系统不同的特殊特性：

（1）从北斗系统的定位过程可以看出，它是一个有源系统，用户机在定位过程中必须发射信号。这是它与GPS系统最大的不同。既然可以发送信号，就可以具备通信能力。因此，北斗系统具有低速通信功能，可以在中心站与任意一用户机之间或任意两个用户机之间一次发送36个汉字字符的信息，经过授权的用户一次可以发送120个汉字的信息。这个功能是GPS所无法具备的。

(2) 北斗系统每次定位作业都是由用户机发出请求，经过中心站解算出坐标，然后发送给用户机。这种工作方式使得北斗系统存在着用户容量限制，凡是未经授权的用户都无法利用北斗系统进行定位作业，因而具备极好的保密性和反利用性。

(3) 北斗系统一次定位需要测距信号经中心站—卫星—用户机往返两次，因此费时比较长，从用户机发出定位请求到收到定位数据大约需要1s，因此它不适合飞机、导弹等高速运动的物体，而更适合舰船、车辆、人员等低速运动目标的定位。

北斗系统的这些特性运用到军事上，还具有以下一些特殊的功能。

(1) 北斗系统的短信功能可以用来传递简短的命令和信息，从而极大地便利部队的指挥和信息流动。但由于需要发送信号，不利于隐蔽，因此在军事上使用时，必须制定严格的保密措施和使用规范。同时，由于北斗系统需要用户机在中心站拥有自己的账号，因此它有容量限制，不像GPS系统那样，在理论上可以容纳无限多的用户。

(2) 由于北斗系统的解算工作都在中心站进行，因此在用户得知自己的方位的同时，别人也可以知道其方位。运用在军事上，这意味着部队的上级领导机关可以随时掌握装备了北斗用户机的部队的方位，从而便利指挥。在2001年的车臣战争中，俄罗斯军队一支小分队被叛军包围，因上级始终不知其位置，无法增援，最终全军覆没。如果当时俄军装备了类似北斗系统这样的定位系统，这一悲剧就不会发生。但是，如果敌方破解了北斗系统的电文密码，然后向中心站发送大量伪信号，就可以导致中心站的主处理机不堪重负而瘫痪，从而导致整个系统停止工作。另外，如果敌人摧毁了中心站，也会导致系统的瘫痪。

第5章 监视系统

5.1 民航监视系统概述

国际民航组织（ICAO）对CNS/ATM监视系统的发展主要是二次雷达监视（SSR）和自动相关监视系统（ADS）。其中，二次雷达监视主要用在高交通密度陆地区域，自动相关监视主要用在海洋区域及边远陆地区域，并可作为高交通密度陆地区域二次雷达的补充。但在很长时间内，一次雷达也会继续使用。本章主要介绍雷达系统、自动相关监视系统及其机载监视设备。

5.1.1 监视设施

监视就是通过一些监视设施来掌握飞机的飞行动态。监视设施包括三个方面，即飞行流量管理系统、航路监视系统和终端区监视系统。

1. 飞行流量管理系统

飞行流量管理系统是一种多架飞机同时进、出港以及飞越航空站区域的管制自动化系统。在实施空中交通管制的工作中，许多机场都会遇到同时间范围内，有多架飞机进出同一航空站的情况。在一些飞行活动繁忙的机场，这种同时进、出的飞行活动是很频繁的。遇到这种情况时，最重要的是建立良好的飞行秩序，防止飞机在空中危险接近和相互碰撞。要做到这一点，就必须合理控制流量，及时调配飞行冲突，准确掌握每架飞机的位置、高度以及飞机之间的相互关系，使飞机之间保持规定的安全间隔、距离和高度差，从而防止飞机与飞机、飞机与障碍物之间的碰撞。

流量控制就是根据航路和机场的地形、天气特点、通信导航和监视设备等条件，以及管制技术水平和有关工作间隔的规定，对某航路或某个机场在同一时间所容纳的飞机架次加以限制。

为了与飞机架次及客流量增加相适应，达到对飞机流量的有效管理，我国规划建立以北京为中心的航管主控中心，接收全国10个航路管制中心的雷达数据和飞行计划数据，统一处理和调配全国10个分中心的飞行流量。同时在全国还建立了分区控制中心，它的任务是接收本区范围内的雷达和飞行计划数据，管理和调控本管制区航路的飞行流量，其中首都机场分区控制中心具有主控中心和相邻分区控制中心的功能。

无论是主控中心，还是分区控制中心，均由数据处理计算机、终端显示系统和数据打印系统等组成。

2. 终端区监视系统

终端区需要实时并精确掌握飞机的位置，而雷达系统能实时反映飞机的位置，并且位置精度很高，所以一般采用雷达监视系统。该系统一般包括三种雷达：场面监视雷达、一次雷达和二次监视雷达。

3. 航路监视系统

对于不同的航路区域，根据设备在不同区域的安装情况，该系统一般包括一次雷达、二次雷达和自动相关监视系统（ADS)。

5.1.2 空管监视手段和实施方法

空中交通管制部门实现对飞机的监视有三种方法，即独立监视、相关监视和协同监视。所谓“独立”是指地面自行监控，不依靠用户或外部传媒，如一次雷达监视依靠目标对雷达电波的反射来实现监视；凡是依靠用户发送位置报告的均为“相关”，如自动相关监视利用机载设备自动传送飞机位置报告，可以实现数据链管制；而依靠用户应答或第三方传媒者称为协同监视，如二次雷达就是利用地面二次雷达发射询问信号，机载应答机发射应答信号进行工作的。

5.2 雷 达

5.2.1 雷达概述

雷达是英文 Radar 的音译，源于词组 Radio Detection and Ranging 的缩写，原意为“无线电探测和测距”，就是利用无线电波发现目标并测定其位置。

1937 年，第一部可使用的雷达 Chain Home 在英国建成。

从 20 世纪 30 年代起，除英国、美国外，法国、苏联、德国和日本同时致力于雷达的研究。在第二次世界大战末期，由于微波磁控管的研制成功和微波技术在雷达中的应用，使雷达技术得到了飞速的发展。

20 世纪 50 年代末以来，由于航天技术的飞速发展，飞机、导弹、人造卫星以及宇宙飞船等均采用雷达作为探测和控制手段。尤其是 60 年代中期对研制的反洲际弹道导弹系统提出了高精度、远距离、高分辨力和多目标探测的要求，使雷达技术进入了蓬勃发展的时期。

近年来，由于雷达采用了一些新理论、新技术和新器件，雷达技术进入了一个新的发展阶段。特别是计算机技术的应用，给雷达带来了根本性的变革。雷达的功能已超出“无线电探测和测距”的含义，它还可以提取有关目标的更多信息，如对目标的识别，测定目标的高度、属性等。

当前，雷达在民航的各个方面，用途各异，为了满足用途不同的要求，雷达的种类很多，其分类方法如下。

按雷达的工作方式分为主动式、应答式、半主动式和被动式。

按发射信号的形式分为脉冲雷达、连续波雷达、脉冲压缩雷达和编码雷达。

按雷达接收回波的方式分为一次雷达和二次雷达。

由发射系统发射一束射频能量，然后再接收其中由目标反射回来的一小部分能量的雷达，称为一次雷达（PSR)。

由雷达发射一组目标飞机应答机可以识别的特征脉冲，然后由目标飞机在约定的精确时间间隔内发射一串应答编码脉冲，靠发射这些应答脉冲来提供目标飞机信息的雷达，称为二次雷达（SSR)。

5.2.2 雷达的工作原理

雷达是根据接收到目标的回波来发现目标和测定目标位置的。目标的空间位置可以用多种坐标来表示，有直角坐标系、极坐标系等。在雷达应用中，最为简便的是采用极坐标系，如图 5.1 所示。图中空间任意一目标 A 所在位置可用三个坐标来确定，如果定义雷达所在地为坐标原点 O，则目标 A 的坐标为斜距 r、方位角 β 和仰角 ε 三个量。如果需要知道目标的高度和水平距离，那么目标 A 可用方位角 β、水平距离 D 和高度 H 三个量表示。显然目标的高度 H、水平距离 D 和斜距 r 及仰角 ε 之间的关系为

$$H = r\sin\varepsilon$$

$$D = r\cos\varepsilon \tag{5.1}$$

所以，雷达测定目标的位置，实际上就是雷达对目标进行测距和测角，即测定目标的斜距 r 和两个角度（ε 和 β）。

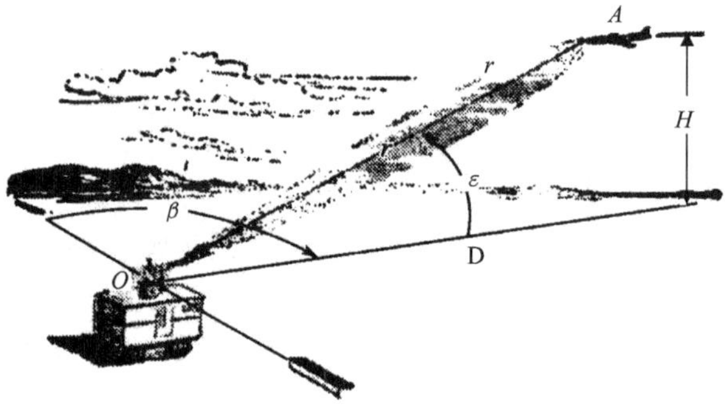

图 5.1 雷达目标的坐标

1. 目标斜距的测量

雷达测距是基于无线电波在空间以等速直线传播这一物理现象。雷达工作时，发射机经天线向空间发射一串重复周期一定的高频脉冲。如果在电磁波传播的途径上有目标存在，那么雷达就可以接收到由目标反射回来的回波。由于回波信号往返于雷达与目标之间，它将滞后于发射脉冲一个时间 t_r，如图 5.2 所示。电磁波是以光速传播（为 c），若设目标的距离为 r，则

$$r = ct_r/2 \tag{5.2}$$

由于光速很快，t_r 值一般很小，因此单位以微秒（μs）计。若 r 以米计，时间以 μs 计，则

$$r = 150t_r \tag{5.3}$$

如果目标距离雷达 150km，由式（5.3）可知，电波往返的时间 t_r 仅有 1000μs。可以看出，雷达测距过程极为短暂。

2. 目标角位置的测量

目标角位置是指方位角或仰角，在雷达技术中测量这两个角的位置基本上都是利用天线的方向性来实现的。雷达天线把发射的电磁波集中在一个狭窄的空间内，根据收到回波

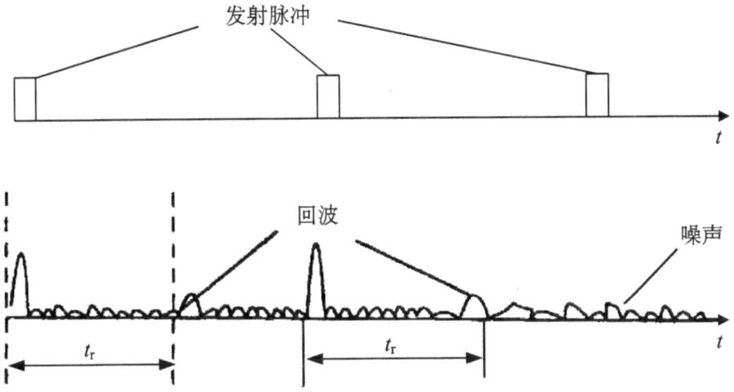

图 5.2　雷达测距

信号的幅度强弱来决定被测量目标的方向，这种方法通常称为幅度法测角。幅度法测角可以分为最大信号法、最小信号法和等信号法三种。

1）最大信号法

最大信号法是根据回波信号的最大值来确定角度的，如图 5.3 所示。雷达天线将电磁能量汇集在窄波束内，当天线波束轴对准目标时，回波信号最强；当目标偏离天线波束轴时，回波信号减弱。根据接收回波最强时的天线波束指向，就可确定目标的方向。该测角方法比较简单，但是精度较低，一般用在警戒雷达中。

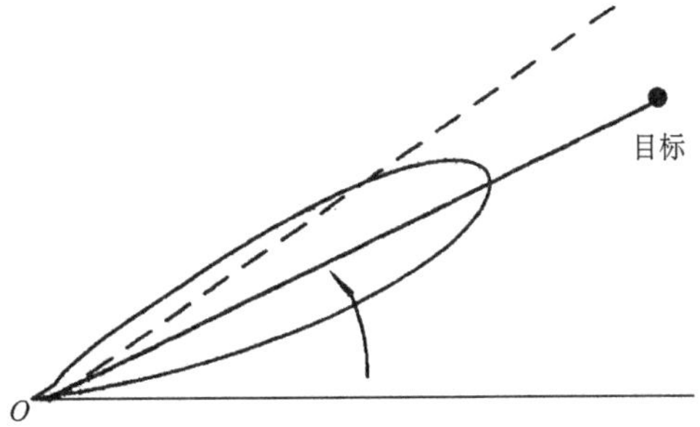

图 5.3　目标方位的测定

2）最小信号法

最小信号法是按照信号最小值来确定角度的。当天线波束扫过目标时，其回波信号最小值的方向定为目标的方向。由于最小值附近信号强度变化很剧烈，因此这种方法从原理上测角精度很高。但由于接收机噪声的影响，使得最小信号无法接收，这实际上降低了测角精度。另外，在天线对准目标时，信号最小，甚至消失在噪声中，此时不能进行测距。该方法一般不单独使用，可以与最大信号法合用来提高最大信号法的测角精度。

3）等信号法

这种方法需要天线产生两个交叠的波束，并互相叉开一个角度。当天线对准目标时，两个波束收到的回波信号强度相等，没有对准时两个波束收到的信号强度不同。通过等信号法测角具有较高的测角精度，一般用在跟踪雷达中。但对准目标时，每一波束收到的信号不是最大，因而降低了雷达的探测距离。

3. 目标速度的测量

有些雷达除确定目标的位置外，还需测定运动目标的相对速度。当目标和雷达站之间存在相对速度时，接收到回波信号的载频相对于发射信号的载频产生一个频移，即多普勒频移

$$f_d = 2v_r/\lambda \tag{5.4}$$

式中，f_d 为多普勒频移（Hz）；v_r 为雷达与目标的径向速度（m/s）；λ 为载波波长（m）。

当目标向雷达站运动时，$v_r>0$，回波载频提高；反之，$v_r<0$，回波载频降低。雷达只要能够测量出回波信号的多普勒频移 f_d，就可以确定目标与雷达站之间的相对速度。

4. 目标高度的测量

测定目标高度的原理以测距和测仰角的原理为基础。因为目标的高度 H 与斜距 r、仰角 ε 之间有如下关系：

$$H = r\sin\varepsilon \tag{5.5}$$

式中，r 和 ε 可以通过测距和测角得到。

式（5.5）只适宜用来计算近距离目标的高度。当目标距离较远，地球表面弯曲的影响已不能忽略时，还必须加上高度修正量。所以航管雷达一般不通过该方法测量飞机的高度。

5.2.3 民航一次雷达

1. 民航一次雷达的分类

整个民航空中交通管理系统使用的一次雷达，按其区域使用来划分，一般可分为航路监视雷达、机场监视雷达和精密进近雷达。

1）航路监视雷达（ARSR）

航路监视雷达（Aero-Route Surveillance Radar，ARSR）是一种远程搜索雷达，它的作用距离为300～500km，主要用于监视连接各个机场之间的航路和航路外的飞机活动情况，为管制部门随时提供在其管辖范围内的飞机活动情况。航路监视雷达一般供区域管制之用。

管制人员根据空中情况，监视飞机之间的安全间隔，检查是否有发生两机相撞的可能。如发现有危险事故征候，则对飞行员发出指令，以避开冲突，从而保证航路飞行的安全，提高航路利用率。此外，还能确定迷航飞机的位置和协助飞机绕过天气恶劣的区域。

为了实现雷达管制，需要将航路监视雷达连接成雷达网，甚至达到两重雷达覆盖，以便各管制中心能了解全部空域内的空中情况，使区域管制更加有效、准确和及时。如我国发展的以北京为中心的空管运行中心和以北京、广州、上海为中心的航路管制中心，需要提供联网的雷达数据。

2）机场监视雷达（ASR）

机场监视雷达（Airport Surveillance Radar，ASR）亦称机场调度雷达，是一种近程搜索雷达，用于探测以机场为中心，半径为100～150km的各种飞机的活动。通常它以平面位置显示器来显示飞机的距离和方位，一般都与二次雷达配合使用。

管制人员根据机场监视雷达所提供的情况，并根据飞机的请求和各飞机之间应该保持的安全间隔，实施机场区域的交通管制和导航。在能见度很差的情况下，可大大减少飞机起飞和着陆的时间间隔，提高起飞和进场着陆的效率，提高机场飞行密度，保证飞行安全。

3）精密进近雷达（PAR）

精密进近雷达（Precision Approach Radar，PAR）（着陆雷达）是一种装在跑道头一侧的波长为 3cm 的雷达。它发射左右扫描共 20°的航向波束，上下扫描共 10°的下滑波束，波束中心仰角为 7°。用以监视进近着陆空域内的飞机，作用距离可达 40～60km，这是一种由塔台指挥引导飞机进近的设备。对于飞行员来说，完全被动，需绝对服从塔台的指挥。

4）机场场面监视雷达

机场场面监视雷达用于提供机场上地面目标（如飞机、牵引车、加油车、载客车等）的平面位置图，对着陆飞机的飞行员或牵引驾驶员进行指示和帮助，使飞机滑行或被牵引到目的位置，特别是在有雨、雪、雾等恶劣气象条件下。场面监视雷达（Surface Movement Radar，SMR）是机场场面监视雷达比较常见的一种。

场面监视雷达主要用于监视机场场面上的航空器与车辆。自 20 世纪 70 年代投入使用后，在国内外得到了广泛的应用。

5）气象雷达

气象雷达用于在飞行中实时探测前方航路上瞬息万变的气象状况，是保证飞行安全的重要机载电子设备之一。

20 世纪 70 年代以来，气象雷达在电路结构和器件工艺方面都获得了明显的改进和发展，提高了设备的性能和可靠性。目前，民航干线飞机大都已装备彩色气象雷达，但也有一些机型所装备的气象雷达仍使用黑白显示器。

民航所应用的气象雷达有地面气象雷达和机载气象雷达两种。地面气象雷达用于探测有关空域的气象状态，获取气象信息资料，以进行气象预报。民航系统设置的地面气象雷达，主要用于对机场、管制空域和主要航路的气象预报和实时监视。机载气象雷达的基本功用是在飞行中连续地向飞行员提供飞机前方航路上及其两侧的气象状况及其他障碍物的平面显示图像。飞行员根据所显示的图像，即可选择安全的航线避绕危险的气象区域或其他障碍物。气象雷达也可以提供关于飞机前方地表特征的地图显示，以帮助飞行员识别地标，判断飞机的位置。

（1）机载气象雷达对气象目标的探测。

机载气象雷达的基本功用，就是检测飞机前方航路上的雷雨区等危险气象区域，确定其强度、距离及方位，以使飞行员能够在飞机进入这些危险区域之前，及早操纵飞机避开这些危险区域，保障飞行的安全。

在飞行中，机载气象雷达通过不断扫掠的天线向飞机前方及其两侧扇区辐射功率强大的雷达脉冲信号，同时接收由降雨区等含水气象目标所产生的雷达回波。回波信号在雷达接收机和显示器中经过复杂的处理，最终以光信号——明亮的目标图像形式，在显示器上显现出来。气象雷达所提供的目标显示图形如图 5.4 所示。

在图中，可看出彩色气象雷达用象征性的颜色来表示降雨率不同的区域。

大雨区域（降雨率超过 12mm/h）的图像为红色，表示该区域危险性较大；

中雨区（降雨率为 4～12mm/h）的图像为黄色，表示该区域具有一定的危险性；

小雨区（降雨率在 4mm/h 以下）用绿色图像来表示；

微雨（降雨率在 1mm/h 以下）或无雨区在荧光屏上则显示微黑色-荧光屏上的对应区域不产生辉亮图像；

机载气象雷达不能检测不降雨的云区。

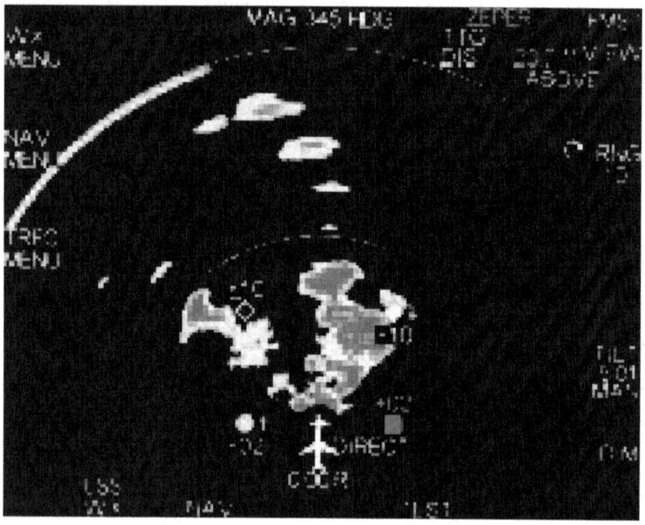

图 5.4　气象雷达提供的显示图像

机载气象雷达也能实现对那些含有大大小小水滴的“湿性”气象目标的探测，如各种程度的降雨区、夹杂雨粒的湍流区，表面覆盖有薄薄水膜的冰雹，潮湿的雪花等。但对干的冰雹、干性降雪、不伴随降雨的湍流及一般的云雾，由于其所产生的回波通常十分微弱，所以不能有效探测。

（2）发现航路上的空中障碍物。

飞机在离地高度较低时，或者飞机在下滑过程中，飞机前方的突立山峰也会被雷达波束照射到，如图 5.5 所示。被雷达波束照射到的山峰可在荧光屏上形成明显的图像，以使飞行员及时觉察到。此外，在相邻高度层上飞行的近距离大型飞机，一般也能形成目标回波。

图 5.5　雷达波束照射到突立的山峰

气象雷达的这一特性，对在黑夜、浓雾、低云层等能见度很差情况下飞行的飞机，以及在地形复杂的山区飞行和起降的飞机来说，具有重要的意义。但是气象雷达的基本功能是检测大面积的气象降雨区，它对山峰、相遇飞机的探测能力和所显示的相应图像及位置的准确程度，是不能满足地形回避和防撞要求的。因此，绝不可把气象雷达所显示的图像作为地形回避和空中防撞的依据。

（3）气象雷达地形观察功能。

当把雷达波束指向地面时，利用地表不同地物对雷达电波反射特性的差异，可以在雷达显示器上显示出飞机前下方扇区内的地表特征的图像，这就是气象雷达工作于“地图”方式时的地形观察功能。含有大量钢铁或其他金属结构的工业城市，具有比周围大地更强的反射能力；河流、湖泊、海洋对电波的反射能力则明显不同于其周围或相邻的大地面。当雷达电波投射到大地表面时，不同地表特征便形成了强弱差别明显的雷达回波。根据雷达回波的这一特性，气象雷达便可在显示器上显示出地表特征的平面位置分布图形来。图5.6所示为雷达工作于地图方式时的一种显示画面。

图5.6 气象雷达地图方式显示画面

地貌图像的颜色也是象征性的：江、河、湖、海对雷达电波的反射能力较弱（1级电平），其图像用代表水面的绿色或青色（蓝绿色）表示；一般地的反射能力稍强（2级电平），以黄色模仿大地的颜色；大型城市中的工矿业及大型桥梁含有大量的金属结构，其反射能力较强（3级电平），用红色或紫色图像来表示，以易于识别。而丘陵、山地对电波的反射程度明显高于周围的高原；江、河、湖、海对电波的反射状况与陆地不同，因而可以显示出清晰的轮廓形，如海岸线、河流、岛屿等。观察荧光屏上的这些地貌特征图形，即可十分方便地判明飞机当前所处的地理位置。

2. 民航一次雷达的特点

上面介绍的几种民航一次雷达，都可在雷达显示器上用光点提供飞机的方位和距离。不管飞机是否装有应答机，都能正确显示，故仍为空中交通管制不可缺少的设备。

一次雷达虽然具有各种监视功能，起到各种不同的作用，但仍然存在许多缺点。

(1) 必须辐射足够大的能量电平，才能收到远距离目标的反射信号。由于距离和辐射能量的四次方成正比，因而雷达站造价高。

(2) 除了飞机以外的其他固定目标（含地物目标）也将得到显示，这样将干扰目标的显示。

(3) 不能对飞机进行识别，除非要求飞机做特技飞行。

(4) 不能显示飞机当时的高度。

（5）回波存在闪烁现象。

（6）飞机完全处于被动发现状态，不能建立必要的数据链。

5.2.4 民航二次雷达

二次雷达是针对一次雷达而言的。二次雷达由地面询问雷达发射一定模式的询问信号，装在飞机上的应答机收到这个模式询问信号后，经过信号处理、译码，然后由应答机发回编码的回答信号。地面雷达收到这个回答信号后，经过信号处理，把装有应答机的飞机代号、高度、方位和距离显示在平面位置显示器上。这种经过两次程序（一次是询问，一次是应答）发射的雷达，就命名为二次雷达（SSR）。美国通称这种二次雷达为空中交通管制雷达信标系统（简称航管雷达信标系统“ATCRBS”），本书简称二次雷达。

航管雷达由两部分组成，一部分是二次雷达；另一部分是一次雷达。天线也由两部分组成，一个是为一次雷达X波段用的；另一个是为二次雷达L波段用的。两个天线装在一起同步旋转并向同一方向发射，如图5.7所示。之所以要把一次雷达加入二次雷达同步工作，是考虑到有些飞机没有装应答机，或者虽然装有应答机，但当应答机故障时，这些飞机仍然可以受到航管雷达的监视。

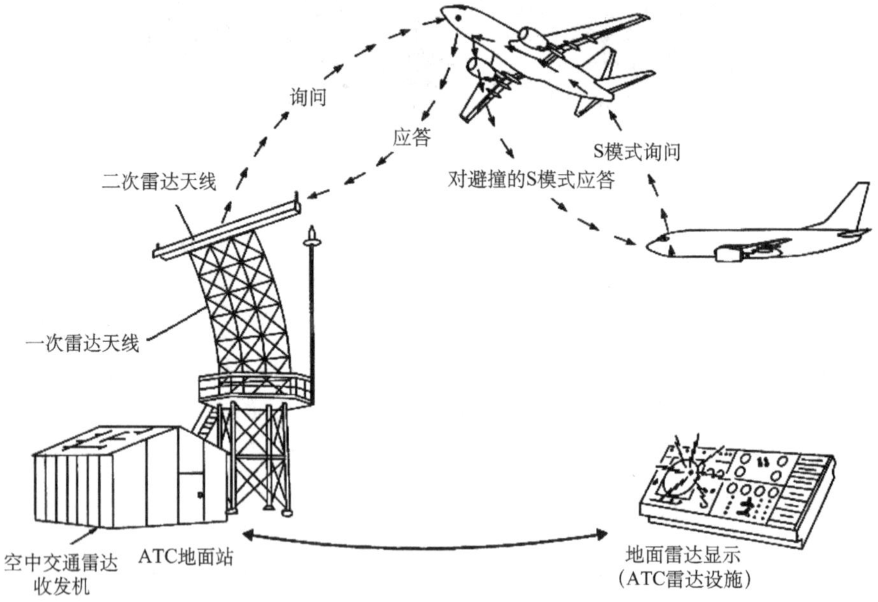

图5.7 二次雷达与一次雷达

1. 二次雷达系统组成及工作概况

一次雷达为了滤除对固定目标的检测，采用了多普勒雷达及动目标检测技术，但不能识别被跟踪的飞机及其高度。为此，采用二次监视雷达与其配合工作。

由于地面一次雷达接收功率与作用距离的四次方成反比，而地面二次雷达接收功率与作用距离的平方成反比，若作用距离相同，SSR所需的发射功率远小于PSR。一般SSR的发射功率为几千瓦，而要到达同样的作用距离，PSR需要几兆瓦的发射功率。因此，地面询问器和机载应答器的接收机的灵敏度也可比一次雷达低一些。

二次雷达系统是由地面二次雷达-询问器与机载应答器配合，采用问答方式工作的。

二次雷达系统的组成如图 5.8 所示。图中虚线左侧为地面二次雷达-询问器，右侧为机载应答机。地面二次雷达系统包括发射电路、编码器、译码器及接收电路；机载应答机也是由接收电路、译码器、编码器和发射电路组成的。

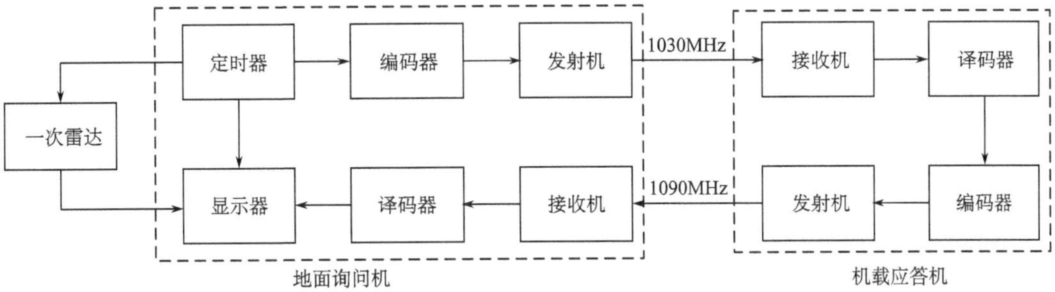

图 5.8　二次雷达系统框图

地面站天线发射 1030MHz 的询问脉冲信号，机载应答机接收到并确认该询问信号后，经过信号处理、译码，然后由应答机以对应模式通过全向天线发射频率 1090MHz 的应答脉冲信号。该应答信号被地面站天线系统接收到后，送往接收机和点迹录取器，点迹录取器检测到飞机后再计算出飞机方位、距离，进行应答信号解码以确定飞机的识别码与飞行高度码，然后将数据形成飞机报告，通过地面通信线路传送到空管中心。飞机报告以图像的形式呈现在空中交通管制员的面前，图像信息包括飞机的位置、识别代码和高度等。

二次雷达天线波束的方向是与一次雷达协调一致的，发射时刻也是与一次雷达同步的。在其天线波束照射范围内的机载应答机对所接收到的询问信号进行接收处理与译码识别，产生应答发射信号。与此同时，向同一方位辐射的一次雷达也会接收到飞机所产生的回波信号，它的接收机所产生的飞机视频回波信号也同时输往数据处理与显示系统。在控制中心的圆形平面位置显示器（PPI）上的同一位置显示飞机的一次雷达回波图像与二次雷达系统所获得的飞机识别代码及高度信息。

2. 二次雷达系统的询问信号和应答信号

1）询问信号

询问信号由图 5.9 所示的三个脉冲组成，其中 P_1、P_3 为信息脉冲对，P_2 为旁瓣抑制脉冲，用来抑制应答机对旁瓣信号的询问。

图 5.9　询问信号

脉冲信号的编码方式称为询问模式。目前，国际民航组织规定的航管二次雷达询问模式共有四种，分别称为 A、B、C 和 D 模式。其中，A 模式为飞机代码识别；C 模式为高度询问；B、D 模式为备用询问模式，其询问内容未定。

询问信号为 1030MHz 的脉冲射频信号。如图 5.10 所示，A 模式的脉冲间隔为 8μs，B 模式为 17μs，C 模式为 21μs，D 模式为 25μs。各模式脉冲的脉冲宽度为 0.8μs。

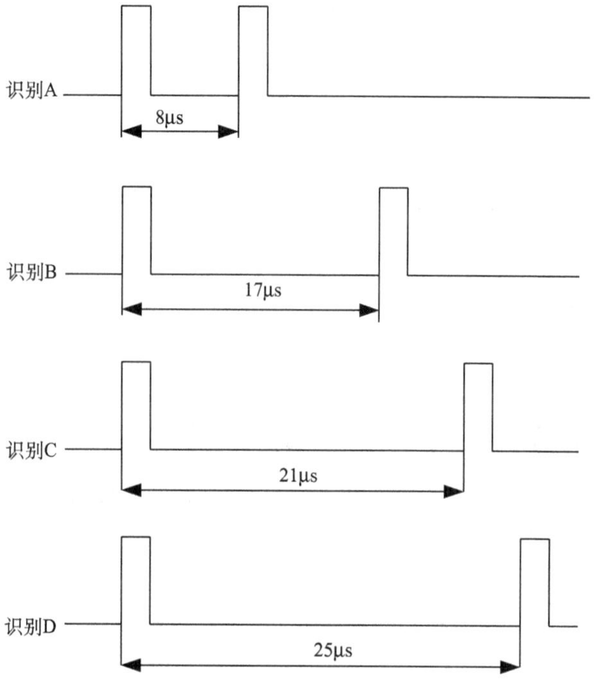

图 5.10　询问模式

地面二次雷达天线的方向性图为按一定速率旋转的锥形窄波束，它集中了天线辐射的大部分能量，称为主瓣。由于天线能量的“泄露”而形成的其他方向的辐射波瓣，称为旁瓣，如图 5.11（a）所示。

在理想情况下，当飞机 A 被主瓣照射到，主瓣法线对准飞机时，机载应答机发射应答信号，在地面雷达显示器显示该方位（对应天线的方位）的 A 飞机图像；当飞机距雷达天线较近时，被旁瓣照射到的其他方位的 B 飞机也能收到 P_1 和 P_3 询问脉冲，那么，B 飞机应答机同样发出应答信号，B 飞机的图像被显示在此时刻（与天线方位不一致）的主瓣的方位上而出现多目标的错误显示。为此需要对旁瓣询问进行抑制，不让应答机应答旁瓣的询问，即“旁瓣抑制”（SLS）。

目前所通用的旁瓣抑制为三脉冲旁瓣抑制法，如图 5.11（b）所示。地面 SSR 所产生的询问脉冲信号是由 3 个射频脉冲组成的。其中 P_1 和 P_3 脉冲由方向性的天线辐射，方向性天线除主波瓣外还存在一定电平的旁瓣；另一个脉冲 P_2（即旁瓣抑制脉冲）则由无方向性的天线辐射，其方向图为圆，如图 5.11（a）所示。

P_1 与 P_2 脉冲的间隔 2μs。控制 P_2 脉冲的辐射功率，使得在方向性天线主波瓣范围内的飞机所接收到的 P_1 脉冲的电平高于所接收到的 P_2 脉冲，而在方向性天线旁瓣范围

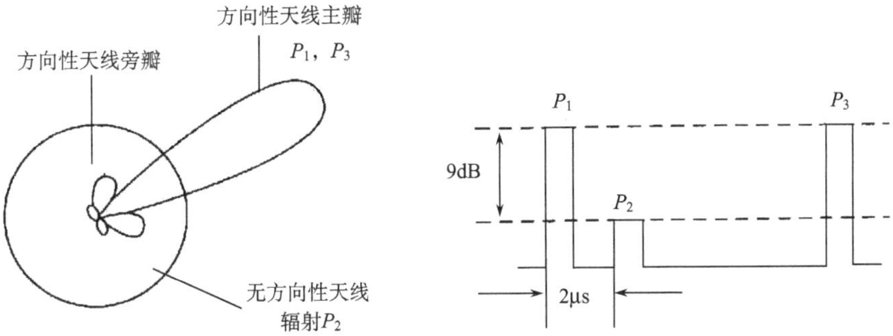

图 5.11 旁瓣抑制

内的飞机所接收的 P_1 脉冲电平低于 P_2 脉冲。这样，应答机即可通过比较 P_1 脉冲与 P_2 脉冲的相对幅度来判明飞机是处在二次雷达方向性天线的主波瓣内还是在旁瓣内，从而决定是否产生应答信号。

在机载应答机接收电路中设置有旁瓣抑制电路。电路对所接收到 P_1 脉冲与 P_2 脉冲的幅度进行比较。如果 P_1 脉冲的幅度大于 P_2 脉冲 9dB 以上，即表明此时飞机处于二次雷达天线的主波瓣中，所以应答机应正常产生应答脉冲信号；如果 P_2 脉冲的幅度大于或等于 P_1 脉冲，则表明此时飞机处于旁瓣范围内，因而抑制应答机的应答，并在未来 30μs ±10μs 不再接收询问；如果 P_2 与 P_1 的幅度比较处在上述两种情况之间，则应答机有可能应答也有可能不应答，其应答概率随 P_1 脉冲幅度的增大而增大，如图 5.12 所示。

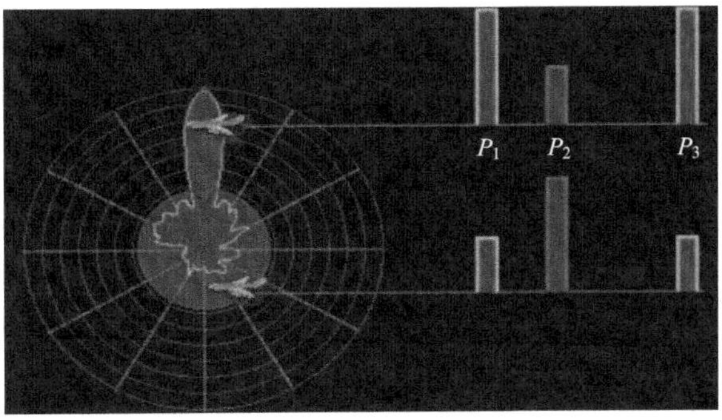

图 5.12 机载应答机旁瓣抑制

2）应答信号

机载应答机在收到地面 SSR 的有效询问信号后，将根据询问模式产生相应的应答发射信号。当地面 SSR 发射的是 A 模式的识别询问时，应答机产生识别码应答信号；而当地面 SSR 发射的是 C 模式的高度询问时，则产生飞机的实时气压高度编码应答信号。

应答机产生的识别应答信号和高度应答信号均为 1090MHz 的脉冲编码信号，而且应答信号的格式相同，仅区别于编码的方式和内容。应答的编码信号由最多 12 个信息脉冲和两个帧脉冲 F_1、F_2 等组成，应答信号的格式如图 5.13 所示。应答信号的起始脉冲 F_1 是在接收询问信号的 P_3 脉冲前沿后 3μs 开始发射。

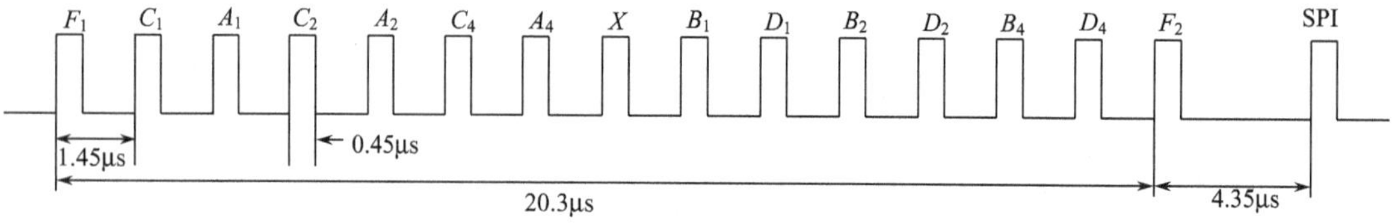

图 5.13 应答信号的格式

应答信号的脉冲宽度均为 0.45μs，脉冲间隔为 1.45μs 或其整数倍。飞机的识别应答信号和高度应答信号均采用逻辑编码方式，即在 12 个信息脉冲的位置上，利用脉冲的有（表示逻辑“1”）或无（表示逻辑“0”）进行编码，形成飞机识别码和高度码。中间的“X”脉冲为将来扩展所用。

在帧脉冲 F_2 之后 4.35μs 发射的脉冲是特别位置识别脉冲 SPI，这个脉冲是在地面管制员的要求下，由驾驶员按压 ATC 控制面板上的“IDNT”按钮之后发出的，会持续约 18s，其目的是使该飞机的雷达回波在地面管制员的雷达屏幕上的显示更亮，以便更容易识别该飞机。

（1）飞机识别码的编码格式。

地面 A 模式询问时，应答机自动地应答飞机的识别码。识别码是空中交通管制中用于表明飞机身份的代码，由空中交通管制部门指定。识别码为四位八进制码，由驾驶员用应答机控制面板上的识别码设定旋钮设定。控制面板示意图如图 5.14 所示。

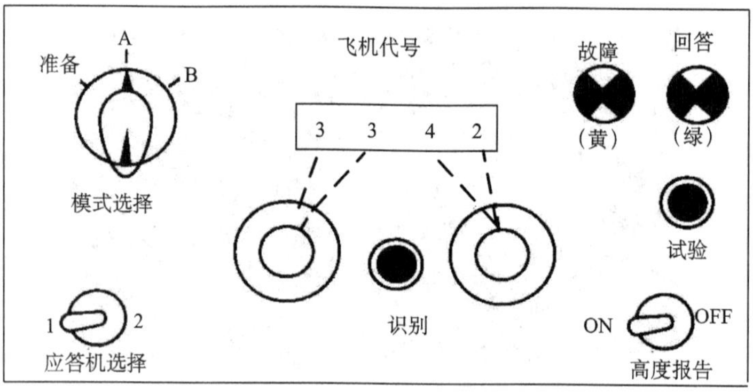

图 5.14 应答机控制盒面板示意图

12 个信息脉冲用有（“1”）和无（“0”）表示二进制编码，而飞机的识别码采用四位八进制编码，则有 $2^{12}=4096$（种）组合，因此 12 个脉冲被分为 A、B、C、D 四组，每组 3 个脉冲。分别加尾标表示为 A_4、A_2、A_1、B_4、B_2、B_1、C_4、C_2、C_1、D_4、D_2、D_1，其尾标分别表示该位的权值。每组表示四位识别码中的一位：A 组表示第一位，B 组表示第二位，C 组表示第三位，D 组表示第四位。每一组的 3 个信息脉冲表示的八进制数为 0～7，如 A 组表示为：$A=A_4\times4+A_2\times2+A_1\times1$，其中 A_4、A_2、A_1 根据脉冲的“有”、“无”分别表示为“1”或“0”，若三个脉冲都有，则 A 为 7，若只有 A_4、A_2 这两位有，则 A 为 6，其他以此类推。因此，飞机的四位八进制识别码为 0000～7777 共 4096

种，其中还有一些用于特殊用途，例如，7500 表示被劫持，7600 表示通信失效，7700 表示飞机处于紧急状态。

在飞机识别码的编码中，需要注意的是四位识别码的顺序为 ABCD，这一顺序和脉冲在实际脉冲串中的位置顺序（图 5.13）是不一致的。

举例：若在控制盒上给定的飞机识别代码为 3342，则

A 组为 3，所以 A 组中 $A_1=1$，$A_2=1$，$A_4=0$，1+2+0=3；

B 组也为 3，所以 B 组中 $B_1=1$，$B_2=1$，$B_4=0$，1+2+0=3；

C 组为 4，所以 C 组中 $C_1=0$，$C_2=0$，$C_4=1$，0+0+4=4；

D 组为 3，所以 D 组中 $D_1=0$，$D_2=1$，$D_4=0$，0+2+0=2；

代码 3342 的应答脉冲串如图 5.15 所示。

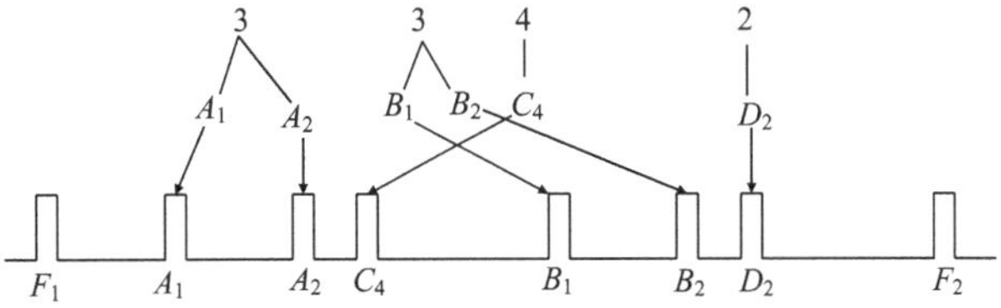

图 5.15　飞机识别码 3342 的应答脉冲编码串

反之，若给定脉冲识别编码串，可计算出代表的编码，此处不举例说明。

(2) 飞机高度码的编码。

当地面 C 模式询问时，且应答机控制盒的“高度报告”开关放在接通位（ON），应答机自动地应答飞机当时的气压高度信息，并与控制盒所选的模式及飞机代码无关。

气压高度信息由飞机上的中央大气数据计算机提供。高度编码也是帧脉冲 F_1 和 F_2 之间 12 个信息脉冲组合。12 个脉冲也分成四组，但是组成顺序与识别代码不同，为 $D_1D_2D_4A_1A_2A_4B_1B_2B_4C_1C_2C_4$。

国际民航组织规定的高度编码范围是从−1000～126700ft（相当于−304～3700m），考虑到气压高度的精度，增量级为 100ft，仅需 1278 组高度编码。在 12 个信息脉冲中，规定不用 D_1 脉冲，C_1 和 C_4 脉冲不能同时为 1，但 C 组脉冲必须有一个 1，故可得到 1280 组高度码。而民航实际应用中高度范围从−1000 到 62700ft 就足够了，所以 D_2 实际上也是零。只利用 $D_4A_1A_2A_4B_1B_2B_4C_1C_2C_4$。把这 10 个高度脉冲分为三组：$D_4A_1A_2$ 脉冲组成第一组，可编成 8 个格雷码组，其高度增量为 8000ft，即可有 8 个 8000ft 的高度范围；$A_4B_1B_2B_4$ 为第二组，可编成 16 个格雷码组，其高度增量为 500ft；$C_1C_2C_4$ 为第三组，三位要满足“C_1 和 C_4 脉冲不能同时为 1，但 C 组脉冲必须有一个 1”的条件，按“五周期循环码”可编成 5 个码组，增量为 100ft。上述 10 个高度码的分组情况，如表 5.1 所示。

表 5.1　十位高度码的分组

高度码	$D_4A_1A_2$	$A_4B_1B_2B_4$	$C_1C_2C_4$
码制	格雷码	格雷码	五位循环码
可编码组	8	16	5
高度增量/ft	8000	500	100

由上可见，10位高度码共可得到：8×16×5＝640个高度编码，可表示从－1000到62700ft范围内的按100ft增量的高度编码。高度编码表分别见表5.2和表5.3。

表5.2 $D_4A_1A_2A_4B_1B_2B_4$ 编码的对应高度表

对应高度（$A_4B_1B_2B_4$ / $D_4A_1A_2$）	0000	0001	0011	0010	0110	0111	0101	0100
000	－1 000	－500	0	500	1 000	1 500	2 000	2 500
001	14 500	14 000	13 500	15 000	12 500	12 000	11 500	11 000
011	15 000	15 500	16 000	16 500	17 000	17 500	11 000	18 500
010	50 500	30 000	29 500	29 000	28 500	28 000	27 500	27 000
110	31 000	31 500	32 000	32 500	33 500	33 500	34 000	14 500
111	46 500	46 000	45 500	45 000	44 000	44 000	43 500	43 000
101	47 000	47 500	48 000	48 500	49 500	49 500	50 000	50 500
100	62 500	62 000	61 500	61 000	60 000	60 000	59 500	59 000
对应高度（$A_4B_1B_2B_4$ / $D_4A_1A_2$）	**1100**	**1101**	**1111**	**1110**	**1010**	**1011**	**1001**	**1000**
000	3 000	3 500	4 000	4 500	5 000	5 500	6 000	6 500
001	10 500	10 000	9 500	9 000	8 000	8 000	7 500	7 000
011	19 000	19 500	20 000	20 500	21 500	21 500	22 000	22 500
010	26 500	26 000	25 500	25 000	24 000	24 000	23 500	25 000
110	35 000	35 500	36 000	26 500	37 500	37 500	37 500	36 500
111	42 500	42 000	41 500	41 000	40 000	40 000	39 500	39 000
101	51 000	51 500	52 000	52 500	53 500	53 500	54 000	54 500
100	58 500	58 000	57 500	57 000	56 000	56 000	55 500	55 000

表5.3 $C_1C_2C_4$ 编码的对应高度增量

第二组高度编码增量为1000ft			附加高度/ft	第二组编码增量为500ft		
C_1	C_2	C_4		C_1	C_2	C_4
1	0	0	＋200	0	0	1
1	1	0	＋100	0	1	1
0	1	0	0	0	1	0
0	1	1	－100	1	1	0
0	0	1	－200	1	0	0

确定增量为100ft的第三组编码。若高度的后三位数在N×1000±200ft范围内（N为0，1，2，…），则后三位用表5.3中左侧1000ft栏的编码；若高度的后三位数在M×500±200ft（M为奇数）的范围内，则用表5.3中500ft栏的编码。

举例：设高度为28200ft，则由表5.2可知，前7位的编码为010 0111；因高度的后三位数为200ft，可表示为N×1000±200ft（N=0）的格式，因此由表5.3的1000ft栏的+200可知C组的编码为100，即对应于28200ft的高度编码为010 0111 100。

若高度为28400ft，前7位同28200ft，高度后三位表示为M×500−100ft（M=1）的格式，因此由表5.3的500ft栏的−100可知C组的编码为110，即对应于28400ft的高度编码为010 0111 110。

3. 二次雷达的特点

1）优点

（1）体积小。在前面已经提到，在相同的作用距离范围内，二次雷达的发射机功率比一次雷达小得多，且二次雷达的接收机所接收的信号又比一次雷达的信号强。这样，二次雷达的整个体积、重量都比一次雷达的小。

（2）干扰小。一次雷达接收机和发射机使用同一频率，周围各种固定的地物会反射电磁波差生回波；雨、雪、云等自然现象也会反射回波；雷达接收机和发射机用同一频率，不得不采用天线开关。二次雷达收发采用不同的频率，克服了上述缺点。

（3）接收稳定。一次雷达由于目标大小、姿态不同，接收到的回波信号强弱不同，并且向四周乱反射，造成闪烁现象。而二次雷达不存在由于飞机姿态变化和散射而引起的目标闪烁现象，可以稳定地接收。

（4）可以脉冲编码发射。一次雷达是靠目标的反射得到目标的方位及距离等信息，而二次雷达是用脉冲编码目标的四位识别码和高度信息。

2）缺点

（1）同步窜扰。当机上应答机接收到询问信号作应答时，应答信号脉冲串的持续时间最少为20.3μs（如加发识别脉冲时，持续时间为24.7μs），因而发送脉冲串将占有空间的距离为$16200\times20.3\times10^{-6}=3.28$nmile（无线电波传送速度约为162000nmile/s），如果两架飞机处在询问波束同一方位上或波束宽度范围内，设两机的高度层相差已大于300m，当两机的斜距小于1.64nmile时（图5.16中的*A*机和*B*机），则地面询问机的接收机将收到间隔重叠的两机的回答信号，因而互相干扰，这种干扰称为同步窜扰，大大降低了分辨率。

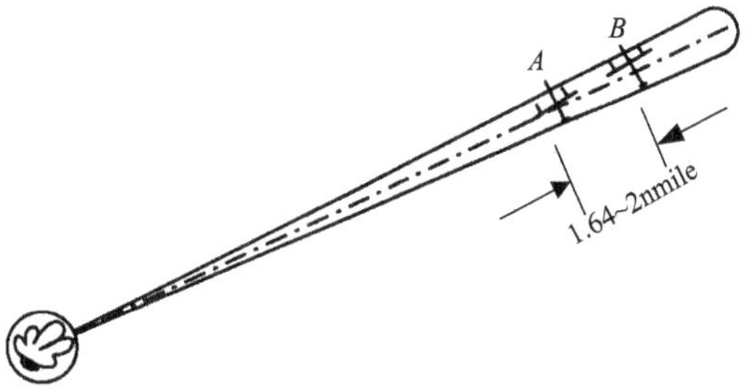

图5.16　同步窜扰示意图

（2）非同步窜扰。当飞机处在两个以上地面询问机共同作用范围内时，每个地面询问接收机除了对本站所询问飞机的应答脉冲同步接收外，还会收到因其他地面站询问飞机而引起的非同步应答，因此，就会在显示荧光屏上形成非同步应答的窜扰，如图5.17所示。

当询问机1向*A*机询问（*A*机的识别飞机代号是与询问机1所选飞机代号同步的），而询问机1的主波束宽度范围内的远处又有一架*B*机，但不是询问机1所选的识别飞机代号，而*B*机又正好受询问机2的询问（*B*机回答的识别飞机代号与询问机1不同步，而与询问机2是同步的），由于机上应答机天线是全方向性的，故*B*机在向询问机2作应答时，也向询问机1作应答（因*B*机处在两个询问机发射的主波束之中）。这种不需要的非同步应答，使询问机1的荧光屏上出现多个亮点，画面不清晰，或者占据了询问机1的

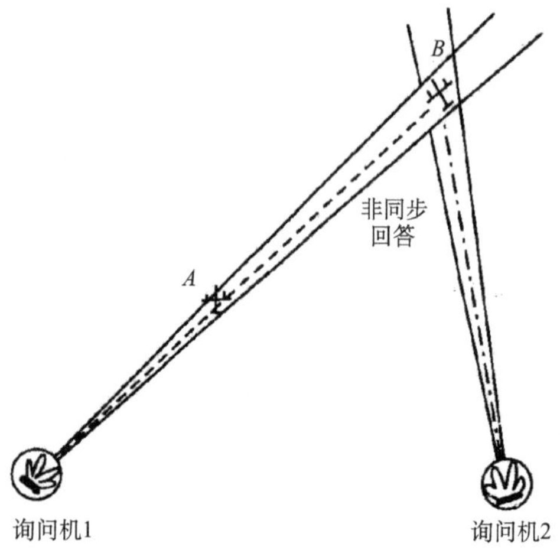

图 5.17 非同步窜扰示意图

译码动作，混扰了对 A 机询问的应答译码，这种混扰称为非同步窜扰。这种非同步窜扰在地面台可采用非同步窜扰抑制电路来消除，其方法是将视频应答信号储存一个询问周期的时间，使其与第二次询问的应答进行比较，如果是重合的，则视频信号是相干的，就显示该识别目标的飞机代号；如果不重合，则这个应答是不相干的，信号被消除，因而不会显示出这个目标。

(3) 多路径反射。多路径即发射机和接收机之间存在不止一条信号路径，在这些路径中，只有一条是发射机和接收机间的直达路径。此外，还存在其他路径，如由于地物和建筑物之类反射形成的信号路径。由于二次雷达使用短脉冲串，直射信号和反射信号在时间上形成交错或完全分开，其时间差会改变应答脉冲的视在数目，而导致解码错误或错误地检测为存在多架飞机。

为了弥补 SSR 的缺点，常将 SSR 和 PSR 配合起来工作。对于装有应答器的目标，SSR 可以提供更多的信息；对于一般的目标，则由 PSR 探测。SSR 天线架设在 PSR 的顶端，并随着 PSR 天线一起转动。PSR 的天线指向，一般由 PSR 提供距离和方位数据。SSR 在 PSR 的显示器上加上识别标志和高度。为了使 PSR 和 SSR 的接收信号最后在显示器上同步地显示，SSR 的发射信号应提前一段时间。这是因为在 SSR 中从应答器接收询问信号到发射应答信号有一段时间延迟（约 3μs），而 SSR 将应答信号的编码脉冲解出来也需要 20.3μs 的时间。

5.2.5 S 模式二次雷达

传统的二次监视雷达已广泛应用于交通管制系统，成为改善空管系统的重要手段。但随着飞行流量的不断增加，该系统所存在的主要缺陷已不能适应发展的需要。尤其在下述两方面尤为突出：①飞行流量增加时，同步窜扰和非同步窜扰日趋严重，大大影响系统的正常工作；②现有系统仅能由机上向地面传送飞机的识别信号和高度信息，远不能满足高性能自动化空管系统的要求。为此，需发展新一代的二次监视雷达系统。

1. S 模式发展的起源

20 世纪 70 年代，美国提出了离散寻址信标系统（Discrete Address Beacon System，DABS），它与现系统的本质区别在于具有选址询问功能。系统中每个应答器都分配一个专用的地址编码，地面询问站按编码地址有选择地询问。显然，应答也将是有选择的，从而避免现系统中多个目标同时应答所造成的混扰和窜扰。新系统的第二个突出优点是具有较强的数据通信功能，这有助于地面管制中心快速、自动地获取精确的空中情报数据，也有助于地面管制中心发布管制指令或为飞行员提供不同的飞行服务。1981 年国际民航组织通信专业会议上，决定采用上述信标系统，并命名为S 模式二次监视雷达信标系统。新系统将逐步取代现有的系统，以适应现代空管系统的需要。

由于是在已经大量采用传统二次监视雷达的基础上引入新的 S 模式系统，这就要求 S 模式系统与现有系统具有最大的兼容性，以便经济而平稳地向全 S 模式过渡。为此 S 模式采用与现存系统同样的询问和应答频率，即采用相同的射频通道，在信号格式方面亦有较大的通用性。在过渡期间，S 模式的询问器可以监视现存的信标应答器，而 S 模式的应答器亦能回答现存询问器的询问信号。这样无论是 S 模式的地面询问台或机上应答器都可以逐步地引入现有空管系统中，保证系统更新的经济性和延续性。图 5.18 所示为过渡期间 S 模式二次监视雷达和现有二次监视雷达兼容工作时的结构示意图。在图中还能看到，在相邻 S 模式询问站之间，可以通过通信线路建立联系。

在 S 模式系统中，一则为了获取目标的位置参数，二则为了与现有系统兼容，依然采用空间分割方法，即距离选择与方位选择措施。此外，S 模式通常也与一次监视雷达联合使用，当询问目标与雷达目标一致时，雷达目标被抑制，仅输出应答目标信息。对于未装有应答设备的目标，则仅提供雷达目标参数。

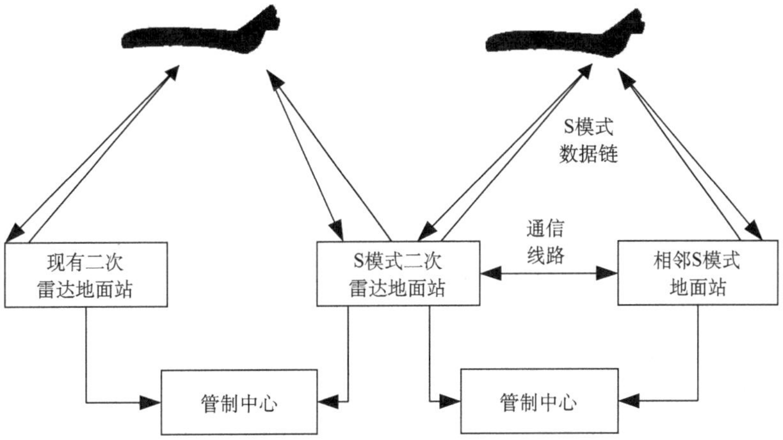

图 5.18　S 模式二次监视雷达的兼容结构示意图

通常 S 模式询问站应设一个外部存储器，以储存监视空域内所需询问的目标地址识别码和大量的位置参数，以保证空间分隔与选址询问一致。该外存储器又称监视空域的预存图。

S 模式询问站可以多个联网工作，但应包括部分重叠的监视空域。通过地面通信线路，可完成监视目标由一个询问站向相邻询问站的管制移交，而且有助于在重叠监视空域内协助相邻询问站重新寻找丢失的飞机目标。

2. 询问与应答信号

离散寻址信标系统的基本思想是赋予每架飞机一个指定的地址码，由地面系统中的计算机控制进行“一对一”的点名问答。这种一对一选择问答方式是和现行 ATCRBS 的普遍询问应答方式根本不同的。离散寻址信标系统可以有两种不同类型的询问。

全呼叫询问：它用来监视装有 ATCRBS 应答器的飞机，同时也对装有 S 模式应答器的飞机实现搜索捕获。这充分体现向 S 模式过渡阶段的兼容性。

只呼叫 DABS，即 S 模式询问：是 S 模式系统最具特色的一种询问模式，除对装有 S

模式应答器的飞机进行选址询问以实现监视功能外，还用于实现数据链通信。

1）ATCRBS/DABS 全呼叫

ATCRBS/DABS 全呼叫询问格式如图 5.19 所示，它由 P_1、P_2、P_3 和 P_4 脉冲所组成。

P_1、P_2、P_3 脉冲的参数与现行的 ATCRBS 相同，其中 P_3 脉冲距 P_1 脉冲的时间间隔为 8μs 或 21μs，分别对应于现行的 A 模式和 C 模式；P_2 脉冲仍为旁瓣抑制脉冲，脉冲距 P_1 前沿 2μs，宽度则为 1.6μs。询问信号的射频仍为 1030MHz。对于这种 ATCRBS/DABS 全呼叫询问，现行的 ATCRBS 机载应答机仍然是根据 P_1 与 P_3 脉冲之间的时间间隔作相应的识别应答或者高度应答，对于 P_4 脉冲则不予理睬；而新型的 DABS 应答机则能够识别这一包括 P_4 脉冲在内的全呼叫，作全呼叫应答。

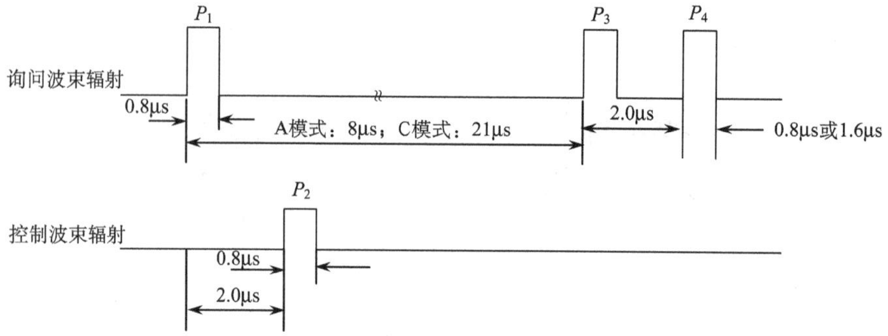

图 5.19 ATCRBS/DABS 全呼叫询问格式

2）DABS 询问信号

（1）询问格式。

DABS 询问由前导脉冲 P_1、P_2 和一个询问数据块组成，如图 5.20 所示。

前导脉冲 P_1、P_2 间隔 2μs，宽度 0.8μs；数据块前沿距 P_1 前沿 3.5μs，由 56 位或 112 位的差分相移键控信号组成，每位宽度为 0.25μs。数据字组的前端是两个相位相反的同步信号；字组末端也有一个 0.5μs 的信号，以保证字组的最后一位可以不受干扰地完全解调。

为了实现旁瓣抑制功能，可以发射一个如图 5.20 所示的 P_5 脉冲，P_5 的宽度也是 0.8μs，它覆盖着数据块始端的两个同步信号之间的相位翻转时刻。如果 DABS 应答机接收到的 P_5 幅度超过数据块的幅度，应答机就不会对差分相移键控信号解码，从而实现对旁瓣询问信号的抑制。

（2）询问内容。

询问字组包括 56 位或 112 位信息，其内容为飞机地址（飞机代码）、控制字、奇偶校验及其他有关信息。由于信息可以多达 112 位，因此除了用作飞机代码、高度询问外，还可以进行其他内容的广泛的信息交换。

询问数据字组中有 24 位用作飞机地址码，因此其飞机地址码可达 $2^{24}=16777216$ 之多，是现行 ATCRBS 识别代码的 4096 倍，这就从根本上消除了现行 ATCRBS 容量不足的弱点。

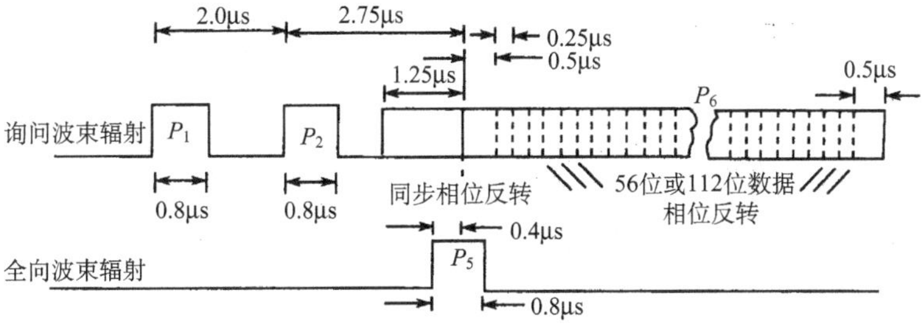

(a) 询问信号

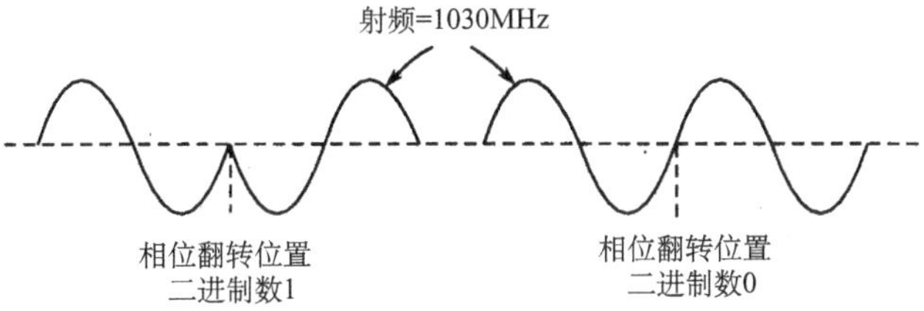

(b) DPSK

图 5.20　DABS 询问格式

对于这种 DABS 询问，现行的 ATCRBS 机载应答机是不会作应答的，这是因为 DABS 询问中的 P_2 脉冲幅度与 P_1 相等，它将触发现行应答机中的旁瓣抑制电路。

(3) 差分相移键控调制。

DABS 数据字组采用差分相移键控（DPSK）调制。这种调制方法是用码位中载波信号的不同相位差值来表示二进制信息。在 DABS 的每个 0.25μs 的码位中，如果在一个数据位中的载波相位翻转位置（该码位的中间位置）前后载波的相位翻转了 180°，则该数据位就是二进制数“1”；如载波相位在相位翻转位置处不发生相位变化（相位差为 0°），则该数据位就是二进制数“0”，如图 5.20（b）所示。

3) 应答格式

DABS 信标系统的机载应答机称为 S 模式应答机。所产生的应答信号与询问信号相似，也是由前导脉冲与应答数据字组成的，如图 5.21 所示。

DABS 有两对前导脉冲，两对脉冲相距 3.5μs，每对脉冲的两个脉冲之间相隔 1μs，前导脉冲的宽度均为 0.5μs。

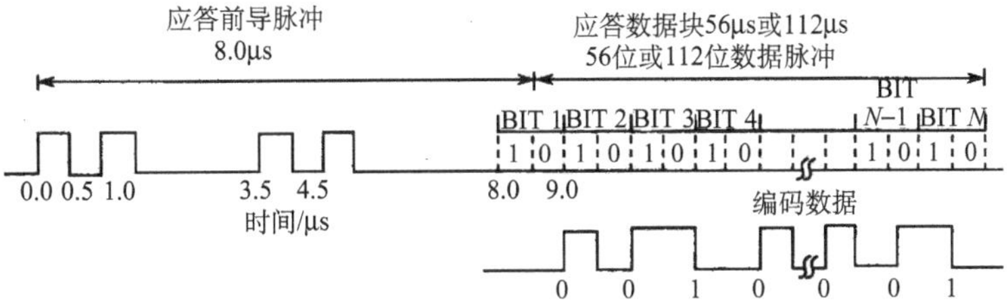

图 5.21　DABS 应答格式

应答数据字组也是由56位或112位数据组成的。数据字组的始端距第一个前导脉冲8μs。与询问数据字组不同的是，应答数据字组采用脉冲位置调制（PPM）方式，而不是DPSK方式；它的每个码位的持续时间为1μs，也与询问数据的每位0.25μs不同。

所谓PPM调制，就是通过码位中脉冲的位置来表示二进制数。因为二进制数只有“0”和“1”两个状态，所以码位中的脉冲位置也只需要两种位置。具体的表示方法是把每个码位的1μs时间分成前后两个0.5μs，如果在码位的前半部分出现脉冲，则为二进制数“1”；如果在码位的后0.5μs内出现脉冲，则表示二进制数“0”，如图5.21所示。该图用脉冲位置调制方式所表示的二进制信息为0010…001。

应答的内容根据询问要求而定。应答数据字组包括控制字、飞机地址码、高度码及其他需要交换的机载设备信息。应答信号的载频仍为1090MHz。

3. S模式二次雷达的特点

S模式二次雷达是针对A/C模式二次雷达存在的缺陷研制出来的，S模式二次雷达有其自身的优点。主要表现在以下几个方面。

（1）有选择地询问，防止信号范围内的所有飞机同时应答所引起的系统饱和、混叠发生。

（2）一机一码，防止询问信号窜扰其他飞机。

（3）为ATC服务提供数据链能力，为VHF话音通信提供备份。

（4）实现对飞机状态的跟踪监视。

（5）使用单脉冲技术有效地改善了角度分辨力，提高了方位数据的精度。

（6）是防撞的可靠手段，TCAS是利用SSR应答器的信号来确定邻近飞机的距离和高度，利用S模式数据链功能，可确切知道对方的坐标位置，有利于选择正确的回避措施。

具有S模式接收、发射功能的询问器和应答机是现代雷达的代表，归纳S模式二次雷达的特点，今后二次雷达的发展趋势有三个方面，即单脉冲技术、选择性询问和空地双向数据通信。

（1）单脉冲技术。地面询问器的天线采用相控阵单脉冲天线，天线具有多方向性图（全向波束、定向和波束、定向差波束）的特性。在单脉冲上比较和、差波束接收到的回波强度，以便提供精确测向信息，角度精度比普通二次雷达高三倍。利用单脉冲技术，空地间一次问答便可确定出飞机的位置，大大减少了飞机的应答量。

（2）选择性询问。在跟踪装置保存有每架飞机预测位置的基础上，待天线波束指向所选址的飞机时，发出询问，使空地间问答次数减到最小，降低系统总的干扰影响。询问速率可以依据管制区域内所需监视飞机数目的多少灵活改变，以获得最大密集量的应答数量。对被选址飞机实现适当的定时询问，彻底解决了航管雷达中同步窜扰和应答机过载等问题。

（3）双向空地数据通信。当应答机与其他机载设备交联后，利用询问和应答信号中的数据块结构，可以接纳一整套飞行信息，从而避免安装单独的数据通信收发机，减少了飞行中的通信负荷，有效提高了地对空监视功能。但是S模式虽然增加了数据的通信功能，但只能在波束扫掠到飞机时进行，这就使依靠S模式实现空地通信的次数、速度、实时性受到限制，因而不能完全取代地空指挥联络的VHF通信功能。

5.3 自动相关监视系统

ICAO 监视方案中的关键是发展自动相关监视（Automatic Dependent Surveillance，ADS)。ADS 是由被监视目标测定自身位置后，主动报告给监视者，使监视者掌握其当前位置和运行意图的监视方式。这是一种将监视服务扩展到海洋空域、边远陆地区域和雷达覆盖不到地区的监视手段。

对于自动相关监视（ADS）的解释：“自动（Automatic）”表明无须机组人工发送飞机位置；“相关（Dependent）”表明地面依赖飞机的报告得知飞机的位置，信息来自飞机，不是地面站；“监视（Surveillance）”即飞机的位置得到监视。ADS 是应用于空中交通服务的监视技术，是由飞机将机上导航和定位系统导出的数据通过数据链自动发送。这些数据至少包括飞机识别、四维位置和所需附加数据。ADS 向 ATS 提供与 SSR 等效的飞机位置数据。

根据工作模式，ADS 分为合约式（Automatic Dependent Surveillance-Contract，ADS-C）或寻址式（Automatic Dependent Surveillance-Address，ADS-A）和广播式（Automatic Dependent Surveillance-Broadcast，ADS-B）两种。

目前，人们习惯上用 ADS-C 表示 ADS-C 或 ADS-A。ADS-C 根据提供 ADS 信息的飞机和接收 ADS 报告的地面站之间约定的一一对应关系，采用寻址方式双向数据链工作。如图 5.22 所示为 ADS-C 的示意图。它不仅用于接收空对地的飞机位置报告，也能实现飞行员与管制员之间直接的双向数据通信（Controller-Pilot Data Link Communication，CP-DLC）和上传飞行报告信息（Flight Information Service，FIS)。收发双方要约定通信协议，如中国民航使用的是飞机通信寻址与报告系统（ACARS）通信协议。

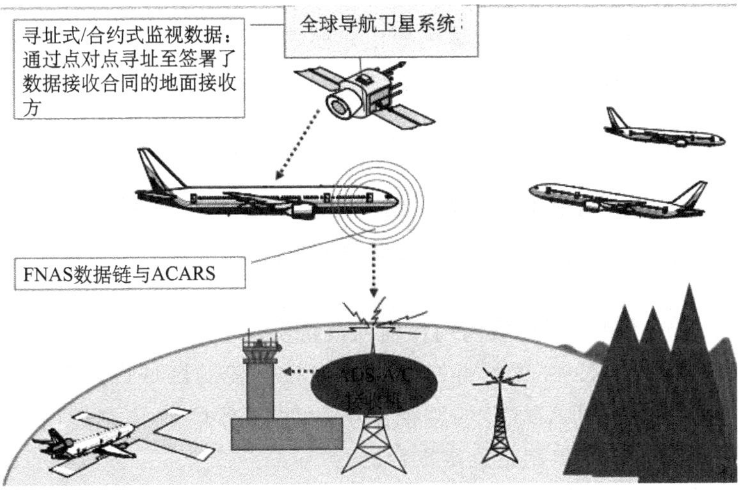

图 5.22 ADS-C 示意图

ADS-B 是由被监视目标的机载通信设备周期性广播自身位置等信息，监视方接收该广播信息以实现对其进行监视的一种技术，收发方之间不需要约定通信协议，信息的广播完全是自主的，监视方通常不能对其进行控制和干预。

5.3.1 合约式自动相关监视（ADS-C）

1. ADS-C系统组成及功能

在第3章介绍过的基于VHF数据链的ACARS系统就是一种ADS-C，系统图如图3.28所示。ACARS机载设备即机载ADS设备。其主要功能是从飞行数据管理单元、座舱管理终端和中央维护计算机等机载系统收集数据，将采集到的各种飞行相关参数信息，编成需要的格式通过数据链路发到RGS，同时接收地面网中通过RGS站转发来的上行电报，这些电报确定报告频率、选择发送区和提供通信联络等。同时CDU用来显示ADS信息，让飞行员监控系统的工作，并能在紧急情况下与管制员直接进行话音通信。

地空数据链传输系统、地面通信网络、远端地面站和地面设备都与ACARS系统一样，在此不再赘述。

由于ADS数据链对ATN网路中的几种链路媒质（卫星链路AMSS、VHF链路、HF链路、S模式链路）是兼容的，飞机上的通信管理组件和地面ATC的通信终端内都有ATN路由选择器，可以选择利用不同的链路媒质。例如，在海洋飞行中利用卫星链路，当接近陆地能接收到陆地VHF信号后，能自动转换到VHF链路；进入雷达覆盖区后，也可以转换到通过SSR S模式链路接收ADS报告；在极地区域，其他通信手段失效的情况下，可以通过HF链路接收ADS报告。

2. ADS-C在空中交通服务（ATS）中的应用

通过可靠的数据链通信和精确的飞机导航系统实现ADS-C，将在洋区空域和现行的非雷达管制服务区内提供监视服务。实施的ADS-C还将为大陆航路、终端区和机场提供效益。

（1）在洋区和其他陆基雷达覆盖范围以外的区域。

ATS利用ADS-C报告可改善位置的确定，使安全得到改善，空域被有效利用，管制员工作效率提高；使管制员能够识别潜在的侵犯间隔或与飞行计划不符问题并采取适当的行动。

（2）在ADS-C过渡区域。

在过渡区域中，各种监视手段成为可能，此时要求ADS-C和其他监视信息汇集在一起，如二次雷达信息，使之成为ADS-C/SSR融合数据。

（3）在雷达应用范围内应用ADS-C。

ADS-C将在雷达覆盖范围区域内用作辅助或备份。

ADS-C/SSR集成技术的主要目标是在雷达监视覆盖的区域以及从雷达到ADS-C单一覆盖之间的过渡区域采用ADS-C的监视方案。在ADS-C/SSR空域内不要求完整的雷达覆盖，因为外边界的水平限制是正常重合的。

在已经有多重雷达覆盖区域利用ADS-C/SSR集成将使雷达覆盖空域内的跟踪特性尽可能均匀，这样就克服了雷达残留的缺陷。ADS-C/SSR集成将增强现存雷达环境以及雷达覆盖范围以外空域的监视性能；还将为冲突检测和一致性监视提供更可靠的数据，从而降低虚警概率。

综合ADS-C在各种环境下的应用，ADS-C能帮助ATS完成以下功能。

（1）位置监视。地面系统处理获取的 ADS-C 信息，证实其有效性并与原先保存的飞机信息进行比较。

（2）一致性监视。ADS-C 报告的位置与当时飞行计划期望的飞机位置进行比较。纵向偏差超过预计容限时，将在后续定位时用来调整预达时间；水平和垂直偏差超过预计容限时将发出不一致告警，并通知管制员。

（3）冲突检测。地面系统利用 ADS-C 数据能自动识别违反最小间隔的问题。

（4）冲突解脱。自动化系统利用 ADS-C 报告对检测到的潜在冲突提出可能的解脱方法。

（5）超障证实。将 ADS-C 报告中的数据与当时的超障净空进行比较并确认之间的差异。

（6）跟踪。跟踪功能是根据 ADS-C 报告对飞机的当时位置进行外推。

（7）风的估计。ADS-C 报告中有关风的数据能用来更新风的预报和到下一个航路点的预计到达时间。

（8）飞行管理。ADS-C 报告能帮助自动化设备产生最合适的无冲突超障净空来支持可能的节油技术，如飞行员要求的巡航爬升。

3. ADS-C 信息类型和提供的信息

1）ADS-C 提供的信息类型

为满足 ADS-C 空地之间的通信协议，在飞机上的 ADS-C 接口组件（ADSU）和地面 ATC 单位的飞行数据处理系统（FDPS）之间可以有一个合同或一组合同。这些合同规定，在什么情况下将起始 ADS 报告，报告中将包括哪些信息。有以下 4 种类型的合同。

（1）周期性合同（Periodic Contract）：飞机周期性地向地面发送 ADS 报文。

（2）事件合同（Event Contract）：有相关事件触发飞机发送 ADS 报文。

（3）请求合同（On Demand Contract）：飞机因地面请求发送 ADS 报文。

（4）紧急合同（Emergency Contract）：在紧急情况下飞机自发地发送 ADS 报文。

其中，周期性合同是最基本的 ADS-C 合同，它要求飞机周期性地向地面系统发送特定的位置信息。周期性合同的请求报文中，包含了下周期报文的下发时刻和下发内容要求，飞机根据合同内容完成报文下发。一旦周期性合同有效，它将维持到该合同撤销或用另一个周期性合同替代为止。一个周期性合同建立后，飞机应立即起始第一个报告，然后周期性地重发更新报告。

每架飞机的 ADSU 应能同时与几个（最多 4 个）地面终端系统的 FDPS 建立合同。每架飞机可支持对每个地面系统建立一个周期性合同、一个事件合同和随时可以再申请加发一个单发报告合同（紧急合同）。地面系统对 ADS 信息排队时，信息将按紧急合同、请求合同、事件合同、周期性合同的顺序处理。

事件合同中下列事件可触发 ADS 事件报告。

（1）地理事件，即飞机通过某个航路点、指定经纬度、指定高度、指定飞行情报区边界或某个特定点时。

（2）偏离事件，偏离放行航路的侧向或高度，在其超过指定阀值时。

（3）变化事件，飞机的航迹角、航向、高度、升降速度或速度的变化超过指定阀值时，以及飞机改变计划剖面时。

其中，一个事件合同可以包含几种类型的事件，并且事件合同不影响任何周期性合同。

2）ADS-C 信息

ADS-C 的信息包括基本 ADS 信息和供选的 ADS 信息。

基本 ADS 信息包括飞机的三维位置（纬度、经度和高度）、时间和位置数据信息的精度指示。

供选择的 ADS 信息除了基本 ADS 信息外，还包括下列任意一组或全部信息。它们是：飞机标识、地速矢量、空速矢量、计划剖面、气象信息、短期意向、中间意向和扩展计划剖面。

ADS 地速矢量信息：航迹角、地速、上升或下降率。

ADS 空速矢量信息：航向、马赫数或指示空速、上升或下降速率。

ADS 计划剖面信息：下一个航路点；下一个航路点的预计高度、预计时间；再下一个航路点，再下一个航路点的高度、预计时间。

ADS 气象信息：风向、风速、温度、颠簸、结冰。

ADS 短期意向信息：计划点的纬度、经度、高度、预测时间。

如果可以预测在飞机当时位置和计划位置之间发生的高度、航迹角或速度的变化，那么，对短期意向数据将提供附加信息而成为中间意向，即当时位置到变化点的距离、航迹角、高度、预计时间。

ADS 扩展计划剖面信息的组成：下一个航路点，下一个航路点的预计高度、预计时间；再下一个航路点，再下一个航路点的预计高度、预计时间；后续航路点，后续航路点的预计高度、预计时间；后续航路点可重复到第 130 个航路点。

4. ADS-C 的特点及应用

1）ADS-C 的优点

实施 ADS 监视下的数据链管制与话音通信下的程序管制相比，大大减小了间隔，增加了空域容量，从而也大大增强了飞行安全。

地面设施投资大大低于 SSR，可用于无 SSR 信号覆盖的区域，并能提供 ATM 所需的数据，如预计航路、性能因数、事件报告等。

机组不再依靠话音通信报告飞机位置，增加灵活性，管制员可更多地响应飞机飞行申请。

这种灵活性可以节约部分飞行运营成本。

在洋区、边远陆地和无雷达区域采用 ADS-C，可实现和雷达空域类似的空中交通服务，大大增强了飞行安全。

S 模式和 ADS-C 结合可促进全世界统一的监视服务，并可在高交通密度区域提供高精度、抗干扰的监视。

2）ADS-C 的局限性

ADS 在使用过程中，同样存在许多不足的地方，如飞机处理信息需要时间长（从数据采集到发送至少需要 64ms）；通信滞后（飞机到地面需用时 45～60ms）；要求使用相同的基准（基于 GNSS 的时间，WGS-84 坐标系统），否则精度变差；设备安装的过渡期内，机载设备混乱。

3）ADS-C 的应用

ICAO 发展的 ADS-C 监视主要用于海洋和边远陆地区域，在世界各国对 CNS/ATM 的建设过程中，规划和建立了一些 ADS 航路。例如，ADS-C 在南太平洋美国飞新西兰航路上、澳大利亚航路上，新西兰、澳大利亚飞东南亚航路上的应用。

我国西部也建立了一条 ADS-C 航路，航路名为"中国欧亚新航行系统航路"（简称西部航路），航路代号为 L888。该航路历经昆明、成都、兰州、乌鲁木齐 4 个高空管制区，分别在 4 个地方设有 ADS-C 工作站。地面 ADS-C 工作站由卫星网连接，数据信息通过北京网控中心传给卫星数据网并上传到卫星，然后由卫星传输给飞机。飞机必须安装 FANS-A/1 设备，L888 航路宽度为 56km，同航向、同高度飞行的最小纵向水平间隔 10min，航路最小垂直间隔 600m，飞行高度西行 9600m 或 10800m，东行 10200m 或 11400m。

5.3.2 广播式自动相关监视（ADS-B）

1. ADS-B 概述

国际民航组织（ICAO）通过发展自动相关监视（ADS），来辅助雷达监视。但是 ADS-C 只是选定向该空域地面管制单位发送飞机位置报告，有助于管制单位在了解了该飞机的精确位置后实施有效管制。它属于空对地选址报告，供地对空监视和管制，非常适合于航线飞行上的班机以及海上运输飞行。后来发展的广播式自动相关监视（ADS-B）不用选址，改用全向广播方式，主要采用空对空报告，供空对空自我监视，起到了延伸驾驶员肉眼视程的作用，有利于实施"见到后避让"原则，不论运输航空或通用航空都行之有效。其工作原理如图 5.23 所示。

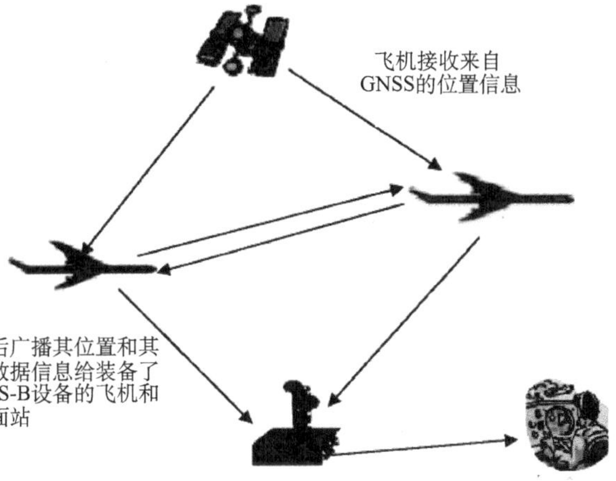

图 5.23 ADS-B 系统原理图

美国 FAA 认为 ADS-B 将是实施自由飞行的奠基石，欧洲虽然并不提倡前景遥远偏于理想的和概念上较为模糊的"自由飞行"，但也提出了"自由航路"概念，而 ADS-B 也将是促进实施自由航路的可行手段之一。

2. ADS-B 的机载电子设备

ADS-B 有 ADS-B OUT 和 ADS-B IN 两种功能。ADS-B OUT 是指飞机上的 ADS-B

发射机以一定的周期向其他飞机或者地面站发送飞机的位置等信息；ADS-B IN 是指飞机上的 ADS-B 接收机接收来自其他飞机 ADS-B 发射机发送的 OUT 信息，及地面站设备发送来的信息。通过 ADS-B IN 可使飞行员在 CDTI 上观察到本机周围的空域情况。ADS-B 的机载设备包括三部分：位置信息源，即 GPS 卫星导航接收机；ADS-B 位置报告的收发机和天线；驾驶舱交通信息显示器。如图 5.24 所示。

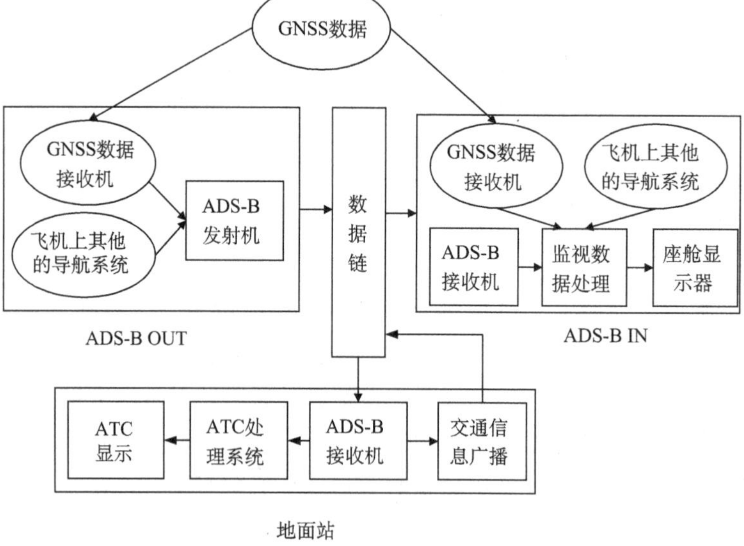

图 5.24　ADS-B 组成示意图

全球定位系统（GPS）作为 ADS-B 自发位置报告的数据源。由于航空上传统采用气压高度，所以高度报告数据仍依靠大气数据计算机或编码高度表的输出。飞机的位置、高度等数据都是通过 FMC（飞机管理计算机）转送给飞机上的各种电子设备（包括 ADS-B）；对于没有 FMC 的小飞机可专设输出/输入接口。ADS-B 收发机将是 VHF/UHF 或 L 波段 S 模式的收发机，具有专门的处理 ADS-B 电文的软件，其天线只需一般的全方向天线，但应配置于机顶上和机腹下各一个。驾驶舱交通信息显示器可以由多功能控制显示组件（MCDU）或专门的座舱显示器（CDTI）充当。

3. ADS-B 的数据链

对于 ADS-B 的数据链，最早在欧洲由瑞典提出利用自组织时分复用（S-TDMA）VHF 数据链技术来广播飞机位置，为空中其他飞机和地面提供位置信息，地面接收后可了解空中交通情况，起到监视功能。该技术获得了许多专家的支持，并被 ICAO 采纳，称为 ADS-B。继后美国提出利用二次监视雷达（SSR）的 S 模式扩展自发报告（1090ES）的功能作为 ADS-B 的另一种技术，两种方式各自进行试验都有成效。近期美国在货运航空和通用航空的试用中，又提出一种新的用于 ADS-B 的数据链技术，称为通用访问收发机（UAT）。S-TDMA 的 VHF 数据链不仅用于 ADS-B，并能用于其他地空通信和广播，因而 ICAO 的航空移动通信专家组（AMCP）将其作为一种 VHF 数据链，与其他 VHF 数据链并列，定名为模式 4 的 VHF 数字式数据链（VDL-4），并已制定了标准与推荐措施。

4. ADS-B 的功用

作为广播式自动相关监视技术，飞机自动向周围的飞机、车辆和地面接收台发射自身的位置等信息，所以可以实现多方面的功能。其功能是空中飞机与飞机之间就能自动识别对方的位置，可以自我保持间隔；地面 ATC 对终端和航路飞行的飞机进行监控和指挥；机场场面活动的飞机和飞机及车辆之间保持间隔，起到场面监视作用。

5.3.3 两种自动相关监视特性的比较

ADS-C 和 ADS-B 在很多方面具有不同的特点，下面主要通过表 5.4 对两种自动相关监视进行比较。

表 5.4 两种自动相关监视的比较

对比项目	ADS-C	ADS-B
工作方式	飞机与地面管制单位之间建立点到点的寻址方式；可按约定周期自动发送，或按事件合同、紧急合同或请求方合同方式发送	广播式自发位置报告；飞机间可相互接收
作用距离	远程	近程
连接方式	空-地	空-空，空-地，地-地
数据链	VHF（ACARS），SATCOM，HFDL （协议式双向链路）	1090ES，VDL-4，UAT （广播式单向链路）
ICAO 标准	ATN	1090ES，VDL-4，UAT
地空数据链供应商	SITA，ARINC	无
地面用户限制	最多 5 个	无
报告周期	每几分钟	1s
相关服务	CPDLC	TIS-B，FIS-B
适用环境	海洋空域为主，兼顾其他空域	多种空域，兼顾场面活动
功用	实现对海洋和边远地区的监视；可对 SSR 取代或补充	可取代 TCAS；可取代 SSR；可取代场面监视系统；可在驾驶舱内提供交通信息显示和冲突警告；为自由飞行创造条件
缺点和局限性	相关监视，依赖飞机报告；完全依赖机载导航信息源	

对于两种自动相关监视系统，近年来趋向于将它们合并，针对不同的场合使用。一般认为，海洋和边远陆地可采用星基双向数据链的 ADS-C；陆地，尤其是交通密度较高地区均可采用陆基较为简易的单向广播的 ADS-B。

第6章　自动飞行控制系统

6.1　飞行控制系统

6.1.1　飞行控制系统的概述

1. 飞行控制系统的发展历史

自动飞行控制系统已有一百多年的研制历史。1891年海诺姆·马克西设计和建造的飞行器上就安装了改善飞行器纵向稳定性的飞行控制系统。后来，直到20世纪初，由于飞行器本身性能的不断改善，而自动控制理论也处于发展初期，因此飞行器的自动控制发展缓慢；20世纪中期以后，随着飞行任务的不断复杂化，对飞行器性能要求越来越高，如希望运输机飞行距离要远，侦察机飞行高度要高，而战斗机要有良好的机动性，希望飞机便于操纵，减轻飞行员的负担，这就使自动控制成了不可回避的问题，这样就出现了飞行控制系统。

2. 典型的飞机操纵方法

驾驶飞机的典型操纵方法是：飞机的俯仰操纵（绕飞机横轴的运动）是靠飞行员推、拉驾驶杆或驾驶盘，带动升降舵偏转来完成的；飞机的侧向操纵（绕飞机纵轴的运动）是靠飞行员压杆，带动副翼偏转（或打开扰流片）来完成的；飞机的方向操纵（绕飞机立轴的运动）是靠飞行员蹬脚蹬板，带动方向舵偏转来完成的。驾驶杆和脚蹬板与各操纵翼面之间，通过钢索（软式）或连杆（硬式），或二者兼用（混合式）来传动的。

3. 飞行控制系统的定义

飞行控制系统是以飞行器（飞机、导弹）为控制对象，对飞行器的运动加以控制的系统，是实现飞行器飞行控制所使用的设备（包括装置、机构及建立的开环或闭环信息传递链）的统称。

飞行控制系统由控制器和控制对象组成。

控制器控制的目的如下。

（1）改变控制对象（飞行器）的姿态或空间位置。

（2）抗干扰——即控制对象（飞行器）受干扰作用时，控制器可保持其姿态或位置不变。

实现上述控制目的的方法是靠飞行器上的控制面（如升降舵、副翼和方向舵等）偏转产生空气动力与力矩，这些力和力矩能使飞机的姿态与位置保持或改变。

因此，飞行控制系统的作用是保证飞机的稳定性和操纵性，提高飞机飞行性能和完成任务的能力，增强飞行的安全性和减轻驾驶员的工作负担。

6.1.2　飞行控制系统的分类

飞行控制系统分为人工飞行控制系统和自动飞行控制系统。

1）人工飞行控制系统

由驾驶员通过对驾驶杆和脚蹬的操纵实现控制任务的飞行控制系统，称为人工飞行控制系统。

驾驶员控制飞机的方框图如图 6.1 所示。

通过飞行员眼睛观察仪表—大脑判断—手脚等动作—舵面偏转—调整飞机。在大脑中实现负反馈的过程，这是一个反馈系统即闭环系统。

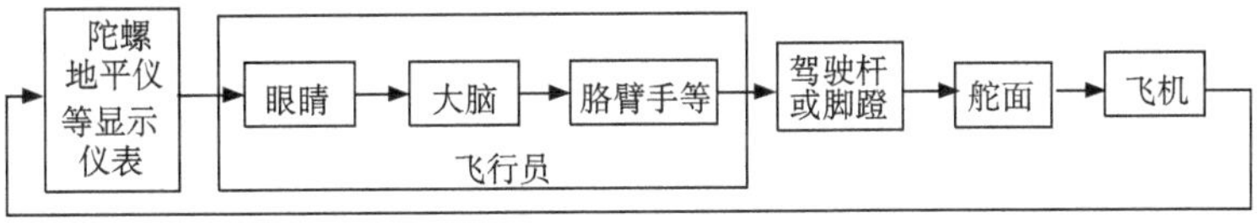

图 6.1　驾驶员控制飞机的方框图

2）自动飞行控制系统

在没有人直接参与的条件下，按照控制器的控制规律，自动地控制飞行器的飞行，这种控制系统称为飞行自动控制系统。若用自动控制系统代替飞行员操纵飞机则图 6.1 变为图 6.2。

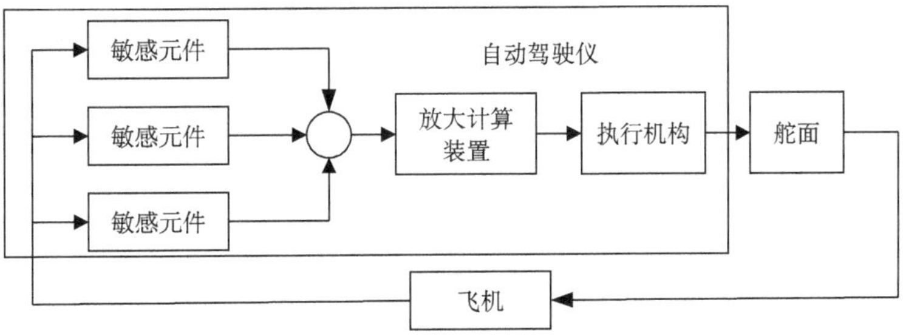

图 6.2　自动飞行控制系统控制飞机的方框图

其中由敏感元件、放大计算装置、执行机构就构成了自动飞行控制系统的核心——自动驾驶仪。

自动驾驶仪控制飞机飞行过程中，敏感元件、放大计算装置和执行机构可以代替驾驶员的眼睛、大脑神经系统与肢体，自动控制飞机的飞行。

在飞机调整中，不断与给定要求相对比，按差值调节，从而实现了负反馈的控制过程。

6.2　自动飞行控制系统

6.2.1　自动飞行控制系统的组成及作用

1. 自动飞行控制系统的组成

描述飞机运动的参数有：三个姿态角即俯仰角、倾斜角和偏航角；三个角速度即俯仰角速度、倾斜角速度和偏航角速度；两个气流角即迎角（或称攻角）和侧滑角；三个线位移；三个线速度；两个航迹角即航迹俯仰角和航迹偏转角。自动飞行控制系统可在无人参与的情况下自动控制上述部分或全部参数，必要时还可以控制马赫数及法向过载等。

飞行控制系统包含极其广泛的研究内容，特别是对于大型民用客机。按照 ATA-100 对飞机系统分类的编排，自动飞行控制系统属于 ATA-100-22 章自动飞行系统（Automatic Flight System，AFS）的内容。它包含了为自动控制飞机飞行提供手段的所有内容，如图 6.3 所示。

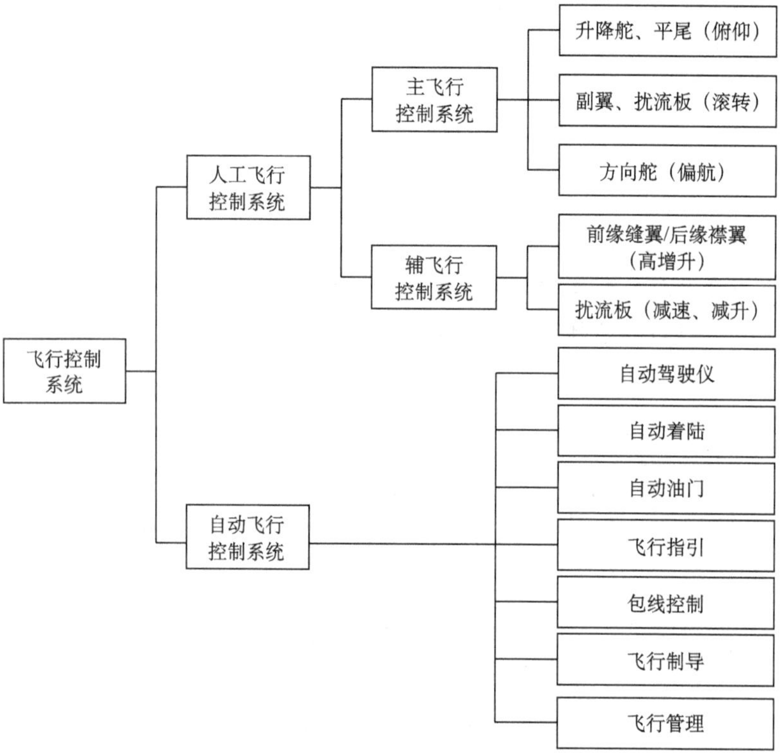

图 6.3 民用飞机飞行控制系统的内容

人工飞行控制系统由驾驶员手动操纵的主、辅飞行操纵系统组成，属于 ATA-100-27 章对应的内容，可能是常规的机械操纵系统，也可能是现代飞机常用的电传控制系统（Fly By Wire System，FBWS）。对于采用电传控制系统的飞机，自动飞行控制系统输出指令通过电传控制系统控制飞机运动。对于未采用电传控制系统的飞机，自动飞行控制系统的组成还应包括相关控制面的伺服作动器或控制增稳系统。

军用飞机自动飞行控制系统除了上述 ATA-100-22 章的内容，还有自动地形跟随和自动地形回避系统，与火控系统交联控制以及其他一些特殊控制要求的系统。

自动飞行控制系统各组成部分的功能可概括为：自动驾驶仪（A/P）主要通过自动地控制飞机飞行，减轻驾驶员的工作负担，还可以在恶劣的气象条件下完成飞机的自动着陆；飞行指引仪（F/D）主要在 PFD 或 EADI 上显示驾驶指令杆，以指导驾驶员人工驾驶飞机或监控飞机的姿态；偏航阻尼系统（Y/D）在飞机的整个飞行过程中，改善飞机的动态稳定性；安定面配平系统（STAB/T）在所有飞行阶段，通过自动调整水平安定面，以保持飞机的俯仰稳定性；自动油门系统（A/T）自动控制发动机的输出功率，以减轻驾驶员的工作负担。其中，安定面配平系统（STAB/T）和偏航阻尼系统（Y/D）结合在一起，称为增稳系统，它改善了飞机的稳定性，提高了飞行安全和旅客乘机的舒适性；现代飞机由飞行管理系统的输出信号控制自动飞行控制系统的工作，并对其进行监视。

如图 6.4 所示，典型的自动飞行控制系统包括以下设备。

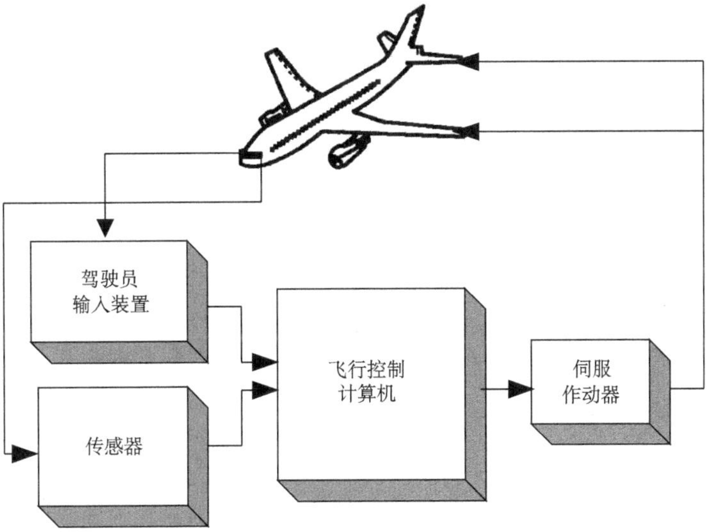

图 6.4　自动飞行控制系统原理图

1）传感器

传感器为飞行控制系统提供飞机运动参数（航向角、姿态角、角速度、位置、速度、加速度等）、大气数据以及相关机载分系统（如起落架、机轮、液压源、电源、燃油系统等）状态的信息，用于控制、导引和模态转换。例如，垂直陀螺用于感受飞机俯仰、倾斜姿态，输出模拟电压信号；角速率陀螺感受飞机的三轴姿态加速度信号，输出模拟电压信号；无线电高度表利用电磁波的反射测量高度，给出相对高度信号。

2）飞行控制计算机（FCC）

FCC 是飞行控制系统的“大脑”，负责采集各机载传感器的信息，接收机载无线电测控系统传输的由地面测控站上行信道送来的控制命令及数据，进行数据处理，从而实现各种飞行模态的控制和任务的管理、控制信号输出、状态信息发送等功能。FCC 要求具有实时性、可靠性和嵌入式等特点。实时性要求输入的导航数据以最快的速度处理并以最短的延时输出控制信号；可靠性要求抗干扰能力强，有较宽的工作温度范围和抗电磁干扰等；嵌入式要求体积和质量尽量小。

3）执行机构

飞行控制系统的执行机构即伺服作动子系统，它按照飞行控制计算机的指令驱动舵面以实现对飞机的控制。采用舵机对舵面进行控制，并有位置反馈、测速反馈信号输出。

4）飞行方式控制板

飞行方式控制板即驾驶员输入装置，接收驾驶员的输入指令，它是通向计算机的主接口。

2. 自动飞行控制系统的作用

（1）改善飞机飞行品质，包括：①固有特性。改善飞机的固有特性（阻尼特性、频率特性），提高飞机稳定性；②操纵、控制特性。减轻飞行员的负担；③扰动特性。主要改善飞行器对大气紊流的响应特性；④大扰动的控制特性。

（2）协助航迹控制。

（3）全自动航迹控制。

（4）监控和任务规划。

6.2.2 飞行控制计算机（FCC）

FCC的基本功能是实现自动飞行的指令计算与输出，FCC计算控制指令是围绕两个基本回路进行的，即稳定回路和控制回路。控制回路根据系统的工作方式及飞行参数，计算飞机飞行的目标参数，如位置、速度、垂直速度等，主要是控制飞行器质心的轨迹运动；稳定回路根据控制回路计算的飞机飞行目标参数及飞机实际运动参数，按照一定的控制规律计算相应的舵面偏转角度或角速度，主要是控制和操纵飞机的姿态运动。

FCC的主要功能可归纳为：采集驾驶员输入指令及飞机运动参数的反馈信号，并对其进行必要处理；飞行控制系统工作模式的管理与控制；计算不同工作模式中的控制律，并生成必要的控制指令；对各种控制指令的输出与管理；对飞行控制系统中各传感器及伺服作动器进行余度管理；对飞行控制计算机本身的硬件及软件进行余度管理与检测；完成飞行前地面及飞行中在机内对系统各子系统及部件的自动检测；完成与机内其他任务计算机及电子部件信息交换的管理（包括驾驶舱显示，报警信息管理）。

6.2.3 方式控制面板

方式控制板（MCP）是驾驶员与FCC之间的基本接口。典型的方式控制面板如图6.5所示。

机组利用MCP可完成如下功能。

（1）衔接自动驾驶仪、打开飞行指引仪、预位自动油门。

（2）选择自动驾驶仪、飞行指引仪、自动油门的工作方式。

（3）选择和显示航道和航向、目标速度和高度等飞行参数。

具体各按钮或开关的功能如下。

（1）航道选择器（旋钮）。航道选择器1和2用来选择VOR航道或ILS航道。航道选择器1用于机长VOR或ILS系统；航道选择2用于副驾驶VOR或ILS系统。

（2）航道显示器。有两个航道显示器用于显示所选择的VOR或ILS航道，显示范围为0～359°。

（3）F/D电门。两个F/D电门用来打开或关闭FCC的F/D功能。通常机长一侧的F/D电门用来控制FCC A，且仅能在机长一侧的显示器上看到F/D指令；副驾驶一侧的

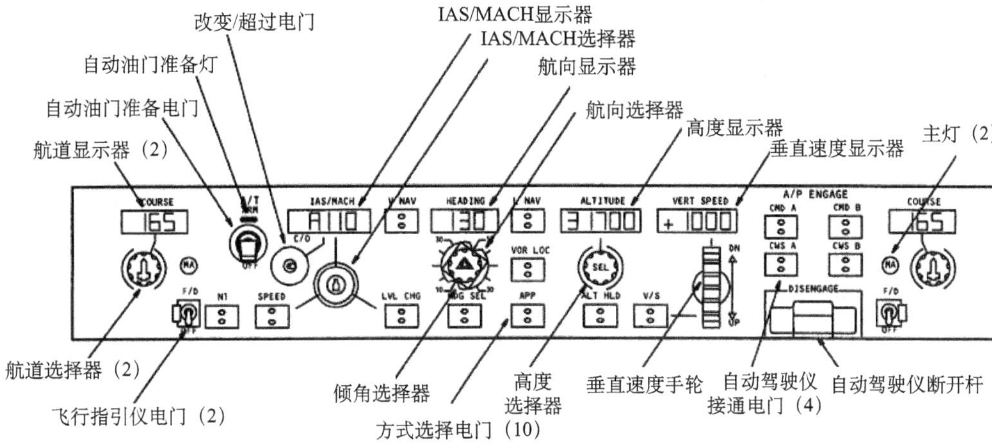

图 6.5 典型的飞行方式控制板

F/D 电门通常用来控制 FCC B，且仅能在副驾驶一侧的显示器上看到 F/D 指令。

(4) 灯 (2)。主灯表明哪个 FCC 在控制方式的选择。若机长 F/D 电门上方的主灯亮，表明 FCC A 控制方式选择；若副驾驶 F/D 电门上灯亮，表明 FCC B 控制方式选择。

(5) A/T 预位电门。当把 A/T 电门置于 ARM 位，A/T 系统预位，一个电磁活门将电门保持在 ARM 位。若将电门置于 OFF 位则断开了 A/T。

(6) A/T 预位灯。当 A/T 在预位方式时，此灯亮。

(7) IAS/MACH 选择器。IAS/MACH 旋钮用来设置 MCP 空速及马赫数。

(8) IAS/MACH 显示器。该显示器显示指示空速 (IAS) 和马赫数。IAS 显示范围为 100～399 节，增量为 1 节；马赫数显示范围为 0.60～0.89 马赫，增量为 0.01 马赫。

显示器有一个警告旗，在速度过低或超速时会闪亮，LCD 的左侧显示该警告旗。

当 V NAV 方式有效时，IAS/MACH 显示器是空白的方的。

(9) IAS/MACH 转换电门。当飞机的空速大于 0.6 马赫，按压此电门，显示器从 IAS 节转到马赫数或从马赫数转到 IAS 节。若空速小于 0.6 马赫，仅显示节 (空速)，而转换电门不起作用。

(10) 航向选择器及显示器。航向选择器用于改变对飞机航向的选择。航向显示器用于显示所选择的航向，其范围为 0～359°。

(11) 倾斜角选择器。倾斜角选择器让驾驶员选择最大允许的倾斜角。最大倾斜角可选择以下参数之一：10°、15°、20°、25°、30°。

这些倾斜角限制仅在 VOR 或航向选择方式有效。

(12) 高度选择器。高度选择器用来设置 AFCS 的基准高度，旋钮转一周，高度改变 6400ft。

(13) 高度显示器。高度显示器显示预选高度，范围为 0～50000ft。

(14) 垂直速度手轮。要设置垂直速度，转动垂直速度手轮。向上转动手轮，其值向抬头方向变化；向下转动手轮，其值向低头方向变化。在 0～1000ft/min (fpm)，其增量是 50fpm，大于 1000fpm 时，增量为 100fpm。

(15) 垂直速度显示器。显示器显示所选择的垂直速度，范围为－7900～6000fpm。

(16) A/P 衔接电门。MCP 板上有四个衔接电门，两个用于 FCC A，两个用于 FCC B。电门将 A/P 衔接 CMD 或 CWS。

电门是按钮/灯式电门。若预衔接逻辑正确，当按压电门，A/P 衔接，且电门灯亮。若预衔接逻辑不正确，当按压电门后，A/P 不衔接，且灯不亮。

衔接 A/P 后，一些条件必须始终正常，否则 A/P 断开。若 A/P 断开，相应电门灯熄灭。

(17) A/P 切断杆。向下按 A/P 断开杆即可切断 A/P。

(18) 方式选择电门。有以下方式选择电门：自动油门 N1、自动油门速度、高度层改变、航向选择、进近 、垂直导航 (V NAV)、水平导航 (L NAV)、VOR LOC、高度保持、垂直速度。

当某一方式选择电门灯亮时，可以再次按压该电门来取消该方式。

6.2.4 自动飞行控制系统的基本回路

典型飞行控制系统由三个回路构成，即舵回路、稳定回路和控制回路。

1. 舵回路

舵回路用于改善舵机的性能以满足飞行控制系统的要求，通常将舵机的输出信号反馈到输入端形成负反馈回路的随动系统。舵回路包括舵机、反馈部件、放大器，如图 6.6 所示。

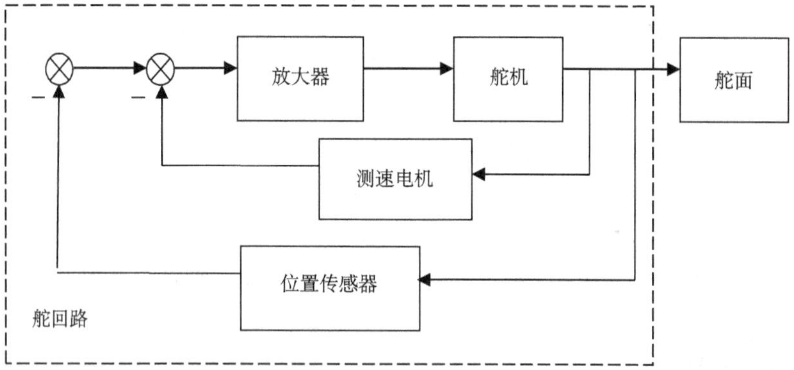

图 6.6 舵回路

反馈元件包括测速电机、位置传感器，构成舵回路的测速反馈和位置反馈。舵回路可用伺服系统理论来分析，其负载是舵面的惯性和作用在舵面上的气动力矩（铰链力矩）。

随反馈形式的不同，舵回路可分成三类：比例式、积分式和均衡式。

比例式：由位置传感器将舵面角位置信号反馈到舵回路的输入端，使控制信号与舵偏角一一对应。

积分式：用测速电机测出舵面偏转的角速度，反馈给放大器以增大舵回路的阻尼，改善舵回路的性能。

均衡式：比例积分，是上述两种方式优点的总和。

2. 稳定回路

测量部件测量的是飞机的飞行姿态信息，则姿态测量部件＋舵回路就构成了自动驾驶仪。自动驾驶仪和被控对象（飞机）组合就构成了稳定回路，其作用是稳定和控制飞机姿态，如图 6.7 所示。

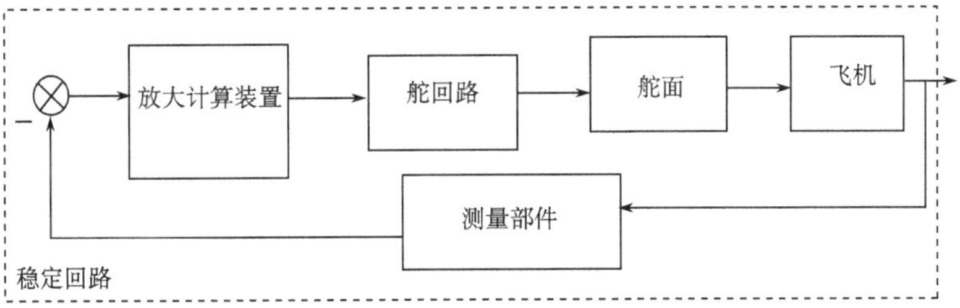

图 6.7　稳定回路

3. 控制回路

稳定回路加上测量飞机重心位置或速度信号的元件以及表征飞机空间位置几何关系的运动学环节，组成更大的回路，称为控制回路或制导回路，如图 6.8 所示。

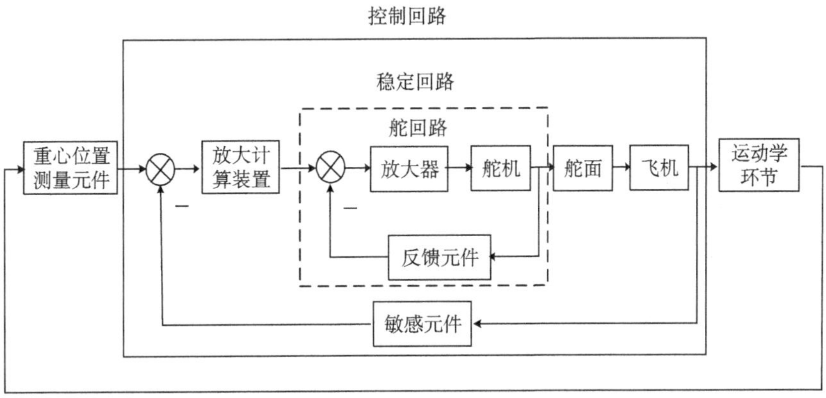

图 6.8　控制（制导）回路

控制回路的作用是实现对飞机重心的运动即飞机运动轨迹的控制。它以稳定回路为内回路。飞机重心位置的改变是通过控制飞机角运动实现的。

信号从控制回路进入稳定回路必须用姿态限幅器加以限制，以防止飞机危险倾斜和俯仰。

基于安全原因和对乘客舒适性的考虑，倾斜姿态限制大约为 30°。在许多飞机上，驾驶员可以通过控制板上的旋钮将这一限制值调在 5°～25°。同样，俯仰姿态被限制为上仰 25°，下俯 10°，如图 6.9 所示。

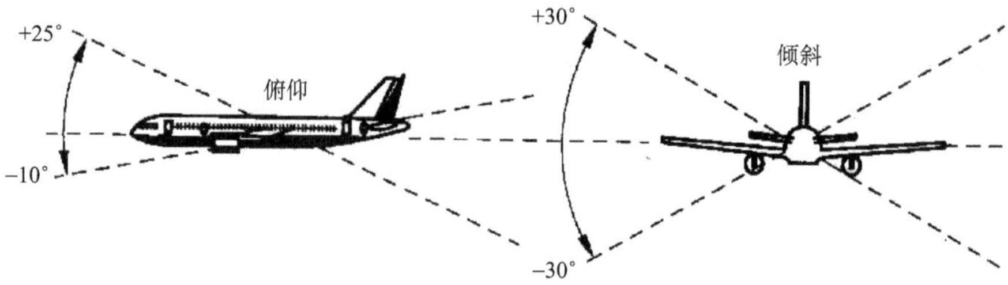

图 6.9 飞机的俯仰与倾斜限制

6.3 自动驾驶仪（A/P）

6.3.1 自动驾驶仪的功用

自动驾驶仪（Autopilot）是由 Auto（自动）和 pilot（驾驶员）两个英文单词组成的，原意是用自动器取代驾驶员，实际上一直到现在，作为自动飞行控制系统基本组成部分的自动驾驶仪并不能完全取代驾驶员的职能，只有最完善的自动飞行控制系统才能真正取代驾驶员，实现全自动飞行。

当自动驾驶仪衔接后，可以实现的主要功能如下。

（1）自动保持飞机沿三个轴的稳定（姿态角的稳定）。

（2）接收驾驶员的输入指令，替驾驶员操纵飞机以达到希望的俯仰角、航向角或升降速度等。

（3）接收驾驶员的设定，控制飞机按预定高度、预定航向飞行。

（4）与 FMS 耦合，执行飞行计划，实现按预定飞行轨迹的飞行。

（5）与仪表着陆系统（ILS）耦合，实现飞机的自动着陆（CAT Ⅰ、Ⅱ、Ⅲ等）。

6.3.2 自动驾驶仪的组成

如图 6.2 所示，自动驾驶仪的基本组成部分包括以下内容。

（1）测量元件或称敏感元件。用来测量飞机的运动参数：俯仰角、倾斜角和偏航角，例如，速率陀螺测量角速度；垂直陀螺测量飞机的俯仰角、倾斜角（或称滚转角）；航向陀螺测量飞机的偏航角等。

（2）信号处理元件（或称计算元件）。把各种敏感元件的输出信号处理为符合控制规律要求的信号，包括综合装置、微分器、积分器、限幅器、滤波器等。

（3）放大元件。放大上述处理过的信号的元件，一般指功率放大。

（4）执行机构。根据放大元件的输出信号带动舵面偏转的机构，也称为舵机。

（5）控制面板。控制面板见图 6.5。

6.3.3 自动驾驶仪的控制原理

1. 自动驾驶仪的工作状态

自动驾驶仪控制飞机有两种工作状态，即稳定状态和操纵状态

1）稳定状态

所谓稳定状态，是指稳定给定的基准状态，也就是稳定飞机沿三个轴的角运动，其目的是使飞机的飞行尽量不受外界干扰的影响。自动驾驶仪此时的作用是消除飞机相对给定基准的偏离。

2）操纵状态

所谓的操纵状态，是指外加一个控制信号去改变飞机原基准状态的运动。

控制信号相当于在原基准信号的基础上再附加一个给定的增量信号，该信号可以来自驾驶员在控制面板上的控制，也可以来自其他如飞行管理计算机等。利用自动驾驶仪的操纵状态就可以自动地控制飞机按所期望的姿态或航迹飞行。

2. 自动驾驶仪的控制原理

自动驾驶仪的控制原理为：当飞机偏离原始状态时，敏感元件感受到偏离方向和大小，并输出相应信号，经放大、计算处理，操纵执行机构（舵机），使控制面（如升降舵面）相应偏转。由于整个系统是按负反馈的原则连接的，其结果是使飞机趋于原始状态。

通常，飞机的自动驾驶仪有俯仰、横滚和航向三个控制通道。有的现代民航飞机只有俯仰和横滚两个控制通道，分别控制飞机的俯仰、横滚和航向运动。

飞机驾驶员要保持或改变飞机在空中的运动状态，主要靠操纵飞机的驾驶杆（控制升降舵）、驾驶盘（控制副翼）、脚蹬（控制方向舵）和油门杆（控制发动机供油量）来实现。然而，自动驾驶仪要保持或改变飞机在空中的运动状态，同样是靠自动驾驶仪的执行机构去控制三个舵面和发动机油门杆来实现的。自动驾驶仪的俯仰通道控制升降舵，倾斜通道控制副翼，航向通道控制方向舵。它们的作用和驾驶员利用驾驶杆、驾驶盘和脚蹬控制三个舵面的作用是相同的。

俯仰通道用于稳定和控制飞机的俯仰姿态、高度、速度、升降速度等，称为纵向通道。因航向通道与横滚通道的信号交联，统称为横侧向通道。横侧向通道稳定和控制飞机的航向角、倾斜角和偏航距离等。

以俯仰通道为例介绍自动驾驶仪单通道的控制原理。倾斜通道和航向通道的控制原理与俯仰通道的控制原理相似。

1）人工操纵飞机进行俯仰控制

如图 6.1 所示，设飞机的平飞姿态角为 θ_0，维持 θ_0 的用舵量为 δ_{z0}，同时调整地平仪上的人工地平线与小飞机重合，使地平仪指示的姿态角在平飞时为零度即 $\Delta\theta=0$。这样只要保持平飞时的俯仰平衡力矩不受破坏，飞机的俯仰角始终为 θ_0，地平仪的指示角 $\Delta\theta=0$，升降舵偏转角 $\delta_z=\delta_{z0}$。此时，飞行员的任务是防止飞机出现 $\Delta\theta\neq0$ 的情况。

当飞机在平飞过程中，由于某种外界干扰使飞机产生一个抬头角 $+\Delta\theta$。驾驶员从地平仪上观察到这一数值后，大脑立即做出决定，指挥双手推动驾驶杆，使升降舵向下偏转一个角度（规定它为 $+\delta_z$）产生一个低头力矩，迫使飞机回原姿态（即 $\Delta\theta$ 减小）。在飞机向原姿态恢复的过程中，驾驶员也应逐渐回收驾驶杆，减少用舵量（即 $+\delta_z$ 减少），等到飞机完全回到原姿态时（即 $\Delta\theta=0$，$\delta_z=\delta_{z0}$）。此时飞机又处于水平直线飞行。

如果外界干扰力矩使飞机出现低头角时，则驾驶员纠正这一偏差的过程与上述操纵动作相反即可。

注：增加用舵量与机头的角度变化量成正比。（随着角度差的减小用舵量也要逐步

减小。）

从分析驾驶员的操纵动作可知，只要飞机偏离所要求的飞行姿态，驾驶员就得操纵相应的舵面偏转，而且飞机偏离的姿态角越大，驾驶员的用舵量也就越大。同样道理，如果要想改变原来的飞行姿态（如改变俯仰姿态），驾驶员首先要推动升降舵偏转，迫使飞机抬头或低头，待飞行姿态达到所要求的姿态时，再将驾驶杆收回到俯仰力矩平衡的位置。

2）自动驾驶仪控制飞机进行俯仰控制

利用自动驾驶仪操纵飞机，其目的是减轻驾驶员的体力和脑力劳动，这对长航线飞行的大型客机尤为重要。如图 6.10 所示为自动驾驶仪操纵飞机的原理框图。

在图 6.10 中，舵机是操纵舵面的动力装置，放大器用来放大系统的输入信号，反馈装置是将舵面偏转角以负反馈形式送至比较器 II，这一作用是保证自动驾驶仪的输出量（即舵面偏转角）与它的输入量（即比较器 I 的输出）之间保持一定的关系（如比例关系）；操纵装置是将人工指令变换成自动驾驶仪能接收的信号，并使它的输出极性与输入极性相反；地平仪是传感器，它用来测量飞机的姿态角，并变换成自动驾驶仪能够接收的信号送至比较器 I。

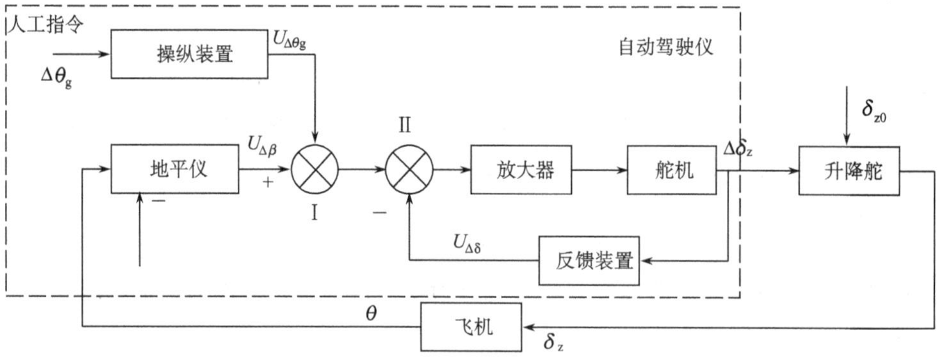

图 6.10 自动驾驶仪控制飞机原理框图

设自动驾驶仪开始工作时飞机的俯仰角为 θ_0，升降舵偏转角为 δ_{z0}，人工指令信号 $\Delta\theta_g$ 是驾驶员要求自动驾驶仪在 θ_0 的基础上再改变 $\Delta\theta_g$ 的变化量。地平仪传感器 $\Delta\theta$ 可以理解为传感器（$\Delta\theta=\theta-\theta_0$）；反馈信号 δ_z 可理解为 $\Delta\delta_z$ 的反馈量，则其工作原理如下。

当人工向自动驾驶仪输送抬头指令 $\Delta\theta_g$ 时，升降舵舵面随及向上偏转一个与 $\Delta\theta_g$ 大小成比例的舵偏角 $-\Delta\delta_z$。$-\Delta\delta_z$ 产生抬头力矩（称舵面操纵力矩），使飞机抬头角 $\Delta\theta$ 由零开始增大。在 $\Delta\theta$ 增加的同时，从比较器 I 输出的信号 $U_{\Delta\theta}-U_{\theta_g}$ 开始下降（指负值减小），于是舵偏角 $-\Delta\delta_z$ 也随之减小，操纵力矩下降，$\Delta\theta$ 的增长速度变慢。当 $\Delta\theta$ 增大到等于 $\Delta\theta_g$ 时，$\theta=\theta_0+\Delta\theta_g$，舵面操纵力矩消失，飞机便按要求飞行。

如果指令信号是 $-\theta_0$，则自动驾驶仪操纵飞机的过程与上述过程相反。

自动驾驶仪操纵飞机和驾驶员操纵飞机的道理是一致的。比较器 I 好比是驾驶员的眼睛，将“观察”到的姿态偏差 $\Delta\theta-\Delta\theta_g$ 送至“大脑”，比较器 II、放大器和反馈装置起到“大脑”的作用，指挥“双手”（即舵机）推动舵面偏转。

如果将原状态改为平飞状态，取 $\Delta\theta_g=0$，则图 6.10 可变为图 6.11 的形式。

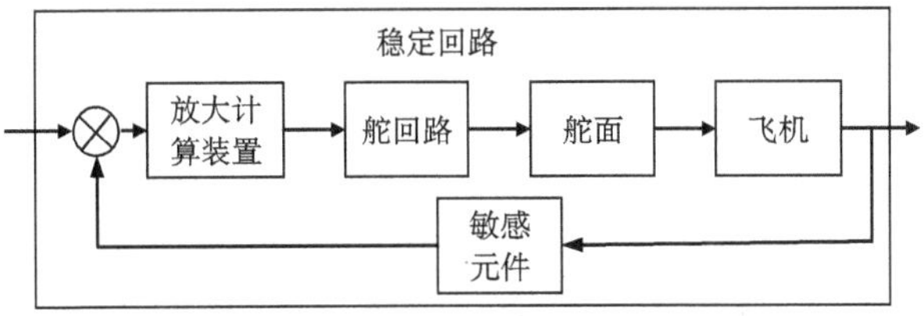

图 6.11　自动驾驶仪控制飞机平飞原理框图

如飞机在平飞过程中，遇到阵风干扰，使飞机产生 $+\Delta\theta$。此时，$+\Delta\theta$ 信号进入驾驶仪，使舵面向下偏转一个角度（即 $+\Delta\delta_z$），产生低头力矩，迫使飞机回原姿态（即 $+\Delta\theta$ 角减小）。在飞机向原姿态恢复的过程中，由于 $+\Delta\theta$ 的减小，$+\Delta\delta_z$ 也随之减小。等到飞机完全回到原姿态（即 $\Delta\theta=0$）时，$\delta_z=\delta_{z0}$。这说明自动驾驶仪中的比较器、放大器、舵机和反馈装置取代了驾驶员对飞机的控制作用。

3）自动驾驶仪的横侧向控制

控制过程中，选择来自自动驾驶仪控制板的基准值（包括航向和倾角），实测值来自姿态系统或罗盘系统，比较器计算出基准值与实测值之间的误差。该误差作为稳定回路的指令信号输入，它与实测值比较，从而改变飞机姿态，进而改变飞机飞行的实际航路，使飞机达到选择的基准值。

6.3.4　自动驾驶仪的常见工作方式

自动驾驶仪的工作方式由方式选择板（MCP）控制。

自动驾驶仪的纵向通道和横侧向通道。控制飞机的不同变量，对应了自动驾驶仪不同的工作方式。根据所控制的状态量，可以完成姿态（俯仰角和滚转角）保持、高度保持、航向保持、自动改平以及复飞等功能。通过操纵方式控制面板上相应的控制旋钮或开关，可以实现自动驾驶仪的衔接、脱开和工作方式之间的转换。

自动驾驶仪通常以两种常见形式衔接，即驾驶盘操作（Control Wheel Steering，CWS）方式和指令（Command，CMD）方式。当自动驾驶仪以 CWS 方式衔接时，自动驾驶仪的作用原理是：驾驶盘将驾驶员的操作量作为输入指令，被转换成电信号后，送到自动驾驶仪的核心计算机——FCC，FCC 再输出信号给控制液压作动器，带动舵面运动，这时自动驾驶仪仅起到助力器的作用，相当于电传操纵飞机上的人工操作。当自动驾驶仪以 CMD 方式衔接时，其纵向通道和横侧向通道分别以不同的方式来工作。FCC 会根据各通道的方式来自动计算输出指令，然后通过液压作动器控制飞机的相应操纵舵面，实现飞机的自动控制。

两种工作状态虽然都是由 FCC 输出舵面控制指令，但在工作方式及信号流程上有区别。自动驾驶仪衔接在 CMD 状态，可以有多种工作方式；但衔接在 CWS 状态，FCC 仅响应驾驶盘的输入指令或工作在姿态保持方式。

两种方式的信号流程如下。

（1）驾驶盘操纵状态（CWS）信号流程：驾驶盘（驾驶杆）—力传感器（或位移传

感器)—FCC输入接口—控制回路计算—稳定回路计算—输出接口—自动驾驶仪伺服回路—动力控制组件—舵面。

(2) 指令状态（CMD）信号流程：FMC+MCP+运动参数—FCC输入接口—控制回路计算一稳定回路计算—输出接口—自动驾驶仪伺服回路—动力控制组件—舵面。

由于不同飞机上安装的自动驾驶仪系统各不相同，所以可能的纵向通道的工作方式有高度保持方式（ALTITU HOLD)、升降速度（或称垂直速度，V/S）方式、高度层改变(LEVEL CHANGE）方式、高度截获或高度获得方式（ALTITU ACQUIRE)、垂直导航方式（V NAV)、下滑道方式（G/S)、复飞方式（GO AROUND）等。横侧向通道可能的工作方式有航向保持方式（HEADING HOLD)、航迹方式（TRACK)、水平导航方式（L NAV)、VOR方式、航向道方式（LOC)、复飞方式（RWY TRACK）等。在一般情况下，自动驾驶仪控制通道的不同工作方式，就对应不同的控制规律。当进行方式切换时，就伴随着控制规律的改变。

6.4 飞行指引仪（F/D)

为了便于飞行员操纵飞机，及时正确地纠正飞行姿态，现代飞机都装备有飞行指引仪，直接向驾驶员发出向哪一方操纵飞机的指令，保证飞机按给定的航迹飞行。

6.4.1 概述

“指引”二字的意思是指导驾驶员如何操纵飞机进入预选的飞行路线，指引仪的工作是将飞机实际的飞行路线与目标路线进行比较，得出进入目标路线所需要的操纵量，在指引仪上表示出来。为使驾驶员一目了然，指引仪采用简明的表达方式，直接显示出操纵要求的指令是向上还是向下、或向左还是向右飞行。这样可以使驾驶员看到指示后不假思索，随指引要求来操纵驾驶杆，保证飞机正确切入或维持在预定的航线上飞行。

这一点对近代高速飞机，用仪表进近飞行时特别重要。因为在飞机很快地接近跑道时，没有充分的时间让驾驶员来进行思考，如利用一般的飞行指示仪表（如地平仪、罗盘、空速表和无线电高度表等）来操纵飞机，驾驶员需要将几个仪表的指示信息在脑子中加工后才能作出如何操纵飞机的决定，是需要一定时间的。而指引仪表承担了驾驶员的脑力劳动，起到信息加工的作用，因而赢得了时间。驾驶员跟随指引信息来操纵飞机，可以达到适度的操纵量和匀滑地切入规定航线。

简单地说，飞行指示仪表与飞行指引仪的差别在于前者向飞行员提供发生了什么（即飞行状态有了什么变化)，而后者提供的是要求驾驶员应该如何做（如何操纵飞机）的信息，当然后者是指导驾驶员操纵飞行最直接信息。

飞行指引仪的功用概括起来有以下两点：在自动驾驶仪衔接前，为飞行员提供目视的飞行指引指令；在自动驾驶仪衔接后，用以监控自动驾驶系统的工作状态。

飞行指引仪的符号有十字指引杆、八字指引杆、V字指引杆和条形矢量指引杆。早期的飞行指引方法是零读指示器，它用两根纵横相交的十字指引针（图6.12)，与指示器中央小圆圈的相对位置偏差来表达指引命令。其中，水平指引针能上下移动；垂直指引针可以左右移动。水平指引针又称纵向指引针（或称俯仰指引针)。垂直指引针称为侧向指引针（或称倾斜指引针）。当两针交叉点位于中央小圆圈内，表示飞行操纵是正确的，如图 6.12 (a) 所示；如果纵向指引针上移，侧向指引针又偏右，如图 6.12 (b) 所示，则要求驾驶员拉杆抬机头，同时压杆（驾驶盘向右偏转）使飞机右倾斜，直到两针回到中央小圆圈内。

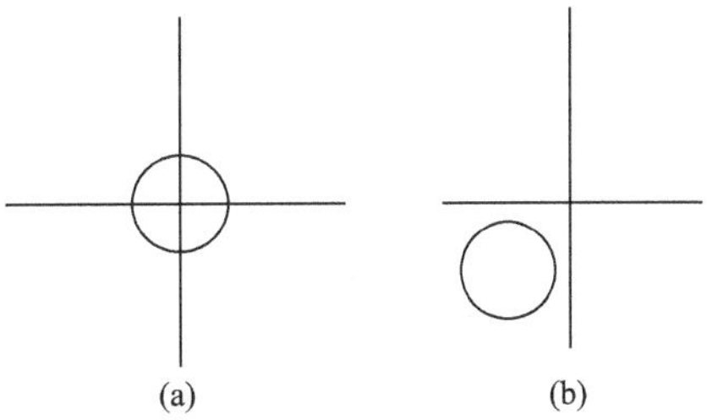

图 6.12　零读指示器的指示

仪表着陆系统的航向下滑指示器，也属于这种零读指示器。但航向下滑的十字指针代表航向和下滑无线电等强度信号线（波束中心线）的位置，而指引仪给出的是要求驾驶员操纵飞机的俯仰和倾斜指令，不代表飞机偏离给定航线的位置。

新型的指引仪称 V 字形指引仪，上述的中央小圆圈已由地平仪小飞机取代，两根指引针也变成与小飞机形状相近的形式。如图 6.13 所示，指引针称为八字（或称 V 形）指令杆（以下简称指令杆）。小飞机与指令杆之间的上下位置偏差代表俯仰指引指令，小飞机与指令杆的相对转角代表倾斜指引指令。飞行员根据俯仰指令操纵升降舵，根据倾斜指令操纵副翼，直到八字杆能与小飞机完全重合。

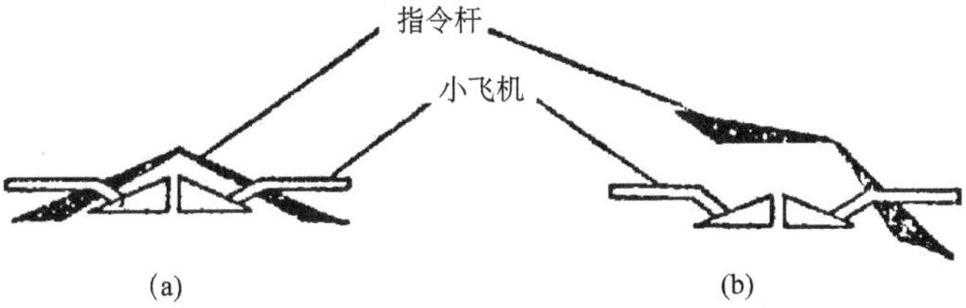

图 6.13　V 字形指引仪的指示原理

B737-800 的飞行指引仪如图 6.14 所示。

在陀螺地平仪上，可以看到飞行指引棒。它既在姿态指示器（ADI）上显示，也在现代飞机的主要飞行显示器（PFD）上显示。飞行指引的显示通常用两个指引棒，一个称为倾斜指令；另一个称为俯仰指令。这两个指引棒以飞机符号作为参考基准。当倾斜棒移动到左边时，驾驶员必须左转驾驶盘；相反，当倾斜棒移动到右边时，驾驶员必须右转驾驶盘。当俯仰棒向上移动时，驾驶员必须拉驾驶杆；当俯仰棒向下移动时，驾驶员必须推驾驶杆。

6.4.2　F/D 的工作原理

现代飞机上飞行指引指令的计算是由 FCC 完成的。FCC 根据工作方式（如 VERTICAL SPEED，VNAV，SPEED，VERTICAL POSITION，LNAV，HDG SEL，VOR/LOC），确定相应的控制律（功能模块）及输入信号，计算相应的控制指令即目标姿态，再与飞机的实际姿态进行比较，按一定的控制算法计算相应的飞行指引的指令，输出到电子显示系统的符号发生器，产生相应的飞行指引指示。

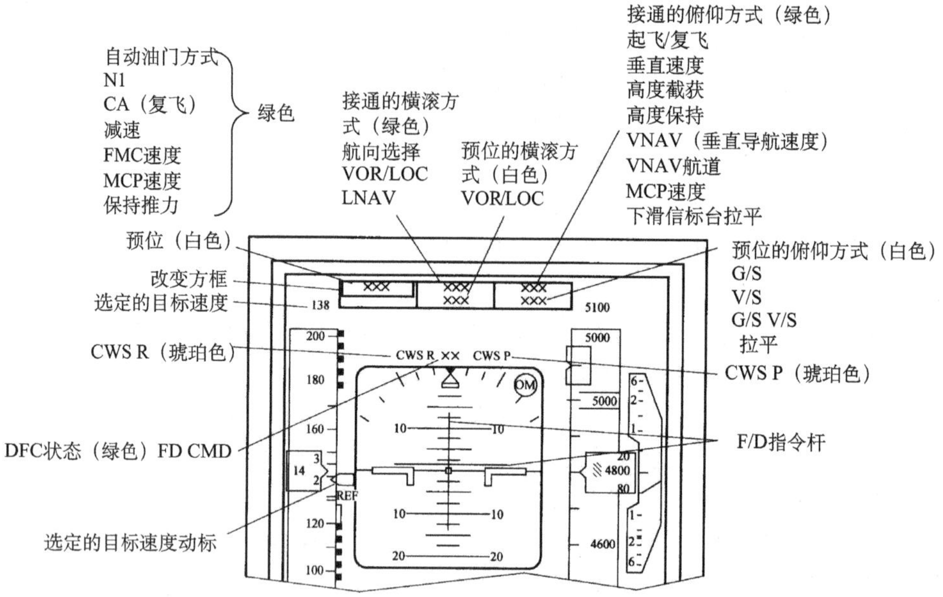

图 6.14 B737-800 的飞行指引仪

6.4.3 F/D 的工作方式

飞行指引仪的基本工作方式如下。

(1) 高度保持方式（ALT HOLD）：提供俯仰指令使飞机保持在 MCP 预选高度或按压 ALT HOLD 时飞机所在气压高度。

(2) 垂直速度方式（V/S）：提供俯仰指令使飞机保持所选择的垂直速度。该方式衔接时，飞机当时的 V/S 显示在 MCP 上，可通过手轮改变 V/S。

(3) 高度层改变（LVL CHG）：是俯仰和自动油门协调工作方式，用来控制飞机爬升或下降达到预选的高度。

(4) 垂直导航方式（V NAV）：利用来自 FMC 的目标高度和空速控制飞机按在 CDU 上选择的垂直剖面飞行。

(5) 水平导航方式（L NAV）：FMC 提供侧向制导指令控制飞机按预选航路飞行。

(6) 航向选择方式（HDG SEL）：提供倾斜指令，使飞机转向并保持在预选航向上。

(7) VOR/LOC 方式：提供倾斜指令控制飞机截获并跟踪预选的 VOR 方位或 LOC 航道。

(8) 进近方式（APP）：提供俯仰和倾斜指令控制飞机截获并跟踪下滑道（G/S），航向道（LOC）。

飞行指引仪的工作方式与 A/P 工作方式类似。通常 FCC A 驱动正驾驶一侧的指令杆，FCC B 驱动副驾驶一侧的指令杆。

F/D 工作方式基本与 A/P 相同，所以当 A/P 在 CMD 和 F/D 开关在“ON”时，飞行指引针可以用来监视 A/P 的工作。系统工作正常时，指引针应该总是处在中心位置。

如果A/P在OFF或CWS位，F/D在ON位，即只用飞行指引时，F/D提供指引指示飞行员操纵飞机。此时，F/D先衔接一边的FCC为主FCC。如一个以上A/P衔接在CMD，则第一个衔接的一侧的FCC为主。只有为主的FCC一侧的F/D上方的MA指示灯亮（即使是2个F/D开关都在“ON”位），主FCC产生两部FCC的控制逻辑，但每个FCC分别产生各自的F/D杆的指令。但在下列都具备情况下两个MA灯都亮。

（1）两个A/P都不衔接到CMD位。

（2）两个F/D开关都在ON位。

（3）APP方式LOC和G/S都截获或400in RA高度以下起飞（TO）方式或复飞（GA）方式衔接三者之一存在。

此时两个F/D独立工作，两FCC各自产生自己的方式逻辑和指令，两个MA灯亮，表明此时不存在主从关系。但若此时有一边AC电源故障，转换汇流条使用一边电源，好的一边FCC通过交叉通道总线把信息传给另一边的FCC，此时又恢复主、从关系，AC电源故障一边MA灯灭。

6.5 偏航阻尼系统

6.5.1 偏航阻尼系统的功用

偏航阻尼系统是增稳系统的一部分。在飞机飞行的全过程中，偏航阻尼系统用于提高飞机绕立轴的稳定性。当航向平衡被破坏后，偏航阻尼器控制方向舵偏转，从而抑制飞机绕立轴和纵轴的摆动，即抑制飞机的“荷兰滚”运动，保持飞机的航向平衡和航向稳定性。

偏航阻尼系统通过自动地偏转方向舵，为飞机提供偏航阻尼，从而将飞机在飞行时由荷兰滚引起的航向偏差减到最小，将阵风引起的飞机侧滑以及湍流引起的机体变形所产生的飞机振荡减到最小。另外，它还提供飞机的转弯协调信号。

6.5.2 荷兰滚原理

亚音速民航客机的机翼后掠角大约为35°，这种空气动力学的设计是为了实现低阻力、高速度的飞行；但该设计会导致飞机的航向稳定性差，容易产生荷兰滚。荷兰滚产生原理如图6.15所示。

设飞机某时刻在位置1因左侧风干扰，飞机尾部向右运动，飞机向左偏航。在位置2时，由于后掠翼使垂直于右翼的气流分量大于左翼，从而使右机翼升力增加，飞机向左倾斜。在位置3时，飞机向左偏航并倾斜，引起右机翼阻力增加，飞机开始向右偏航并向左侧滑。在位置4时，由于垂直于左翼的气流分量大于右翼，从而使左机翼升力增加，飞机开始向右倾斜。在位置5时，飞机向右偏航并倾斜，引起左机翼阻力增加，飞机向左偏航并向右侧滑，然后飞机又回到位置1的初始状态。

综上所述，飞机倾斜引起右侧滑，形成左滚转和右偏航，进而形成左倾斜，引起左侧滑，又形成右滚转和左偏航，进而形成右倾斜，引起右侧滑，如此循环。这种飘摆运动的飞行轨迹呈立体状S形，如图6.16所示，酷似荷兰人的滑冰动作，故称为“荷兰滚”。它不仅严重影响飞机乘坐的舒适性，而且会对飞机的结构造成损伤，因此必须加以抑制。飞

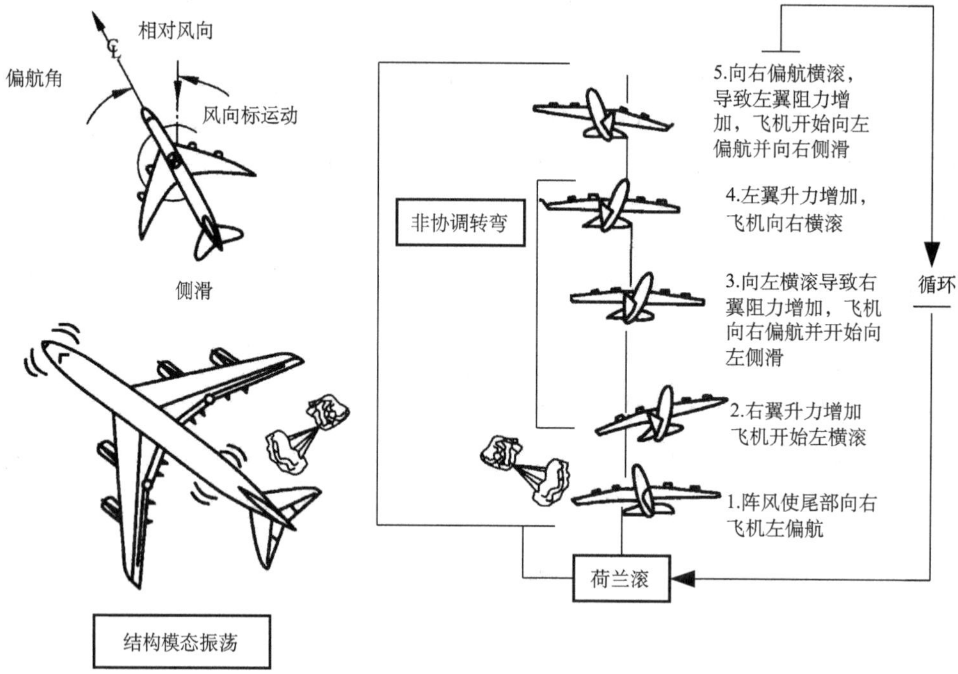

图 6.15　侧滑及荷兰滚运动

机利用偏航阻尼系统来降低荷兰滚造成的影响。另外，对于后掠翼高速飞行的飞机，如果机身较长，在飞行过程中会产生机身的弯曲和摆动。为了抑制这种机身结构模态振荡趋势，提高驾驶的操纵性和乘坐的舒适性，有些偏航阻尼系统还具有振荡抑制功能，例如，波音 767/300 型有模态抑制功能。

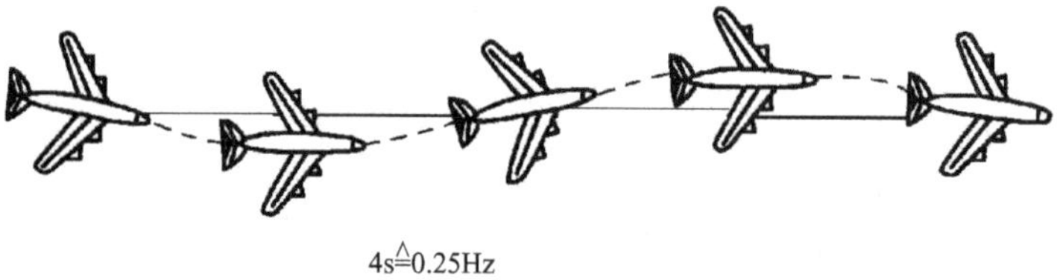

图 6.16　荷兰滚的振荡频率图

6.5.3　偏航阻尼系统组成

如图 6.17 所示，偏航阻尼系统通常由下列部件组成。

（1）偏航阻尼计算机——用于计算正确的方向舵偏转量。

（2）偏航阻尼器控制板——用来衔接或断开偏航阻尼系统。

（3）偏航阻尼指示——给出位置指示、状态显示和警戒信息。

（4）偏航阻尼伺服马达——用于驱动方向舵。

（5）速率陀螺——用于探测航向的变化率。现代飞机使用的偏航速率信号来自惯性基准组件（IRU），这一信号用于计算荷兰滚的补偿值。

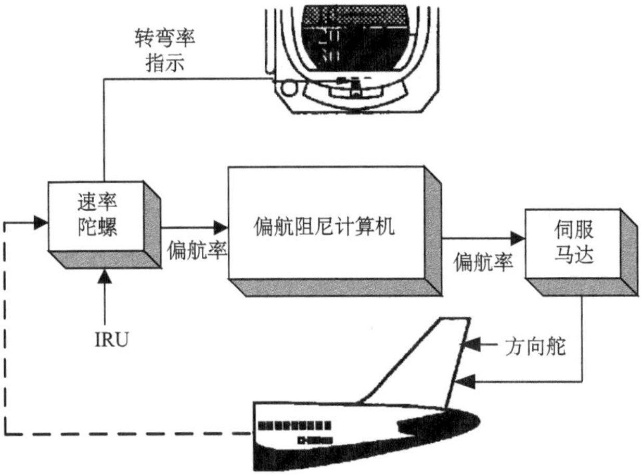

图 6.17 偏航阻尼系统的组成

1. 偏航阻尼计算机

该计算机用来计算方向舵的偏转方向。在偏航阻尼器内部有速度补偿电路、带通滤波器和协调转弯电路。速度补偿电路接收来自大气数据计算机系统的空速信号，以便调节方向舵的偏转来适应飞机速度，利用飞机的空速来修正方向舵偏转的大小。带通滤波器接收飞机的偏航信号，这一电路可以使计算机区分荷兰滚振荡和正常转弯。偏航阻尼速率信号达到振荡频率才能通过滤波器允许荷兰滚的信号通过，不允许正常的转弯信号通过，改善荷兰滚阻尼。协调转弯电路接收来自垂直陀螺或惯导系统的倾斜姿态信号以协调飞机的转弯。偏航阻尼计算机的结构框图如图 6.18 所示。

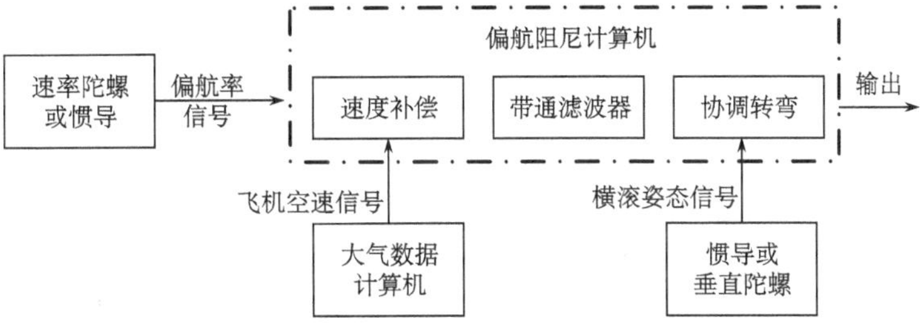

图 6.18 偏航阻尼计算机的结构框图

2. 偏航阻尼器控制板

该控制板用来衔接或断开偏航阻尼系统。在不同的机型上，有各种各样的衔接电门和相应的指示灯。现在很多飞机上偏航阻尼的衔接电门有两个功能：衔接和指示。如图 6.19 所示，当电门被压下或扳到 ON 位后，灯亮。正常情况下，电门保持在 ON 位并且灯亮，系统正常工作。如果选择 OFF 位或者探测到故障，INOP 指示灯或相应的指示灯亮，系统不工作。

指示灯亮的原因有：偏航阻尼衔接电门在 OFF 位；探测到作动器故障；探测到作动

器 LVDT（线性可变差动传感器）故障；没有一部惯导系统在导航 NAV 位；探测到偏航阻尼组件故障。

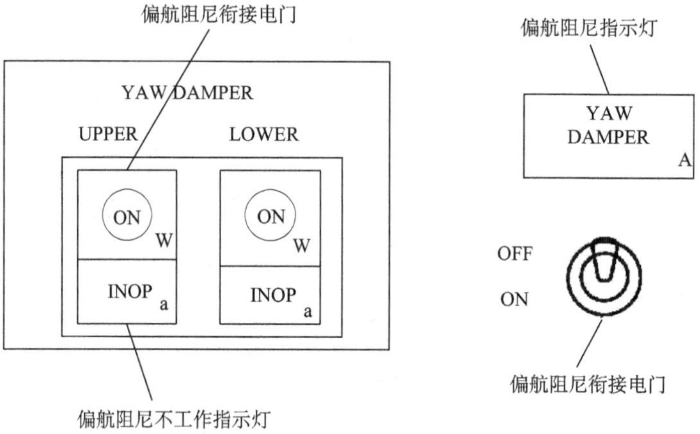

图 6.19 偏航阻尼控制板及衔接电门

3. 偏航阻尼指示

偏航阻尼指示包括位置指示和状态显示以及警戒灯和警戒信息。早期的飞机有专门的方向舵位置指示器和转弯速率指示仪以及单独的通告灯。现在大型飞机的位置指示显示在 EICAS 或 ECAM 上，并有各种各样的状态指示和警戒信息。

4. 偏航阻尼伺服机构

驾驶员通过脚蹬来偏转方向舵，用于飞行全过程控制的偏航阻尼器不能干扰驾驶员的输入信号。因此，偏航阻尼信号总是叠加到驾驶员的输入信号上，方向舵的偏转信号总是偏航阻尼输入信号和驾驶员输入信号之和。偏航阻尼输入信号引起的最大方向舵偏转被限制在 10°。图 6.20 所示为方向舵伺服机构的简单示意图。图 6.21 所示为 B737-700/800 的典型偏航阻尼系统结构。

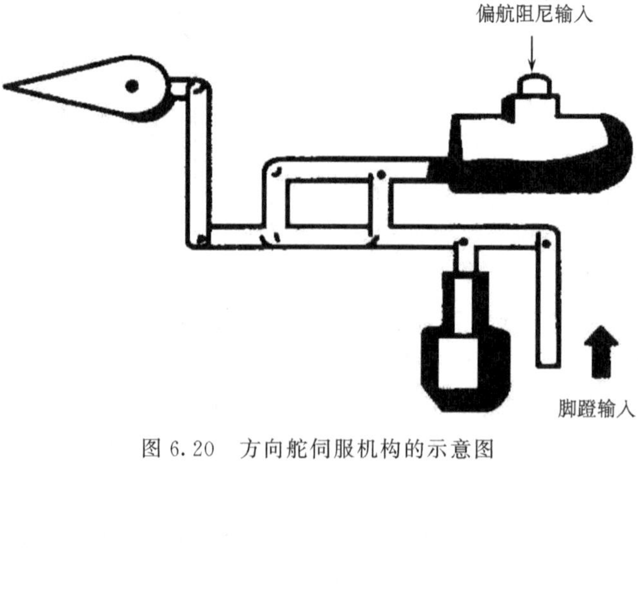

图 6.20 方向舵伺服机构的示意图

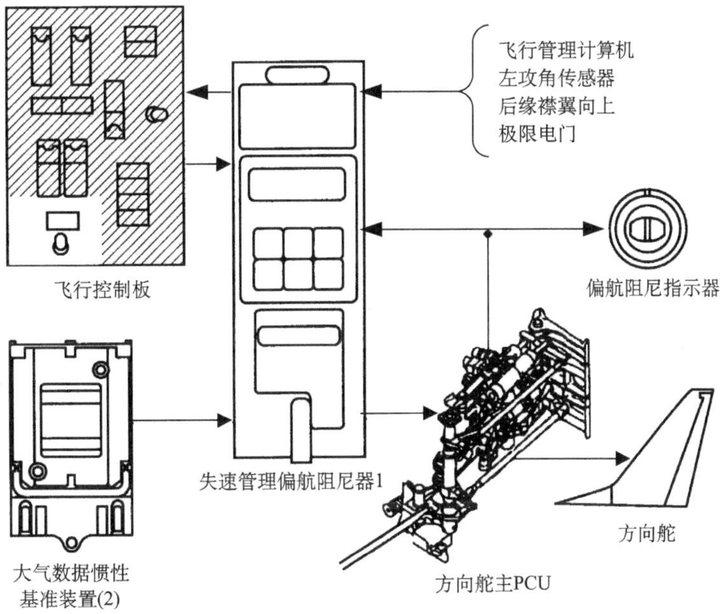

图 6.21　B737-700/800 的典型偏航阻尼系统结构

6.6　俯仰配平系统

6.6.1　安定面配平的功用

俯仰配平系统的功能是自动地保持飞机在俯仰轴上的配平状态。小型飞机上的水平安定面是不能移动的，但在大型客机上，水平安定面是可动的，其目的是减小升降舵上的载荷，或者说，俯仰配平系统配平飞机的纵向力矩，为升降舵卸荷。

安定面前缘向上（或向下）运动，会造成机头向下（或向上）运动，即安定面的运动将改变飞机的俯仰姿态；而飞机的俯仰运动本来是通过升降舵的上翻、下翻实现的，但水平安定面与升降舵共同构成水平尾翼的翼形，升降舵位置的变化使得水平尾翼不能保持流线型，因而飞机阻力增大，如果安定面不能移动，升降舵上将承受相当大的载荷。现在水平安定面可以调整，这样，既可以始终保持水平尾翼是流线型，又可以卸去升降舵上的巨大载荷，如图 6.22 所示。

如图 6.22 所示的两种情况下，假定飞机姿态和空速为常数，水平安定面上产生的升力是相同的。一种情况是采用升降舵产生升力，水平尾翼不是流线型；另一种情况是用水平尾翼产生升力，尾翼是流线型，此时水平安定面发生移动。图 6.22（a）所示为水平安定面上产生相同的向上升力。一种情况是安定面在 0°、升降舵向下 15°；另一种情况是安定面在＋6°，升降舵与安定面保持流线型。此时，升力重心在尾翼上。图 6.22（b）所示为另一对等值条件。上图为安定面在 0°，升降舵与安定面保持流线型；下图为安定面向下 6°、升降舵向下 15°。此时，水平尾翼上没有升力。当然，此时无须进行安定面配平，这里仅为了说明一种等值条件。图 6.22（c）所示为水平安定面上产生相同的向下升力。

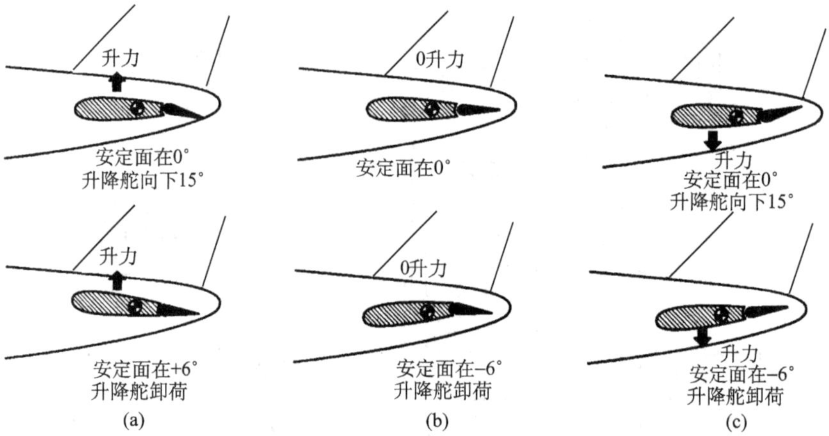

图 6.22 安定面配平原理

一种情况是安定面在 0°、升降舵向上 15°；另一种情况是安定面在 −6°，升降舵与安定面保持流线型。

上述这些数值和相关位置仅用于说明安定面配平的原理，实际数值和位置取决于飞机当时的空速和飞行姿态。通过这些例子可看到安定面前缘向上或向下运动引起飞机的机头向下或向上运动，从而达到配平的目的。在人工飞行期间，只要接通驾驶盘上的开关，驾驶员就可以对安定面进行配平。在自动驾驶仪工作时，俯仰配平是自动进行的。

6.6.2 俯仰配平系统的组成和工作原理

俯仰配平系统一般由下列子系统组成，如图 6.23 所示。

(1) 人工配平——从配平开关输入人工配平指令。

(2) 自动俯仰配平——当驾驶仪工作时，自动俯仰配平工作。

(3) 马赫配平——用于防止马赫数增加时，引起飞机的向下俯冲。

(4) 迎角配平——用于防止飞机高速飞行期间产生大迎角。

(5) 速度配平——在起飞和盘旋期间，为飞机提供速度稳定性。

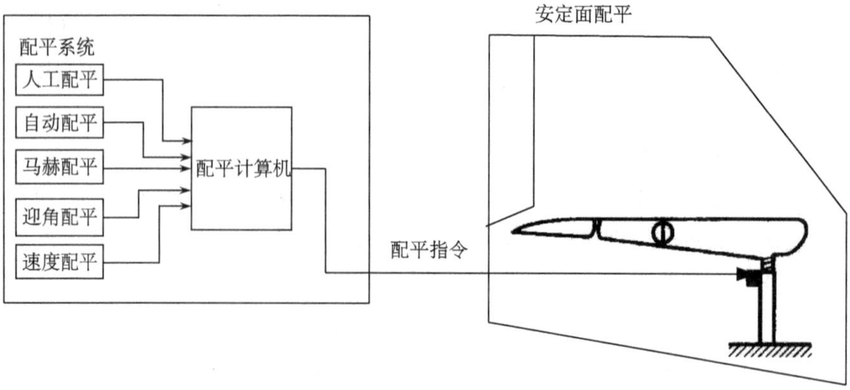

图 6.23 俯仰配平系统的组成

1. 人工配平

当驾驶员拉驾驶杆时，升降舵向上偏转，飞机上仰。为了保持这一新的姿态，驾驶员要保持升降舵的偏转量。但是，这样将有很大的空气压力作用在升降舵上，这是我们所不希望的。因此，驾驶员按下主电配平开关使安定面移动。当安定面的前缘向下移动时，驾驶员可以松开作用在驾驶杆上的拉力。此时，升降舵与安定面保持流线型，从而使新的飞行姿态被保持。来自驾驶杆的人工俯仰配平信号既可以直接加到安定面配平马达，也可以首先加到配平计算机。在那里，一些信号可以得到修正。只要驾驶员保持住配平开关“向上”或“向下”的位置，安定面就持续地移动，如图 6.24 所示。

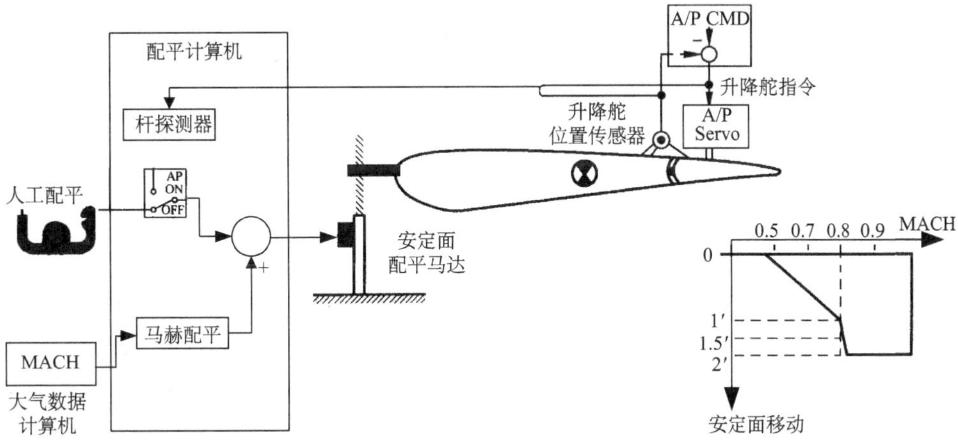

图 6.24　人工配平、自动俯仰配平、马赫配平

2. 自动俯仰配平

当自动驾驶仪工作时，自动驾驶仪的俯仰配平功能总是起作用的。自动驾驶仪的杆探测器探测升降舵的偏转量，或者从升降舵位置传感器直接进行测量。当升降舵的偏转超出一定量时，配平计算机发出指令，使安定面配平马达工作。当自动驾驶仪将升降舵位置减小到零时，配平系统再将马达停转，如图 6.24 所示。当驾驶员按下驾驶杆上的配平开关时，自动驾驶仪脱开。于是，配平系统又回到人工配平状态。

3. 马赫配平

当马赫数增加时，飞机的升力中心将向后移动。这将使飞机产生低头力矩，从而引起飞机向下俯冲。在飞行中，应该避免这种状态的发生。马赫配平系统完成的就是这一任务。

当马赫数增加时，配平系统使安定面的前缘向下，产生使飞机抬头的力矩以平衡飞机的低头力矩，如图 6.24 所示。马赫数由大气数据计算机提供，配平计算机利用飞机的气动特性，计算出所需要的配平指令。

4. 迎角配平

迎角配平系统主要用于减小飞机高速飞行时产生的诱导阻力。迎角配平通过对最大迎角的限制来防止翼尖产生高压力差，它利用迎角传感器敏感的角度同飞机特定曲线进行比较。当迎角超过最大允许值时，安定面的前缘向上移动，从而使飞机产生低头力矩，直到使迎角低于特定曲线值，如图 6.25 所示。

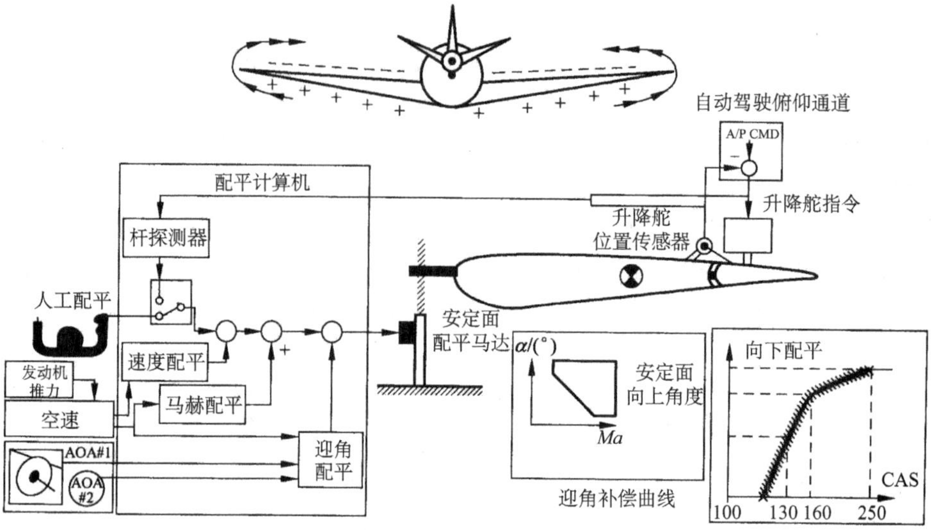

图 6.25　迎角配平、速度配平

5. 速度配平

在低速和大油门工作期间，速度配平系统提供飞机的速度稳定性。例如，在起飞和盘旋期间。速度配平的含义是：随着空速的增加，飞机的机头向上；随着空速的减小，飞机的机头向下。为了完成这一任务，速度配平系统需要用来自 ADC 的实际空速值探测速度的变化。另外，它还需要发动机的油门信号控制配平门限值，如图 6.25 所示。

6.7　自动油门系统

6.7.1　自动油门系统的功用及工作方式

现代飞机的自动油门系统用于从起飞到着陆的整个飞行阶段，因此也可以称为全程自动油门系统。这种自动油门系统通过两种操作方式中的一种来自动控制发动机的推力，如一种方式称为推力方式（N1），它既控制发动机压力比即 EPR，又控制 N1 转速，这一点由发动机的类型决定；另一种方式称为速度方式（SPEED），它控制飞机的计算空速，目标值来自飞行管理系统（FMS）或驾驶员自己选择，如图 6.26 所示。

1. N1 方式

N1 方式可通过按压 MCP 上的 N1 按钮，也可被 AFCS 自动选择，如何自动选择？

简单来说就是 AFCS 需要推力来保证其飞行剖面或飞行速度时，A/T 就一定处在 N1 的推力方式。为使发动机安全工作，N1 的限制是很重要的。

每个飞行剖面的 N1 限制和目标 N1 都是由 FMC 提供的，A/T 根据 FMC 提供的 N1 目标值确定油门的位置，提供驱动油门的指令以保证将油门驱动到计算位置。N1 的实际值是通过每个发动机的 N1 传感器来得到的。而实际的油门位置通过每发上的 PLA 传感器来得到，这两个传感器位置不同，功用也不同，不可混淆。

如果 FMC 提供的 N1 限制无效，A/T 就用自己的油门位置限制，此时 TMA 上方的“A/T LIMIT”灯亮。

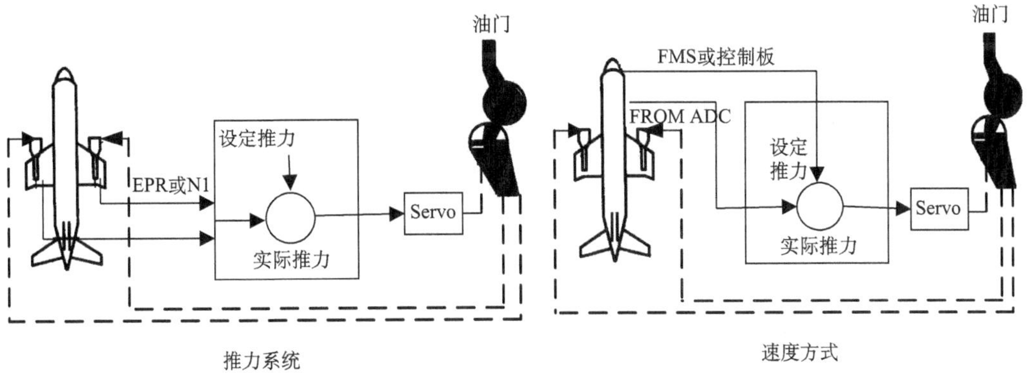

图 6.26 自动油门系统控制发动机的两种工作方式

2. SPEED 方式

速度方式可通过 MCP 来选择也可由 AFCS 自动选择。当 AFCS 不在速度方式时，A/T 就一定在速度方式。因为速度是飞行的重要参数。

目标速度有两个来源：一是 MCP 上的 IAS/MACH 选择的（称为 MCP 速度）；另一个是由 FMC 提供的（称为 FMC 速度）。

在 SPEED 方式时，A/T 必须将空速限制在一个最大值和最小值范围内。此外还要限制飞机的最大迎角（ANGLE OF ATTACK），目的是控制飞机不致进入失速范围。依据飞机的襟翼位置和迎角，可算出最小允许空速。这在 EADI 的速度带中用黑白相间的一段带子表示，飞机空速进入此区内，必定产生失速警告。

6.7.2 自动油门系统的组成

图 6.27 所示为 B737-700/800 的典型自动油门系统。

1. MCP

MCP 左侧有 A/T ARM/OFF 开关，其上方有 A/T ARM 指示灯。此外还有 N1 和 SPEED 方式选择开关。这些是直接与自动油门的工作相关的控制点。

A/T ARM 开关是由电磁铁保持吸住，只有 A/T 衔接逻辑得到满足时，它上方的绿色指示灯亮。例如，必须在 FMC 的 CDU 输入 OAT（环境温度）后，A/T 方可衔接。

N1 方式开关衔接（“ON”亮）时，A/T 控制油门保持 N1 限制推力。SPEED 方式衔接时，A/T 控制油门保持飞机在 IAS/MACH 上选择的空速。当人工按压这两个开关时，其“ON”灯也亮，但它的真正方式逻辑已被 FCC 锁定。

IAS/MACH 旋钮用来选择空速/马赫预选值，选择数值显示在其上方的显示窗和马赫空速表上。C/O（CHANGE OVER）是用来人工转换马赫/空速显示。在 25000in 以上，自动转换为 MACH 数显示，不用 IAS 显示。IAS/MACH 为 A/T 和 DFCS 两系统共用。

2. 推力方式通告（TMA）

TMA 是在发动机主要参数显示器上部。它有 TO（起飞）、R-TO（减推力起飞）、

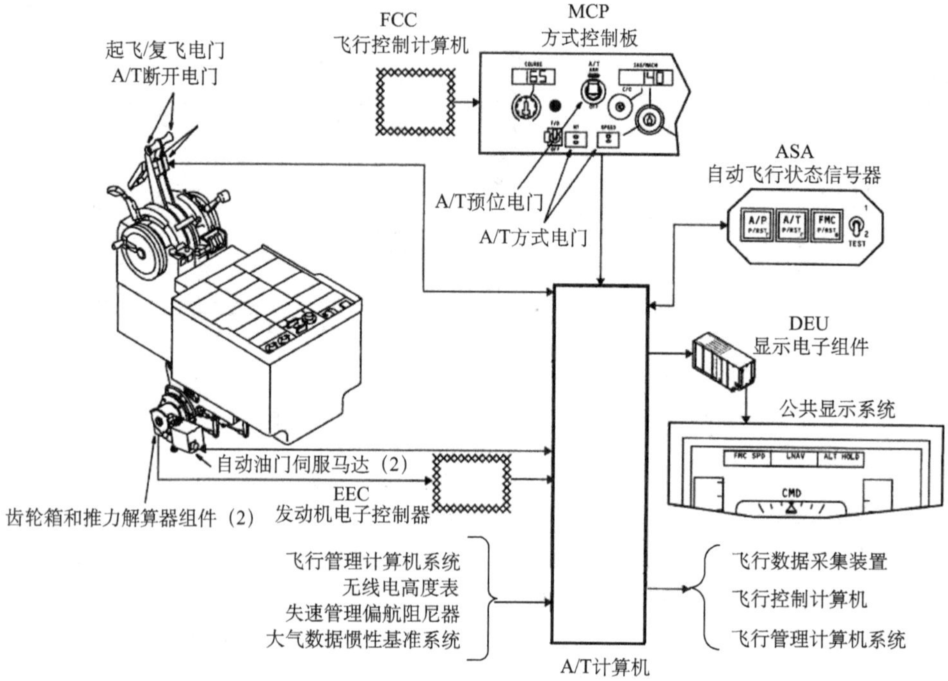

图 6.27　B737-700/800 的典型自动油门系统

CLB（爬升）、R-CLB（减推力爬升）、CRZ（巡航）、GA（复飞）及 CON（连续飞一单发）等七种方式的显示。

其上方有“A/T LIM”指示器，当此指示出现时，表示 A/T 计算机自行计算推力限制，而不是使用 FMC 提供的推力限制（N1 LIMT）。通常 A/T 使用 FMC 送来的 N1 LIMIT，若 FMC 失效，A/T 使用自己的 N1 LIMIT 值，并且“A/T LIM”指示器亮。

3. A/T 计算机

它是自动油门系统的核心。它提供油门控制指令，通过机-电式控制机构去调节发动机的油门输入控制杆。保证发动机提供规定的推力（N_1）或调节推力使飞机处在目标空速上飞行。

A/T 计算机与 DFCS 和 FMC 配合工作，以实现全自动飞行。同时它还与惯导系统（IRS）及其他部件接口，自己进行独立的计算，可以单独工作。

A/T 计算机从许多飞机系统接收数字数据以计算油门杆指令。A/T 为伺服马达计算速率指令以设置每一工作方式的推力。两个主要的 A/T 工作方式为 N1 方式和速度方式。其他的方式为预位（ARM）、回收（RETARD）、复飞（GA）和油门保持（THR HLD）。

其面板上有一个油门杆传感器（PLA）跳开关，A/T 的自测试全部从 FMC CDU 上进行。

4. A/T 伺服机构

每个发动机都有一个伺服机构，它包含伺服作动筒、扭力开关和扭力开关机构。其中扭力开关和伺服作动筒是航线可换件。扭力开关机构更换后必须重新校装。扭力开关机构包含有输入/出钢索、伞形轮、扭力传感机构、摩擦轮和超控机构。扭力传感机构的作用是当超控力在大于 2 磅时使扭力开关动作（断开），A/T 马达离合器脱开，A/T 马达禁止。

摩擦轮用来防止油门杆跳位（将油门杆锁在控制位）。

超控机构提供扭力限制，防止离合器万一没脱开，马达被锁死时，油门动不了。当油门手柄施于 18 磅的力即可强制超控油门手柄。

伺服作动筒包含一个 115VAC 伺服马达和一个测速发电机（反馈用），此外还有齿轮组和电控离合器。其输出轴带有凸轮，用来驱动扭力开关机构。

A/T 伺服机构工作原理为：当 A/T 未衔接时，离合器脱开；当人工操纵推力手柄时，通过输入/出钢索直接带动燃油调节输入杆，同时也带动 PLA。PLA 将油门位置反馈回 A/T 计算机；当 A/T 衔接时，如扭力开关闭合，则离合器控制器/和计算机逻辑输入为低电位。离合器衔接，同时 A/T 计算机解除伺服放大器的禁止（INHIBT）逻辑，马达动作。通过离合器超控机构和摩擦轮带动输出钢索控制燃油调节输入。同时输入钢索也带动推力手柄运动。伺服马达带动测速发电机将控制速率反馈回计算机。当速度大于 84 节时，A/T 计算机送出 THR HOLD（推力保持）逻辑给继电器控制器。A/T 脱开伺服马达断电锁住，此时除非人工超控，否则油门位置是保持不动的。

5. 襟翼位置传感器

襟翼位置传感器用来提供襟翼位置数据，供 A/T 计算最小的安全速度和最大的迎角，以防止失速的产生。它同时也被提供给许多其他系统作控制逻辑用。注意它只有左翼一个，位于外侧襟翼中部的襟翼底下。

6. 迎角探测器（AOA）

迎角探测器用来测量气流相对于机身（大翼的平均弦线）的夹角（称 α 角），其信号供 A/T 以控制最大迎角。此传感器是一个同步发送器，其定子部分装在机身上（在内部安装），转子轴伸出机外，风标叶片固定在转子轴上，风标叶片内包含有电加温以防冰。

7. PLA——油门杆角度传感器

它用来反馈油门位置，其信号供 A/T，告诉 A/T 油门输入指令的执行情况，它位于每发左下方的齿轮箱上，更换新件后必须校装。

8. 飞行方式通告（FMA）

A/T 在 EADI 上显示的有飞行方式以及快/慢指示，它有以下两种选择。

第一种是 A/T 方式显示，在 EADI 的左下角，而 ADI 左侧显示快/慢指针。A/T 方式显示有 N1、GA、RETARD、FMC SPD、MCP SPD、THR HLD、ARM 等七种快慢刻度。“F”小菱形表示实际空速比目标空速快 10 节；“S”小菱形则表示慢 10 节；中间的大菱形则表示实际空速与目标空速一致。其旁边的矩形指针在 A/T 衔接且 DFCS 处在 ALT HOLD（高度保持）方式时出现如 A/T 未衔接时，当 DFCS 要求 A/T 处在 SPEED 方式它也出现；如果 A/T 计算机失效，则有黄色的“SPEED”告警旗出现。

第二种选择是 A/T 方式显示在 EADI 的左上角，而其左侧是一个速度带（SPD TAPE）显示，其上有空速的刻度，目标速度和实际空速（加框），图 6.28 所示为第二种方式。第一种方式详见第 8 章显示系统。

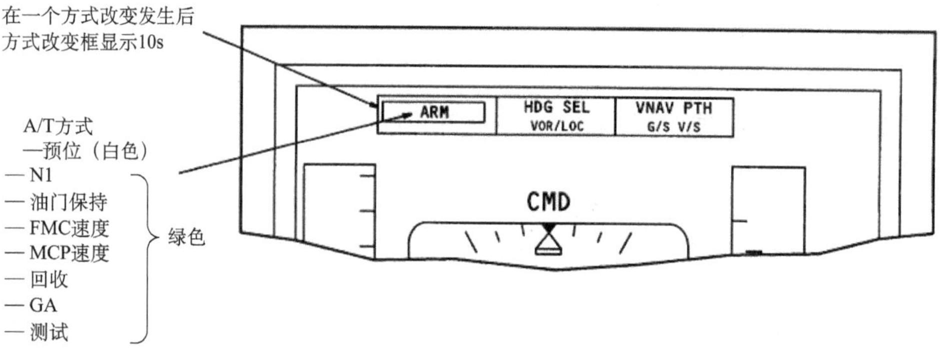

图 6.28　飞行方式通告显示

9. TO/GA 与 A/T 断开开关

TO/GA 与 A/T 断开开关的位置在设计上是这样考虑的：机长的右手总是不离油门手柄的。因此靠他的食指和中指要能很方便地按压到 TO/GA 开关，而他的拇指和小指要能按压到 A/T 的脱开开关。

按压任何一个 TO/GA 开关，即可使 A/T 和 F/D 进入起飞（TO）或复飞（GA）方式。当飞机是在地面时是起飞方式；飞机在空中时是复飞方式，由空地状态决定。按压任何一个 A/T 断开开关（A/T DISENGAGE SW）即可脱开 A/T。再按第二次可使 A/T 警告灯（在 ASA 上）复位。

10. ASA（自动飞行状态指示）

若 A/T 失效，则 ASA 上的 A/T 红色警告灯亮，此灯带复位开关，其上标有“PRST”意为“按压复位”，此灯有红、黄两色。其左侧有 TEST 1/2 两个位置，分别测试红色和黄色指示灯。

6.7.3　自动油门系统在整个飞行过程中的工作情况

如图 6.29 所示，在飞机起飞期间，自动油门系统总是工作在推力方式。其所需要的推力由推力计算机计算出来。

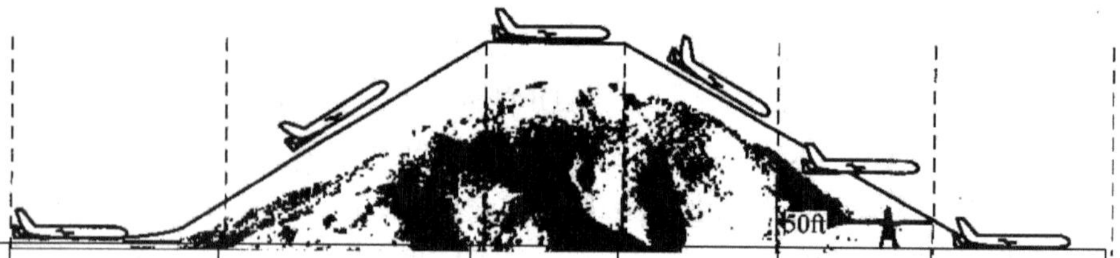

飞行阶段	起飞		爬升		巡航	下降		进近	着陆	
自动油门方式	全推力	自动油门锁定	推力	速度	速度	慢车	速度	速度	拉平	落地
AP/FD俯仰方式			速度	不在速度方式		速度	速度方式		慢车	脱开

图 6.29　自动油门系统在整个飞行过程中的工作情况

当发动机达到起飞推力时，自动油门将关断任何到达油门的指令，在起飞的最后阶段，油门保持功能将阻止油门的移动。在爬升阶段，自动油门系统既可以工作在速度方式，也可以工作在推力方式。具体使用哪种方式主要取决于自动驾驶仪和飞行指引的俯仰方式。只要自动驾驶仪或飞行指引控制速度，就要使用推力方式。因为不允许有两个系统同时控制速度。所以，当自动驾驶仪和飞行指引不控制速度时，自动油门才能工作于速度方式。在巡航阶段，飞机已经到达预定的飞行高度。这一阶段一直持续到下降阶段。在飞机巡航期间，飞行速度总是由自动油门系统控制。在下降阶段，自动油门系统的工作情况与爬升阶段相同。当自动驾驶仪飞行指引的俯仰通道工作于速度方式，自动油门系统控制推力。在这一阶段，发动机的最小推力也称为慢车，它用于取代最大推力。如果俯仰通道使用其他信号，那么自动油门系统控制速度。在进近阶段，自动油门系统利用襟翼和起落架的位置控制进近速度。在着陆阶段，飞机大约离地面 50ft 高。当飞机拉平时，自动油门慢慢地减小到慢车位置。飞机着陆后，自动油门系统自动脱开。当进近和着陆不可能时，飞机将进入复飞阶段。由于在起飞期间需要发动机达到最大推力，所以自动油门系统工作在推力方式。

第 7 章　飞行管理系统

飞行管理系统（Flight Management System，FMS）是一个综合多个机载电子系统的计算机系统。使用现代数字技术，综合自动化飞行控制、发动机推力控制和电子显示仪表的功能，以最佳性能为机组提供飞行管理的能力。FMS 提供飞行的时间、距离、速度、经济剖面和高度的预测，可减小飞行员工作量，提高效率，省掉许多以前通常由飞行员执行的日常操作。

飞行管理系统可以执行以下任务：提供飞行导航和飞机飞行轨迹的横向及纵向控制；监测飞机飞行包线并计算每一飞行阶段的最优速度，同时在整个飞行包线内确保最小速度和最大速度都有一定的安全裕度；自动控制发动机推力以控制飞机速度；辅助飞行员进行飞行计划，如有必要可修正飞行中所做的飞行计划以应对情况变化。

7.1　飞行管理系统概述

1. FMS 的组成

飞行管理系统一般由传感器子系统、处理子系统、执行子系统和显示子系统构成，如图 7.1 所示。

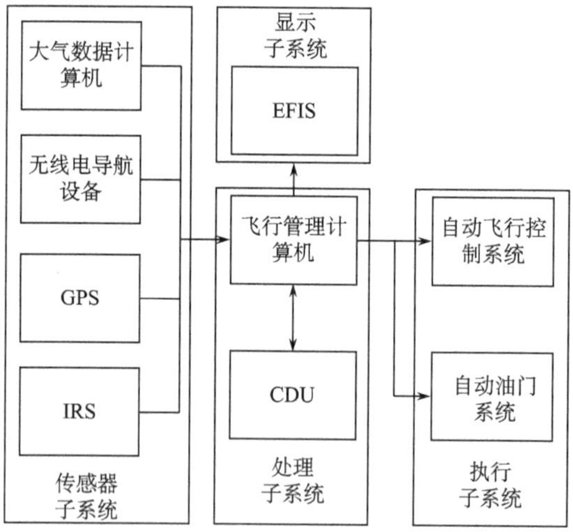

图 7.1　FMS 的基本组成

1）处理子系统

处理子系统即飞行管理计算机系统（Flight Management Computer System，FMCS），主要包括飞行管理计算机（FMC）和控制显示单元（CDU），是飞行管理系统的核心。通常将 FMCS 比作 FMS 的大脑。

2）传感器子系统

传感器子系统向 FMS 提供飞机的位置、姿态等数据信息。通常有惯性参考系统（IRS）、数字大气数据计算机（DADC）、全球卫星定位系统（GPS）和无线电导航设备（如 VOR/DME，ILS，ADF 等）。GPS 是目前可以给出最精确位置信息的定位系统。但 IRS 可以做到，而 GPS 做不到的是：IRS 可以给出原始数据，如对航空器飞行至关重要的姿态和航向。因此，FMS 需综合多种导航设备的信息，获得飞机的位置等信息。IRS 是一个独立的惯性导航系统。这个系统由两台或三台惯性基准组件（IRU）、方式选择板（MSU）和惯性系统显示组件（ISDU）等组成。

3）执行子系统

自动飞行控制系统（AFCS）和自动油门系统（A/T），是飞行管理系统的执行机构。通常将执行系统比作 FMS 的四肢。

AFCS 对自动驾驶仪（A/P）、飞行指引系统（F/D）、安定面配平、自动油门等提供综合控制。AFCS 的核心由两台或三台飞行控制计算机（FCC）、一个方式控制板（MCP）以及一些其他部件组成。飞行员通过 MCP 进行自动驾驶衔接控制、工作方式选择控制以及与自动驾驶、飞行指引和 FMCS 有关的控制数据的选择等。

自动油门系统（A/T）有一台装在电气电子设备舱的自动油门计算机，它接收来自各传感器和 MCP 上来的工作方式和性能选择数据，把它们进行运算处理，输出操纵指令到油门机构。油门机构主要由伺服电动机和油门杆组成，它执行操纵指令，把油门杆置于恰当的位置。

4）显示子系统

显示子系统即电子飞行仪表系统（EFIS）。主要负责显示飞行信息，其中包括来自 FMCS 的实时信息，如姿态、速度、航向、位置和预定飞行路径及航迹等。

因此飞行管理系统的作用可归结为获取信息（传感器子系统）、管理决策（处理子系统）、执行（执行子系统）和监视（显示子系统）。

自动飞行控制系统和自动油门系统已在第 6 章介绍过，导航系统在第 4 章介绍过，本章将只介绍 FMCS。

2. FMS 的基本工作原理

起飞前，飞行员通过 CDU 给 FMC 输入飞机的起飞机场、目的地机场、飞行航路、飞机全重和外界温度等，FMC 进行计算，生成飞行计划；起飞后，FMC 对 IRS、GPS、VOR/DME 等传感组件提供的位置进行综合处理形成飞机实时位置（经纬度），将此位置与飞行计划进行比较得到横向航迹误差；同样 FMC 将 IRS 或 DADC 提供的高度信息与纵向飞行计划进行比较得到纵向航迹误差，并将上述两误差值送至显示部分以备显示。选择飞行控制计算机（FCC）控制面板上横向导航（L NAV）及垂直导航（V NAV）方式，即可将 FCC 与 FMC 耦合，FCC 可将 FMC 提供的航迹误差信号变为姿态指引信号，即 F/D 指令杆信号。自动驾驶仪及推力管理计算机（自动油门）按照上述指引信号作动飞机舵面及油门杆，完成所要求的姿态改变，最终消除航迹误差，使飞机飞行在预定计划航线上。

3. FMS 的功用

（1）实现飞行的自动化，大大减轻了飞行员的工作负担，减少人为操作所不可避免的差错和失误。

（2）实现飞行全程的优化。飞行的优化不仅得到最合理的飞行路径，节省燃油和飞行时间，而且飞机机体的损耗率最少。

（3）实现自动着陆。由于有两套自动驾驶通道，具有余度通道，借助仪表着陆系统可实现Ⅱ类气象标准的自动着陆和自动复飞。

总之，飞机在FMS的控制下，可以实现全自动导航，可以以最佳的飞行路径、最佳的飞行剖面和最省油的飞行方式完成从起飞到进近着陆的整个飞行过程。

FMS在飞行各阶段的功用如图7.2所示。

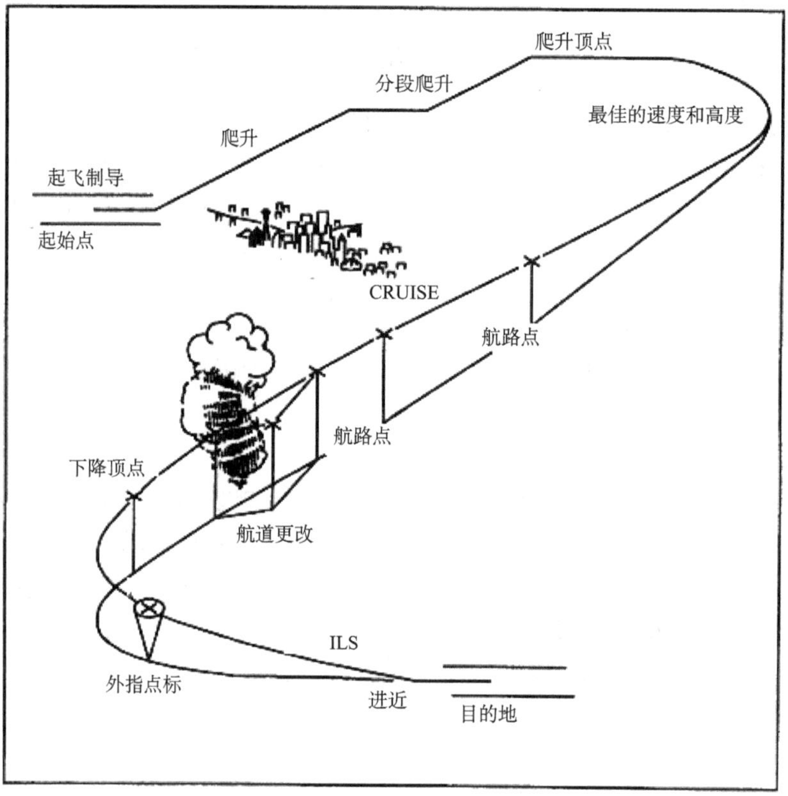

图7.2 FMS的功能

（1）起飞。飞行员通过FMCS的CDU输入飞机全重（或无燃油重量）和外界温度，FMC进行计算，飞机提供最佳起飞目标推力。这个起飞目标推力使飞机在规定时间内达到起飞速度，不会损伤飞机发动机，保证起飞安全。

（2）爬高。飞机起飞高度400ft，驾驶员接通横向导航（L NAV）和垂直导航（V NAV），根据飞行路线对飞机进行横向和垂直导航和制导。

根据飞行员的选择和FMC确定的目标推力和目标速度，FMCS提供最佳爬高剖面，也就是在规定的爬高速度和规定的发动机推力下，以最佳爬高角度到达规定的高度。FMC还根据情况向飞行员提供分段（阶梯）爬高和爬高顶点高度的建议，供飞行员选用。这些建议一旦实施可使飞行进一步节省燃油。

（3）巡航。FMCS 根据航线长短、航路情况等选定最佳巡航高度和巡航速度。在飞行的两机场之间采用大圆弧路径，结合无线电甚高频导航获得最优巡航飞行。采用大圆弧路径使两点之间的飞行距离最短。

（4）下降。FMCS 根据飞行员输入或储存的导航数据确定飞机开始下降的顶点。飞机在下降阶段时，由 FMCS 确定下降速度，最大限度地利用飞机的势能，节省燃油消耗。

（5）进近。FMCS 在下降结束点，在既定高度、确定航距上，以优化速度引导飞机到跑道上的着陆点。

7.2　飞行管理计算机系统（FMCS）

飞行管理计算机系统包括飞行管理计算机（FMC）和控制显示组件（CDU）两部分。

FMC 一般安装在飞机的电气电子设备舱的设备架上。根据需要，有的飞机上安装一台；而在有的飞机上装有两台，其中一台主用，一台备用。CDU 为便于操作使用，都安装在驾驶舱靠近正、副驾驶员的中央操纵台的前方。CDU 在飞机上一般安装两台，分别供正、副驾驶员操纵使用；也可根据用户的要求只安装一台或三台。FMCS 组成如图 7.3 所示。

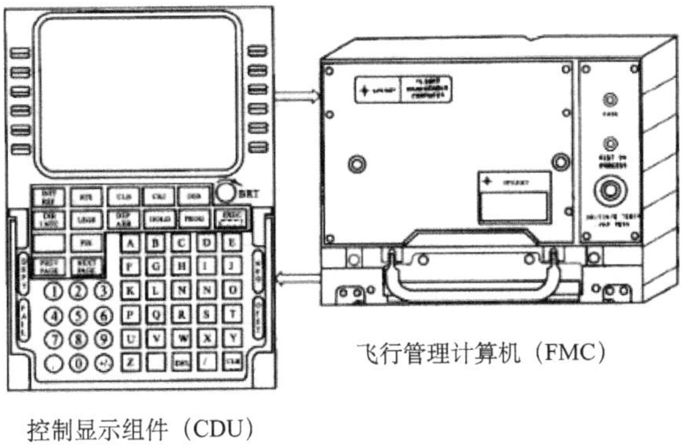

图 7.3　FMCS 系统组成

7.2.1　飞行管理计算机

1. FMC 工作原理

FMC 使用来自飞机传感器和存储在 FMC 中的数据来为飞机的导航、性能和制导进行计算。FMC 接收来自大气数据系统、惯性基准系统、GPS 以及无线电导航系统的信息数据，再检查和利用飞行机组输入的飞行计划信息、飞机系统数据以及 FMC 导航数据库和性能数据库来计算飞机的导航和性能目标值，对飞行计划进行管理，以及提供在 EFIS 上显示的供飞行员使用的信息数据。

2. FMC 的结构

图 7.4 所示为民航飞机上安装的一种 FMC 的外形图。

FMC 是一个放在 ARINC 600，4MCU 盒中，架上安装的组件。使用 115VAC，

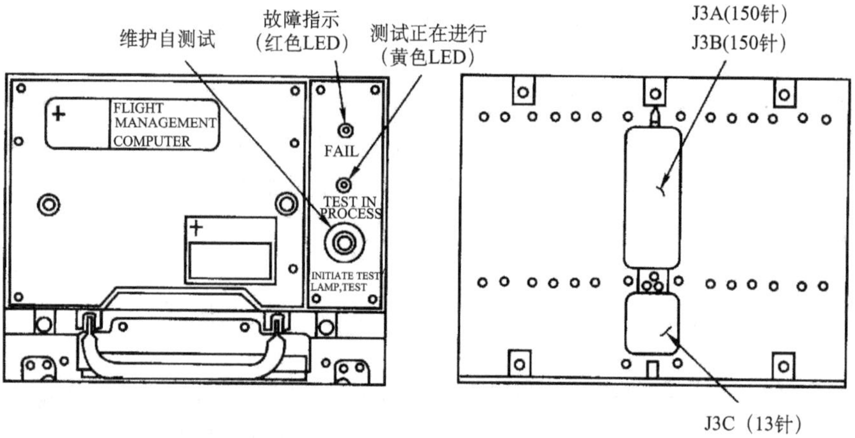

(a) 前面板　　(b) 后面板

图 7.4　FMC 的外形

400Hz 单相电源。在它的前面板上有故障灯、试验电门、试验正在进行灯、累计工作时间计时表等。在计算机后盖板上装有两个插座，用于连接电源和其他部件，传输数据等。

FMC 由三台微处理机、电源组件组成。三台微处理机分别是导航、性能、输入/输出处理机。三台微处理器在结构上是相互独立的，所以一个部件丧失功能不会影响其他部件的工作。计算机内部采取 ARINC 600 进行数据联系。

（1）导航处理机部分由导航微处理器和它的存储器组成。它执行与导航计算、横向和纵向操作指令计算及 CDU 管理等有关功能。导航微处理器控制和协调所有导航部分元件的工作，它在系统的各部分有秩序地传输导航信息。

（2）性能处理机部分也由性能处理器和存储器构成。完成大部分与性能计算有关的功能，即垂直操纵引导（跟踪目标速度）和飞行包络保护。它的基本构造与导航处理部分相同，只是它的存储器的容量较小。

（3）输入/输出处理机部分除有处理器、各种存储器外，还有混合输入/输出装置、ARINC 控制器、ARINC 接口、离散信号接口等组件。输入/输出处理机有规则地在计算机和飞机各设备之间传输信息。

FMC 能同时处理 28 条 ARINC429 输入和 14 条 ARINC429 输出数据。所有的输出都是相对独立的，一部分的故障不会影响其他部分的输出。

FMC 根据输入的各种数字和离散数据，以及来自性能数据库和导航数据库的数据进行性能数据、导航数据、制导数据处理和计算，然后用 ARINC 429 向相应的系统发出指令。

FMC 计算机内装有自检设备。FMC 的自检分为工作监控和电源接通自检两种。正常工作时，不管在空中还是地面，一直不断对设备进行自测试。它能对 FMC、CDU 以及与 FMC 接口的各种传感器系统和部件进行连续监控。

3. FMC 的数据库

FMC 的存储器内除存储有各种操作程序以外，还包含有许多数据。这些数据也是

FMC正常发挥它的功能所不能缺少的。按数据的种类分类，与飞机性能有关的各种参数集中存储起来，称为性能数据库，这些数据是固定不变的，不能进行更改，但不同机型其性能数据库不同。飞机导航方面的数据称为导航数据库。导航数据库需要每隔28天更换一次。这些数据都储存在计算机的磁盘存储器或半导体存储器或磁泡存储器内。

1）导航数据库

导航数据库是为了飞机从起飞到着陆整个过程都具备自动导航能力而设计的，它存放了整个区域的导航信息。

该数据库内的数据可以分成两大类。一类是对各航空公司都适用的标准数据，它们由世界范围的机场、导航台等有关数据组成。导航数据库用于根据飞机当时位置，进行导航计算以及导航台自动调谐管理等。由于航空公司本身无法采集全球导航数据的原始资料，一般都与美国杰普逊（Jeppeson）航图发行公司签订合同，由杰普逊公司定期提供，航空公司可以根据本公司飞机飞行区域适当选定所需数据。另一类导航数据是一种特定数据，仅是与航空公司飞行航线的航路结构有关的数据。这两类数据由导航数据库制造中心汇集后，首先按ARINC-424格式进行编码，然后送入特别的计算机进行处理，再制成DC-300式盒式磁带或其他形式的媒质，包装后分发到航空公司，每隔28天用数据装载机把数据库装到飞机的FMC内，进行数据更新。导航数据库产生和装载过程如图7.5所示。

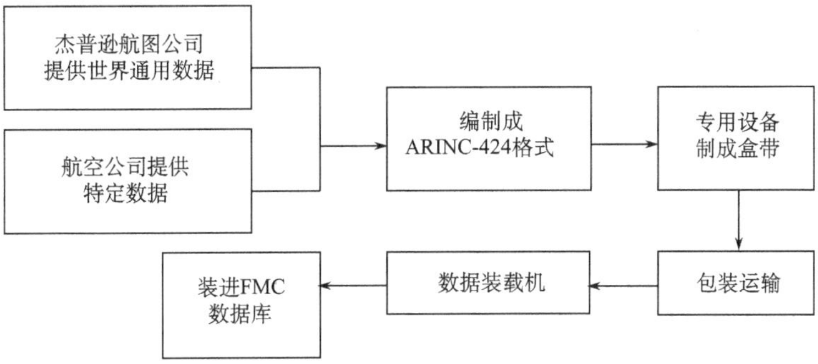

图7.5　导航数据库产生和装载过程

导航数据库所存具体内容由以下6个方面的资料组成。

（1）导航设备。

①导航设备类别：导航台可分为测距机（DME）台，全向信标（VOR）和测距机（DME）装在一起的VOR/DME台，其VOR的频率也可用特高频（UHF）的塔康（TACAN）台。

②位置：所有导航台在地球上的位置，都用经纬度来表示。

③频率：各导航台的使用频率。

④标高：各导航台所在位置的海拔高度。

⑤识标：各导航台以3个英文字母作为各自的识别标志。

⑥级别：导航台分为低高度、高高度和终端级。

(2) 机场。

①归航位置：飞机归航机场的经纬度位置。

②登机门参考位置：机场候机楼各登机门处的经纬度位置。这个位置在飞机起飞前供飞行员用于起始 IRS。

③跑道长度和方位：每条跑道有从两个方位进出的方位数值，如跑道的一个方位为35°，那么另一个方位为215°。

④标高：机场的海拔高度。

⑤仪表着陆系统（ILS）设备：设备运行等级。

(3) 航路。航路分为高空、低空航路和机场附近的终端航路等。航路数据包括航路类型、高度、航向、航段距离、航路点说明等。

(4) 公司航路。它们是航空公司负责飞行的固定航线数据。由飞机用户规定。

(5) 终端区域程序。包含有标准仪表离场和标准仪表进场程序，过渡和进近程序，各程序的飞机航向、距离、高度等。

(6) ILS进近。包含有ILS设备频率和识标、穿越高度、复飞程序以及距离等数据。

导航数据库内的数据除导航台和机场所在地的标高不大可能改变以外，其他数据都有可能在经历一段时间以后有所变化，如导航台频率更改、更新或增添新的导航台、机场跑道延伸；候机楼改建、扩大后增加登机门等。尤其公司航路有可能有较频繁的变动，因而国际民航组织规定导航数据库要定时进行更新。

导航数据库的更新要每28天进行一次，需要有专门的数据装载机在飞机的驾驶舱内进行。首先，通过数据库装载机把磁盘（带）上的新数据库装到飞机上的一台FMC内，然后再通过FMCS的CDU把一台FMC上新装上的导航数据转输到另一台FMC中。

2) 性能数据库

性能数据库包含对飞机纵向导航进行性能计算所需的有关数据。它们是与飞机和发动机型号有关的参数。性能数据库可分为两方面的数据，一类是详细的该型飞机的空气动力模型；另一类是飞机装用的发动机性能数据模型。

飞机空气动力模型有飞机的偏航阻力和批准的飞机操作极限值，它们是最大角度爬高、最大速率爬高、最大速度、最大马赫数；一个限制包络线以及一些根据飞机和发动机型号而来的固定参数，如远航程马赫数、单发停车飞行巡航马赫数、进近速度、机翼面积、翼展，经济爬高速度、经济巡航马赫数、襟翼放下时的规定速度等。

发动机数据模型包含有飞机爬高和巡航中单发停车连续飞行时的额定推力值，在各不同高度和不同速度（马赫数）下的额定推力值的修正，EPR或N1转速限制值，推力和燃油流量关系参数，发动机在客舱、驾驶舱空调系统工作以及各防冰系统工作时的引气量等。这些数据用于发动机燃油流量计算和调节、推力计算和调节，发动机推力EPR或N1转速限制和N1目标值（或EPR目标值）的计算，也用于空调和防冰引气时对发动机推力进行修正。

上述两方面的性能数据基本上是固有值，这些数据是在飞机机身和发动机设计好后就已确定，通常是不更改的。但其中的飞机阻力系数和发动机燃油流量系数随飞机、发动机的使用会有一些变动，维护人员可通过FMC的CDU对其进行修正。

飞机在飞行中的阻力与飞机的新旧程度有关，新飞机表面光滑，流线型最佳，因而阻力较小，飞机经过长时间飞行后，由于受力、摩擦等，表面变的粗糙，飞机机身也会有些变形，流线型变差，飞机阻力变大。发动机较新时，效率较高，产生一定推力所需的燃油量相对旧发动机所需的燃油量要少。虽然飞机阻力系数和发动机燃油流量系数的微小变化对性能数据的计算不会产生太大的影响，但为了使计算更精确，维护人员可以输入新的飞机阻力系数和发动机燃油流量系数。

7.2.2 控制显示组件 CDU

CDU 是机组与 FMC 之间交互的接口，飞行员可以通过任意一部 CDU 向 FMC 输入数据，在一个 CDU 上输入的数据也会出现在另一个 CDU 的相应显示页面上。CDU 包括显示屏、功能方式键、字母数字键、发光通告器等，如图 7.6 所示。

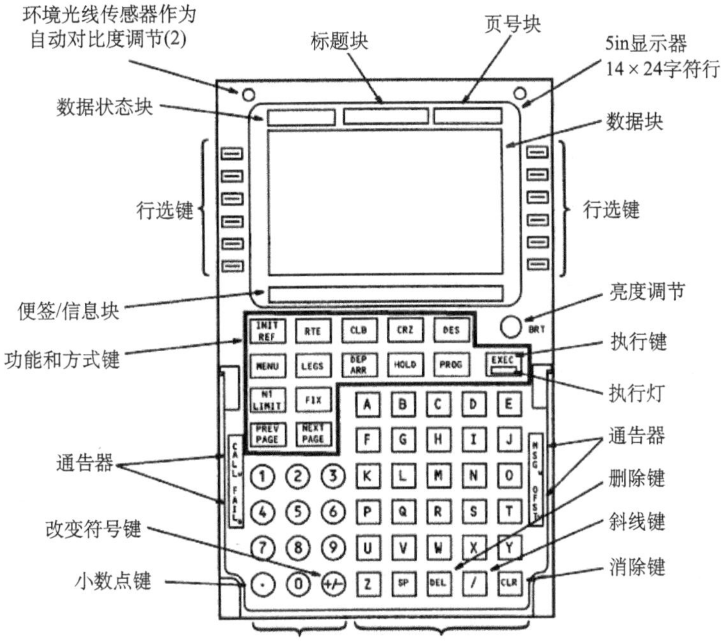

图 7.6　CDU 前面板

目前在我国民航飞机上使用的 CDU 有两种类型，它们分别由美国的利厄·辛格勤（LEAR SIEGLER）和斯贝莱（SPERRY）公司生产。两种类型的 CDU 外形基本相似，内部结构和工作原理也大同小异，唯功能性能等稍有不同。在这里仅以利厄·辛格勤公司生产的一种典型的控制显示组件为例进行说明。

1. CDU 的结构

CDU 由包含有各种键的前面板、一个阴极射线管 CRT、一个 8 位微处理机、包含有接收和发生信号与控制字符产生和显示的内部控制电路、高低压电源和壳体等组成。

CDU 要求使用 115V，400Hz 单相交流电，耗电约为 65W。控制板的照明用 5V 交流，指示灯用 5/2.5V 直流。为防止工作时内部电路过热，需要根据 ARINC 600 的要求进行强制空气通风冷却。

CDU 前面板上装有各种各样的键电门和一些信号灯。键电门都是瞬时按压式电门。当任一个键电门被压后，该信号先被编码，然后送到 FMC 中。按照键电门的功能分类，可将键电门分为多种类型，如图 7.6 所示。

2. CDU 的显示屏

CDU 的前面板上部是一个 5in 的 CRT 屏幕，其上粘贴一块玻璃光线过滤器。CRT 的数据区域共 14 行，每行 24 个字符，这些字符都由 FMC 控制。

显示屏上的第一行为标题行。它显示该页的标题。其中前面 5 个字符位置是数据状态显示。只有少数几个与飞行计划有关的显示页上，该数据状态才有显示。该处显示分两种方式，即实行（ACT）方式或修改（MOD）方式。它表明当时飞行计划是已实施了的，还是对原来的飞行计划进行的修改。若该区空白，则表明显示信息还没有实施或并不是与飞行计划有关的页面。接下来的 14 个字符位置是标题块，用以识别所显示页面的内容，第一行最后剩下的 5 个字符位置留作页码和分页面显示。

显示屏的最后一行是便签/信息块行。它暂时存放并显示人工用键盘输入的数据以便审核或修改，确认无误。也可用于行之间数据交换、调出时的暂时存放，以及显示故障信息，操作警告和提醒信息等。

显示屏中间的 12 行为数据显示区域，显示飞行的各工作数据，飞行动态，可供选择的数据信息清单，自检信息等。

3. 字母、数字键

CDU 前面板的下半部是字母、数字键，包括 26 个方形字母键和 10 个圆形数字键，以及删除键（DEL）、清除键（CLR）、斜线键（/）、小数点键（.）和改变符号键（+/－）。字母数字键提供操作者用来向系统输入数据。例如，输入方式所必需的原始数据和航路点代码、坐标等，也可用来对飞行计划进行修改。所有通过字母/数字键输入的内容首先出现在便签/信息块行。在便签/信息块行可以用 CLR 键对内容进行编辑和清除，轻触一下 CLR 键，将清除便签/信息块行最后一个字符，若按住保持 1s，就清除整个便签/信息块行的信息。

字母/数字键中还有三个键有较特殊用途：斜线（/）键用来把不同类型数据分开，用来进行多重可变数据输入的地方，如规定爬高速度可使用目标空速和马赫数（300/0.78）。小数点键用于小数点数据输入，改变符号键输入数据正负号。

4. 功能和方式键

屏幕下面是 13 个功能/方式键。它代表飞机在飞行中的最大工作能力。在飞行前利用这些键可使飞行员作飞行计划。起飞后使用这些键监控飞机各阶段的飞行方式和当前飞行状态。

1）飞行阶段键（FLIGHT PHASE KEYS）

飞行方式键包括爬升（CLB）、巡航（CRZ）、下降（DES）三个键。

（1）爬升键。显示当时的或备用的爬升方式，以供飞行员进行航段选择检查，也可以输入爬升顶点的高度作为空速/高度限制值。

（2）巡航键。显示当时的或备用的巡航方式。供飞行员进行航段选择和检查，提供最佳巡航高度，分段爬升和进入紊流时所适用的目标 N1 值的显示。

（3）下降键。显示当时或备用的下降方式，以供飞行员进行航段选择和检查，也可输入下降顶点高度，它与机场规定的速度/高度限制有关。还提供飞行航迹角（EPA），垂直速度（V/S）和垂直方位信息（VERTICAL BEARING）。

2）功能键

（1）起始/基准键（INIT/REF）。用来进入 FMC 起始数据页、基准数据页和维护页。

（2）直飞/切入键（DIR/INTC）。供飞行员选择直飞某个航路点或在某个选定的航路点切入预选航道。

（3）N1 限制键（N1 LIMIT）。人工输入发动机 N1 限制值，也可用来选择减推力 N1 限制值。

（4）航路键（RTE）。用来进入航路（RTE）页，航路页用来调出航路计划数据，显示和输入航路数据到 FMC 中。

（5）航段键（LEGS）。显示整个飞行计划中每个航段的详细数据，包括横向和纵向剖面的航向、距离、高度和速度等，也能接受操作者输入的航段数据。

（6）航路点键（FIX）。显示当前位置到某个预先输入的特定航路点的距离和方位。

（7）离场/进近键（DEP/APP）。用来进入离场/进场页，用于选择起飞或目的地机场的跑道数据和离场进场程序。

（8）等待键（HOLD）。用于在指定的航路点作等待飞行时，等待航线的制定。

（9）进程键（PROG）。用于显示当前飞行状态信息，例如，预计到达时间，到下个航路点时的剩余燃油量，无线电导航设备的调谐状态，风向、风速和航迹误差等。

（10）执行键（EXEC）。用于把 FMC 显示的数据结合进现行的飞行计划。即可用来使现行飞行计划生效，修改现行的飞行计划，修改现行的引导方式，也可在现行的飞行计划、引导方式和数据库上插入数据，只有在执行键上的矩形框亮后，执行键才起作用。

3）便签/信息块

所有人工输入的数据首先在便签/信息块行显示。在便签/信息块行，输入的数据可用来核实是否正确，必要时还可以编辑。按压行选键，那么便签/信息块行内有效的数据便会转入与该行选键相对应的数据行内。原来在该行的数据被清除。便签/信息块行也再次空白。若便签/信息块行空白，按行选键，可以把与该行选键相对应的数据复制到便签/信息块行。若在数据区与行选键对应的数据行内不是可复制的数据，而是可供选择的一些页面标题，此时按相应的行选键，就显示该标题的页面。

4）行选键

行选键共 12 个，分布在显示屏两侧，每侧各 6 个，它们和数据显示区的第 3、5、7、9、11、13 行对齐，数据输入并不是随便哪一行都可以，仅是那些允许或要求输入该数据，且有显示符提示生效的那些行。

行选键的功能是有限制的。在许多页面，大多数行的内容既不能选择，也不能输入，更不能被删除。至于在哪些页面上哪些行有选择、输入的功能完全由软件控制，以免在误操作下输入错误数据或把需要的数据无意删除。

5）删除键

删除键用来删除数据行的数据，即数据如被行选到数据行以后。便签/信息块行空白时，按 DEL 键，在便签/信息块行内出现删除“DELETE”字，然后按下需要删除数据行所对应的行选键，那行的数据就被删除。“DELETE”字也消失，系统具有防止操作者误操作的功能，即对不能删除的数据，DEL 键不起作用，每删除一个参数，DEL 都得按一次。

6）指示灯

CDU的前面板上的四个指示灯，两个用作FMC提醒，它们是信息灯（MSG）和故障灯（FAIL）。信息灯是白色的，亮时提醒操作者在显示屏上有提醒信息。故障灯是琥珀色的，当FMC中的BITE探测出有任何系统故障时，故障灯就亮。

5. 输入/输出

CDU有两个ARINC-429数字输入通道，一个ARINC-429数字输出通道。所有输入CDU的数据都被格式化成信息组的组成形式，信息组由一个起始字、一个或多个中间字和一个结束字组成。所有的控制和显示数据都包含在这些信息组中。CDU以每60ms一个数据信息的速率向计算机传送数据。

6. 内部监控器

在正常工作状态下，CDU能不断对自己内部线路和软件进行自检。检查项目包括：存储程序，电源，CDU显示和逻辑线路，CRT的水平和垂直扫描同步脉冲的正确性，以及FMC对CDU数据刷新速率是否正确，ARINC-429输入/输出数据接收、发送是否正确。若自检中发现故障，则显示空白。

7. 维护实践

CDU故障灯（FAIL）、信息灯（MSG）和执行键（EXEC）都可把螺丝卸下更换灯泡。整个键盘也可能通过卸下6个螺丝和后面的接头进行更换。所有按键功能及显示元件都可以在FMC BITE中进行检测。

值得注意的是：CDU是静电敏感器件，触摸、更换、拆装时必须遵守静电防护规定，并且CRT不要长时间放在高亮度。

8. CDU的显示页面

飞行管理计算机系统在飞机起飞以前要做准备工作，使整个系统正常运行。主要的工作是选定飞机飞行航线，对IRS进行位置起始，输入必要的飞行性能数据，使FMCS能够实施L NAV和V NAV，选定参数确定起飞发动机EPR或N1转速限制以及选定起飞及目的地机场的跑道，离场、进场程序等。这些工作都集中在系统的CDU上进行。在装有两台CDU的飞机上，正、副驾驶员可以各自在自己的CDU上进行。在一个CDU上输入的数据也马上在另一边的CDU上显示。

FMCS起飞前准备页面共6个。它们是识别（IDENT）、位置起始（POS INIT）、航路（RTE）、性能起始（PERF INIT）、起飞基准（TAKEOFF REF）、离场/进场索引（DEP/ARR INDEX）以及起始/基准索引（INIT/REF INDEX）页等。所有的页面在FMC的控制下都有固定的格式。多数飞行前准备页面上除有需要操作者输入的数据外，还有一些其他信息数据向操作者显示，供审视。飞行前选定了飞行航线，把页面上需要输入数据框填满后，就完成了起始工作，这样就可由FMCS执行横向导航和纵向导航任务。

7.3 FMCS与其他系统的交连

FMC接收来自多个传感器和飞行管理系统的其他系统的数字和离散信号，完成飞机飞行和性能系统所要求的算术逻辑和输入/输出处理。FMC的输出是ARINC429数字格式。

FMCS 与其他系统的交连如图 7.7 所示。

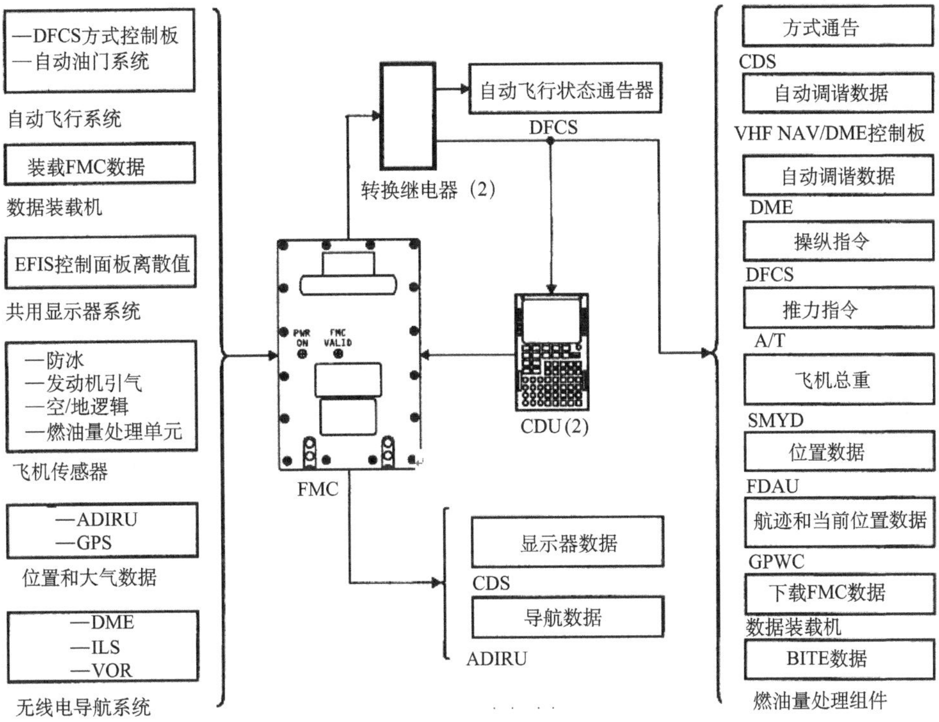

图 7.7　FMCS 与其他系统的信号交连

7.3.1　输入部分

1. 传感设备

1）DME/VOR

DME 通过模数转换器（DAA）向 FMC 提供飞机到某一地面台的距离数据。

VOR 通过模数转换器（DAA）向 FMC 提供方位和航向道偏离信号。

DME/VOR 频率的选择由 VHF 导航控制板来控制。当选择“人工调谐”时，DME/VOR 频率由飞行员人工选定；当选择“自动调谐”时，就由 FMC 来选择频率。

2）VHF 导航接收机

VHF 导航接收机通过 DAA 给 FMC 提供方位和偏离信号。VHF 频率通过 VHF 导航控制板上的旋钮来选择人工调谐或自动调谐。

3）IRS

IRS 是飞机上测量姿态和定位的主要设备。通过 ARINC-429 高速数字信息转换系统（DITS），IRS 给 FMC 提供当前位置、航向、姿态、速度、高度、地速和垂直速度等信息。

4）DADC

DADC 通过 ARINC-429 低速 DITS 给 FMC 提供高度、空速、马赫数和大气温度信息。

另外，FMC 也给 AFCS 的飞行控制计算机（FCC）输出一些数据，如目标空速和马赫数、目标高度、垂直速度以及横滚指令。

5）燃油油量总和器

油量总和器把各燃油油箱油量表的油量相加起来，得到飞机总燃油量。这个总燃油量信号经过模数转换器转换为数字信号输到 FMC 中。FMS 需要用这个飞机总燃油量信号预报到达各航路点和目的地机场的剩余燃油量。FMC 经过计算，减去燃油储备值后，若现有燃油不够飞到目的地机场时，FMS 会向飞行员发出警告信号。

6）时钟

正驾驶时钟向 FMC 提供格林尼治时间（GMT）。FMC 用这个时间来预报到达各航路点和目的地机场的时间。

7）GPS

GPS 天线从数个卫星接收位置和时间数据，然后计算出飞机的当前位置和时刻。GPS 和其他导航系统向 FMC 发送数据，FMC 将这些数据融合后给出飞机的准确位置和时间信息。

8）几种离散量信号

飞机发动机防冰、机翼防冰和发动机引气系统内的一些传感元件也向 FMC 输送这些系统工作情况的离散信号。飞机空气系统从发动机压缩器后引出增压的热空气供给客舱空调、机翼防冰、发动机防冰等系统的用气。发动机被引气以后，其推力下降。FMC 使用这些系统工作情况的离散信号对发动机目标推力、发动机推力限制或 N1 转速的限制等数据进行修正计算。

另外，FMC 的一些工作，仅限于飞机在地面或空中进行，如导航数据库的更新必须在地面，而无线电导航位置修正只有在空中实现。分辨飞机在空中还是在地面，是从起落架减振柱上的空地微动电门控制的空地继电器获得的。

2. 控制组件

1）CDU

CDU 是 FMCS 的主要组成部分，它实现了操作员和 FMCS 之间的人机对话。

在 CDU 上可以对飞机进行初始化、制订飞行计划、输入性能数据，根据要求检索显示各种页面的信息。还可以进行 FMC BITE 测试，显示自检信息、故障情况等。因此，CDU 也是 FMC 的一个输出显示设备。

2）DFCS（数字飞行控制系统）模式控制板

通过 ARINC-429 低速 DITS，DFCS 给 FMC 输入横向导航（L NAV）、纵向导航（V NAV）衔接模式选择、高度数据的选择和襟翼位置信息。

3）甚高频无线电导航控制板

该控制板上有一个自动/人工调谐选择电门，前面讲到的 DME/VOR 频率及 VHF 导航接收机的调谐是由 FMC 自动进行，还是人工调谐，就通过这个电门选择。

4）EFIS 控制板

在装有 EFIS 的飞机上，FMCS 通过 EFIS 显示导航图。控制板上的“距离”电门决定显示的范围。显示 FMC 信号的方式有“计划（PLAN）”和“航图（MAP）”。

而在装有 HSI 的飞机上，驾驶舱遮光板上有一个 HSI 的指示转换电门，电门在“导航（NAV）”位置时，HSI 才根据 FMC 来的数据显示，否则显示无线电导航设备来的数据。

另外，在装有两台 FMC 的飞机上，用左、右仪表源选择板上的 FMC 选择电门来选择是用左还是用右 FMC 的数据作为导航数据源。也决定用哪一个 FMC 为自己一边的 CDU 提供显示。

7.3.2　输出部分

FMC 接收到输入设备的信号后，进行各种形式的分析运算得出精确的结果，再由控制信号去操纵机构执行 FMC 的各种指令，或输到各种指示仪表、显示屏幕、通告牌等指示各种数据，显示各种数值、信息。

1. 执行部件

1）数字飞行控制系统（DFCS）

DFCS 是 FMCS 的一个执行系统。FMC 向 FCC 输出各种操纵指令，有目标高度、目标计算空速、目标马赫数、目标升降速度、倾斜指令等。FCC 根据这些输入数据进行综合运算，产生飞机爬高、下降、倾斜转弯等操纵指令，驾驶飞机按要求的航向和高度层飞行。过去飞机上安装的老式自动驾驶仪，其控制信号全要飞行员使用在自动驾驶操纵板上的旋钮、电门进行人工操纵。在这里，FMC 自动向 FCC 输出目标数据。

2）自动油门系统（A/T）

FMC 向 A/T 计算机输送飞机爬高、巡航和复飞的发动机推力或 N1 转速限制值、飞机全重、FMC 要求高度和假设空气温度等信号。A/T 计算机根据这些数据产生油门位置指令，把油门杆置于正确位置以产生要求的飞机推力。

3）IRS

IRS 在起始校准时，接收通过 CDU 输入 FMC 的飞机当时位置的经纬度数值；在“姿态”方式时，也接收 CDU 的飞机航向数值作为起始数据。

2. 显示装置

1）CDU

CDU 即 FMC 的输入设备，也是 FMC 的显示设备之一。

2）电子飞行仪表系统（EFIS）

FMC 输出有关飞行计划的飞行航路、飞机航向、航路点、导航台、机场、跑道、风向、风速等信息以地图显示的形式出现在 EFIS 的电子姿态指引仪（EADI）和电子水平状态指示器（EHSI）的显示屏幕上，或有的航空器上称为 PFD 和 ND。飞行员可非常直观地通过该显示了解整个飞机飞行的详细动态情况。

3）马赫/空速表（MASI）

马赫/空速表是 ADC 的显示仪表，在它上面显示飞机的空速，用指针指示飞机飞行的每小时海里数，同时也在表盘上用数字显示。有的马赫/空速表上的目标空速游标旋钮只有在压进位置，且 FMS 正工作在 V NAV 方式时，马赫/空速表上的目标空速游标才显示 FMC 的计算目标空速。

4）发动机 N1 转速表

FMC 通过数模转换器在 N1 转速表上显示计算的 N1 目标转速。需要显示该数值时，

N1 转速表上的目标 N1 选择钮必须按下。

5）发动机指示和机组警告系统（EICAS）

FMCS 在 EICAS 上显示 2 个数值和各种文字信息，当垂直导航（V NAV）已衔接，FMC 计算的发动机目标推力以红色数字在 EICAS 的显示屏幕发动机压缩比（EPR）上显示。

飞行员在 FMCS 的 CDU 起飞基准页面上输入外界假设温度后，该温度数值也在 EICAS 的显示屏幕上显示。

FMS 根据飞行各系统的状态所产生的各种信息，有些会在 EICAS 的显示屏幕上显示。FMC 一旦出现故障也会在 EICAS 的屏幕上出现文字警告信息。

6）飞行方式告示牌和信息故障灯

FMC 通过数模转换器在飞行方式告示牌上向飞行员显示当时发动机所执行的推力限制或 N1 限制方式，如起飞、复飞、爬高、降低推力和降低 N1 限制等。FMC 也向飞行方式告示牌上的信息和故障灯提供离散信号，一旦出现警戒信息或出现故障，两个信号灯亮。

7.4 FMS 的功能

飞机上安装 FMS 后，实现全自动导航。不但大大减轻了飞行员的工作负担，提高了飞机操作的自动化程度，更主要的是 FMS 能提供从起飞到进近着陆的最优水平飞行轨迹和垂直飞行剖面。飞机可以在 FMC 的控制下，以最佳的飞行路径从起飞机场飞到目的地机场，以最佳的飞行剖面、最省燃油的方式飞行。这种优化功能体现于 FMS 的导航、性能计算、制导和显示功能之中。

7.4.1 导航功能

FMS 的导航功能是用来确定飞机当时位置，进行导航计算，以及导航台自动调谐管理等，完成飞机横向剖面的飞行管理，引导飞机按照预定航线飞达目的地。

飞行管理系统的导航功能已把早期的惯性导航、无线电导航和大气数据系统功能结合在一起，由它提供一个综合导航功能。飞机在起飞以前只要把飞机当时所处的经纬度通过 CDU 或直接通过 IRS 控制显示装置输入 FMC 的计算机中，整个系统就开始工作。飞机起飞以后，无线电导航系统开始工作，并和 IRS 的信号相结合，一直到飞机降落到跑道上。在整个飞行阶段，都由 FMC 进行计算、操纵，并在有关的显示设备上给飞行员指明飞机当时所处准确位置、飞行速度和飞机飞行高度等飞行动态数据。

导航功能的数据管理和计算是由 FMC 内的软件来操作的，它主要包括下列几个方面的功能。

1. 导航数据库管理

导航数据库由用户用数据库装载机装入计算机的存储器中，数据库管理程序包含接受计算机内各电路运行要求、调用寻址、调用数据等。

2. 位置计算

计算机执行操作程序，确定飞机当时的精确位置是它的非常重要的功能，它把飞机无线电导航接收机所接收到的地面无线电信号和 IRS 产生的信号进行综合计算，以获得很高的准确性。

无线电导航接收机包含有两台 DME 和两台 VOR 接收机以及在飞机进近着陆时使用的两台 ILS 接收机等，它们同时向计算机输送各自接收到的信号。FMC 根据当时情况由软件决定选取其中的部分信号用于进行位置计算。无线电位置数据选择的优先顺序如下。

（1）DME/DME：两个不同位置的 DME 台。

（2）DME/VOR：当只能收到一个有效 DME 台的信号时，使用共址的 VOR 台。

（3）ILS：正在进行仪表进近着陆时，使用 ILS 的偏离信号。

在空中，不能接收到有效的无线电导航信号时或飞机在地面不能使用无线电导航信号时仅使用 IRS 导航。

3. 速度计算

FMC 速度计算主要使用由 IRS 来的南北、东西速度分量进行地速和风速计算。这是由惯性基准系统内的三个轴向加速度计对三个轴向进行积分而获得的。FMC 计算合成速度，再与由 ADC 来的空速结合起来进行风速计算。

4. 高度计算

对 IRS 立轴加速度计的飞机垂直加速度进行两次积分就作为基本的飞机高度数据。这个数据再由从大气数据计算机输来的气压信号进行修正。未经气压修正的高度为原始高度，经修正后的高度称为气压修正高度。

高度计算时，若 IRS 无法提供高度数据，那么，计算机的自动补缺方式是选择相应的 ADC 数据。

5. 导航设备的选择和调谐

导航数据库内储存着各导航台数据，在 EFIS 所提供的飞机当时位置附近的 20 个导航台清单中，选择 2 个最佳导航台，并对这 2 个选定的导航台进行自动调谐，以获得这 2 个导航台的无线电导航位置数据。若无法获得 2 个合适的 DME 导航台，则选择离开飞机当时位置最近的 DME/VOR 导航台的距离和方位数据。把飞机上的无线电导航接收机的接收频率调到选定的地面导航台的使用频率上。

7.4.2　性能计算

前面所述 FMS 的导航功能是确定飞机当时所在的位置，负责飞机的飞行横向剖面的飞行管理，引导飞机按预定的航线飞向目的地。飞机的飞行纵向剖面管理，亦即飞机飞行的高度、速度、爬升和下降的速率等，其飞行管理工作则是由 FMS 的性能功能部分实现的。

飞机沿着预定航线飞行，飞行的纵向剖面参数，如飞行速度和高度等是决定飞机飞行经济成本的重要参数。飞机起飞后，飞机爬高速率、以多长时间爬到预定的高度、飞机的巡航高度、飞行的速度、能否分段爬到更高的巡航高度、什么时候开始下降、下降速率为多少等，关系到飞机飞这一段预定航线所需飞行时间、需耗用多少燃油的问题。飞行员在 DFCS 控制板上按压“V NAV”电门后，飞机的纵向剖面就可由 FMC 控制。飞行员若在 DFCS 控制板或 CDU 上选择了一些参数，FMC 即根据选择数据计算其飞行的纵向剖面，这个纵向剖面满足飞行员选择参数的要求。飞行员若没有选择特定的参数要求，FMC 就根据飞行员在CDU上输入的飞行成本指数，计算最佳纵向飞行剖面参数。这些参数通过FMC的CDU和EFIS功能电路，分别在CDU和EFIS上显示。一些参数输到FMC导航处理机的制导电路部分，产生制导指令输到自动驾驶系统和自动油门系统，操纵飞机沿计算的纵向剖面飞行。

FMC性能处理机部分的工作需要由FMC内的性能数据库提供基准数据，外部传感器送来一些信号数据，也要求飞行员在CDU上输入必要的数据和参数限制值等。这些都是进行性能计算的依据。

7.4.3 制导功能

制导是飞机沿预选航迹飞行时，受到扰动或导航不确定性引起偏离预选航迹后作出的一种决策。

FMC的制导部分储存有实施航路的横向和纵向航段剖面数据。它计算飞机应该所在的位置，并和飞机实际的位置进行比较，根据它们之间的误差产生出操纵指令加到FMS的执行机构上。

制导分为水平（横向）制导和垂直（纵向）制导两种。

1. 水平制导

水平制导是按照一定的控制律对水平面内实际航迹相对预选航迹偏差进行控制的。

当水平制导功能接通时，FMC提供航向控制指令，控制飞机沿预选航路飞行。

在L NAV（水平制导）方式下，FMC的导航功能与飞行指引仪（F/D）和自动驾驶仪（A/P）相耦合。

2. 垂直制导

垂直制导是按照一定的控制律对垂直面内实际航迹相对预选航迹偏差进行控制。

当垂直制导功能接通时，FMC提供速度和升降速度控制指令，控制飞机沿预选的纵向路径飞行。

在V NAV（垂直制导）方式下，FMC的性能与飞行控制系统（FCS）及自动油门（A/T）相耦合。

制导功能是对飞机导航进一步的控制。导航功能着重于利用IRS和无线电导航信号准确地确定飞机当时的位置。而制导功能是计算航迹偏差，并产生操纵指令，使飞机沿着所选的飞行剖面飞行。

7.4.4 显示功能

在现代化的装有EFIS的飞机上，FMC输出信号在PFD（或EADI）和ND（或EHSI）的两个阴极射线管上显示。PFD（或EADI）上主要显示飞机的俯仰、横滚姿态，航向道、下滑道偏离情况，速度偏离，决断高度和无线电高度，地速等信息。ND（或EHSI）的显示模式分为PLAN、MAP、VOR和ILS，飞行员可以通过EFIS控制面板上的EHSI模式选择旋钮来选择不同的页面显示。EFIS让飞行员一目了然地了解飞行的动态情况。

FMS内EFIS功能用来选择、计算和发送显示数据到EFIS的字符发生器。由FMC向EFIS字符发生器输送的数据来自两方面。一个是由FMC外部信号源来的数据，是由

FMC 首先接收的；另一个是由 FMC 内部的软件功能所产生输到 EFIS 功能块中的数据。

（1）由 FMC 外部输去的信号有 IRS 送来的飞机航向和加速度信号；在 EFIS 控制板上输去的控制信号是所选择的显示方式。

（2）FMC 内部有 3 个功能块向 EFIS 功能块提供数据，它们是导航功能块、制导功能块和 CDU 功能块。

①导航功能块向 EFIS 功能块输送的数据有飞机当时的位置、磁航迹、速度、飞行路径角、地速、高度、风向、风速以及导航设备对导航台的调谐频率等。导航数据库的数据也可由 EFlS 功能块中的导航台排列选择和编排部分检索使用；选择和编排一个最靠近飞机当时位置的 20 个导航台供自动调谐时使用。

②制导功能的缓冲存储器向 EFIS 功能块输送飞行计划数据，如实施的航路段、还没有实施的航路段以及修正的航路段等。制导功能电路送来要求的航迹、程序转弯、等待航线、航迹偏离和飞行纵向误差等。

③FMC 的 CDU 电路块向 EFIS 功能块输送飞行员在 CDU 上所选择地图中心参考位置、边道航线、页面识别、选定的固定参考点和航路与参考点的各位置方位线，以便在 EHSI 上显示飞行员所选定的航线数据。

EFIS 功能电路接收到这些从 FMC 外部数据源或内部功能电路送来的数据后，它内部的电路进行检索、计算和编排，产生出符合要求、区分为动态和背景两种格式的数据输出。

第8章 指示/显示系统

驾驶舱指示/显示系统用来将机载仪表与系统的信息数据以可视化方式显示给飞行员和机组人员，使飞行员能够安全地驾驶飞机、完成飞行任务，因此，指示/显示系统是飞机必不可少的组成部分。

通常，驾驶舱指示/显示系统能够为机组和飞行人员提供以下信息。

（1）主飞行信息；

（2）导航信息；

（3）发动机数据；

（4）系统数据；

（5）告警信息。

为了使飞行员能够迅速地接收并处理大量可视信息，上述信息必须按照飞行员容易理解的方式显示，同时消除不必要的信息以减轻飞行员的负担。

在第1章中介绍过民航飞机仪表系统的发展，与仪表系统的发展过程相对应，驾驶舱指示/显示系统的发展也经历了从机电式显示到综合式电子显示，现代民航运输机上有相应的显示系统提供上述信息的显示。

驾驶舱指示/显示系统可分为以下3种类型。

（1）主飞行仪表，显示关于维持飞机安全性和控制性的主飞行信息；

（2）导航仪表，显示将飞机由起始点安全地引导至目的地的导航信息；

（3）发动机仪表及其系统仪表，显示飞机发动机及其他系统的信息，包括告警信息，以确保飞机在计划飞行期间持续、安全地运行。

其中电子飞行仪表系统（Electronic Flight Instrument System，EFIS）提供主飞行仪表（Primary Flight Display，PFD）和导航仪表（Navigation Display，ND）功能。发动机仪表及其系统仪表有波音公司的“发动机指示和机组警告系统”（Engine Indication and Crew Alerting System，EICAS）和空客公司的“飞机电子中央监控系统”（Electronic Centralized Aircraft Monitoring，ECAM），不同型号的飞机，在系统组成、显示格式以及控制方法等方面略有不同，但功能是一样的。它们包含了全部的发动机指示仪表，还包含了整个飞机的有关安全飞行的系统信息和地面维护信息。

除了这些主要指示/显示系统外，由于某些飞行参数，如飞机姿态、速度、高度、航向等关键信息对于飞机的飞行安全至关重要，因此，驾驶舱中有相应的备用仪表，这些仪表都是第2章介绍过的分立式仪表。本章重点介绍“玻璃驾驶舱”中的EICAS、ECAM和EFIS，但对机电仪表驾驶舱向玻璃座舱的演化进行简单介绍。

8.1　机电仪表驾驶舱向玻璃座舱演化过程

8.1.1　机电仪表驾驶舱

早期的飞机上没有飞行仪表，驾驶员处于卧姿，面向下，只能“凭直觉”徒手驾驶飞机飞行。

至 20 世纪 20 年代中期，一些原始飞行仪表陆续装备于飞机的驾驶舱（对于单座飞机常称呼其为座舱），但基本上没有加以标准化。图 8.1 所示的座舱包括磁罗盘、气压高度表、油量表、油压表、时钟、转弯和侧滑指示器等，但没有装备姿态、空速、高度或垂直速度仪表，即没有装备我们现在所熟知的那些飞行仪表。

图 8.1　早期单座飞机中的仪表

第二次世界大战为飞机在长时间、昼/夜恶劣气象条件下飞行提供了丰富的经验，飞行仪表已达到相当程度的标准化。其中的“海尔梅斯”（Hemes）飞机是集中了当时最高水平的产品。“海尔梅斯”豪华型飞机是第一架拥有增压外壳的英国飞机，能载 40 名乘客以及 5 名机组人员，5 名机组人员分别是机长、副驾驶员、导航员、飞行工程师和无线电台操作员。

“海尔梅斯”飞机的驾驶舱，主要飞行仪表按照下述的“基本 6 件”型排列（图 8.2 左半部分）。

①陀螺航空地平仪：上层中央。

②空速表：上层左侧。

③升降速度表：上层右侧。

④航向指示器：底部中央。

⑤高度表：底部右侧。

⑥转弯和倾斜指示器：底部左侧。

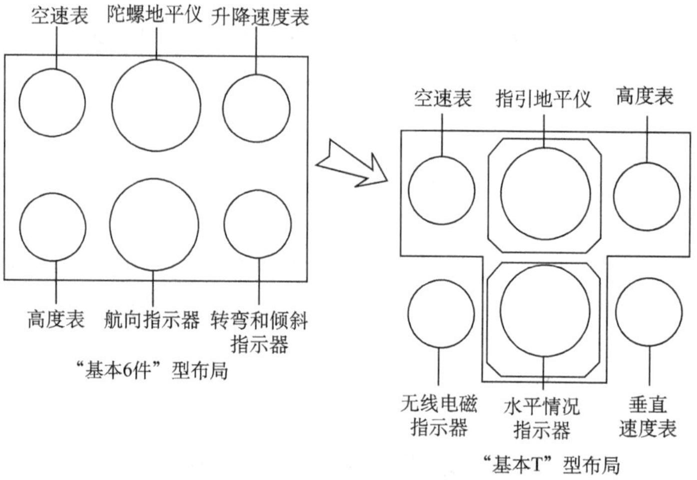

图 8.2 由"基本 6 件"型向"基本 T"型布局的迁移

在"基本 6 件"型仪表组的左侧，备选安装一部仪表着陆系统（ILS)，它指示偏离 ILS 下滑道和着陆定向信标波束的横向和纵向偏差；一部近距雷达高度表，它在进近和着陆过程中可提供更高精度的高度；以及一部测距仪（DME)，用于指示至 ILS 收发机（位于跑道入口处）的距离。

到 20 世纪 70 年代，波音 747"巨无霸喷气机"（Jumbo Jet）的推出预示一个巨大的民用运输机市场。1970 年 1 月，波音 747 首先于泛美航空公司投入使用，并在飞机的整个寿命周期中持续不断地得到发展。

在波音 747 推出之时，其驾驶舱拥有一整套传统机电式仪表，由 3 名机组人员驾驶，即机长、副驾驶员和飞行工程师。如今，波音 747-400 已拥有一个完全综合、由 6 台有源矩阵液晶显示器组成的玻璃驾驶舱，并由 2 名机组人员驾驶。

根据今天的标准，早期波音 747 的经典驾驶舱可被认为是基本型，但该飞机已装备了一些早期的卫星通信设备、一部自动着陆系统和一部惯性导航系统。惯性导航系统是"阿波罗"登月任务使用的惯性导航系统的直接衍生产品，它在波音 747 上的应用已使飞机能够无须机内专职导航员飞行于世界任何地方。

尽管主飞行仪表的工作原理保持不变，但自从"海尔梅斯"飞机起已有很大的进展。目前，仪表组的布局由"基本 6 件"型向"基本 T"型的发展已经成熟（图 8.2)，后者现已在目前使用的所有机电仪表式民用运输机上普遍采用。图 8.3 所示为 T 型布局的典型机电式指示仪表。

8.1.2 玻璃座舱

民用运输机上采用阴极射线管（CRT）技术显示机组人员所需信息的研究工作始于 20 世纪 70 年代中期的英国。该研究工作由位于韦布里奇的 BAe 公司牵头，GEC 公司和史密斯工业公司参加。该项目由贸易与工业部（DTI，英国）资助，命名为先进民用飞机驾驶舱（ACFD）计划。

如图 8.4 所示，座舱模拟器带有 6 台 CRT 显示器、每台有 6in×4.5in（4∶3 横纵比）

图 8.3　典型机电式指示仪表及 T 型布局

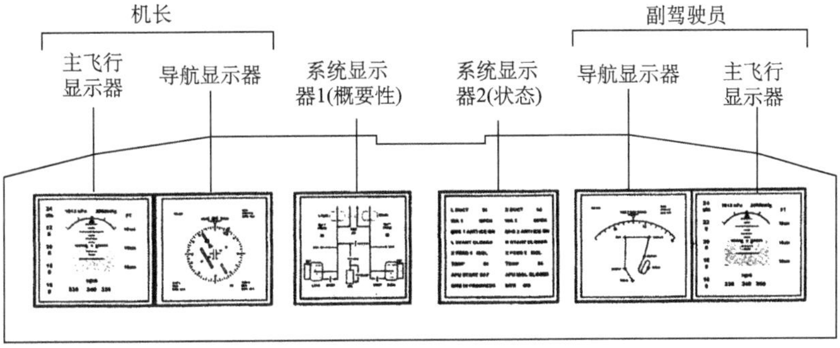

图 8.4　先进的民用飞机驾驶舱

的可用显示屏面积，以风景画格式并排摆放在驾驶舱内。显示器为单色（黑底白字），以 625 行、25：50Hz 的隔行扫描视频（TV 标准）产生图像。

20 世纪 80 年代，ACFD 研究项目进入飞行验证阶段。2 台显示器（PFD 和 ND）安装在 BAC 1-11 民用运输机的一个驾驶舱内，其显示格式逼真地反映出机电式仪表式样，这便于取代机电式仪表，向新显示介质过渡。

PFD 保留了由空速表、姿态表和高度表构成的“基本 T”型排列，保留了计数器-指针式速度和高度的显示，但在地平线中心线、邻近姿态（指示）球处增加了速度和高度的数字读出，使驾驶员无须浏览整个显示器就可快速读取主要的飞行数据。ND 提供了两种显示格式类型：罗盘刻度环格式保持了原有机电 HSI 罗盘刻度环的格式；航图格式实时显示了用当前位置更新的拟定路线。后一种格式验证了该显示介质克服机电仪表的限制，可显示拟定路线的画面，提供了真正自由的介质。

波音 757 和波音 767 是第一批玻璃驾驶舱飞机，1982 年 9 月投入运营。如图 8.5 所示，该电子飞行仪表系统（EFIS）包括一台（纵向）安装的电子姿态指引仪（EADI）和一台（横向）安装的电子水平情况指示器（EHSI）。两台显示器中的一台置于另一台的上面，左右两侧分别为一台传统机电式空速表和高度表，保持“基本 T”型排列。

图 8.5 波音 757 和波音 767 驾驶舱

EADI 的显示格式模拟机电式仪表，EHSI 的显示格式包括传统罗盘和航图格式，在航图上能够叠加气象雷达信息。传统机电式发动机仪表和告警仪表由 2 台称为“发动机指示与机组告警系统（EICAS）”的 CRT 显示器取代，一台置于另一台的上面。

空中客车 A320 于 1988 年 3 月投入运营，是第一架在驾驶舱内安装 6 台显示器、采取并排 PFD/ND 配置的民用运输机，如图 8.6 所示。A330 具有与它类似的配置。两台系统显示器则位于驾驶舱中央，其中一台安置在另一台的上面。

图 8.6 空中客车公司 A320 驾驶舱

如图 8.7 所示，该 PFD 在姿态“球”两侧引入带状刻度盘作空速和高度显示。在带状刻度盘靠近姿态“球”中心地平线的位置，以窗口形式安置一个数字读出器。该设计形式允许驾驶员无须浏览整个显示屏幕就可快速获取关键的飞行参数。

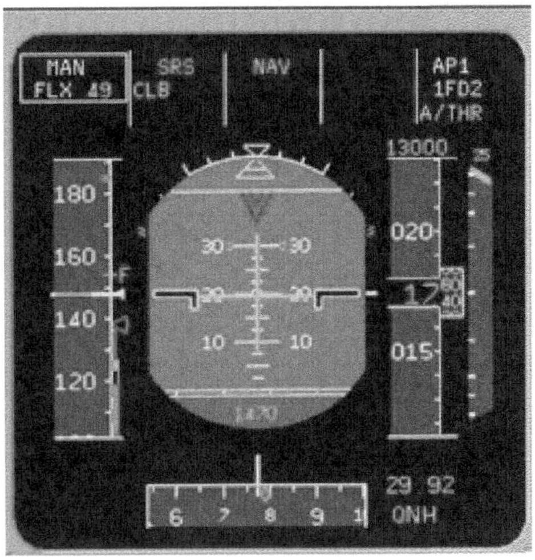

图 8.7　空中客车公司 A320 主飞行显示器

在 PFD 格式的底部，罗盘刻度环的上半部分提供了航向和偏航指引提示信息。在该显示器的顶部设有自动驾驶仪工作模式的显示牌。

图 8.8 所示为波音 747-400 的配置图。波音公司已为其波音 747-400 改型飞机选用了 6 平显示器（其中 5 平为并行式配置）的构型，该机型于 1990 年 6 月投入运营，随后为波音 777 飞机选用了此配置。两个系统显示器位于仪表板的延展的中央部位，其中一台置于另一台上面。

图 8.8　波音 747-400 驾驶舱

该显示器采用 CRT 技术，显示格式与空中客车 A340 飞机类似，在姿态“球”的两侧安置了带状速度和高度刻度盘。

在该配置中，波音 747 由 2 名机组人员驾驶，飞行工程师的仪表板功能已被并入飞机系统，并通过 2 台动力/系统显示器显示和控制。

波音 777 飞机于 1995 年 6 月投入运营，其采用与 747-400 类似的驾驶舱配置，但波音

777 航空电子系统体系结构与波音 747-400 明显不同。其显示器是第一次在宽机身民用运输机上采用有源矩阵液晶显示器（AMLCD）技术的显示器，如图 8.9 所示，波音 777 的 ND 显示了计划和实际飞行路线，以及横向位置导航指令提示信息（可选择叠加气象数据）。

图 8.9　波音 777 驾驶舱

8.2　显示系统的组成

民航飞机的电子显示系统的组成部件如图 8.10 所示。

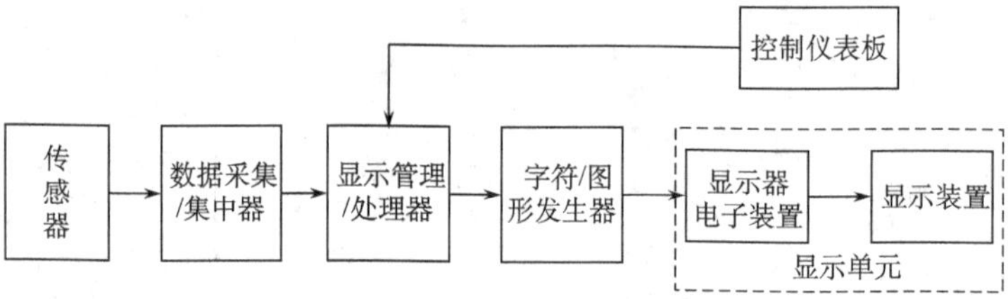

图 8.10　显示系统的组成部件

数据采集器/集中器用于采集来自其他机载系统进行显示的数据、选择最合适的数据源、执行数据完整性检查。

显示管理处理器用于确定显示器模式、子模式和显示的组成部分，并将信息转换成图形数据和指令。

字符/图形发生器用于构造字符和图形，它包括：以各种字体和字号显示的字母数字字符；专用字符、指针和图标；各种宽度和类型的线条；各种宽度和类型的圆、椭圆和弧线；阴影填充等。

显示单元包括显示器及显示器电子保障电路。

8.3 发动机指示和机组警告系统

在8.1.2节中介绍过波音757和767的驾驶舱仪表，在它的仪表板上的6个显示器中，全部导航参数和发动机参数是按“时分制”原则显示的。其中发动机显示系统还用来显示全机警告信息，因而，被称为“发动机指示和机组警告系统”(Engine Indication and Crew Alerting System，EICAS)。EICAS是近年来装备在现代民航飞机上的先进电子显示设备之一。

EICAS的一个重要特点是，可以在飞行的全部航段上连续自动监控发动机参数和报警系统。另一个特点是它可以在出现故障时自动记录子系统的参数。EICAS的使用，一方面改善了驾驶舱结构，减轻了驾驶员的工作负担；另一方面，不仅增大了维护所需的数据量和精确度，也改善了飞行机组与地面机组之间的关系，因为地勤人员可以在航后直接检索EICAS的记录。

8.3.1 EICAS的组成

EICAS的基本组成包括中央警告计算机、显示组件、相关的控制面板和警告提醒部件等。现以双通道为例说明其组成。

典型的EICAS的组成为：两台EICAS计算机、两个显示器、EICAS输出继电器(即上、下显示转换组件)、两块控制面板(显示选择板和维护面板)、取消/再显示电门，以及正、副驾驶员主告诫灯和音响警告部件，连同备用发动机指示器等，协同完成EICAS的各种功能，如图8.11所示。

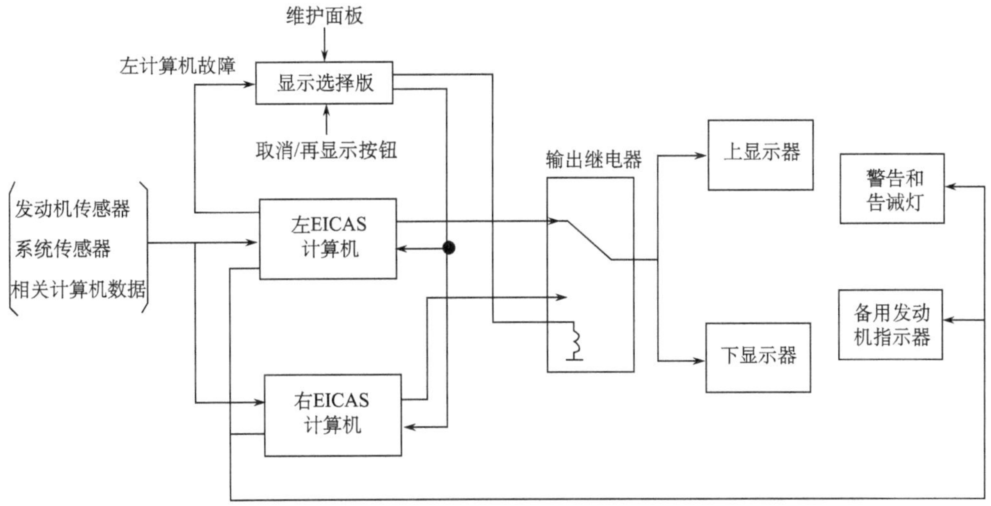

图8.11 EICAS组成示意图

1. EICAS计算机

EICAS计算机是EICAS的核心部件，它控制中央警告系统的所有功能，负责收集、处理并格式化发动机和飞机系统数据，然后产生警告信息和系统概况显示，并控制警告灯和音响警告。计算机也存储信息，为维护人员提供维护信息和维护参考数据，并可对系统本身进行自检。

EICAS计算机从发动机和飞机系统传感器接收约450个模拟和离散信号，还通过数字数据通道与相关的12个计算机系统交换16个数字数据信号。正常时，左EICAS计算机为主用，右EICAS计算机为热等待状态。即两台计算机都同样接收输入数据，进行模/数变换、比较，字符发生，图示生成，但只有左EICAS计算机输出信号驱动两个显示器进行显示。一旦左EICAS计算机失效，自动转换为右EICAS计算机驱动显示。

2. 显示器

显示器是EICAS计算机进行图形显示的装置，它将数字视频信息转换成可见的彩色图形和字符。它由上、下两个显示器组成，上显示器显示发动机主要参数和机组警告信息，下显示器显示发动机的次要参数和系统状态信息、维护数据等。且在正常情况下，下显示器为空白，只有在选定或必要时，下显示器才显示相关的信息。

如果上显示器失效，则自动转换到下显示器以紧凑格式显示。由继电器来控制上下显示格式的转换。如果两个显示器同时失效，则可人工控制通过多功能显示方式显示在任一导航显示器上，有的飞机可借助备用发动机指示器和电子警告组件显示重要发动机参数和报警信息。

每个显示器的底部边缘都装有一个光传感器，用于亮度自动控制。

3. 显示选择面板

显示选择面板是EICAS系统的主要控制板，在飞行中或地面上都能为计算机提供所有控制功能，不同的EICAS构型，面板的功能有所不同。图8.12所示为一EICAS显示的选择面板。

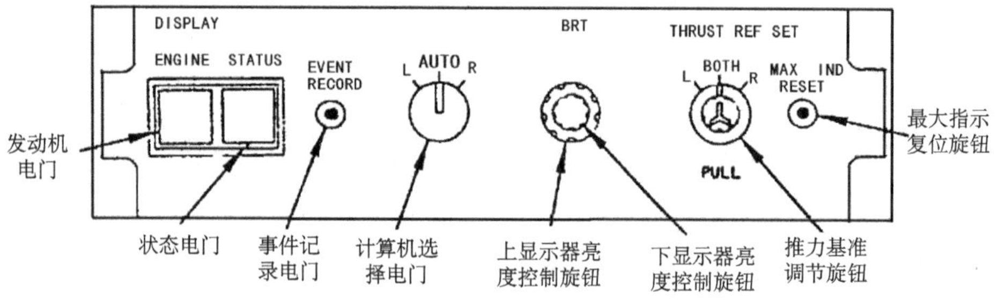

图8.12 显示选择板

1) 显示选择

显示选择板上的两个电门瞬时按钮电门，它们控制EICAS计算机的显示方式。

按压ENGINE（发动机）电门，将在下显示器上显示全部次要发动机参数。再按压一次此电门，则清除下显示器上显示。

按压STATUS（状态）电门，则在下显示器显示状态方式页面。状态页可能有多页，此电门也用于翻阅状态信息页，每按压一次，则顺序向后显示一页，一旦所有信息显示完毕，再按压一次，则清除状态页面。如果在飞行中任一显示器失效，那么状态电门将不起任何作用。

2）事件记录

EVENT RECORD（事件记录）电门的功用是：当发动机工作时，按压该电门可同时记录环控、电源/液压、性能/APU 页的参数瞬时值，并将数据存储在人工事件非易失存储器中。

3）计算机选择电门

COMPUTER（计算机选择）电门是三位置旋钮式电门。当旋到“自动”位时，由左计算机驱动两个显示器工作，右计算机备用。一旦左计算机失效，右计算机自动替换。当选择在左位或右位时，由相应的计算机驱动两个显示器进行显示。

4）亮度控制

BRT（亮度控制）是由两个同心旋钮组成的。当顺时针方向转动时，内旋钮增大上显示器的亮度，而外旋钮增大下显示器亮度。由于内、外旋钮机械地啮合在一起，所以，它们通常是同时转动，但也可改变两个旋钮的相对位移，以平衡两个显示器的相对亮度。

5）推力基准调节旋钮

THRUST REF SET（推力基准调节）旋钮用于对两个发动机的 EPR 进行人工选定推力基准读数，也选定左、右 EPR 模拟刻度盘上的基准光标。外旋钮是一个三位置电门，用于选择左、右或双发的推力基准。内旋钮是一个每圈 12 档的旋转电门，并且可以推进或拉出。当内旋钮“推进”时，可从推力管理计算机（TMC）获得 EPR 的推力方式和基准读数。内旋钮拉出来时，可人工地调节 EPR 的推力方式和基准读数，并在 EPR 表上显示“人工”（MAN）字样。

6）最大指示复位按钮

当发动机的工作参数出现超限时，EICAS 显示器相应地指示红色，并在相应模拟指示器的数值方框下有小字码显示。当发动机工作状态恢复正常之后指针及方框内的大字码数字值的颜色也随着改变为正常色，但小字码仍不取消，此时按压 MAX IND RESET（最大指示复位）按钮时，可清除小字码。但该按钮不能清除计算机内的超限参数的数据存储。

4. 维护面板

维护面板只有当飞机停留在地面时才起控制作用。维护面板主要用于向地面维护人员提供飞行后维护和排除故障所需要的数据及信息。它只能在地面工作，由一个空/地继电器控制。

维护面板上有一个测试电门和 9 个控制电门，其中可选择 5 种维护页面，如图 8.13 所示。这些页面所提供的维护数据和信息可帮助地面维护人员排除故障和检查主要系统的状况。维护面板还可以人工记录数据，阅读已存储的记录，以及抹去在非易失内存（NVM）中存储的自动或人工事件。维护面板上各电门的控制功能如下。

1）系统显示选择电门

主要有 ECS/MSG（环境控制系统/信息）、ELEC/HYD（电源/液压）、PERF/APU（性能/辅助动力装置）电门，按压可显示相应的维护页面。

这三个电门对应的三种格式可按实时、自动事件或人工事件三种方式中的任一方式显示。实时方式显示现行的动态数据，而人工/自动事件方式则显示各自存储在 NVM 中的数据。

如果按压上述任何一个电门，则下显示器按实时显示有关参数。同时上显示器按紧凑全格式显示。

ECS/MSG页面左部显示环境控制系统，右部显示维护信息，维护信息也称为M级信息。信息区显示实时维护信息和已存储的状态和维护信息。每个页面最多可显示11条信息，如果多于11条信息，可再按压此电门来翻页。第二次按压同一电门就从下显示器取消了该维护格式，并使主要发动机参数显示在上显示器，而次要参数则在下显示器显示。

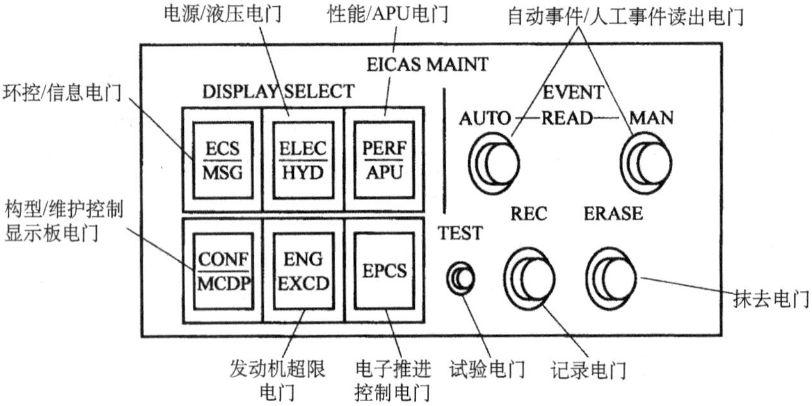

图 8.13 维护面板

2）CONF/MCDP（构型/维护控制显示板）显示选择电门

CONF/MCDP（结构/维护控制显示板）页面只能实时显示。它显示发动机构型信息、相关部件的件号和状态以及MCDP数据等。

3）ENGEXCD（发动机超限）显示选择电门

将存储的发动机超限参数的最大值和累计总时间显示出来。

按压一次此电门，显示超限数值。再按压一次电门，显示器恢复主要发动机参数和次要发动机参数显示。

4）EVENTREAD（事件读出）电门

分为AUTO（自动）或MAN（人工事件）读出。在选定维护显示格式页，按压事件读出电门，将显示为该格式记录的数据：按下AUTO（自动）电门则显示EICAS自动事件记录的数据；按压MAN（人工）电门则显示原来用事件记录电门（在显示选择板上）或用记录电门（在维护面板上）人工记录的数据。

5）REC（记录）电门

REC（记录电门）用于在NVM中记录维护数据。该电门只能用于飞机停留在地面时，并且当所选定的ECS/MSG、ELEC/HYD或PERF/APU格式正在实时显示时，按压此电门才能实时记录。

6）ERASE（抹去）电门

ERASE（抹去）电门用于抹去原来存储在NVM中的数据。抹去电门的使用方法是：①按压维护面板上有关电门（ECS/MSG、ELEC/HYD、PERF/APU）；②按压“AUTO”

或“MAN”事件读出电门；③按压ERASE（抹去）电门3s以上，信息可抹去；④抹去发动机超限值时，只需按“ENGEXCD”和按“ERASE”电门即可，不需要按“AUTO”或“MAN”电门；⑤EICAS的状态信息，有些排除故障后信息并不消失（仍存储在NVM中），应在维护面板上按压“ERASE”（抹去）电门，如信息消失说明故障已经排除。如信息不消除说明故障仍存在；⑥为了抹去自测试格式所记录的数据必须按压ERASE（抹去）电门两次。

7）TEST（试验）电门

当飞机停留在地面上并踩下停留刹车时，按压TEST（试验）电门可以启动BITE自检程序，在两个显示器上出现自测试格式，并显示测试结果。但每次只能测试EICAS的一个计算机通道，需要转换计算机控制电门来测试另一台计算机。当自检结束后，再按压TEST（试验）电门即可回到全格式显示。

5. 取消/再显示电门

取消和再显示（CANCEL&RECALL）按钮位于机长的仪表板上，在EICAS显示器的左侧。为了减少不十分紧迫信息对飞行人员的干扰，设置取消和再显示按钮用来控制上显示器的B级和C级信息显示，对A级信息不起作用。

按压“取消”按钮可以去掉显示器上正在显示的B级、C级信息；由于警告信息区域限制每页面只能容纳11条信息，因而有时不只一页，在这种情况下，每按一次“取消”按钮就显示下页信息，直到信息区出现无B、C级信息。

按压“再显示”按钮，可将那些故障仍然存在，但被取消掉的B级、C级信息重新显示出来。

6. 提醒注意警告灯

它由主警告灯、警戒灯和相关的音响警告组成，警告灯为红色，警戒灯为琥珀色，此两种灯为一组，分别装在遮光板两侧。当有一警告产生时，主警告灯连续闪亮，并伴有连续的音响警告；当有一警戒级别的警告产生时，警戒灯亮并产生一声单谐音的音响警告，同时，机组可按压灯来复位相应的警告。

8.3.2 EICAS的显示

根据系统的功能和使用要求，不管飞机是在空中还是在地面，都应该有各种显示方式，以满足机组飞行和维护工作的需要。该系统设计成多种显示方式，主要有工作方式、状态方式、系统概要方式和维护方式，其中工作方式有多种显示格式。

1. 飞行前和飞行中的正常显示

EICAS设计为飞行前检查、飞行中各飞行阶段及飞行后维护都能自动监控和数据显示。其自动和人工事件记录，减轻了驾驶人员的负担，增加了地面维护的方便性。

1）接通电源时的显示

飞机停留在地面，当接通电源时，全部发动机参数自动出现，上显示器显示发动机主要参数：发动机压力比（EPR）、低压转子转速（N_1）、发动机排气温度（EGT）。下显示器显示发动机次要参数，这种显示方式称为全格式显示。

2）飞机起飞前的显示

起飞前为了检查飞机系统状况，按压显示选择板上的“STATUS（状态）”电门，上显示器仍显示主要发动机参数，下显示器变为状态页，提供状态信息，以确定飞机放飞的准备条件，即显示与最少设备清单相关的内容。

为了监控发动机的启动，按压显示选择板上的“发动机”电门，则返回到上显示器显示主要发动机参数，下显示器显示次要发动机参数，用于监控发动机启动过程，如图8.14所示。

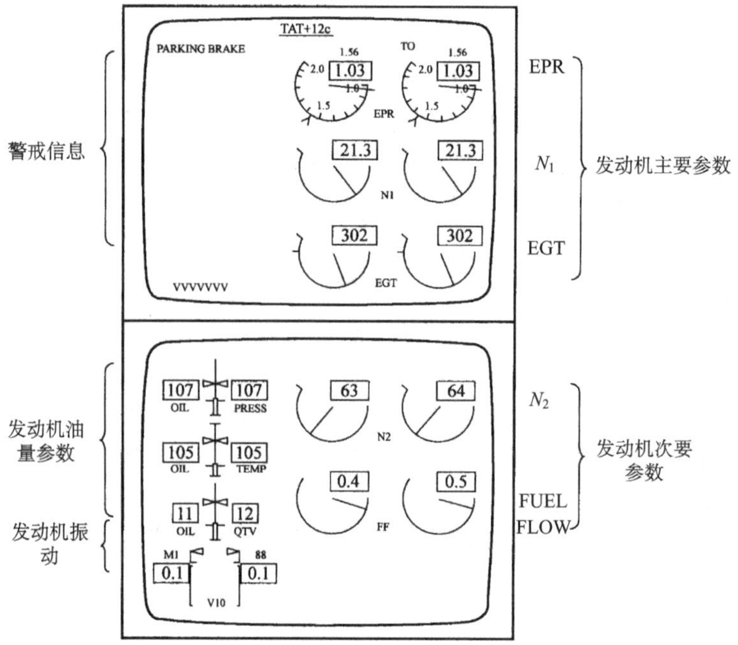

图8.14 发动机起飞前的显示

3）飞行中的正常显示

在飞行中，EICAS上显示器显示主要发动机参数和警告信息，以便驾驶人员连续监控。而下显示器的次要发动机参数不需要连续监控，为了更有效地监控发动机参数，在正常飞行时，下显示器为空白。

2. 发动机主显示格式

在正常的工作中，当通电时主显示格式在上显示器上显示。驾驶员通过监视显示信息的颜色改变来及时了解系统的降级工作情况。不同的机型显示信息的内容略有不同。

主要参数在上显示器的右半部分，且都有实际值、目标值和指令值指示，并由数字读出和模拟指针指示，在刻度盘上有极限值指示，这些主要参数会全程被监控。在主要参数的上部指示大气总温、假设温度和推力限制方式。

上显示器的左半部分是警告信息区，警告信息按照级别的高低自动依次显示。主要有红色的A级警告信息，琥珀色的B级警戒信息和琥珀色的C级注意信息。有些EICAS信息区还包含有备忘信息和其他信息。

状态提示符：当出现新的状态信息而不显示状态页时，将在上显示器显示状态提示符。可以有不同的方式指示，如七个“V”或“STATUS”。当选择了状态页后，提示符消失。

空中启动包线：显示在警告信息的下面，如果有任何发动机空中停车，当要重新启动时，给出空速限制范围。

环境控制系统参数：在主要参数的下面，显示管道压力、座舱高度及其变化率、座舱压差、着陆高度等参数。

起落架和襟翼位置指示：在显示器的右下角，分别显示起落架和襟翼位置，以不同颜色表示起落架放下上锁、收上并上锁、收/放中和故障情况，襟翼的正常工作位置、移动状态和故障状态。

燃油数据：显示总燃油量、燃油温度和抛油后最大的剩油量。

3. 发动机次要参数显示

发动机次要参数通常在下显示器上显示（图 8.15），通电时自动显示，或按压显示选择面板上的“发动机”电门显示，如果再按压，其显示为空白。

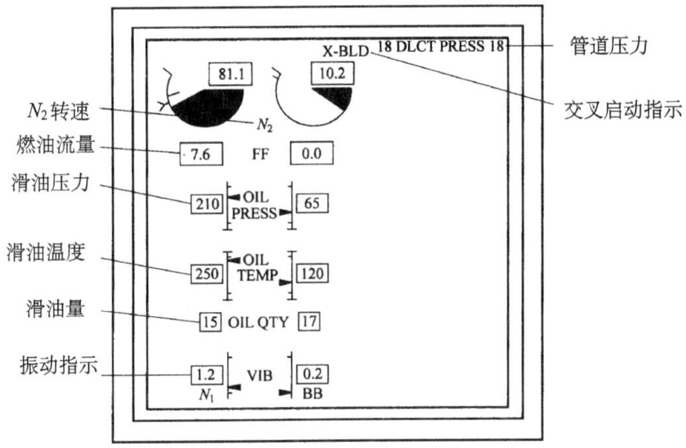

图 8.15 发动机次要参数显示

显示的参数有高压转子的转速（N_2）、燃油流量（FF）、滑油压力（OIL PRESS）、滑油温度（OIL TEMP）、滑油量（OIL QTY）以及振动系数（VIB）等。N_2 和 N_1 有相同的显示格式，在 N_2 下面显示燃油流量，单位是 t/h 或 lb/h（注：1lb≈0.454kg），但它没有超差指示。滑油压力和温度有相同的显示格式，以数字读出和垂直刻度的模拟指示，在刻度上有限制指示，油温 t 的单位为摄氏度（℃），有超差指示。滑油量只以数字形式读出。发动机振动参数以数字读出和垂直刻度的模拟指示。

4. 紧凑格式显示

紧凑格式分为紧凑全格式和紧凑部分格式。

1）紧凑全格式

图 8.16（a）所示为某种型号显示器的紧凑全格式显示。紧凑全格式显示是指发动机主要参数和次要参数显示在同一显示器上。其有两种情况：有一个 EICAS 显示器故障，或飞机在地面上 EICAS 显示维护页。在显示器出故障前，若全部次要参数显示在下显示器上，那么不论哪个显示器失效，则正常的显示器将显示紧凑全格式。如果在下显示器选

择维护格式显示，则上显示器显示全紧凑格式。

2）紧凑部分格式

当某个显示器失效后，且某一次要发动机参数（N_2、滑油参数、振动系数）出现超限，则超限参数以紧凑部分格式自动显示出来，如图 8.16（b）所示。

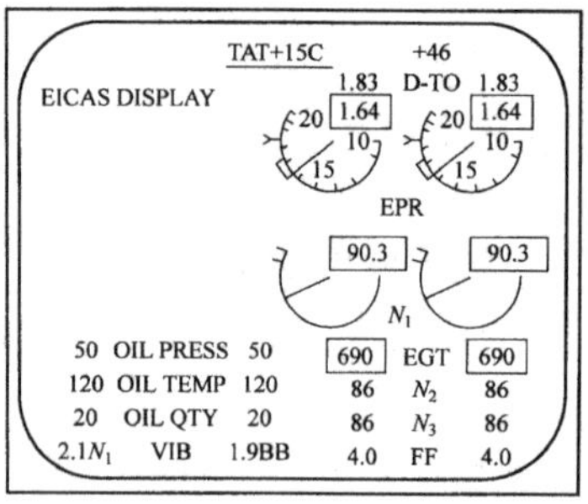

(a) 紧凑全格式

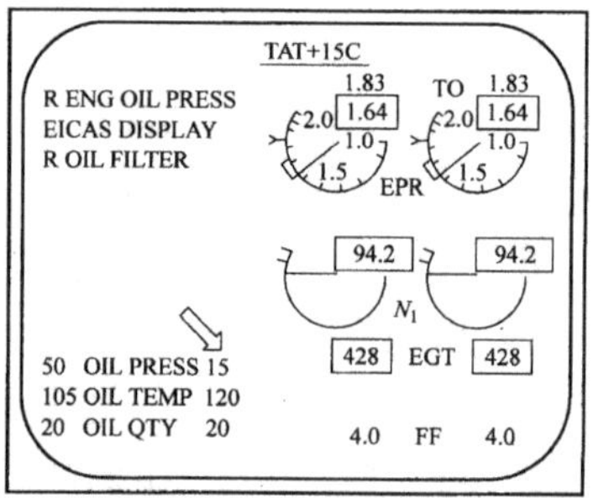

(b) 紧凑部分格式

图 8.16 紧凑格式显示

5. 发动机超限显示

1）黄带抑制

发动机工作正常，但在飞机起飞和复飞时，需要短时大推力才能完成这个飞行阶段，此时的发动机参数 N_1、EGT、N_2 等都将超过正常值。但按 FAA 条例，起飞限时为 5min，即参数在此区域 5min 内，不进行黄、红带监控及超限存储记录；或者选定别的推力方式 20s 内，黄、红带监控及超限存储记录也被抑制，这两种情况都称为“黄带抑制”。也就是说，发动机某些参数的短时超限是允许的，这属于发动机的正常工作。

2）发动机工作不正常——参数超限

发动机的主要参数 EPR、N_1、EGT 是全时显示的，但次要发动机参数正常时不显示。只有当次要发动机参数超限时，才在下显示器上显示相应的超限参数。

当发动机工作不正常时，所有超限参数的模拟指标、模拟刻度盘、数字方框和数字等均变为黄色（或红色）；同时在数字方框下出现白色最大超限读数，并进行参数超限累计计时和动态最大超限读数刷新。当采取处理措施使超限参数恢复正常后，参数超限计时停止，但数字方框下的白色最大超限读数仍然保留。只有按压显示选择板上的“取消”电门，或面板上专门设置的“最大指示复位”按钮后，白色最大超限读数才能消除，但不能抹掉在非易失存储器中的存储记录。

6. 机组警告信息

机组警告信息主要是为机组人员在飞行过程中设计的，按照其需要采取措施的紧迫程度可分为警告（A 级）、告诫（B 级）和注意（C 级）三个等级，并显示在上显示器上。每页最多可显示 11 条信息，如果多于 11 条，在信息的下面会有页码显示，可翻页。根据功能的不同，有些 EICAS 系统还可显示其他信息，如通信信息和备忘信息等。

以白色显示来提醒机组有些系统已在正常工作，没有音响警告和警告灯被点亮。

1）A 级警告信息

文字为红色的警告信息，级别最高，显示在其他信息的前面，当信息出现时会有红色主警告灯亮，并有连续强烈的音响，要求机组人员立即采取措施。最后出现的 A 级信息显示在前面，所有此级别信息都不能用取消电门来删除。可用主警告灯复位电门来复位音响警告和警告灯，但信息会一直存在直至故障现象消失，如图 8.17 所示。

2）B 级告诫信息

文字为琥珀色的警戒信息，跟在 A 级警告信息后面，该信息出现时伴有琥珀色主告诫灯亮，并有柔和断续声响，要求机组人员尽快采取措施。新出现的信息显示在同级别信息的前面，可用取消/再显示电门来删除此级别的信息，如果故障仍存在，再次按压此电门信息又显示出来。主告诫灯复位电门可复位音响和警戒灯，但不能删除此信息。B 级告诫信息如图 8.18 所示。

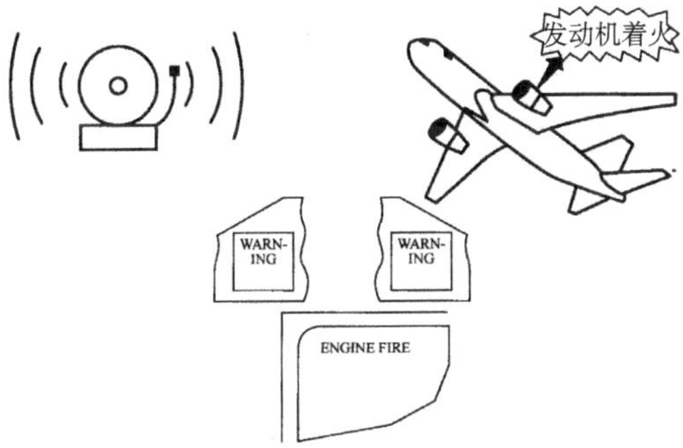

图 8.17　A 级警告信息

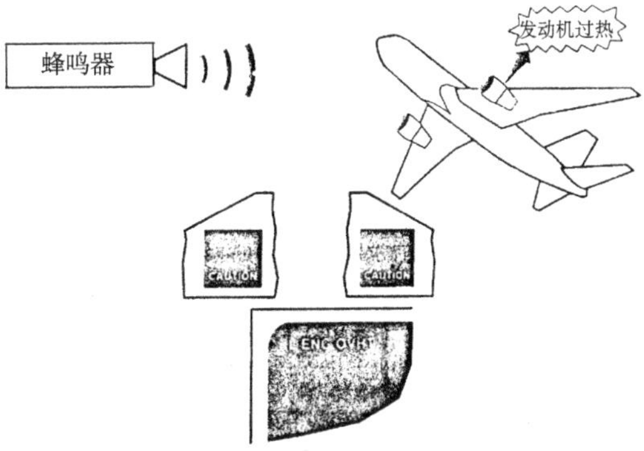

图 8.18　B 级告诫信息

3）C 级注意信息

为琥珀色注意信息，排在 B 级告诫信息之后，为了和 B 级告诫信息相区别，向右退一格显示。当此类故障出现时，仅有信息显示，没有灯光和声响警告，机组人员可以在适当的时候采取措施。新出现的信息显示在同级别信息的前面，可用取消/再显示电门来删除此级别的信息，如果故障仍存在，再次按压此电门信息又显示出来。C 级注意信息如图 8.19 所示。

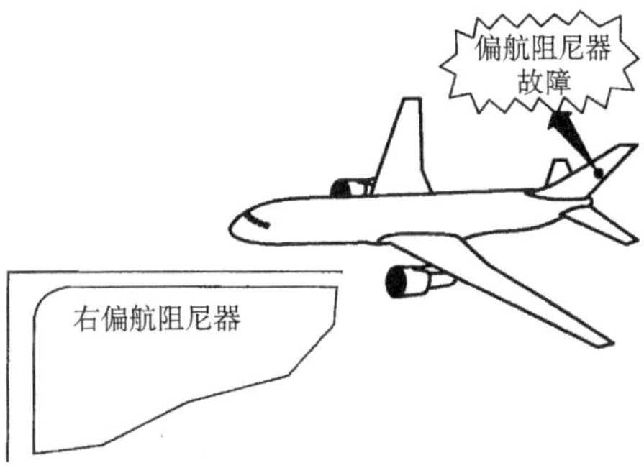

图 8.19　C 级注意信息

另外，EICAS 有抑制信息出现的功能，在发动机启动或关闭期间，甚至某些重要的飞行阶段，如起飞或着陆时，为了不分散驾驶员的注意力，影响飞行安全，对 EICAS 信息、警告灯和音响警告进行抑制，警告信息不被显示出来。当抑制条件不再存在，信息会自动显示。

7. 状态页显示

状态页主要显示飞机的放行状态和系统数据，需要根据最低设备放行清单（MEL）来确定此状态下的飞机能否放行，显示在下显示器上。如果两个显示器都处于完好状态，状态方式在地面或空中都可以使用。

按压显示选择面板上的“状态”按钮以显示状态页。主要信息有液压系统参数、APU参数、氧气、飞行控制舵面状态等以及状态信息。在飞行中通常不需要使用状态方式，状态方式显示如图8.20所示。

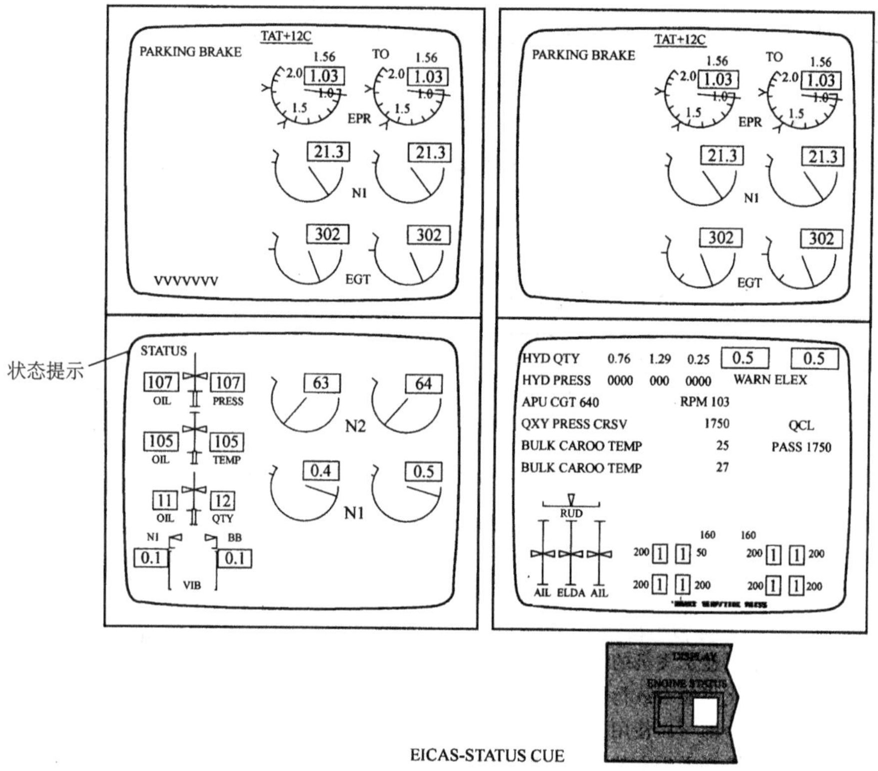

图8.20 状态提示

如果下显示器不在状态页，当某一系统状态发生变化时，会在上显示器上显示状态提示符，只有驾驶员认为需要查看时，按压“状态”电门才显示状态页。如果这种异常状态过一段时间后不再存在，状态提示符也自动消失。

状态信息又称S级信息，当有信息出现时，需要按MEL来确定飞机的放行状态。信息显示为白色，最新信息显示在顶部，每页最多可显示11条信息，如果多于11条信息，可再次按压“状态”按钮来翻页。

8. 概要页显示

概要页显示格式是以图示来显示各飞机系统，是一种动态的实时数据显示，并以各种不同颜色来显示系统构型和状态。系统的这些构型和驾驶舱顶板的布局相似，以使机组容易识别系统的异常情况。

系统和系统概要页主要显示在下显示器上，由人工控制。不同的显示选择面板构型，可有不同的系统选择按键。共有6个系统按键：电源系统、燃油系统、环境控制系统、液压系统、门和起落架系统，有些面板还有飞行操纵系统选择键。不管是在空中还是在地面上，按压显示选择面板上的系统按键，则可显示实时的相应系统数据。如果第二次按压同样的键，则显示消失。

不同的显示颜色有不同的含义：红色表示警告级别、限制或超限；琥珀色表示警戒级别、限制、超限或故障；品红色表示指令或目标值；蓝色表示预位状态；绿色表示接通状态或流量；灰色表示实际飞机状态；白色表示断开或无效数据。

9. 维护页显示

当飞机回到地面后，维护人员需要查看系统所记录的维护数据和信息，才能及时、有效地排除故障，该系统设置了维护页功能。维护页主要是在下显示器上显示系统的数据，它们也可以被打印出来或通过数据链发送到地面站。不同的构型，维护页的格式和数量各有不同，可选装任一种途径进入维护页：维护面板或 CDU 维护页菜单，它们有相同的基本选择功能。

每个系统的维护页显示方式最多有三种：实时显示、人工事件读出和自动事件读出显示。实时显示方式是指显示系统当时的动态数据；人工事件读出和自动事件读出方式则显示各自存储在 NVM 中的数据。当按压显示选择面板上的事件记录按钮或维护面板上的事件按钮或 CDU 菜单相应功能键（如果选装 CDU 维护菜单功能的）时，可记录人工记录事件在 NVM 中。在每个飞行段，每个系统最多可以记录 5 个人工记录事件。

自动事件记录有专用的 NVM，当某些系统的参数出现超限时，会自动地产生记录，并存储在 NVM 中，每个系统最多可以记录 5 个自动记录事件。

图 8.21 所示为维护方式显示，各系统的维护页清单是按 ATA 章节来排列的。

在维护页的主菜单中，按压相应的行选键，可删除或记录所有系统的维护页。而在每个系统的维护页上，可选择系统的实时显示、人工记录、人工事件读出显示、自动事件读出显示，也可删除或报告系统维护页。

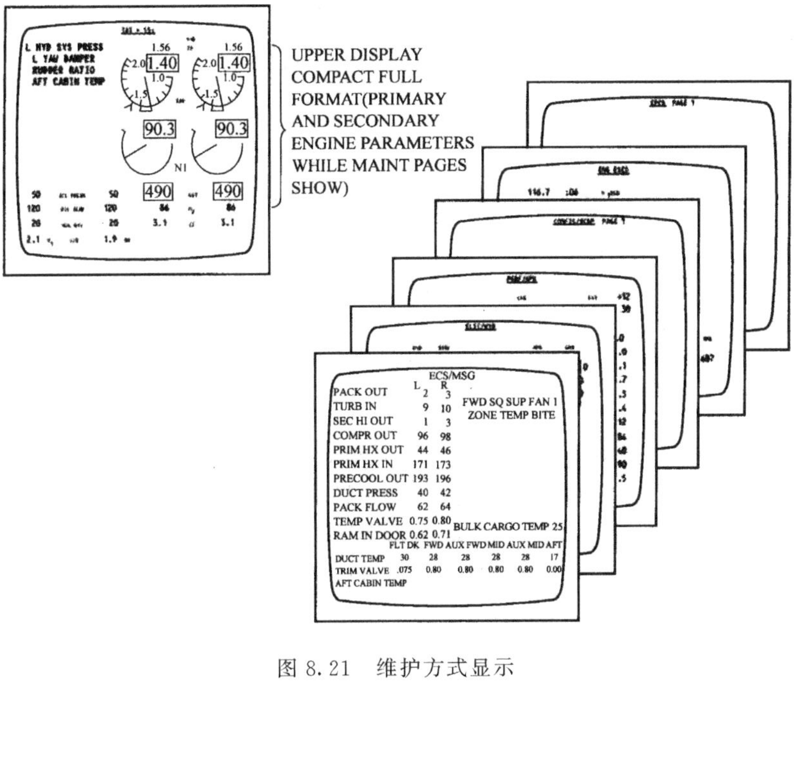

图 8.21　维护方式显示

8.3.3 EICAS计算机的结构和功能

EICAS计算机是由I/O接口、中央处理系统、显示发生器和电源等4个主要功能部分组成的。这些功能部分执行接口、数据处理、控制和显示发生的全部功能，最后，以数字视频信号和X，Y偏转的模拟信号送到上、下显示器进行显示。EICAS计算机的组成如图8.22所示。

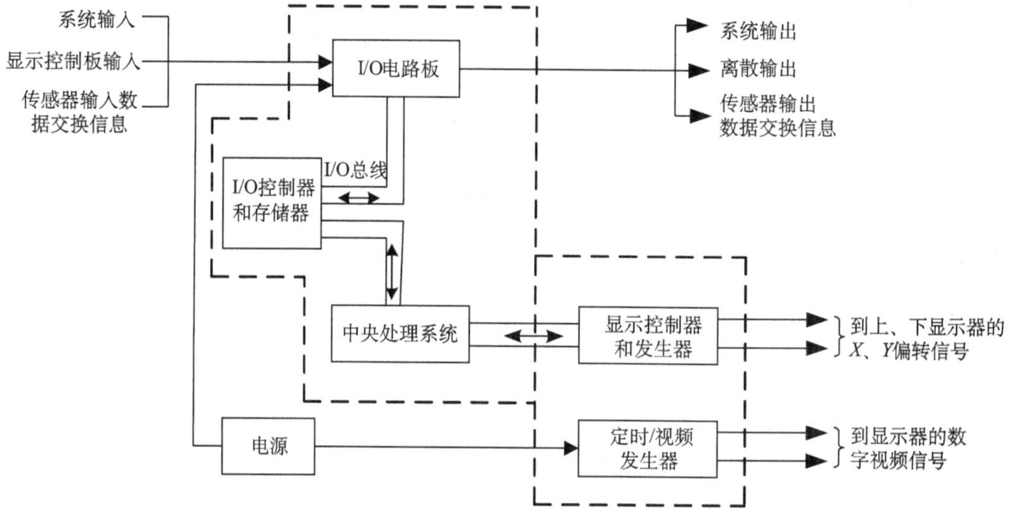

图8.22 EICAS计算机的组成框图

1. 电源

左右EICAS计算机输入115V，400Hz的单相交流电，输出±5V、±12V、±15V等直流电源供EICAS计算机使用。电源也提供温度保护和电源中断监控。

2. I/O接口

I/O接口由I/O电路板（频率电路板、模拟电路板、离散电路板和ARINC I/O电路板）、I/O控制器（位片式微控制器）和I/O存储器组成。I/O信号处理电路板（除ARINC I/O板外）将从发动机传感器和飞机各系统采集来的信号进行滤波、整形处理和模数变换，使之变为计算机可接收的数字数据，在I/O控制器的控制下，经I/O总线存入I/O存储器。因此，I/O接口是整个EICAS系统动态显示数据的主要来源，同时也是与其他相关系统和部件交换信息的窗口。

I/O接口接收4种类型的信号输入：ARINC429数字数据总线输入（高速和低速）、离散输入（数字和模拟）、模拟输入和与频率有关的输入信号。对这些信号进行处理，并形成动态的发动机状态和维护数据，按照所需要的格式进行显示。

I/O接口也以数字、模拟或模拟离散信号向相关的计算机系统或器件输出。

3. 中央处理系统

中央处理系统是整个EICAS计算机的核心部分，它负责管理和处理所有的数据信息、编排显示格式和形成显示文件，控制整个EICAS计算机的操作。中央处理系统是由中央处理机、程序存储器（EPROM）、RAM存储器和非易失存储器（NVM）等电路板组成的。

中央处理机的主要任务如下。

(1) 处理传感器和控制板的输入，确定显示和传输格式；

(2) 为显示器选择显示信息；

(3) 给机组提供多种警告信息；

(4) 对系统进行自测试，以监控系统的健康状况，并对故障做出相应的响应。

4. 显示发生器

显示发生器主要是由显示控制器（位片式微计算机）、笔画字符发生器和定时/视频电路板等部分组成的。它接收多种输入信号和已处理的数据，为显示器形成特定的符号和字符，向显示器提供数字视频信号和模拟偏转信号，并向显示发生器和中央处理系统提供50ms（20Hz）的中断信号，作为显示处理定时。

8.4 飞机电子中央监控系统

空客飞机上都装有ECAM系统，称为飞机电子中央监控系统，其基本功能与其他飞机的ECIAS系统相似，主要是监控发动机参数及飞机系统的警告显示。主要区别是显示能力和显示格式略有不同，显示的信息也分三个级别，使飞行机组容易意识到各种警告的严重程度。

8.4.1 ECAM系统的功用及组成

飞机电子中央监控系统（ECAM系统）由显示发动机参数、燃油油量、襟翼/缝翼位置以及警告信息的发动机参数/警告信息显示器（E/W）和显示系统页面或状态页面的系统或状态信息显示器（S）两部分组成。ECAM系统采用两个完全相同的显示器进行显示，并由ECAM控制面板控制，也可进行人工控制。正常情况下，上显示器显示发动机参数/警告信息页，下显示器显示系统/状态信息页。ECAM控制面板及控制开关位于中央操纵台上。

飞机电子中央监控系统的主要功能是采集数据，进行警告数据的计算，发出警告并显示该数据。主要由系统数据集获器（SDAC）、飞行警告计算机（FWC）和显示管理计算机（DMC）等系统完成，如图8.23所示。

1. 系统数据集获器（SDAC）

ECAM系统共装有两个SDAC，二者完全相同且可互换。其功用是进行数据采集、集中及其数字化。SDAC从飞机系统采集对应于告诫信息的失效或故障数据并将它们送到FWC，以便产生相应的警告和所需采取的纠正措施。由两个SDAC采集需要在状态显示器上显示的所有飞机系统数据后送到3个DMCS。SDAC也作为其他系统的数据获得器。

所有模拟、数字、离散信号等在进入SDAC后全部集中并转化为数字格式，并通过数据总线ARINC-429高速总线进行传递。

2. 飞行警告计算机（FWC）

机载两台FWC完全相同并可互换。飞行警告计算机（FWC）是ECAM系统的核心设备。FWC可直接从系统采集数据计算产生红色主警告，或从SDAC数据总线采集数

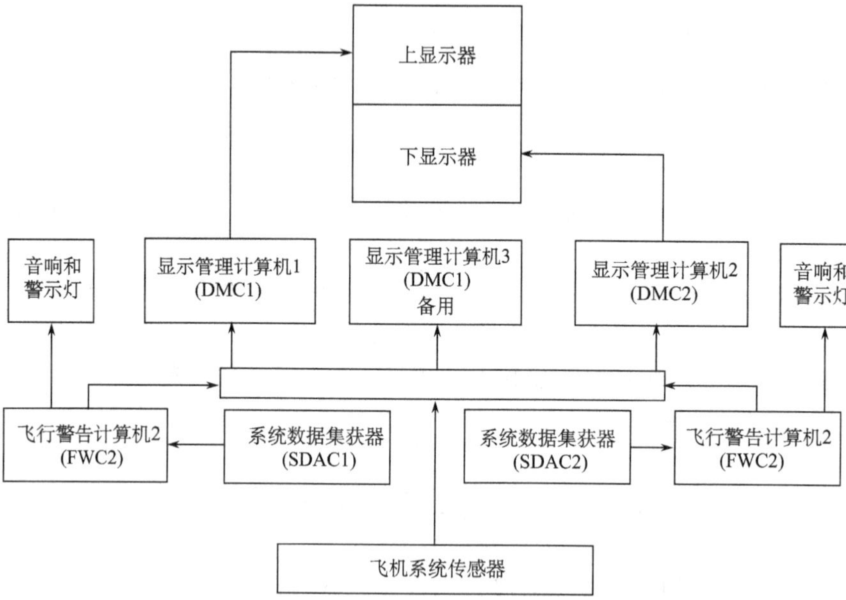

图 8.23 ECAM 系统的结构框图

据，计算并产生琥珀色警告。每台 FWC 都将自己所采集的信息通过 ARINC-429 总线发送给另外一台 FWC。

FWC 提供信息到 DMC 用于警告信息显示，并产生音响警告信号送到音响管理组件，然后由扬声器进行广播。两个主警告灯和主告诫灯由 FWC 控制。

3. 显示管理计算机（DMC）

机载三台 DMC，完全相同并可互换。DMC 可从飞机系统直接接收数据，也可从 FWC 和 SDAC 接收数据。DMC 对接收的数据进行译码和处理，以便在 ECAM 显示器上进行显示。DMC1 提供给上 ECAM 显示器，DMC2 提供给下 ECAM 显示器，DMC3 作为有效备份。

对于联合的 EFIS 和 ECAM 系统，DMC 包括数据采集、PFD 处理通道、ND 处理通道和 ECAM 处理通道四个部分，DMC 主要向 PFD、ND 和 ECAM 三个机载可换件提供数据。

8.4.2 ECAM 的控制

ECAM 的控制包括 ECAM 控制板和 ECAM 转换板。

1. ECAM 控制板

ECAM 控制板如图 8.24 所示。

（1）系统页面按钮。有 13 个系统页面按钮，用于人工选择 SD 的显示页面。按下某一按钮，SD 上即显示对应的系统页面。13 个系统页面分别为 ENG（发动机次要参数）、BLEED（引气）、PRESS（座舱增压）、EL/AC（交流电源）、EL/DC（直流电源）、HYD（液压）、C/B（跳开关状态）、APU（辅助动力装置）、COND（空调）、DOOR（门与氧气）、WHEEL（起落架、机轮、刹车）、F/CTL（飞行操纵）和 FUEL（燃油）。

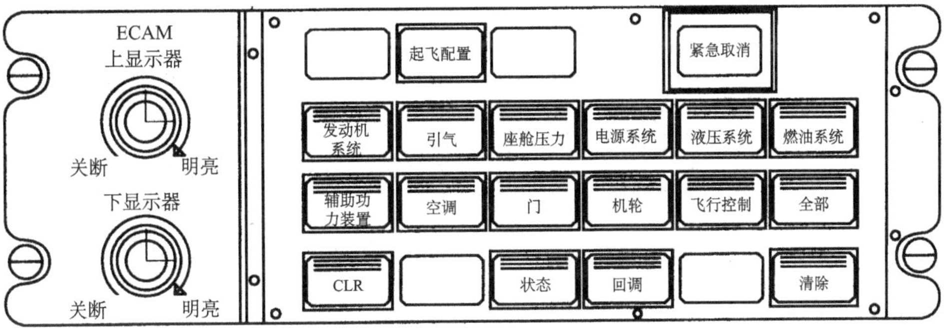

图 8.24　ECAM 控制板

(2) 起飞形态（TO CONFIG）按钮。用于检查起飞前飞机形态。如果形态正确，E/WD 上显示“TO CONFIG NORMAL”。

(3) 应急取消（EMERCANCEL）按钮。用于取消警告和警戒的音响信息。

(4) 清除（CLR）按钮。用来清除显示在 E/WD 下部的警告和警戒信息。当 SD 上出现非正常系统页面显示时，按压该按钮，可使该页面消失，恢复到先前显示的页面。

(5) 状态（STS）按钮。用于调出 SD 上的状态页。若没有状态信息，“NORMAL”字符在 SD 上显示 5s。

(6) 再现（RCL）按钮。用来再现被 CLR 按钮或飞行阶段自动抑制的警告或警戒信息。若没有警告或警戒信息，“NORMAL”字符在 E/WD 上显示 5s。

(7) 全部（ALL）按钮。按下并保持，能使 13 个系统页面以 1s 的间隔依次在 SD 上显示。此时，若需要显示某一页面，只需在显示该页面时，松开按钮即可。

2. ECAM 转换板

ECAM 转换板如图 8.25 所示。

(1) ECAM DMC 选择器。用于选择 ECAM DMC。在 AUTO 位，ECAM DMC3 作为备份，若 DMC1 或 DMC2 失效时，ECAM DMC3 自动接替。在 1、2、3 位，所选的 ECAM DMC 工作，但没有自动接替能力。

(2) ECAM/ND 选择器。用于使 ECAM 的信息在左座或右座的 ND 上显示。

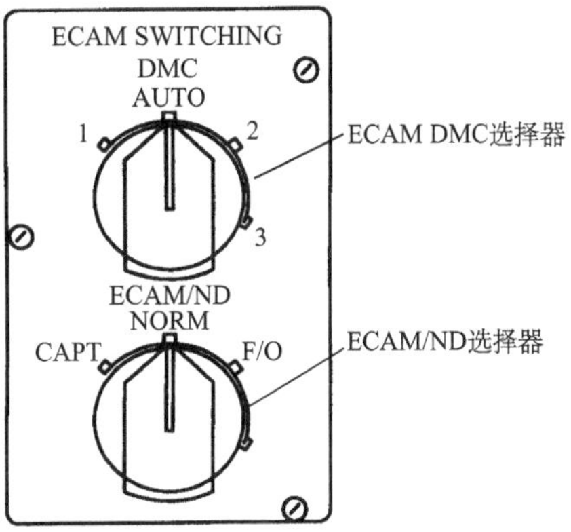

图 8.25　ECAM 转换板

8.4.3 ECAM 的显示

ECAM 的显示包括 E/WD 和 SD 的显示。

1. 发动机及警告显示器 E/WD

发动机及警告显示器划分为两个区，上部区显示发动机的主要参数、燃油量、缝翼和襟翼位置；下部区用于显示警告、警戒信息和备忘录信息，如图 8.26 所示。

(1) 左备忘录区。起飞或着陆备忘录、正常备忘录、独立的或主要的失效信息以及要采取的措施显示在左备忘录区。例如，当 1# 燃油泵压力低时，在左备忘录区显示“FU-

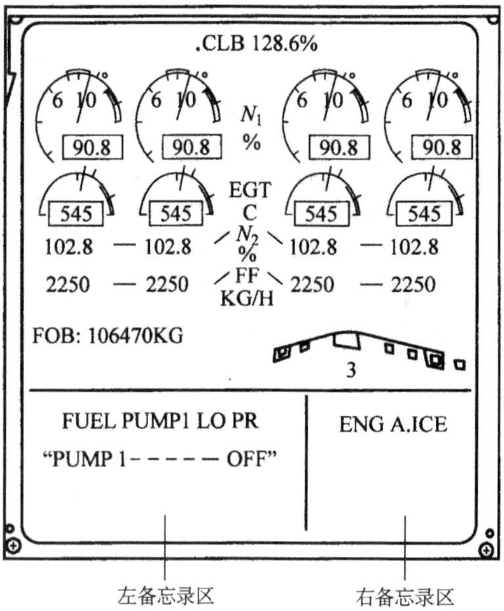

图 8.26　A340 的 E/WD 显示

ELPUMP 1 LO PR”，同时显示应采取的措施“PUMP 1…OFF”。一旦探测到失效信息，警告、警戒信息将取代备忘录信息。

（2）右备忘录区。正常备忘录和次要的失效信息显示在右备忘录区。例如，一台发动机的防冰按钮接通时，右备忘录区显示信息“ENGA ICE”。起飞着陆时，为避免分散驾驶员的注意力，大部分警告被抑制。例如，起飞时，第二发设置为起飞功率，在 1500ft（1ft = 0.3048m）高度以下，均显示信息“TO INHIB”（起飞抑制）。

2. 系统显示器 SD

系统显示器也划分为两个区，上部区显示系统页面或状态页面；下部区为永久性数据显示。SD 上可显示 13 个系统页面、1 个状态页面和巡航页面，如图 8.27（a）～（c）所示。

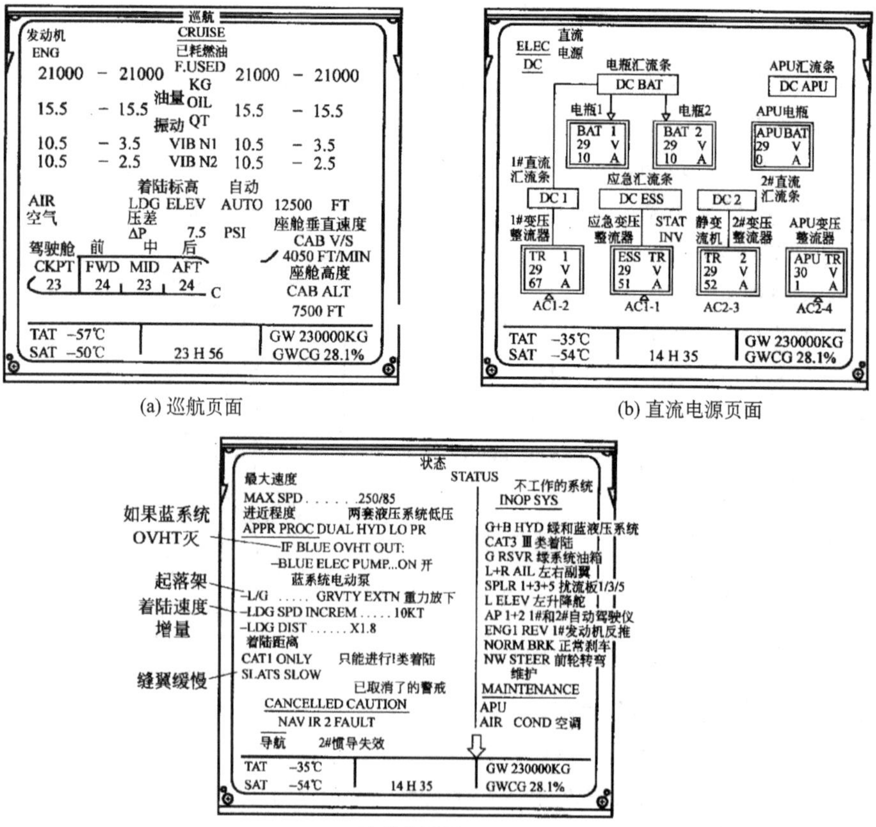

图 8.27　SD 的显示

系统或状态页面在相应的系统发生故障或失效后，会在 SD 上自动显示。按下 ECAM 控制板上的相关系统页面按钮或状态按钮也可人工显示。巡航页面显示飞行中要监控的主要系统参数，只能在飞行中自动显示。状态页面是飞机状态的总览。

SD 上无论显示什么页面，其下部总是显示永久性数据，如总温（TAT）、静温（SAT）、全重（GW）、重心（GWCG）等。

8.4.4 ECAM 的警告等级及故障分类

1. ECAM 的警告分类

根据故障部件的重要程度以及所要采取的纠正措施的紧急程度，ECAM 警告分为三个等级：三级警告（最高级别）、二级告诫和一级提醒。另外，还设有状态信息。每个级别的警告信息也按优先级分类。

1）三级警告

三级警告对应于最紧急的情况，需机组人员立即采取纠正措施。出现三级警告时，在显示器显示红色警告信息，同时红色主警告灯闪亮并有重复的谐音或特殊音响警告。

2）二级告诫

对应于不正常情况，对于飞行安全没有直接影响，需机组人员立即知道，允许之后再采取纠正措施，但机组必须决定何时采取纠正措施。出现二级告诫时，显示器上会显示琥珀色的警告信息，同时，琥珀色主告诫灯亮并伴有单谐音响报警。

3）一级提醒

为需要机组监控的一些情况，对应一些可能导致系统功能减弱或使裕度减小的故障。出现一级提醒时，只有黄色的警告信息显示，没有警告灯和音响。

2. 故障类型

ECAM 所警告的故障可分为三种类型：独立故障、主要故障和次要故障。

1）独立故障

独立故障是指某设备或系统的某个部件故障时，只会影响自身，其他组件或系统不受影响。

2）主要故障

主要故障是指该设备或系统的某个部件故障时，会引起其他设备的失效。

3）次要故障

次要故障是指由于主要故障而引起的其他设备或系统部件失效。对应于次要故障的系统名称显示在 E/W 页信息区的右下侧，并用星号加以标明。若左侧警告信息已满，右侧也可用来显示警告的名称。

8.5　电子飞行仪表系统（EFIS）

8.5.1 EFIS 的结构

提供主飞行仪表和导航仪表功能的 EFIS 是一种综合的彩色电子显示系统，完全取代了独立式的机电式地平仪、航道罗盘、电动高度表、马赫-空速表和其他机电式仪表等，可提供最重要的飞行信息。EFIS 系统所显示的信息十分广泛，其主要显示内容如下。

(1) 主要飞行参数：如飞机的姿态、高度信息、速度信息、自动驾驶仪（A/P）和自动油门（A/T）的衔接状态及工作方式，甚至重要的警告信息等。

(2) 主要的导航信息：各种导航参数和飞行计划等。

(3) 系统的故障信息。

EFIS 通常由 3 台字符发生器（显示管理计算机）、4 个显示器、2 个选择控制板和转换控制面板组成。在正常情况下，第三台字符发生器是“热备份”器。其中，显示器包括主飞行显示器（PFD）和导航显示器（ND），每个驾驶员前仪表板上都装有 PFD 和 ND 两个显示器，如图 8.28 所示。在较早期的飞机，显示器分别称为电子姿态指示仪（EADI）和电子水平状态指示仪（EHSI）。

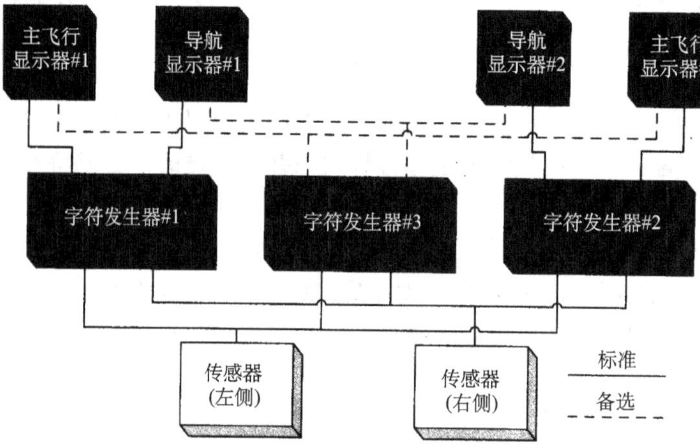

图 8.28 典型的 EFIS 结构

驾驶员通过 EFIS 的显示信息，能实时地对相应飞机系统的工作状态进行全过程监控。机务人员利用 EFIS，可进行故障分析和隔离。

每一台字符发生器（SG）均能够同时产生 PFD 和 ND 格式。每个显示单元（DU）的显示格式均源于一个标准或备选的 SG 信号源。每一 SG 信号源既能从左侧又能从右侧的传感器接收输入信号。每一显示单元均能够从一台标准或备选 SG 信号源中选择其显示输入信号。

如果一台字符发生器（如 SG1）出现故障，受其影响的显示单元（如 PFD1 和 ND1）将选择来自 SG3 的输入信号，如图 8.29 所示。PFD1 和 ND1 的显示格式仍保持与驾驶舱另一侧的显示独立性。

如果 DU 发生故障（如 PFD1），则 SG1 将重构其输出信号，这样 ND1 上的图像将是一个复合的 PFD/ND 显示，显示包括罗盘在内的全部必需的主要飞行数据，如图 8.30 所示。

如果出现主航空电子系统完全失效的情况，安装在驾驶舱内独立和隔离的备份 ADI、高度表和空速表将辅助解决偏差和提供关键的飞行信息。

在 20 世纪 80 年代末期，民航电子仪表系统由 EFIS 和 EICAS 分立走向进一步综合，过去的 EFIS 和 EICAS 或 ECAM 系统由各自的符号发生器提供显示数据，两系统之间不可替代，造成了设备浪费和冗余度较小，当电子飞行仪表系统发展到第二代时，将 EFIS 和 EICAS 或 ECAM 系统的符号发生器共用，从而使它们成为一个不可分割的系统，如果

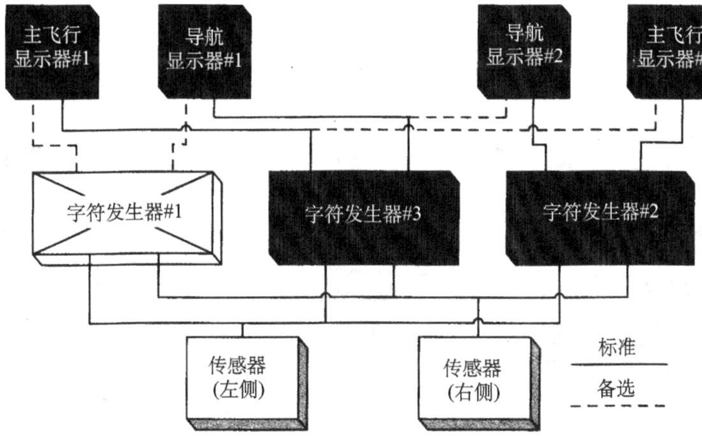

图 8.29　SG 故障后的重构

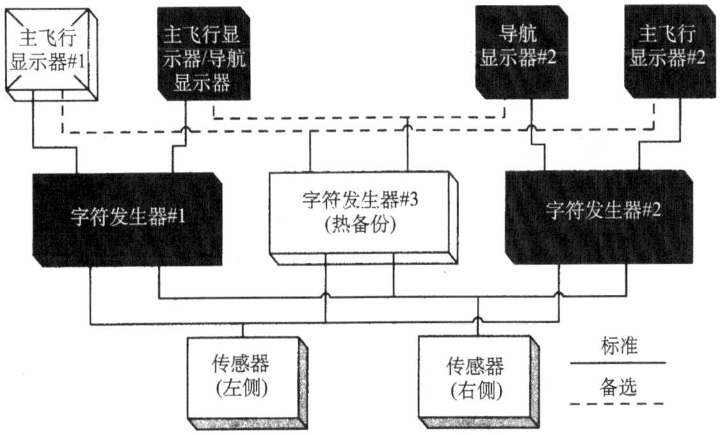

图 8.30　DU 故障后重构

对该系统命名，其定义应该是“综合电子仪表系统”。在驾驶舱仪表板上主要由 6 个显示器完成，其中包括两个主飞行显示（PFD）（或电子姿态指示仪（EADI））、两个导航显示（ND）（或电子水平状态指示仪（EHSI））和两个 ECAM 或 EICAS 显示器。装载这种系统的典型机种是 A320 飞机，如图 8.31 所示。

相对过去的 EFIS 和 EICAS，现在只用三个符号发生器即可提供全部的显示数据，并且提高了显示余度和符号发生器切换余度，这样的系统不但综合性强，硬件设备少，而且提高了可靠性。

8.5.2　EFIS 的控制

1. EFIS 控制板

EFIS 控制板分为 PFD 控制部分和 ND 控制部分。其作用是控制 PFD 和 ND 的显示内容、显示方式、显示范围等，如图 8.32 所示。左边部分为 ND 的控制，右边部分为 PFD 的控制。

图 8.31 A320 驾驶舱的“综合电子仪表系统”

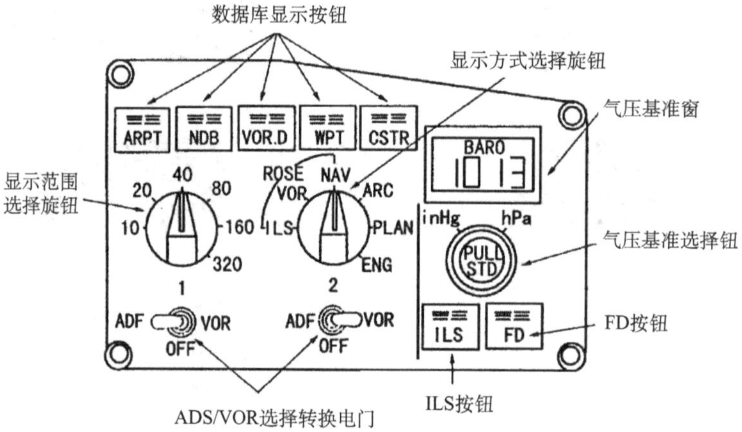

图 8.32 EFIS 控制板

1）PFD 控制部分

（1）ILS 按钮。按下该钮，在 PFD 上显示 LOC 和 G/S 的刻度和偏离。

（2）FD 按钮。按下该钮，飞行指引杆在相关的 PFD 上显示。

（3）气压基准选择钮。外旋钮用来选择在气压基准窗中显示的气压测量单位，百帕(hPa)；内旋钮用来选择基准气压值，拉出选择标准气压值（1013.2hPa），按入并旋转可选择气压值。

（4）气压基准窗。显示选择的基准气压值。

2）ND 控制部分

（1）数据库显示按钮。在航图显示模式下，当按压这 5 个按钮中任何一个时，都将在航图显示方式下增加背景数据的显示，如机场、NDB 台、VOR/DME 台、航路点和航路点的限制数据。

（2）显示方式选择旋钮。选择 ND 的显示格式。有 ROSE NAV（全罗盘导航）、

ROSE VOR（全罗盘 VOR）、ROSE ILS（全罗盘 ILS）、ARC（弧形）、PLAN（计划）和 ENG（发动机备用）六种显示格式。

（3）显示范围选择旋钮。选择 ND 的显示范围。

（4）ADF/VOR 选择转换电门。选择 ADF/VOR 的方位指针及相应的导航源信息显示在相关 ND 上。

2. EFIS 转换板

EFIS 转换板有两块，分别供正、副驾驶员使用，如图 8.33 所示。

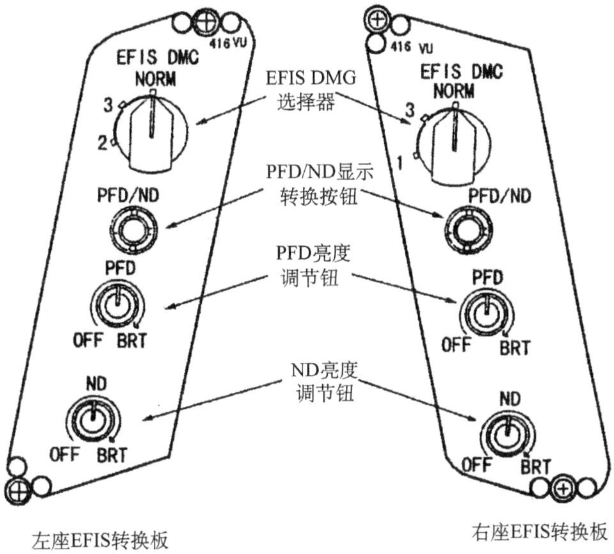

图 8.33　EFIS 转换板

（1）EFIS DMC 选择器。用来选择由哪一个 DMC 向本侧的 EFIS 送信号。当都置于 NORM 位时，DMC1 向左座的 PFD 和 ND 发送信号，DMC2 向右座的 PFD 和 ND 发送信号，DMC3 为备用。若 DMC1 失效，可将左座的选择器转至 2 或 3；同样，若 DMC2 失效，可将右座的选择器转至 1 或 3，选择另外的 DMC。

（2）PFD/ND 显示转换按钮。每按一次该钮，PFD 和 ND 上的显示图像互换。

（3）PFD 和 ND 亮度调节钮。调节 PFD 和 ND 的显示亮度。

8.5.3　EFIS 的显示

1. 主飞行显示器 PFD

主飞行显示器的主要功用是显示飞机的姿态和姿态指引，另外还可显示一些附加信息。PFD 上的显示内容如图 8.34 所示。

1）自动油门工作模式

显示接通的（绿色）和预位（白色）的自动油门模式。

预位的为白色的 ARM。接通的模式有 SPD（速度）、FL CH（飞行高度层改变）、THR HOLD（油门保持）、IDLE（慢车位）、GA（复飞）、N1（推力方式）、RETARD

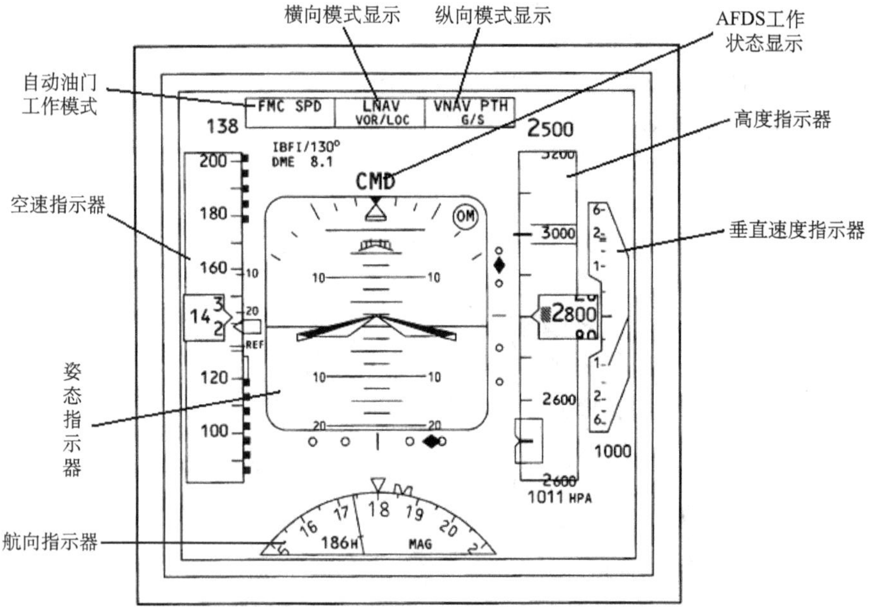

图 8.34 PFD 显示

（收油门方式）、TEST（测试）。其中 SPD 分为 FMC SPD 和 MCP SPD。具体显示的含义可参看维护手册。

2）横向（水平）模式显示

显示接通的（绿色）和预位（白色）的横向（或水平）模式。在得到接通参数后接通模式会自动代替预位模式。

横向预位模式主要有 TO（起飞模式）、HDG HOLD（航向保持）、HDG SEL（航向选择）、L NAV（横向导航）、LOC（航道跟踪）、BCRS（反航道跟踪）、ROLL OUT（自动着陆滑跑机动）、GA（复飞）等模式。具体显示的含义可参看维护手册。

3）纵向（垂直）模式显示

显示接通的（绿色）和预位（白色）的垂直模式。在得到接通参数时接通模式会自动代替预位模式。

主要有 TO（起飞模式）、SPD（控制俯仰以保持空速）、ALT CAP（高度截获）、ALT HOLD（高度保持）、VNAV SPD（VNAV 速度）、VNAV PATH（VNAV 航道）、V/S（垂直速度）、G/S（下滑道跟踪）、FLARE（自动着陆拉平机动）、GA（复飞）等模式。具体显示的含义也可参看维护手册。

4）PFD 的空速带

PFD 左边为空速带，速度来自大气数据计算机。空速带上，除显示飞机的空速及速度趋势向量外，还可显示起飞时的 v_1、v_R、指令速度、最小机动速度、抖杆速度、最大速度、襟翼标牌限制速度、起落架放下时的最大空速限制和着陆时的基准速度 v_{REF} 等。因在不同状态，空速带显示不同，可参看维护手册不同阶段的速度显示信息。

5）姿态指示器

姿态指示器位于 PFD 的中央，在姿态球的中央有一条地平线，地平线上方为蓝色，代表蓝天，地平线下方为黄色，代表大地。在姿态球上有飞机符号、飞行指引条、俯仰刻度线、倾斜刻度等，可以表示飞行指引仪的指引指令以及飞机的姿态角，在姿态球的右边和下边分别是仪表着陆系统的下滑信标和航向信标的刻度及偏离指引等，可以为飞行员提供指引信息。显示具体信息如图 8.35 所示。

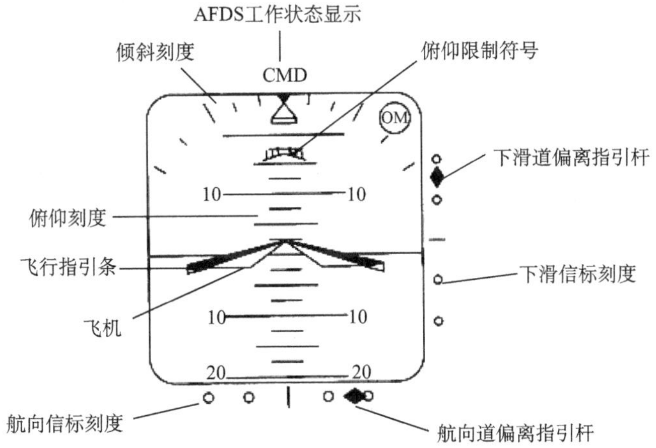

图 8.35　姿态指示器

6）高度指示器和垂直速度指示器

在 PFD 的右边是高度指示器和垂直速度指示器。

高度指示器可显示气压高度、无线电高度、决断高度及选定高度等，如图 8.36 所示。

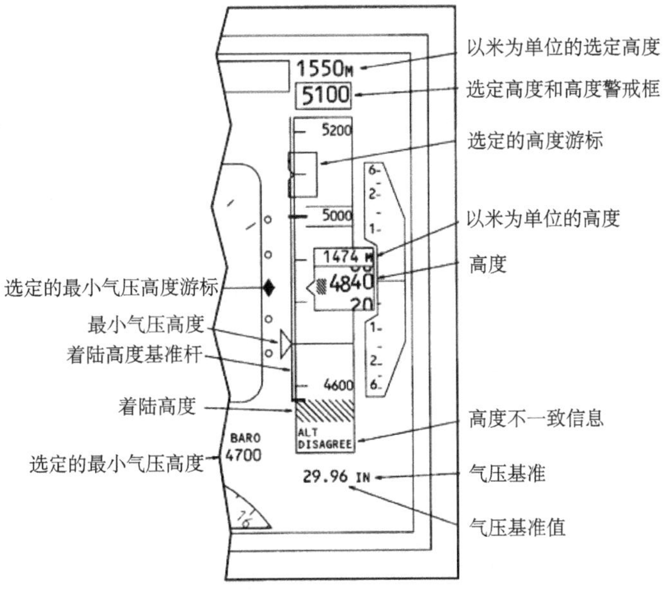

图 8.36　高度指示器

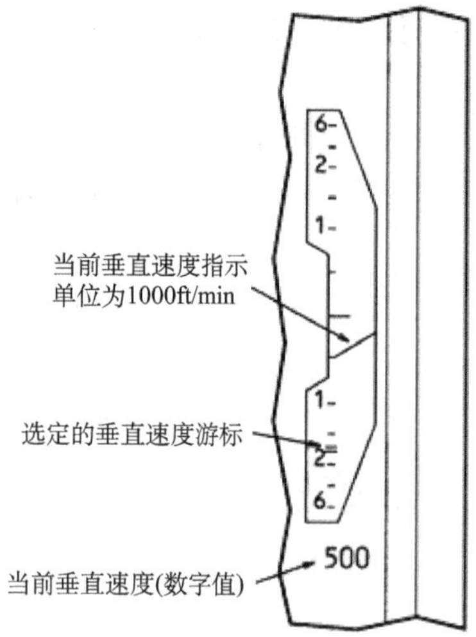

图 8.37 垂直速度指示器

垂直速度指示器显示当前垂直速度及选定的垂直速度，具体如图 8.37 所示。在 EADI 上没有高度指示器和垂直速度指示器。

7）航向指示器

在 PFD 的最下面是航向指示器，可指示/显示航向、选定航向及航迹等信息。而在 EADI 上不显示航向信息。具体显示信息如图 8.38 所示。

8）其他信息（TCAS 的和 GPWS 的）

PFD 上除显示以上信息外，还显示交通警戒与防撞系统（TCAS）的决断咨询信息、近地警告系统（GPWS）的相应警告的文字信息。

在装备了 TCAS 的飞机上，当探测到目标飞机与本机存在威胁，并确定目标飞机是决断咨询的飞机时，在 PFD 上会显示决断咨询信息，如图 8.39 所示。

当飞机上的近地警告系统（GPWS）（或增强型近地警告系统（EGPWS））发生了某种方式的警告时，会在 PFD 上显示红色字体的“PULL UP”和“WINDSHEAR”（发生风切变警告），如图 8.40 所示。

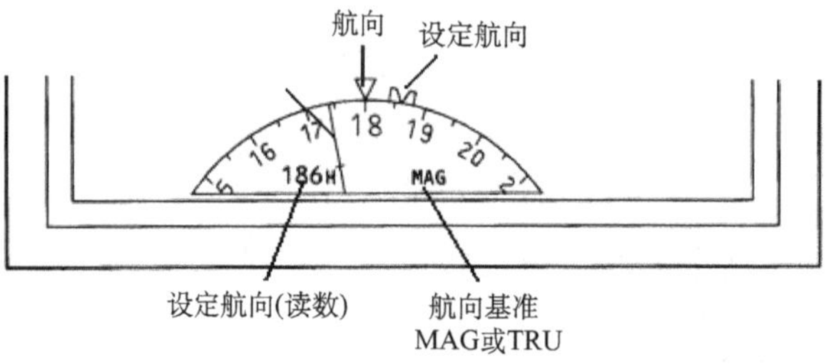

图 8.38 航向指示器

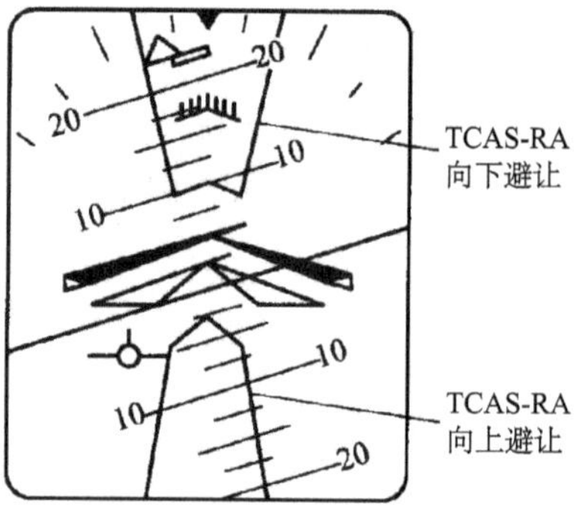

图 8.39 PFD 上的决断咨询信息

图 8.40 GPWS 警告信息在 PFD 上的显示

2. 导航显示器 ND

ND 不同于 PFD 显示主要体现在两个方面：首先显示内容各有分工，PFD 显示描述飞机姿态、速度、ILS 指引和姿态指引等项快速动态变化且需飞行员快速反应的主要飞行参数，ND 显示那些慢变的飞行参数，如飞机飞行过程中所需的全部导航参数；其次两显示组件的显示方式不同，PFD 只有一种显示方式，而 ND 有下列七种导航显示方式：扩展的和集中的 VOR 方式；扩展的和集中的 APP（进近）方式；计划方式；扩展的和集中的航图方式。其中，集中显示方式显示的是以飞机为中心的 360°范围内的信息，扩展显示方式与集中显示方式的信息源及显示内容基本相同，只是在此方式下只显示飞机前方 70°范围内的信息，而对飞机后方已飞地域的情况不需显示。这样可使飞行员最关心区域内的参数显示放大，产生更好的显示效果。

显示在 ND 上的参数有航向、航迹、地速、真空速、风向、航路、气象雷达、TCAS 数据、EGPWS 数据、VOR/ADF 指针、VOR 偏差、LOC 和 G/S 偏差等。

1）VOR 方式

此方式显示导航源为 VOR1 或 VOR2。显示对选定的 VOR 源的偏离。集中 VOR 和扩展 VOR 方式下的显示画面均以航向为基准。此时航向数据由惯性基准组件提供，飞行管理计算机不提供数据。

主要显示内容有：已选 VOR 航道及偏离杆和刻度；向/背台指示；VOR 调谐频率值；距与 VOR 台相对应的 DME 台的距离（以海里为单位）；磁航向；磁航迹等信息。集中 VOR 方式与扩展 VOR 方式的显示画面分别如图 8.41 和图 8.42 所示。

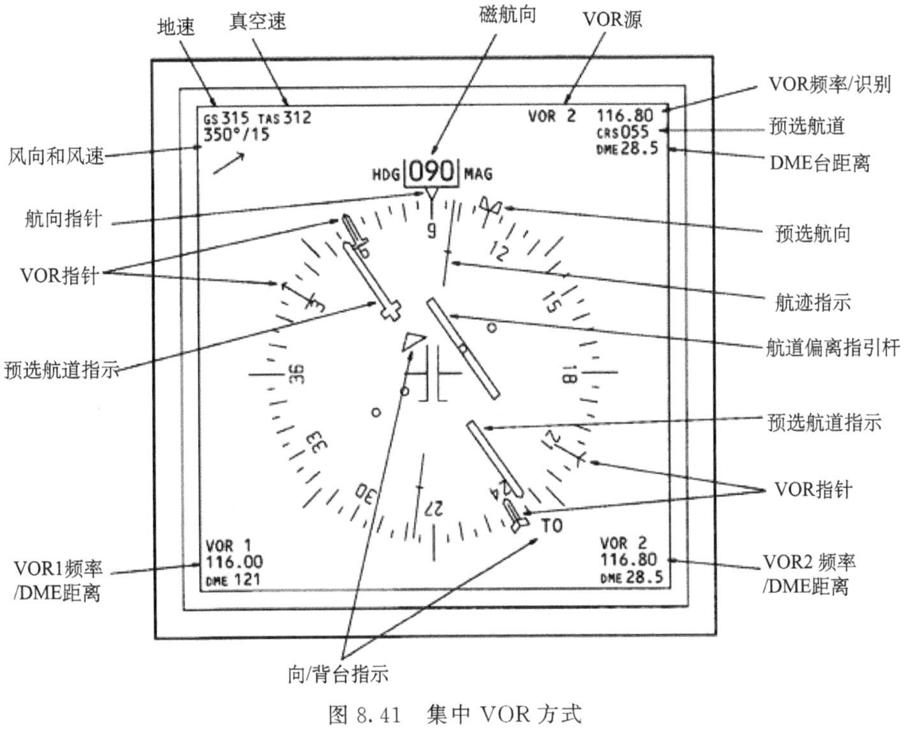

图 8.41　集中 VOR 方式

2）APP 方式

APP 显示方式对调定的 ILS 台的航向和下滑偏差显示。显示内容主要有选定的 ILS 源的频率、跑道方向、距离、航向道和下滑道偏离等。图 8.43 所示为集中的 APP 方式显示，图 8.44 所示为扩展的进近方式。

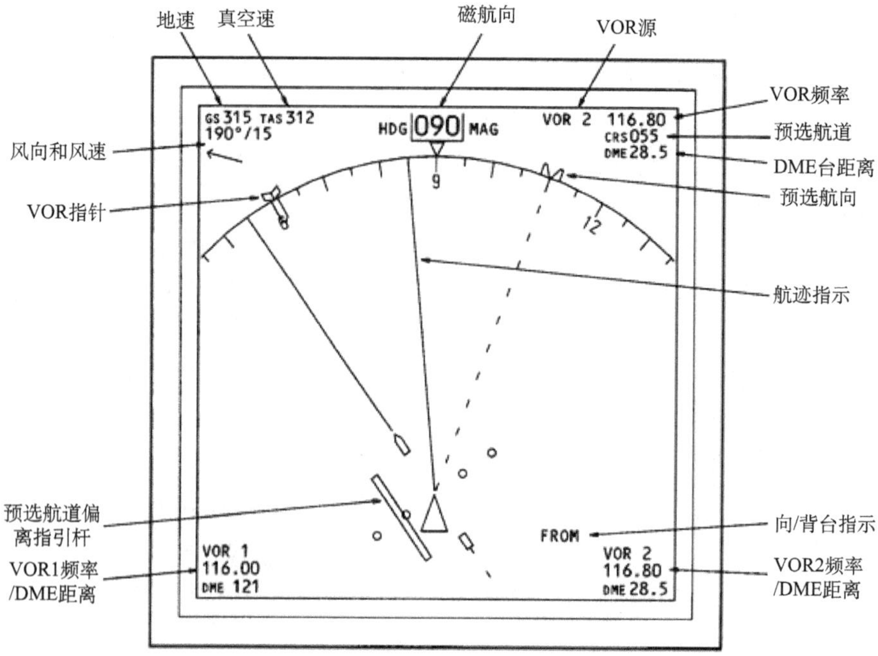

图 8.42 扩展 VOR 方式

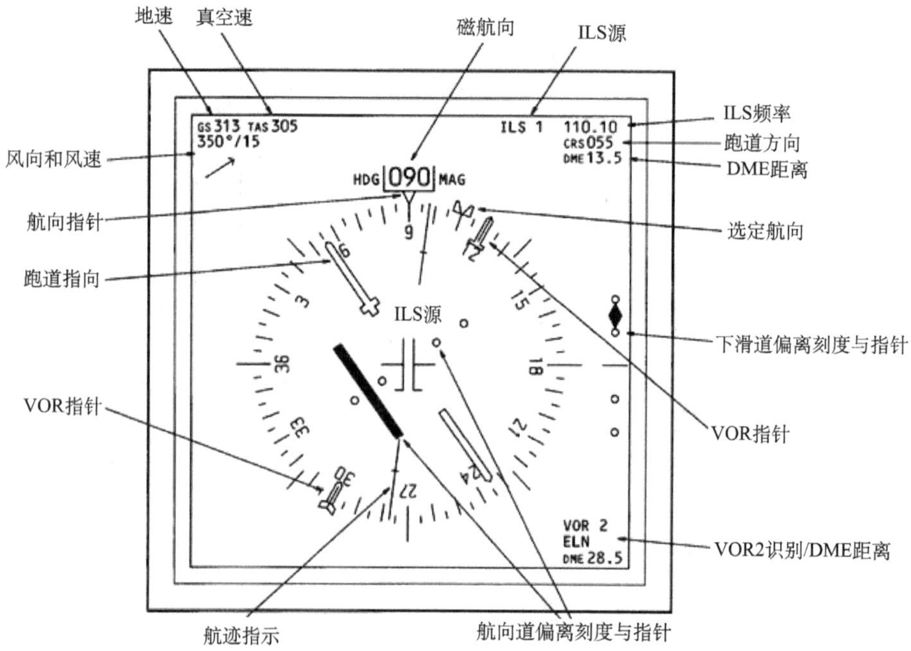

图 8.43 集中的 APP 方式

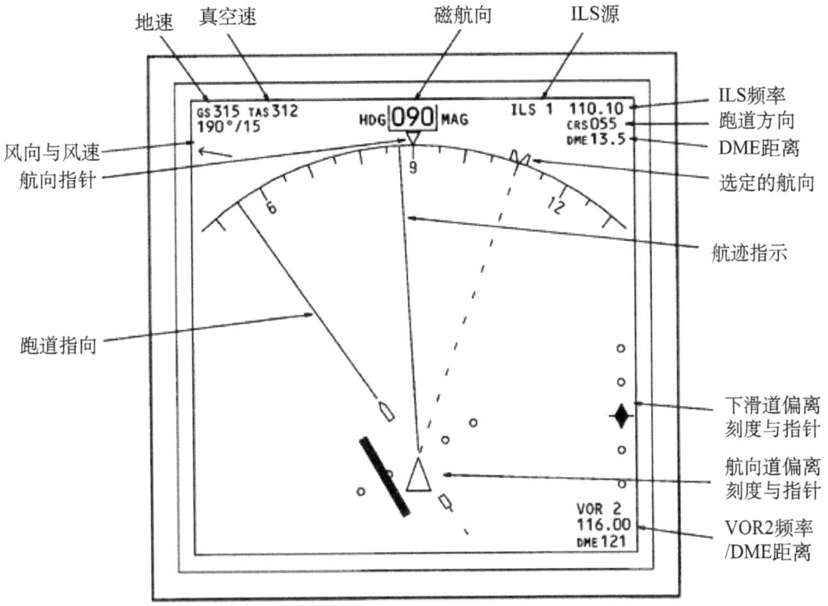

图 8.44 扩展的 APP 方式

为显示 APP 显示，在 EFIS 控制板上选择进近方式。如果没在导航控制板上调定 ILS 频率，将显示 EFIS 方式/导航频率不一致信息。

3) 航图方式

航图方式显示飞行计划和其他导航数据。显示内容除包括部分导航方式内容外，还补充了地面导航台站等信息和飞行航路数据显示。主要显示内容有飞行航路及航路数据显

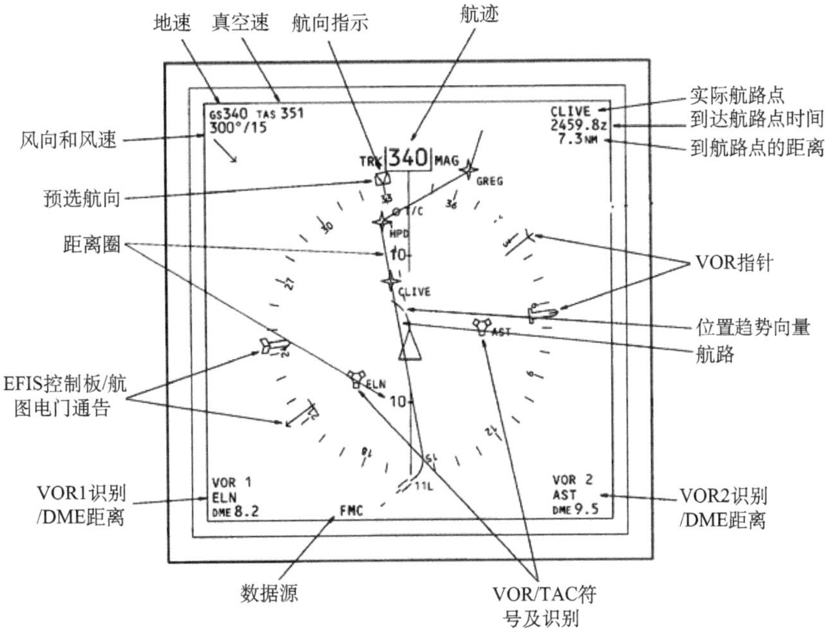

图 8.45 集中的航图方式

示、距本机一定距离的距离圈显示、地面导航台或机场或航路点位置、识别号显示等。查看其他航图数据，使用 EFIS 控制板上的航图电门。集中和扩展的航图方式的显示分别如图 8.45 和图 8.46 所示。

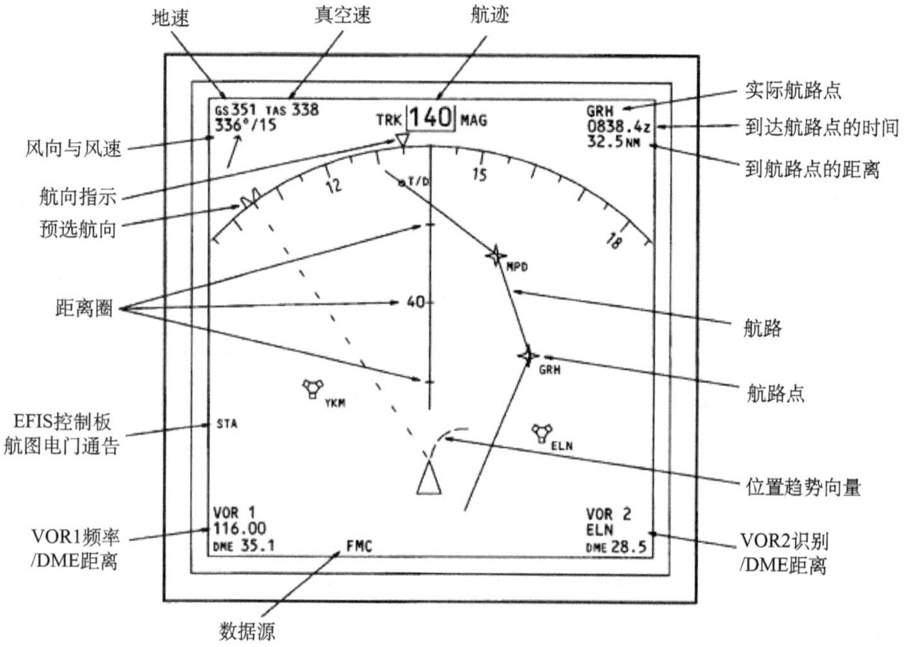

图 8.46　扩展的航图方式

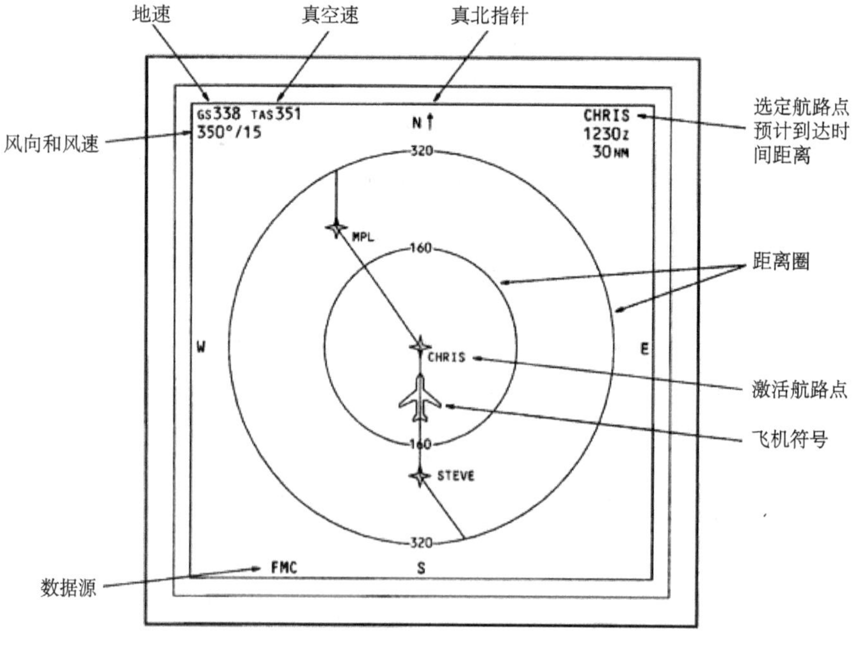

图 8.47　计划方式

4）计划方式

计划方式显示以真北为基准的飞行计划，提供飞机所在位置、飞往目的地的航线、距本机一定距离的距离圈显示、经过的航路点及地面导航台等信息，如图 8.47 所示。

另外，在 ND 的各种扩展显示格式下，可以显示气象雷达信息和 TCAS 信息。气象雷达显示信息在第 5 章中介绍过。图 8.48 所示为 TCAS 在 ND 上的显示信息。图 8.49 所示为 EGPWS 在 ND 上的地形显示信息。TCAS 和 EGPWS 的相关知识可以查看相应参考书，本书不作介绍。

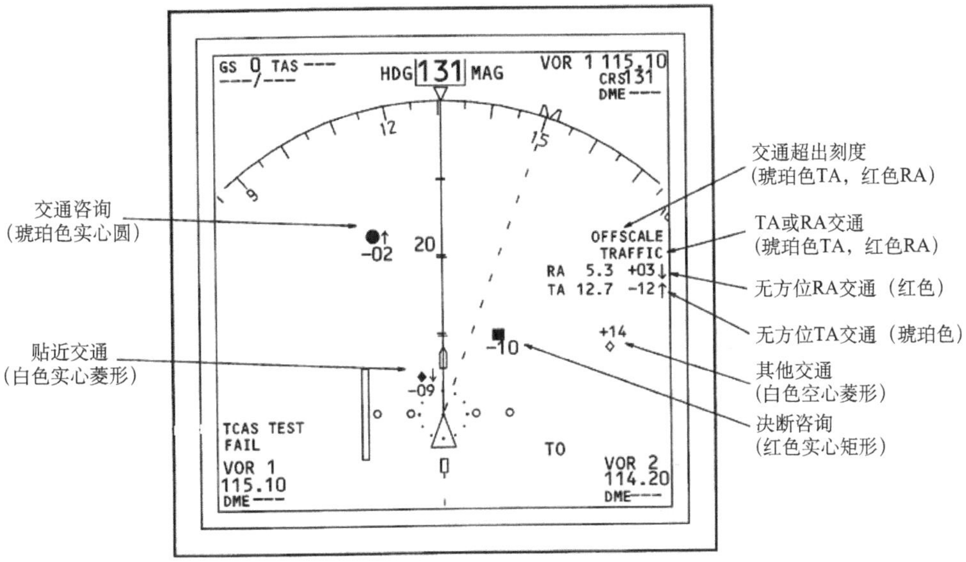

图 8.48　ND 上显示的 TCAS 信息

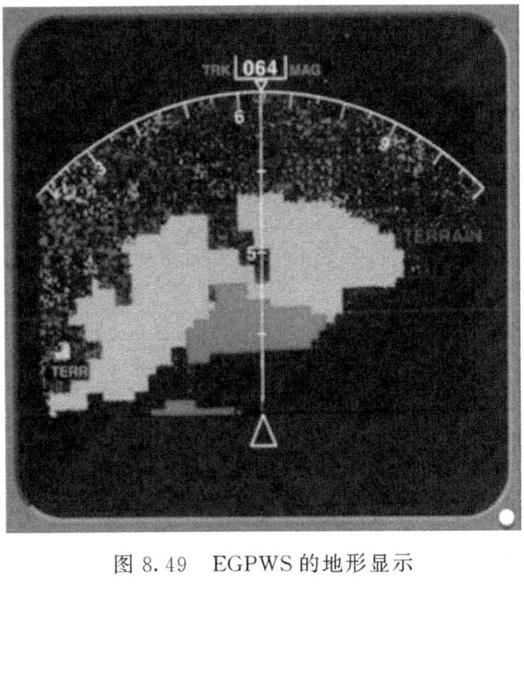

图 8.49　EGPWS 的地形显示

附录 缩略词表

缩写	全称	中文
1090ES	1090MHz Extended Squitter	1090MHz 扩展电文
ACARS	Aircraft Communication Addressing and Reporting System	飞机通信与寻址报告系统
ACAS	Airborne Collision Avoidance System	空中防撞系统
ACMS	Aircraft Condition Monitoring System	飞机状态监控系统
ADC	Air Data Computer	大气数据计算机
ADF	Automatic Direction Finder	自动定向机
ADI	Attitude Director Indicator	姿态指引仪
ADIRS	Air Data Inertial Reference System	大气数据惯性基准系统
ADS	Automatic Dependent Surveillance	自动相关监视
ADS-A	Automatic Dependent Surveillance-Address	寻址式自动相关监视
ADS-B	Automatic Dependent Surveillance-Broadcast	广播式自动相关监视
ADS-C	Automatic Dependent Surveillance-Contract	合约式自动相关监视
AFCS	Automatic Flight Control System	自动飞行控制系统
AM	Amplitude Modulation	幅度调制
AOC	Airline Operation Centre	航班运行中心
A/P	Autopilot	自动驾驶仪
ARINC	Aeronautical Radio Incorporation	(美国) 航空无线电公司
ATC	Air Traffic Control	空中交通管制
CAAC	Civil Aviation Administration of China	中国民用航空局
CDS	Control and Display System	控制和显示系统
CDU	Control and Display Unit	控制和显示单元
CMU	Communication Management Unit	通信管理单元
CPDLC	Controller Pilot Data Link Communication	管制员-驾驶员数据链通信
CPU	Central Processing Unit	中央处理单元
DFCS	Digital Flight Data Acquisition Computer	数字式飞行控制系统
DH	Decision Height	决断高度
DITS	Digital Information Transfer System	数字信息传输系统
DMC	Display Management Computer	显示管理计算机

续表

缩写	全称	中文
DME	Distance Measuring Equipment	测距仪
DR	Dead Reckoning	航位推算
DSB	Double Sideband	双边带
EADI	Electronic Attitude Director Indicator	电子姿态指引仪
ECAM	Electronic Centralized Aircraft Monitoring	飞机电子中央监控系统
EFIS	Electronic Flight Instrument System	电子飞行仪表
EGPWS	Enhanced Ground Proximity Warning System	增强型近地警告系统
EHSI	Electronic Horizontal Situation Indicator	电子水平状态指示器
EICAS	Engine Indication and Crew Alerting System	发动机指示和机组警告系统
EIS	Electronic Instrument System	电子仪表系统
ETA	Estimated Time of Arrival	预计到达时间
E/WD	Engine/Warning System	发动机参数/告警显示
FAA	Federal Aviation Administration	(美国) 联邦航空局
FANS	Future Air Navigation System	未来空中航行系统
FBW	Fly-by-wire	电传操纵
FCC	Flight Contro Computer	飞行控制计算机
FD	Flight Data	飞行数据
F/D	Flight Directro	飞行指引仪
FL	Flight Level	飞行高度层
FM	Frequency Modulation	频率调制
FMC	Flight Management Computer	飞行管理计算机
FMCS	Flight Management Computer System	飞行管理计算机系统
FMGS	Flight Management Guidance System	飞行管理指引系统
FMS	Flight Management System	飞行管理系统
FOG	Fiber Optic Gyroscope	光纤陀螺
FSK	Frequency Shift Keying	频移键控
FWC	Flight Warning Computer	飞行告警计算机
FWS	Flight Warning System	飞行告警系统
GLONASS	Global Navigation Satellite System (Russia)	全球导航卫星系统 (俄罗斯)
GNSS	Global Navigation Satellite System	全球导航卫星系统
GPS	Global Positioning System	全球定位系统 (美国)

续表

缩写	全称	中文
GPWS	Ground Proximity Warning System	近地警告系统
HF	High Frequency	高频
HFDL	High Frequency Data Link	高频数据链
IAS	Indicated Airspeed	指示空速
ICAO	International Civil Aviation Organization	国际民航组织
ILS	Instrument Landing System	仪表着陆系统
INS	Inertial Navigation System	惯性导航系统
IRS	Inertial Reference System	惯性基准系统
IRU	Inertial Reference Unit	惯性基准组件
LG	Laser Gyroscope	激光陀螺
L NAV	Lateral Navigation	水平导航
LOC	Localizer	航向信标
LRU	Line Replaceable Unit	外场可更换单元
MCDU	Multipurpose Control&Display Unit	多功能控制和显示单元
MCP	Mode Control Panel	方式控制板
MMR	Multi-mode Receiver	多模式接收机
MSK	Minimum Shift Keying	最小频移键控
MU	Management Unit	管理单元
ND	Navigation Display	导航显示器
NDB	Non-directional radio Beacon	无方向无线电信标
PFC	Primary Flight Computer	主飞行计算机
PFD	Primary Flight Display	主飞行显示器
PINS	Platform Inertial Navigation System	平台式惯性导航系统
PM	Phase Moduation	相位调制
PSR	Primary Surveillance Radar	一次监视雷达
QAR	Quick Access Recorder	快速存取记录器
RA	Radio Altimeter	无线电高度
RA	Resolution Advisory	决断咨询
RMP	Radion Management Panel	无线电管理面板
RTA	Required Time of Arrival	所需到达时间
RVR	Runway Visual Range	跑道视距

续表

缩写	全称	中文
SATCOM	Satellite Communication	卫星通信
SD	System Display	系统显示器
SDAC	System Date Acquisition Concentrator	系统数据集获器
SELCAL	Selective Calling	选择呼叫系统
SINS	Strap-down Inertial Navigation System	捷联式惯导系统
SMYD	Stall Management Yaw Dampers	失速管理偏航阻尼器
SSB	Singal Sideband	单边带
SSR	Secondary Surveillance Radar	二次监视雷达
TA	Traffic Advisory	交通咨询
TACAN	Tactical air Navigation	塔康
TCAS	Traffic Alert and Collision Avoidance System	空中交通警戒及防撞系统
TDMA	Time-Division Multiple Access	时分多址
TOD	Top of Descent	下降顶点
UAT	Universal Access Transceiver	通用访问收发机
VDL-2	VHF Digital Link MODE 2	甚高频数据链模式 2
VDL-4	VHF Digital Link MODE 4	甚高频数据链模式 4
VHF	Very High Frequency	甚高频
V NAV	Vertical Navigation	垂直导航
VOR	Very High Frequency Omni directional Range	甚高频全向信标（伏尔）
VSI	Vertical Speed Indicator	垂直速度指示器
WD	Waring Display	告警显示
WXR	Weather Radar	气象雷达

参考文献

金德琨，敬忠良，王国庆，等. 2011. 民用飞机航空电子系统［M］. 上海：上海交通大学出版社
李跃，邱致和. 2008. 导航与定位［M］. 北京：国防工业出版社
马存宝. 2004. 民机通信导航与雷达［M］. 西安：西北工业大学出版社
马银才，张兴媛. 2012. 航空机载电子设备［M］. 北京：清华大学出版社
斯比策 C R. 2010. 数字航空电子技术（上）航空电子元件、软件和功能件［M］. 谢文涛等译. 北京：航空工业出版社
宋东，和麟. 2011. 航空计算机系统与应用［M］. 西安：西北工业大学出版社
王成豪. 1992. 航空仪表［M］. 北京：科学出版社
魏光兴. 2008. 通信导航监视设施［M］. 成都：西南交通大学出版社
伊恩·莫伊尔，阿伦·西布里奇. 2009. 民用航空电子系统［M］. 范秋丽等译. 北京：航空工业出版社
Collinson R P G. 2013. 航空电子系统导论. 3 版［M］. 北京：国防工业出版社